Lehrbuch der technischen Mechanik

Zweiter Band

Elementare Festigkeitslehre

Zum Gebrauche bei Vorlesungen und zum Selbststudium

von

Dr.-Ing. Theodor Pöschl VDI

o. Professor an der Technischen Hochschule in Karlsruhe

Mit 156 Textabbildungen

Berlin
Verlag von Julius Springer
1936

ISBN 978-3-642-90259-8 ISBN 978-3-642-92116-2 (eBook)
DOI 10.1007/978-3-642-92116-2

Softcover reprint of the hardcover 1st edition 1936

Vorwort.

Für den vorliegenden zweiten Band meines Lehrbuches der technischen Mechanik, der eine Einführung in die technische Festigkeitslehre enthält, sind dieselben Gesichtspunkte maßgebend gewesen wie für meine früher erschienenen Lehrbücher. Unter Vermeidung alles Entbehrlichen sollte das in sachlicher und methodischer Hinsicht Wichtigste aus dem großen Gebiet gebracht werden, und zwar in einer Form, die besonders für die Studierenden unserer technischen Lehranstalten brauchbar ist.

Obwohl der Inhalt des Buches vielfach bekannte Dinge betrifft, glaube ich doch, daß die Art der Darstellung von der Norm abweicht; in sachlicher Hinsicht habe ich den Inhalt eigener Arbeiten aus den letzten Jahren verwerten können. Besonders hinweisen möchte ich nur auf die einheitliche Behandlung der Frage der Maßstäbe, die ich zum erstenmal in meiner „Getriebelehre" (1932) in dieser Form verwendet habe, und die sich bei allen zeichnerischen Verfahren (insbesondere auch in der Nomographie) durchaus bewährt hat. Die modernen Näherungsmethoden, die immer mehr an Bedeutung gewinnen und in den gebräuchlichen Lehrbüchern meist ganz außer Betracht bleiben, sind wenigstens in den Grundgedanken und in den einfachsten Anwendungen vorgeführt worden. Auch sonst wird der Kenner, so glaube ich, manche Einzelheiten feststellen können, die als neu gelten dürfen, wofür ich als Beispiel auf die verschiedenen Formen der Arbeitssätze im XI. Kapitel verweisen möchte.

Bei der Abfassung des Buches, die sich über eine längere Zeit erstreckte, insbesondere bei der Durchrechnung der Beispiele und Anfertigung der Zeichnungen, ist mir durch viele Kameraden und Fachkollegen, vor allem durch die früheren und jetzigen Assistenten meines Institutes wirksame Hilfe geleistet worden; ohne sie namentlich anzuführen, möchte ich ihnen allen auch an dieser Stelle meinen verbindlichsten Dank sagen. Nur Herrn Prof. Dr. Thum, Darmstadt, möchte ich für die freundliche Überlassung des schönen Schwingungsbruchbildes (31) meinen besonderen Dank sagen, ebenso auch der Verlagsbuchhandlung, die keine Mühe gescheut hat, auch diesem Buche die hohe Vollkommenheit der Ausstattung zu geben, die die von ihr herausgegebenen Werke seit vielen Jahren auszeichnet.

Die eigentliche Veranlassung für die Herausgabe bildete für mich der aus den Kreisen meiner Hörer immer wieder geäußerte Wunsch, auch für die Festigkeitslehre einen handlichen Lehrbehelf in der Art meiner anderen Lehrbücher zu besitzen. Ich widme daher dieses Buch den Studierenden unserer technischen Lehranstalten mit dem Wunsche, es möge ihnen bei ihrem Studium ein brauchbarer Führer sein und ihnen für ihre künftige Ingenieurtätigkeit eine tragsichere Grundlage schaffen helfen.

Karlsruhe, im Februar 1936.

Th. Pöschl.

Inhaltsverzeichnis.

Einleitung.

1. Die Aufgabe der Festigkeitslehre besteht darin, die Grundlagen für die Berechnung der Abmessungen der Bauwerke der Technik — im weitesten Sinne genommen — mit Rücksicht auf Sicherheit und Wirtschaftlichkeit zu schaffen; ihr Ziel liegt darin, diese Abmessungen mit hinreichender Genauigkeit im voraus, d. h. vor der eigentlichen Herstellung festzulegen (Dimensionierung). Die Abmessungen bilden den Ausgangspunkt für die darauf folgende technische Gestaltung.

Die genannte Forderung, die auf die größtmögliche Ausnützung der Werkstoffe hinausläuft, verlangt zu ihrer Erfüllung einerseits eine genaue Kenntnis der Eigenschaften der in Betracht kommenden Stoffe, andrerseits die Ausbildung von Begriffen, die zur Beschreibung und Kennzeichnung dieser Eigenschaften dienen können.

Die Gegenstände der Untersuchung sind die Bau- und Werkstoffe der Technik, wie Eisen und Stahl, Metalle, Holz, Gesteine, Beton u. dgl., deren Verhalten in geeigneter Weise erfaßt und gekennzeichnet werden muß — also feste Körper im gewöhnlichen Sinne des Wortes. Von den Eigenschaften dieser Körper kommt es in der Festigkeitslehre vor allem auf die an, bei geeigneter Anordnung und Formgebung äußere Kräfte — „Lasten" — von entsprechender Größe „aufnehmen" zu können und dabei verhältnismäßig kleine Formänderungen zu erfahren.

Die Notwendigkeit einer genauen Kenntnis der Bau- und Werkstoffe verbindet die Festigkeitslehre einerseits mit der Stoffkunde, die sich mit den technischen Eigenschaften jener Stoffe befaßt, andrerseits mit dem Materialprüfungswesen, das die Gesichtspunkte und Verfahren zur experimentellen und messenden Untersuchung jener Eigenschaften entwickelt. Beide stellen heute selbst umfangreiche Lehrgebiete dar, die sich vielfach mit der Festigkeitslehre überschneiden; im folgenden ist von ihnen nur so viel aufgenommen worden, wie zum Verständnis der Festigkeitslehre selbst erforderlich ist. — Von den der Festigkeitslehre eigentümlichen Begriffen ist in erster Linie die Beanspruchung zu nennen; er bringt, in geeigneter Weise erklärt, das Maß der Ausnützung der Stoffe zum Ausdruck. Wir können daher sagen, wenn auch diese vorläufige Aussage ihren eigentlichen Inhalt erst durch die folgenden Entwicklungen finden wird:

Die Festigkeitslehre beschäftigt sich mit der Beanspruchung der Stoffe und mit der Vorausberechnung der in der Technik auszuführenden Konstruktionen und ihrer

Teile; sie gründet sich auf die Kenntnis der Eigenschaften der technischen Bau- und Werkstoffe.

2. Beziehungen zur Mechanik. Die theoretischen Ansätze der Festigkeitslehre stützen sich auf die allgemeinen Gesetze der Mechanik, deren Kenntnis hier vorausgesetzt wird. Vor allem sind es die Sätze über die Zusammensetzung der Kräfte in der Ebene und im Raume, der Projektions- und Momentensatz, die Gleichgewichtsbedingungen, das Prinzip der virtuellen Arbeiten, das d'Alembertsche Prinzip und andere Sätze, die einen von der Art des Mediums (starr, fest, flüssig) unabhängigen Inhalt haben und jeweils den Ausgangspunkt bilden müssen[1].

Zu den aus der Mechanik der starren Körper bekannten Begriffen kommen in der Festigkeitslehre eine Anzahl weiterer hinzu, die erst in ihr Sinn und Bedeutung erhalten; von diesen sind zwei besonders wichtig, auf deren Ermittlung es in der Festigkeitslehre vor allem ankommt; und zwar sind es die Begriffe Spannung und Formänderung (Verzerrung), oder allgemeiner Spannungszustand und Verzerrungszustand. Mit dem Spannungszustand hängt praktisch die „Beanspruchung" an irgend einer Stelle eines durch äußere Kräfte beeinflußten Körpers zusammen; und der Begriff der Formänderung führt z. B. zu Angaben über die mit der Beanspruchung verbundene „Durchsenkung" eines Brückenträgers, die „Längenänderung" oder „Durchbiegung" eines Maschinenteils usw.

Die Spannungen lassen sich nur in einer besonders einfachen Gruppe von Aufgaben, die man als „statisch-bestimmt" bezeichnet, unabhängig von den Formänderungen bestimmen. Im allgemeinen ist dies nicht der Fall; für diese Aufgaben, die man „statisch-unbestimmt" nennt, ist die Ermittlung der Spannungen nicht mehr unabhängig von den Formänderungen möglich. Die eigenartige Verknüpfung jener Begriffe kommt erst bei diesen Aufgaben voll zur Geltung; zu ihnen gehören auch die „zwei- und dreidimensionalen elastischen Systeme", die nach den allgemeinen Ansätzen der mathematischen Elastizitätstheorie behandelt werden.

3. Technische Festigkeitslehre und mathematische Theorie der festen Körper. Soll die Vorausberechnung, von der oben die Rede war, eine praktische Bedeutung besitzen, so muß sie hinreichend einfach und so beschaffen sein, daß sie gleichwohl die wesentlichen Merkmale des Verhaltens der Stoffe wiedergibt. Der elementare Teil des Lehrgebäudes, der unter dieser Beschränkung zur Ausbildung gelangte, und der eine vereinfachte, aber dennoch für viele Zwecke ausreichende Auffassungsweise ermöglicht, ist die technische Festigkeitslehre; von ihr handelt das vorliegende Buch.

Daneben gibt es, ohne daß übrigens die Trennung eine vollkommen scharfe wäre, einen zweiten, mehr theoretischen Teil, der eine genauere Analyse auf breiterer mathematischer Grundlage und unter Verwendung von allgemeineren, insbesondere in der mathematischen Physik ausgebildeten Methoden enthält. Auch diese allgemeine „Theorie der festen

---

[1] Pöschl, T.: Lehrbuch der Technischen Mechanik Bd. 1, 2. Auflage (abgekürzt zitiert als TM I). Berlin: Julius Springer 1930.

Körper“ ist in vielen ihrer Zweige für die Technik von großer Bedeutung, da oft exaktere Ergebnisse gefordert werden, als sie die elementare Theorie zu liefern vermag. Die Theorie der festen Körper umfaßte früher eigentlich nur die „mathematische Elastizitätstheorie“, die von einer bestimmten Annahme über das Verhalten der Körper ausgeht und unter dieser Annahme für viele, auch verwickeltere Fälle exakte Schlüsse über die auftretenden Spannungen und Verformungen zu ziehen gestattet.

Durch diese mathematische Elastizitätstheorie ist jedoch nur ein Teil der bei den festen Körpern beobachteten Erscheinungen erfaßt, nämlich die als elastisch bezeichneten, wofür später noch eine genauere Erklärung gegeben wird; die Eigenschaft der Elastizität ist nur bis zu bestimmten Belastungsgrenzen vorhanden, die bei gewissen Stoffen sehr niedrig liegen. Bei anderen Stoffen und bei größeren Belastungen treten Erscheinungen von anderer Art auf, die auch andere Voraussetzungen, als die der Elastizitätstheorie zugrunde liegenden, erforderlich machen; und zwar sind es die Erscheinungen der bleibenden oder plastischen Formänderungen, des Fließens, der Verfestigung und des Bruches, um die es sich hierbei handelt. Demgemäß ist zur Elastizitätstheorie eine Theorie des Fließens (Plastizitätstheorie), eine Theorie der Verfestigung und eine Theorie des Bruches getreten; gerade in der letzten Zeit haben diese eine immer mehr zunehmende Bedeutung erlangt. — Eine moderne Darstellung der Festigkeitslehre muß auch diese neueren Zweige in ihre Untersuchungen einbeziehen.

Trotz weitgehender Entwicklung reichen aber die mathematischen Methoden heute vielfach nicht mehr aus, um alle auftretenden Fragen z. B. für Körper von verwickelterer Form zu beantworten. Aus diesem Grunde sind daneben experimentelle Verfahren entwickelt worden, von denen (für ebene Probleme) insbesondere die photoelastischen, ferner neuestens die durch Röntgenstrahlen und die elektrischen Verfahren[1] u. a. zu nennen sind; sie gehen alle darauf aus, die größten auftretenden Spannungen und Verzerrungen — die Spannungs- und Dehnungsspitzen — durch Messung und Beobachtung zu bestimmen.

Der Anlage des Buches entsprechend werden nur die einfachsten Betrachtungen aus der eigentlichen Elastizitätstheorie und eine elementare, rein beschreibende Erklärung der Vorgänge des Fließens, der Verfestigung und des Bruches gegeben; bezüglich weiterer Ausführungen aus der Elastizitätstheorie für die zahlreichen Sonderprobleme [genauere Theorie der Biegung und Verdrehung (Torsion) von Stäben, die Berechnung von Scheiben, Platten, Turbinenschaufeln, Behältern, Kugeln, Walzen, die elastische Stabilität usw., sowie aller Aufgaben, bei denen die hier benutzten einfachen Ansätze nicht mehr ausreichen], der Plastizitätstheorie u. dgl. muß auf die Sonderschriften über diese Gegenstände verwiesen werden.

4. Über die Einteilung der Festigkeitslehre. Trotz der großen Mannigfaltigkeit, in der uns die Bauwerke und Maschinen mit ihren vielgestaltigen Formen und verschiedenartigen Belastungen entgegentreten, können

[1] Von Nettmann, Tatuo Kobayasi, Sacerdote, Keinath u. Janowsky, auf der Umkehrung des G. Wiedemann-Effektes beruhend, u. a.

doch bezüglich der Art, in der diese Belastungen auf die betrachteten Körper einwirken, oder — wie man auch sagt — für die „Beanspruchung der Körper durch äußere Kräfte" gewisse „typische Grundformen" herausgeschält werden; aus ihnen lassen sich — wenigstens für die elementare Betrachtungsweise — alle anderen zusammensetzen. Diese „Grundformen der Beanspruchung" werden durch die Kennworte Zug und Druck, Biegung, Schub und Verdrehung (Torsion) bezeichnet, deren Bedeutung sich, wie vieles in der Mechanik, an die Ausdrucksweise des täglichen Lebens anschließt; der genauere Inhalt, der diesen Worten im folgenden gegeben wird, bedarf freilich noch besonderer Erklärungen. In der Praxis ist die Zurückführung auf diese Grundformen oft nur durch Anwendung weitgehender Vereinfachungen möglich. Die damit verbundene Unsicherheit muß durch andere Faktoren ausgeglichen werden, die aus den fortschreitenden Erkenntnissen und aus der Entwicklung der Technik geschöpft werden und im Einzelfalle durch die besondere Erfahrung des Konstrukteurs bedingt sind.

Als ein besonderes Gebiet ist das der „elastischen Stabilität" zu betrachten, die sich mit den Erscheinungen der Knickung, Kippung, Einbeulung, Faltung u. dgl. befaßt. Diese Erscheinungen treten — um gleich hier das wichtigste Merkmal hervorzuheben — nur an solchen Körpern zutage, bei denen wenigstens eine Abmessung gegen die übrigen klein ist (Stäbe, Platten, Schalen, Rohre usw.); der besonderen Fragestellung entsprechen besondere Methoden, die zu ihrer Lösung erforderlich sind.

Neben dieser Gruppe von Aufgaben, die der Elastostatik angehören, gibt es noch eine zweite, nicht weniger wichtige, die sich mit den Beanspruchungen der in Bewegung befindlichen Körper (genauer gesagt: der beschleunigt bewegten) befaßt und insbesondere darauf abzielt, die Spannungen und Formänderungen zu bestimmen, die durch Trägheitskräfte entstehen. Sie umfaßt auch die Lehre von den „elastischen Schwingungen" und wird Elastokinetik genannt.

5. Geschichtliche Anmerkung. Nur die wichtigsten Namen und Daten seien hier genannt. Den Ausgangspunkt der mathematischen Elastizitätstheorie bildet das Hooke'sche Gesetz, 1676. Der „Spannungsbegriff" und die „statischen Gleichungen" für das Körperelement gehen auf A. L. Cauchy (1789—1857) zurück, die „elastischen Gleichungen" für isotrope Körper auf S. D. Poisson (1781—1840); grundlegende Arbeiten stammen von L. Euler (1707—1783). Von älteren Forschern sind ferner hervorzuheben: in Deutschland G. Kirchhoff (1838—1907), F. Neumann (1798—1895), A. Clebsch (1833—1872), H. v. Helmholtz (1821—1894), A. Wöhler (1819—1914), F. Grashof (1826—1893), C. v. Bach (1847—1931), J. Bauschinger (1834 bis 1893); in Österreich L. v. Tetmajer (1850—1905); in Frankreich H. Coulomb (1736—1806), L. Navier (1785—1836), B. E. P. Clapeyron (1799—1864), B. de Saint-Venant (1797—1886), J. Boussinesq (1842—1929); in England Th. Young (1773—1829), G. Airy (1801—1892), J. Cl. Maxwell (1831—1879), Lord Kelvin (1824 bis 1907); in Italien E. Betti (1823—1892), A. Castigliano (1847—1884).

Für die Ausbildung der Methoden der Statik der Baukonstruktionen sind insbesondere zu nennen: O. Mohr (1835—1918), H. Müller-Breslau (1851—1925), R. Land (zwischen 1860 und 1900), F. Engesser (1848—1931).

An diese schließen sich die Reihen der neueren Forscher an, denen der heutige Stand der Theorie zu verdanken ist.

I. Der Spannungszustand.

6. Äußere und innere Kräfte. Definition der Spannung. Um zu einer Vorstellung des Begriffes der Spannung zu kommen, denke man sich einen Körper (Abb. 1), der unter der Wirkung beliebiger äußerer Kräfte steht, durch irgend einen Schnitt $s - s$ in zwei Teile *1* und *2* zerlegt; zur Herstellung des Gleichgewichtes jedes Teiles werden über die Trennungsflächen verteilte Kräfte $\Delta\,\mathfrak{P}$ eingeführt, die so beschaffen sein müssen, daß sie zusammen mit den äußeren Kräften $\mathfrak{P}_i$, die auf den betrachteten Teil wirken, im Gleichgewicht sind. Nach dem Satz von der Gleichheit von Wirkung und Gegenwirkung ist die Summe der längs der Trennungsfläche von Teil *1* auf *2* übertragenen Kräfte entgegengesetzt gleich der Summe der Kräfte, die von Teil *2* auf *1* übertragen werden. Auf ein Flächenelement ΔF dieser Trennungsfläche $s - s$ entfällt dann eine Kraft $\Delta\mathfrak{P}$, die unter irgend einem Winkel gegen ΔF geneigt sein kann und von der Stellung des Flächenelements ΔF abhängt; die Kraft $\Delta\mathfrak{P}$ wird daher als Vektor eingeführt.

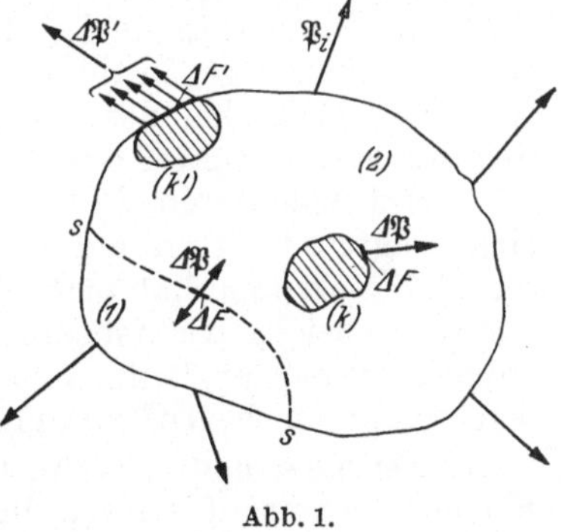

Abb. 1.

Als Spannung $\mathfrak{p}$ auf das Flächenelement ΔF wird der Grenzwert

$$\boxed{\mathfrak{p} = \lim_{\Delta F \to 0} \frac{\Delta\mathfrak{P}}{\Delta F}} \tag{1}$$

definiert. Die zu dem Flächenelement ΔF gehörige Spannung $\mathfrak{p}$ ist demnach selbst ein Vektor. Man kann sagen, die Spannung ist die Kraft auf ein Flächenelement von der Größe der Flächeneinheit, also etwa von 1 cm², das dieselbe Stellung wie ΔF hat, unter der Annahme, daß längs dieses Flächenelements 1 cm² die übertragene Kraft gleichförmig verteilt ist.

Die Spannung hat die Dimension Kraft/Fläche, in Zeichen

$$\boxed{[p] = [K\,L^{-2}];} \tag{2}$$

ihre Einheit im technischen Maßsystem ist 1 kg/cm² und wird oft als „1 at“ bezeichnet und „eine neue Atmosphäre“ genannt. Manchmal wird die Spannung auch in t/m² oder in kg/mm² angegeben.

Im Gegensatz zu den äußeren Kräften, d. s. die eingeprägten

Kräfte (Gewichte, Lasten, Federkräfte, Schneedruck, Winddruck u. dgl.) und die Auflagerkräfte, werden die Spannungen auch als innere Kräfte bezeichnet; nach dem Gesagten können sie als die längs der Grenzflächen jedes Raumteilchens übertragenen Kräfte angesehen werden, die durch den physikalischen Zusammenhang des festen Körpers bedingt sind und diesen herstellen. Durch die „Spannung" wird in der Technik die an einem Flächenelemente auftretende „Beanspruchung" bestimmt.

Statt den betrachteten Körper durch einen Schnitt in zwei getrennte Teile zu zerlegen, kann man auch einen beliebigen im Innern liegenden Teil k (oder k' am Rande) des Körpers (in Abb. 1 schraffiert) betrachten und die Bedingungen für dessen Gleichgewicht untersuchen. Aus ähnlichen Erwägungen wie zuvor wird man zu der Vorstellung gedrängt, daß jeder solche Teil durch Kräfte im Gleichgewicht erhalten wird, die ihren Sitz in den Begrenzungsflächen des Teilchens haben, oder wie man sagt, in diesen Flächen „angreifen", also innere Kräfte sind. Der Gedanke, der zur Bestimmung der inneren Kräfte — der Spannungen — führt, besteht nach dem Gesagten darin, daß man sie für den betrachteten Teil als äußere auffaßt und zugleich mit den eingeprägten Kräften auf den Teil einwirken läßt; auf die so erhaltene Kräftegruppe hat man die aus der Statik der starren Körper bekannten Gleichgewichtsbedingungen anzuwenden. Bevor dies wirklich ausgeführt werden kann, müssen noch einige andere Begriffe, die mit dem Spannungsbegriff zusammenhängen, erklärt werden.

7. Normal- und Schubspannungen. Die Spannung $\mathfrak{p}$, die dem Flächenelemente ΔF durch die Gl. (1) zugeordnet ist, wird zweckmäßig (Abb. 2) in zwei Komponenten zerlegt: in die Normalspannung $\bar{\sigma}$ vom Betrage σ, in Richtung der Normalen ($\mathfrak{n}$) zu ΔF gelegen, und in die Schubspannung oder Tangentialspannung $\bar{\tau}$ vom Betrage τ, in der Ebene von ΔF selbst wirkend. Die Normalspannung wird als Zugspannung bezeichnet, wenn sie auf eine Ausdehnung der an ΔF grenzenden Teilchen hinarbeitet und die längs ΔF benachbarten Körperelemente zu trennen sucht; sie wird dann durch einen nach außen gerichteten Vektor dargestellt. Im Gegenfalle wird sie als Druckspannung bezeichnet. Zugspannungen werden demnach als positiv, Druckspannungen als negativ eingeführt. Die Schubspannung $\bar{\tau}$ verlangt zu ihrer Festlegung in der durch ΔF laufenden Ebene zwei Komponenten, die dann zusammen mit der Normalspannung $\bar{\sigma}$ die drei Komponenten des Vektors $\mathfrak{p}$ (im Raum!) darstellen.

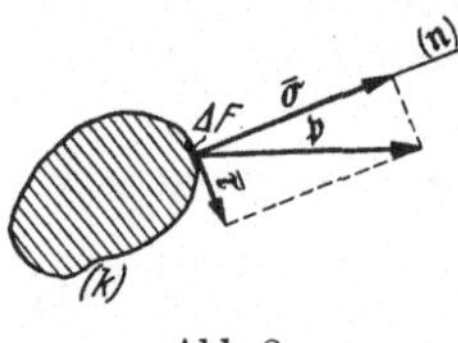

Abb. 2.

Im übrigen gilt für die Spannungen (wie für die Kräfte) das Gesetz der Wechselwirkung; d. h. die Spannung $\mathfrak{p}$, die auf 1 cm² der Oberfläche des Körpers k wirkt, ist entgegengesetzt gleich der Spannung, die längs derselben Fläche von k auf den umgebenden Körper übertragen wird.

Den in 6 eingeführten Spannungsbegriff kann man sich für den Fall der einfachen Zugbeanspruchung nach Abb. 3 in besonders einfacher Weise klarmachen. Man denke sich einen zylindrischen Stab, der den Zugkräften $\mathfrak{P}$, — $\mathfrak{P}$ unterworfen ist, in der Querrichtung längs s–s durchschnitten; wenn man eine gleichförmige Verteilung über den Querschnitt annehmen kann, dann ist die Größe der Normalspannung (Zugspannung) gegeben durch die Gl.

$$\boxed{\sigma = P/F\,.} \tag{3}$$

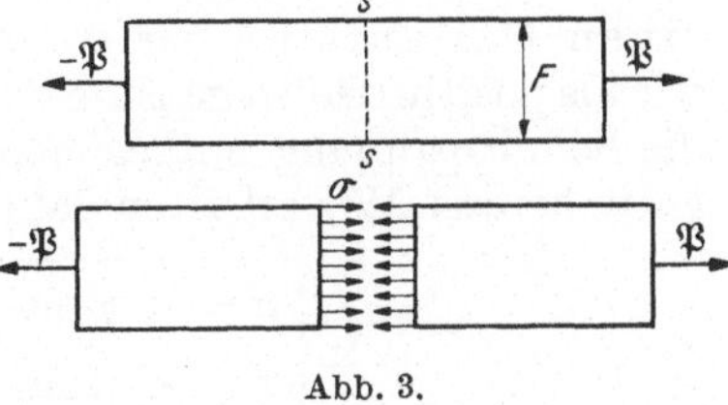

Abb. 3.

Die auf die Flächenelemente des Querschnittes wirkenden Zugspannungen setzen sich für jeden Teil des Körpers zu einer Kraft zusammen, die offenbar jedesmal mit der zugehörigen Belastung $\mathfrak{P}$ im Gleichgewichte ist.

Dies ist übrigens auch das einfachste Beispiel für eine „statisch-bestimmte" Aufgabe, da unter der Annahme einer gleichförmigen Verteilung, die hier schon in einiger Entfernung von den Stabenden recht genau zutrifft (eine Aussage, die in der Festigkeitslehre als das „Prinzip von Saint-Venant" bekannt ist), die Größe der Spannung unmittelbar angegeben werden kann, ohne daß auf die Formänderung eingegangen werden müßte.

Wenn man in ähnlicher Weise, wie dies hier für die Zugbeanspruchung geschehen ist, eine einfache Beanspruchung auf Schub angeben wollte, so könnte man an die Belastung eines stabförmigen Körpers durch zwei quer zu diesem wirkende Kräfte $\mathfrak{Q}$, — $\mathfrak{Q}$ nach Abb. 4 denken. Man könnte zwar auch hier den Stab längs s–s zerschnitten annehmen und eine „mittlere" Schubspannung τ so berechnen, daß sie, über den Querschnitt F gleichförmig verteilt, für jeden Teil mit dem zugehörigen $\mathfrak{Q}$ im Gleichgewicht wäre, also die Gl. ansetzen

$$\tau = Q/F\,. \tag{4}$$

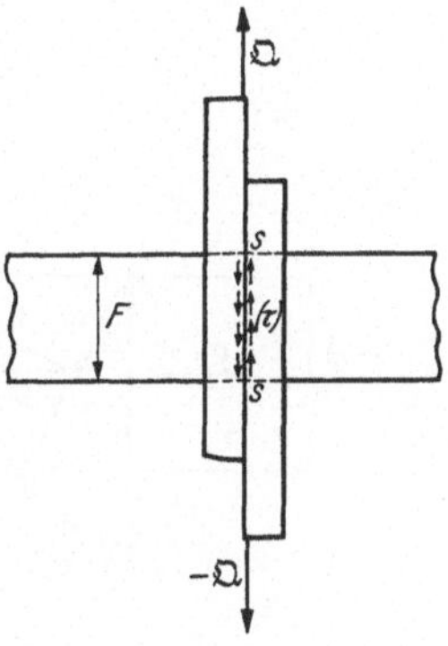

Abb. 4.

Der so gefundene Wert hätte jedoch lediglich die Bedeutung eines „Mittelwertes"; wie später näher erklärt wird, kann eine gleichmäßige Verteilung der Schubspannungen über den Querschnitt für eine derartige Belastung nicht eintreten.

8. Der lineare (einachsige) Spannungszustand. Um den Spannungszustand in allen Ebenen s–s eines auf Zug beanspruchten Stabes zu überblicken, denken wir uns zunächst die in jedem schiefen Schnitt s–s (Abb. 5a) wirkende Spannung $\mathfrak{p}$ in ihre Normal- und Schubkomponente $\bar{\sigma}$ und $\bar{\tau}$ zerlegt. Wir bezeichnen die Spannung im senkrechten Schnitt s–s' mit $P/F = \sigma_x = \sigma_1$ und beachten, daß in diesem Falle die Spannung $\mathfrak{p}$ auf die geneigte Schnittfläche dieselbe Richtung haben muß wie σ_x. Da die schiefe Fläche s–s, auf die $\mathfrak{p}$ wirkt, die Größe $F/\cos\varphi$ hat, so folgt aus der Gleichgewichtsbedingung für das schraffierte Prisma in Richtung der Stabachse unmittelbar die Gl. $\sigma_x F = pF/\cos\varphi$, oder

$$p = \sigma_x \cos\varphi\,. \tag{5}$$

Die Zerlegung von $\mathfrak{p}$ liefert dann unmittelbar die Normalspannung σ

und die Schubspannung τ. Um die Schubspannung hinsichtlich ihres Vorzeichens eindeutig festzulegen, ist nötig, auch in der Schnittebene eine positive Richtung (oder wenn nötig deren zwei) anzunehmen. Wir wählen den Umlaufsinn, in dem φ gezählt wird, auch als positiven Umlaufsinn für das schraffierte Teilchen; und zwar wählen wir als positiv den Gegensinn des Uhrzeigers. In Abb. 5a kommt demnach die Schubspannung entgegengesetzt zu diesem positiven Sinn, also negativ heraus. Wir erhalten daher durch Zerlegung von $\mathfrak{p}$ die beiden Gln.

$$\begin{aligned} \sigma &= p\cos\varphi = \sigma_x\cos^2\varphi\,, \\ \tau &= -p\sin\varphi = -\sigma_x\cos\varphi\sin\varphi\,. \end{aligned} \tag{6}$$

In allen Querschnitten (außer für $\varphi = 0$ und für $\varphi = \pi/2$) treten daher Normal- und Schubspannungen auf. Aus den Gln. (6) folgt umgekehrt wieder

$$p = \sqrt{\sigma^2 + \tau^2} = \sigma_x\cos\varphi\,. \tag{7}$$

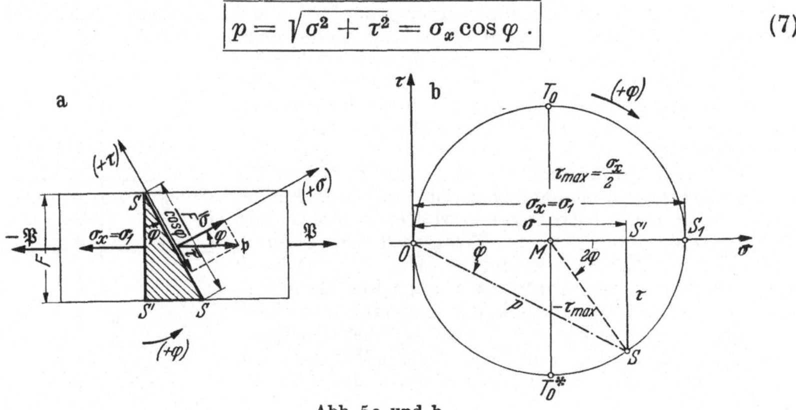

Abb. 5a und b.

Um eine einfache zeichnerische Darstellung für die den verschiedenen Schnittrichtungen zugehörigen Spannungen zu erhalten, die auch eine Verallgemeinerung auf mehrachsige Spannungszustände zuläßt, trägt man in einem σ-τ-Achsensystem (Abb. 5b) die Werte von σ und τ, die zu einem bestimmten φ gehören, als Koordinaten eines „Bildpunktes" S auf. Den möglichen Werten von φ entspricht dann als Ort der Punkte S ein Kreis, dessen Gl. man dadurch erhält, daß man φ aus den beiden Gln. (6) eliminiert; hierzu führt man statt φ den doppelten Winkel 2φ ein, schreibt also

$$\sigma = \sigma_x\frac{1+\cos 2\varphi}{2}\,, \qquad \tau = -\sigma_x\frac{\sin 2\varphi}{2}\,, \tag{6'}$$

und findet durch Elimination von φ

$$\left(\sigma - \frac{\sigma_x}{2}\right)^2 + \tau^2 = \frac{\sigma_x^2}{4}\,. \tag{8}$$

Diesen Kreis nennt man den Mohrschen Spannungskreis (Abb. 5b) für den betrachteten einachsigen Spannungszustand. Die Spannungswerte σ, τ, die für alle Werte von φ — also für die sämtlichen Schnittebenen — überhaupt auftreten können, sind durch die Abszissen und Ordinaten des Punktes S auf dem Umfange des Spannungskreises gegeben.

Aus den Gln. (6') folgt weiter

$$\operatorname{tg} 2\varphi = -\frac{\tau}{\sigma - \sigma_x/2}. \tag{9}$$

Wenn in Abb. 5b der Punkt S die Koordinaten σ, τ hat, so ist $\sphericalangle S_1MS = 2\varphi$ und $\sphericalangle S_1OS = \varphi$; aus der Lage des Punktes S auf dem Spannungskreis ist daher auch umgekehrt der Winkel φ der Schnittebene zu entnehmen, in der die Spannung $\mathfrak{p}$ mit den Komponenten σ, τ wirkt.

Um eine eindeutige Zuordnung der Schnittebenen zu den Punkten des Spannungskreises zu erhalten, ist dabei nach folgender Regel zu verfahren (die auch für die Abb. 7 und 8 Geltung hat). Im Lageplan (Abb. 5a) wird der Winkel φ von der Ebene der gegebenen Spannung aus (hier σ_x, auf die senkrechte Ebene wirkend) im Gegensinn des Uhrzeigers positiv gezählt; Normalspannungen werden positiv und als Zugspannungen bezeichnet, wenn sie nach der äußeren Normalen des zugehörigen Flächenelementes wirken; und Schubspannungen werden positiv gezählt, wenn sie in dem Sinne wirken, der im Lageplan für φ festgesetzt wurde. Im Spannungskreis ist dagegen als positiver Sinn der Uhrzeigersinn zu nehmen.

Im übrigen ist zu beachten, daß es im Wesen der beim Mohrschen Kreis auftretenden „Abbildung" liegt, die Schubspannungen nur ihrem Betrage nach (d. h. immer positiv) aufzutragen; dann könnte auch der Winkel 2φ im selben Sinne positiv gerechnet werden wie im Lageplan. Nur wenn man (was beim ein- und zweiachsigen Spannungszustand noch möglich ist) auch das Vorzeichen der Schubspannungen zur Darstellung bringen will, ist man zu Festsetzungen von der angegebenen Art genötigt.

Schließlich erkennt man auch aus der Abb. 5b oder aus Gl. (6), daß die größten Werte, die die Schubspannung τ annehmen kann, die Größe haben:

$$\boxed{\tau_{\max} = \pm\sigma/2\,,} \tag{10}$$

und daß deren Ebenen den Winkeln $2\varphi = \pm\pi/2$, also $\varphi = \pm\pi/4$ entsprechen. Die größten Schubspannungen treten daher in Ebenen auf, die um $\pm\pi/4$ gegen die Stabachse geneigt sind.

Einen Spannungszustand von der hier betrachteten Art, bei dem die Spannungen über einen endlichen Querschnitt dieselben sind, bezeichnen wir als homogen. Im allgemeinen ändern sich die Spannungen von Ort zu Ort, sind also Funktionen des Ortes, und die angestellte Betrachtung gilt dann nur für einen kleinen Teil des Körpers, für ein „Körperelement". Das gleiche trifft auch für die in den folgenden Abschnitten zu besprechenden zwei- und dreidimensionalen Spannungszustände zu.

Daß die größten Schubspannungen unter $\pm\pi/4$ gegen die Kraftrichtung auftreten, macht sich dadurch bemerkbar, daß gewisse Stoffe (Gesteine) beim Druckversuch Bruchflächen ergeben, die angenähert unter $\pm\pi/4$ gegen die Kraftrichtung geneigt sind. Der Bruch tritt dann dadurch ein, daß das Material den längs dieser Flächen auftretenden Schubkräften nicht standzuhalten vermag. Auch die manchmal beobachtete Abweichung der Neigung der tatsächlich auftretenden Bruchflächen gegen den Wert $\pm \pi/4$ läßt sich (nach Coulomb) durch Einführung einer Reibungskraft längs der Bruchflächen theoretisch begründen.

9. Der ebene (zweiachsige) Spannungszustand. Nach den bisherigen Darlegungen kann von einer Spannung nur in Verbindung mit dem zugehörigen Flächenelement gesprochen werden. Die Gesamtheit der Spannungen auf alle Flächenelemente, die durch einen Punkt möglich sind, bezeichnet man als den Spannungszustand in diesem Punkte. Zunächst erhebt sich die Frage, wieviele Bestimmungsstücke vorgegeben werden müssen, um die Spannungen in allen Flächenelementen durch einen Punkt zu ermitteln. Wir beantworten diese Frage vorerst für den ebenen Spannungszustand, der dadurch ausgezeichnet ist, daß alle Spannungsvektoren in einer Ebene liegen; wir machen diese zur Zeichenebene und betrachten nur die Spannungen auf jene Flächenelemente, die auf der Zeichenebene senkrecht stehen.

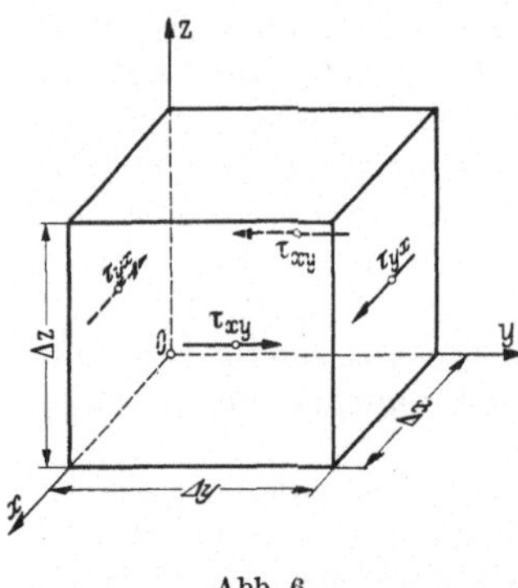

Abb. 6.

Ein solcher ebener Spannungszustand kann (angenähert) als vorhanden angesehen werden in dünnen Blechen oder Scheiben, die nur Kräften in ihrer eigenen Ebene unterworfen sind, oder in beliebig ausgedehnten prismatischen oder zylindrischen Körpern, in denen alle Spannungen in Richtung der Erzeugenden unveränderlich sind, für alle Ebenen senkrecht zu der Erzeugenden mithin der gleiche zweiachsige Spannungszustand vorhanden ist.

Für jeden beliebigen (auch dreiachsigen) Spannungszustand gilt der folgende fundamentale Satz: In je zwei zueinander senkrechten Ebenen sind die Komponenten der Schubspannungen, die zur Schnittlinie dieser Ebenen senkrecht stehen, einander gleich, und zwar sind beide entweder zur Kante hin oder von dieser weg gerichtet.

Zum Beweise dieses Satzes dient der Momentensatz. Wir betrachten ein Teilchen in Form eines rechtwinkeligen Quaders mit den Seiten $\Delta x, \Delta y, \Delta z$ (Abb. 6), die nach den x-, y-, z-Richtungen eines rechtwinkeligen Achsenkreuzes gerichtet sind. Jede Komponente der auf die Seitenflächen dieses Quaders wirkenden Schubspannungen wird passend durch zwei Zeiger bezeichnet, von denen der erste die Richtung der Normalen des Flächenelementes, auf das sie wirkt, und der zweite die Richtung der Schubspannung selbst angibt. Z. B. bedeutet τ_{xy} die Schubspannung in Richtung der y-Achse auf ein Flächenelement, dessen Normale die $+ x$-Richtung hat.

Die Schubspannungen auf gegenüberliegende Flächen des Quaders werden im allgemeinen voneinander verschieden sein; für die folgende Betrachtung kann aber (wegen der Kleinheit des betrachteten Quaders) von dieser Verschiedenheit zunächst abgesehen werden, so daß wir die in Abb. 6 dargestellte Anordnung erhalten.

In diese Abbildung sind nur die Schubspannungen eingetragen, die parallel zur x-y-Ebene liegen und um die z-Achse Drehmomente ergeben; die Bedingung, daß für Gleichgewicht die Summe der Momente um jede Achse des Raumes, also auch für die z-Achse verschwinden muß, liefert dann unmittelbar die Gl.

$$\tau_{xy} \Delta x \Delta z \cdot \Delta y = \tau_{yx} \Delta y \Delta z \cdot \Delta x, \quad \text{also} \quad \boxed{\tau_{xy} = \tau_{yx}.} \tag{11}$$

Da die betrachteten Ebenen in keiner Weise vor anderen ausgezeichnet sind, ist hierdurch der oben ausgesprochene Satz bewiesen.

Dies vorausgesetzt denken wir uns den ebenen Spannungszustand nach Abb. 7a durch die drei Spannungsgrößen $\sigma_x, \sigma_y, \tau_{xy} = \tau_{yx}$ für zwei zueinander senkrechte Ebenen gekennzeichnet. Wir setzen diese

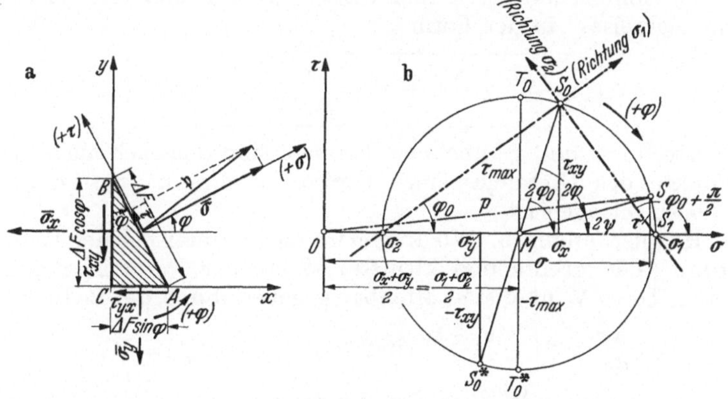

Abb. 7a und b.

Spannungsgrößen in die Form eines gegen die Diagonale symmetrischen Schemas

$$\begin{pmatrix} \sigma_x\,, & \tau_{xy} \\ \tau_{yx}\,, & \sigma_y \end{pmatrix}$$

und bezeichnen die Gesamtheit dieser vier Größen als ebenen Spannungstensor und die einzelnen Glieder als dessen Komponenten.

Wir können nun leicht zeigen, daß durch diese drei Größen σ_x, σ_y, τ_{xy} die Spannungen σ, τ für jede andere, etwa unter dem Winkel φ gegen die y-Achse geneigte Ebene ausgedrückt werden können. Hierbei möge die in 8 getroffene Festsetzung über die Wahl des positiven Sinnes für φ und für die Normal- und Schubspannungen gelten. Wir erhalten dann das in Abb. 7a eingetragene Spannungsbild, wobei zu beachten ist, daß die Schubspannung τ_{yx} auf die „Fläche“ $\overline{CA}$ negativ erscheint, was auch bei der Darstellung des Spannungszustandes durch den Mohrschen Spannungskreis zur Geltung kommen wird.

Ähnlich wie früher (in Abb. 5a) betrachten wir das kleine Prisma ABC, bei dem jetzt die Größe der schrägen „Fläche“ $\overline{AB} = \Delta F$ und daher $\overline{BC} = \Delta F \cos\varphi$, $\overline{CA} = \Delta F \sin\varphi$ ist, und setzen jetzt die Gleichgewichtsbedingungen unmittelbar für die Richtungen $(+\sigma)$ und $(+\tau)$ an. Nach Streichung des Faktors ΔF erhält man

$$\left.\begin{aligned} \sigma &= \sigma_x \cos^2\varphi + \sigma_y \sin^2\varphi + 2\,\tau_{xy} \sin\varphi\cos\varphi\,,\\ \tau &= -(\sigma_x - \sigma_y)\sin\varphi\cos\varphi + \tau_{xy}(\cos^2\varphi - \sin^2\varphi)\,, \end{aligned}\right\}$$

oder (durch Einführung des doppelten Winkels $2\,\varphi$)

$$\boxed{\begin{aligned} \sigma &= \frac{\sigma_x + \sigma_y}{2} + \frac{\sigma_x - \sigma_y}{2}\cos 2\,\varphi + \tau_{xy}\sin 2\,\varphi\,,\\ \tau &= \qquad\quad - \frac{\sigma_x - \sigma_y}{2}\sin 2\,\varphi + \tau_{xy}\cos 2\,\varphi\,. \end{aligned}} \tag{12}$$

Durch Elimination von φ findet man die Gleichung des „Mohrschen Spannungskreises" in der Form

$$\boxed{\left(\sigma - \frac{\sigma_x + \sigma_y}{2}\right)^2 + \tau^2 = \left(\frac{\sigma_x - \sigma_y}{2}\right)^2 + \tau_{xy}^2\,.} \tag{13}$$

Die Werte, die σ und τ annehmen können, sind demnach auch hier auf die Punkte des Umfanges eines Kreises beschränkt, dessen Lage in Abb. 7b eingetragen ist.

10. Hauptspannungen. Wir fragen nunmehr, unter welchen Winkeln φ extreme (d. h. größte und kleinste) Werte der Normalspannungen σ auftreten. Diese Winkel sind offenbar gegeben durch die Bedingung

$$\frac{d\sigma}{d\varphi} = 2\left[-\frac{\sigma_x - \sigma_y}{2}\sin 2\,\varphi + \tau_{xy}\cos 2\,\varphi\right] = 0\,.$$

Bezeichnen wir einen Wert von φ, der dieser Gl. genügt, mit φ_0, so findet man für diesen

$$\boxed{\operatorname{tg} 2\,\varphi_0 = \frac{2\,\tau_{xy}}{\sigma_x - \sigma_y}\,;} \tag{14}$$

$2\,\varphi_0$ tritt in der Abb. 7b unmittelbar auf. Man erkennt weiter: wenn φ_0 dieser Gl. genügt, dann genügt ihr auch $\varphi_0 + \pi/2$, weil $\operatorname{tg}(2\,\varphi_0 + \pi) = \operatorname{tg} 2\,\varphi_0$ ist. Es gibt daher zwei zueinander senkrechte Ebenen, in denen die Normalspannungen ihre extremen Werte annehmen. Aus den Gln. (12) erkennt man gleichzeitig, daß für diese Ebenen $\tau = 0$ ist. Man nennt sie die Hauptspannungsebenen und stellt somit fest, daß sie aufeinander senkrecht stehen und frei von Schubspannungen sind. Die Größen der Hauptspannungen σ_1, σ_2 sind dann gegeben durch die extremen σ-Werte; sie sind aus Abb. 7b unmittelbar abzulesen in der Form

$$\boxed{\sigma_{1,2} = \frac{\sigma_x + \sigma_y}{2} \pm \sqrt{\left(\frac{\sigma_x - \sigma_y}{2}\right)^2 + \tau_{xy}^2}\,.} \tag{15}$$

Man könnte die Hauptspannungen auch umgekehrt aus der Bedingung ermitteln, daß die Spannungsvektoren auf den zugehörigen Ebenen senkrecht stehen, für sie also $\tau = 0$ ist (siehe Beispiel 3).

Die Hauptspannungen σ_1, σ_2 gehören zu Spannungsebenen, deren Normalen mit der x-Achse die Winkel φ_0 bzw. $\varphi_0 + \pi/2$ einschließen. Um diese Zuordnung eindeutig zu machen, hat man zu beachten, daß durch den Wert von $\operatorname{tg} 2\varphi_0$ nach Gl. (14) der Winkel $2\varphi_0$ noch nicht eindeutig festgelegt ist. Rechnet man aber aus Gl. (14) $\sin 2\varphi_0$ und $\cos 2\varphi_0$, so erhält man

$$\sin 2\varphi_0 = \frac{\tau_{xy}}{\pm\sqrt{(\sigma_x - \sigma_y)^2/4 + \tau_{xy}^2}}, \qquad \cos 2\varphi_0 = \frac{(\sigma_x - \sigma_y)/2}{\pm\sqrt{(\sigma_x - \sigma_y)^2/4 + \tau_{xy}^2}},$$

und die Zuordnung hat dann so zu erfolgen, daß der Spannung σ_1 das positive und der Spannung σ_2 das negative Vorzeichen der Quadratwurzel in diesen Ausdrücken zugehört. Bei positiven Werten von τ_{xy} und $\sigma_x - \sigma_y$ liegt daher die Richtung von σ_1 im ersten, die von σ_2 im zweiten Quadranten.

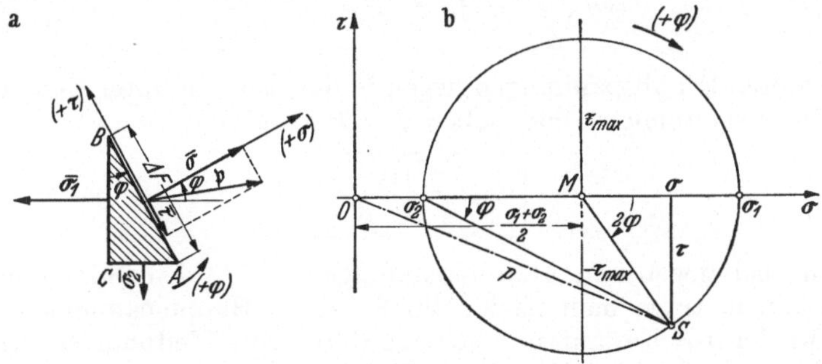

Abb. 8a und b.

Ebenso findet man jene Winkel φ_1, unter denen extreme Werte der Schubspannungen auftreten, durch die Bedingung

$$\frac{d\tau}{d\varphi} = 2\left[-\frac{\sigma_x - \sigma_y}{2}\cos 2\varphi - \tau_{xy}\sin 2\varphi\right] = 0,$$

also durch

$$\boxed{\operatorname{tg} 2\varphi_1 = -\frac{\sigma_x - \sigma_y}{2\tau_{xy}}.} \tag{16}$$

Es ist daher $\operatorname{tg} 2\varphi_0 \operatorname{tg} 2\varphi_1 = -1$ und

$$2\varphi_1 = 2\varphi_0 \pm \pi/2 \quad \text{oder} \quad \boxed{\varphi_1 = \varphi_0 \pm \pi/4.} \tag{17}$$

Es gibt also auch zwei Richtungen, in denen die extremen Werte $(\tau_{\max})$ der Schubspannungen auftreten, und diese halbieren die Winkel zwischen den Hauptspannungen. Die größten Schubspannungen sind einander gleich und gleich dem Halbmesser des Spannungskreises; wie man am einfachsten unmittelbar aus der Abb. 7b entnimmt, ist

$$\boxed{\tau_{\max} = \pm\sqrt{\left(\frac{\sigma_x - \sigma_y}{2}\right)^2 + \tau_{xy}^2}.} \tag{18}$$

Wenn das Ebenenpaar, von dem man ausgeht, die Ebenen der Hauptspannungen σ_1, σ_2 selbst sind, Abb. 8, so vereinfachen sich die Ausdrücke für die Spannungen σ, τ in einer beliebigen Ebene. Man hat dann einfach in den Gln. (12) σ_x durch σ_1, σ_y durch σ_2, τ_{xy} durch 0 zu ersetzen und erhält

$$\begin{aligned} \sigma &= \frac{\sigma_1+\sigma_2}{2} + \frac{\sigma_1-\sigma_2}{2}\cos 2\varphi, \\ \tau &= \qquad\quad - \frac{\sigma_1-\sigma_2}{2}\sin 2\varphi. \end{aligned} \tag{19}$$

Die Gl. des Spannungskreises nimmt in diesem Falle die einfachere Form an

$$\left(\sigma - \frac{\sigma_1+\sigma_2}{2}\right)^2 + \tau^2 = \left(\frac{\sigma_1-\sigma_2}{2}\right)^2. \tag{20}$$

Die größten Schubspannungen liegen in den Ebenen unter $\pm\,\pi/4$ gegen die Hauptspannungen und haben den Betrag[1]

$$\tau_{\max} = \left|\frac{\sigma_1-\sigma_2}{2}\right|. \tag{21}$$

Um bei gegebenen Hauptspannungen σ_1, σ_2 den Spannungskreis zu zeichnen, trage man nach Abb. 8b diese Hauptspannungen von O aus auf der σ-Achse auf und schlage durch ihre Endpunkte den Kreis mit dem Mittelpunkt M auf der Achse. Für jeden Punkt A mit den Koordinaten σ, τ ist dann $\sphericalangle \sigma_1 M S = 2\,\varphi$, die doppelte Neigung der zu den Spannungen σ, τ gehörigen Ebene gegen die Hauptspannungen.

Bezüglich des Zusammenhanges der Abb. 8b mit Abb. 7 beachte man, daß für $\tau_{xy} = 0$ unmittelbar $2\,\varphi_0 = 0$ folgt. Dadurch ist auch Abb. 5b als Sonderfall in diese Betrachtung eingereiht.

11. Anwendungen. Beispiel 1. Es sei S in Abb. 7b ein beliebiger Punkt des Spannungskreises mit den Koordinaten σ, τ, und S_0, S_0^* jene Punkte dieses Kreises, die den gegebenen Ebenen $\overline{CB}$ und $\overline{CA}$ zugehören. Zeige, daß $\sphericalangle\, S_0 M S = 2\varphi$ ist, d. i. das Doppelte der Neigung der Ebene $\overline{AB}$ gegen die y-Achse (oder ihrer Normalen gegen die x-Achse).

Zunächst erkennt man aus Gl. (14) und aus Abb. 7b, daß $\sphericalangle\, 2\varphi_0 = \sphericalangle\, S_0 M S_1$, also ist

$$\operatorname{tg} 2\,\varphi_0 = \frac{2\,\tau_{xy}}{\sigma_x - \sigma_y} \quad \text{und} \quad \operatorname{tg} 2\,\psi = \frac{\tau}{\sigma - (\sigma_x+\sigma_y)/2} = \frac{-\frac{1}{2}(\sigma_x - \sigma_y)\operatorname{tg} 2\,\varphi + \tau_{xy}}{\frac{1}{2}(\sigma_x - \sigma_y) + \tau_{xy}\operatorname{tg} 2\,\varphi}.$$

Nach einigen leichten Umformungen erhält man mit diesen Ausdrücken

$$\frac{\operatorname{tg} 2\,\varphi_0 - \operatorname{tg} 2\,\psi}{1 + \operatorname{tg} 2\,\varphi_0 \operatorname{tg} 2\,\psi} = \operatorname{tg} 2\,\varphi\,, \quad \text{also} \quad 2\,\varphi = 2\,\varphi_0 - 2\,\psi = \sphericalangle\, S_0 M S\,.$$

Beispiel 2. Zeichne den Spannungskreis a) für reinen Zug σ_1, b) für reinen Druck σ_2 (negativ!), c) für reinen Schub τ_0, d) für hydrostatischen Druck p. Die Lösung ist in Abb. 9 gegeben. — Beachte die Zählung des Winkels $2\,\varphi$ in den einzelnen Fällen gemäß den oben angegebenen Festsetzungen!

Beispiel 3. Zeige, daß die Hauptspannungen beim ebenen Spannungszustand durch die Bedingung erhalten werden können, daß der Spannungsvektor auf dem zugehörigen Flächenelement senkrecht steht, d. h. in die Richtung der Normalen zu dem Flächenelement fällt.

Wir betrachten hierzu in Abb. 7a die Komponenten p_x, p_y der auf die Seiten-

[1] Durch $|\,a\,|$ wird der „Betrag" der Größe a bezeichnet.

fläche ΔF wirkenden Spannung $\mathfrak{p}$ nach den x- und y-Richtungen; aus den Bedingungen des Gleichgewichts für diese beiden Richtungen erhält man die Gln.

$$\left.\begin{aligned} p_x &= \sigma_x \cos\varphi + \tau_{yx}\sin\varphi\,, \\ p_y &= \tau_{xy}\cos\varphi + \sigma_y \sin\varphi\,. \end{aligned}\right\}$$

Soll die Spannung $\mathfrak{p}$ in die Richtung der Flächennormalen fallen, so muß sie mit der x-Richtung den Winkel φ einschließen; bezeichnen wir eine der Hauptspannungen mit σ, so müssen daher die Gln. bestehen

$$\left.\begin{aligned} p_x &\equiv \sigma\cos\varphi = \sigma_x\cos\varphi + \tau_{yx}\sin\varphi \\ p_y &\equiv \sigma\sin\varphi = \tau_{xy}\cos\varphi + \sigma_y\sin\varphi \end{aligned}\right\} \quad \text{oder} \quad \left.\begin{aligned} (\sigma_x - \sigma)\cos\varphi + \tau_{yx}\sin\varphi &= 0\,, \\ \tau_{xy}\cos\varphi + (\sigma_y - \sigma)\sin\varphi &= 0\,. \end{aligned}\right\}$$

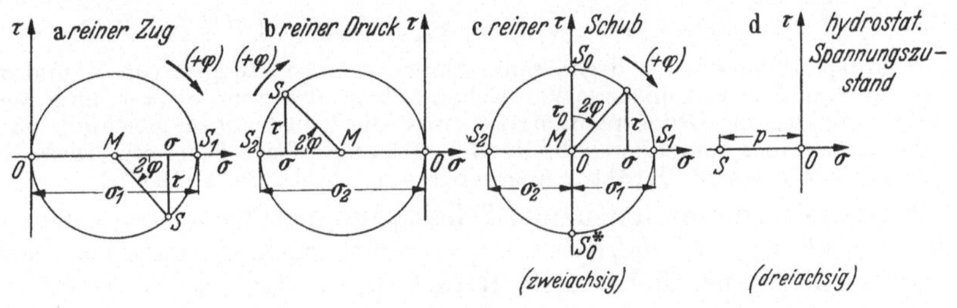

Abb. 9.

Da $\cos\varphi$ und $\sin\varphi$ nicht beide gleichzeitig verschwinden können, so liefert die Elimination von φ unmittelbar die folgende Gl., die durch das Nullsetzen der Determinante des letzten Gleichungssystems gewonnen wird,

$$\begin{vmatrix} \sigma_x - \sigma, & \tau_{yx} \\ \tau_{xy}, & \sigma_y - \sigma \end{vmatrix} \equiv \sigma^2 - (\sigma_x + \sigma_y)\,\sigma + \sigma_x\sigma_y - \tau_{xy}^2 = 0\,. \tag{22}$$

Löst man diese nach σ auf, so erhält man wieder die in Gl. (15) gefundenen Werte.

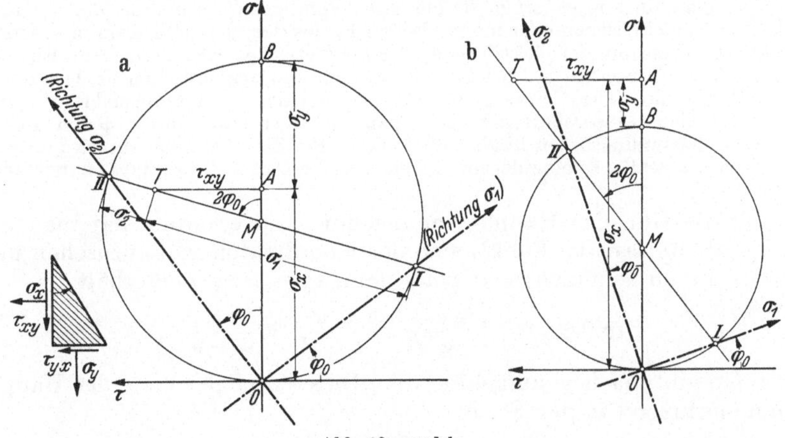

Abb. 10a und b.

Beispiel 4. Zweite Form des Spannungskreises. Die Ausdrücke, die zur Ermittlung der Größen und der Lage der Hauptspannungen aus gegebenen Werten von $\sigma_x, \sigma_y, \tau_{xy}$ dienen, insb. die Gln. (14) und (15), können noch in anderer Weise mittels eines Kreises dargestellt werden, die gleichfalls von O. Mohr herrührt; dieser Kreis wird jedoch oft als Landscher Kreis bezeichnet, wegen der vielfachen sonstigen Anwendungen, die R. Land davon gemacht hat.

Man trage in Abb. 10a $\overline{OA} = \sigma_x$, $\overline{AB} = \sigma_y$ und $\overline{AT} = \tau_{xy}$ (d. i. die zu σ_x gehörige, hier positive Schubspannung) auf, verbinde T mit dem Mittelpunkt des über $\overline{OB}$ als Durchmesser geschlagenen Kreises und O mit den Schnittpunkten I, II jener Linie mit dem Kreise. Dann ist $\overline{TI} = \sigma_1$, $\overline{TII} = \sigma_2$; und $\overline{OI}$, $\overline{OII}$ stellen die Richtungen der beiden Hauptspannungen dar.

Da $\overline{OM} = (\sigma_x + \sigma_y)/2$, $\overline{MA} = (\sigma_x - \sigma_y)/2$, so folgt unmittelbar aus der Abb. 10a

$$\operatorname{tg} \sphericalangle AMT = \frac{\overline{AT}}{\overline{MA}} = \frac{\tau_{xy}}{(\sigma_x - \sigma_y)/2} = \operatorname{tg} 2\varphi_0, \quad \sphericalangle AOII = \varphi_0;$$

ferner ist

$$\overline{MT} = \sqrt{\overline{MA}^2 + \overline{AT}^2} = \sqrt{(\sigma_x - \sigma_y)^2/4 + \tau_{xy}^2}, \quad \text{daher } \overline{IT} = \sigma_1, \quad \overline{TII} = \sigma_2.$$

Die Hauptspannungsebenen liegen senkrecht zu den Richtungen von σ_1 und σ_2.

Wenn σ_x und σ_y verschiedene Vorzeichen haben, also wenn etwa σ_x eine Zugspannung und σ_y eine Druckspannung ist, so ist die Konstruktion gleichfalls ohne weiteres anwendbar und nimmt die in Abb. 10b angegebene Form an. [Diese Erweiterung wurde von K. Klotter angegeben. Ing.-Arch. Bd. 4 (1933).]

12. Hauptspannungslinien und Schubspannungslinien. Wenn man in jedem Punkte einer Ebene, die zu einem zweiachsigen Spannungszustand in einem Körper parallel ist, die Richtungen der Hauptspannungen durch zwei kurze, aufeinander senkrecht stehende Striche einträgt, so erhält man ein „Richtungsfeld"; in dieses können dann Kurven so eingebettet werden, daß sie in jedem ihrer Punkte ein „Linienelement" des Richtungsfeldes berühren. Für das gegebene Spannungsfeld erhält man so die Hauptspannungslinien, oft auch Spannungstrajektorien genannt, die ein Bild über die Richtungen der größten und kleinsten Spannungen über den ganzen betrachteten Bereich ergeben und eine zweifache Schar orthogonaler Kurven darstellen.

Die Spannungstrajektorien stellen eine Verallgemeinerung zu den „Kraftlinien" eines elektrischen oder magnetischen Feldes dar, deren Tangenten in jedem Punkte die Richtung der elektrischen oder magnetischen Kraft angeben. Ein Unterschied liegt aber darin, daß bei den elektrischen und magnetischen Feldern durch jeden Punkt nur eine Kurve geht, während bei den „Spannungsfeldern" (entsprechend dem Tensorcharakter des Spannungszustandes) durch jeden Punkt zwei Hauptspannungslinien hindurchlaufen. — Bei Eisenbetonbalken wird oft verlangt, die Eisenstäbe so einzulegen, daß sie dem Verlauf der Hauptspannungslinien folgen.

Um die Gln. der Hauptspannungslinien zu erhalten, hat man σ_x, σ_y, τ_{xy} als bekannte Funktionen der Koordinaten x, y anzusehen und die Gl. (14) zu benützen; man setzt dann $\operatorname{tg} \varphi_0 = y'$ und erhält

$$\operatorname{tg} 2\varphi_0 \equiv \frac{2 \operatorname{tg} \varphi_0}{1 - \operatorname{tg}^2 \varphi_0} \equiv \frac{2y'}{1 - y'^2} = \frac{2\tau_{xy}}{\sigma_x - \sigma_y}.$$

Diese Gl. gibt, nach y' aufgelöst, die „Differentialgleichung der Hauptspannungslinien" in der Form

$$\boxed{y'^2 + \frac{\sigma_x - \sigma_y}{\tau_{xy}} y' - 1 = 0.} \tag{23}$$

Sie ist in y' quadratisch, und dies bedeutet gerade, daß durch jeden Punkt (x, y) zwei Kurven hindurchgehen; da überdies das konstante Glied -1 ist, stehen diese Kurven in jedem Punkte aufeinander senkrecht. Die endlichen Gleichungen der Hauptspannungslinien erhält man durch Integration, und diese kann, wenn sie in strenger Form nicht möglich ist, stets angenähert ausgeführt werden.

Um auch die Größen der Spannungen darzustellen, müßte man für jede Spannungslinie einen „Hauptspannungsplan" anlegen, indem man von einem festen Punkt aus die Spannungen als Vektoren aufträgt und die Endpunkte jener Vektoren miteinander verbindet, die zu den Punkten dieser Spannungslinie gehören; zu jeder Spannungslinie gehört dann eine Linie im Spannungsplan.

Außer den Hauptspannungslinien sind manchmal auch die **Schubspannungslinien** von Interesse; diese sind dadurch definiert, daß sie in jedem ihrer Punkte den Richtungen der größten Schubspannungen folgen; sie bilden ebenfalls eine zweifach-unendliche Kurvenschar. Wie früher schon gezeigt, halbieren die durch jeden Punkt gehenden Kurven die Winkel der Hauptspannungen.

Da nach Gl. (16) die Richtungen der Schubspannungslinien (mit $\operatorname{tg} \varphi_1 = y_1'$) durch den Ausdruck gegeben sind

$$\operatorname{tg} 2\varphi_1 = \frac{2 \operatorname{tg} \varphi_1}{1 - \operatorname{tg}^2 \varphi_1} = \frac{2 y_1'}{1 - y_1'^2} = -\frac{\sigma_x - \sigma_y}{2 \tau_{xy}},$$

so lautet die „Differentialgleichung der Schubspannungslinien"

$$\boxed{y_1'^2 - \frac{4 \tau_{xy}}{\sigma_x - \sigma_y} y_1' - 1 = 0.} \tag{24}$$

Beispiel 5. **Hauptspannungslinien und Schubspannungslinien für einen Balken auf zwei Stützen, der in der Mitte durch eine Einzelkraft $\mathfrak{P}$ belastet ist.** Wenn der Balken einen rechteckigen Querschnitt mit der Höhe $2h$ hat, so ist die Spannungsverteilung, wie später gezeigt werden wird, gekennzeichnet durch die Gln.

$$\sigma_x = a x y, \quad \sigma_y = 0, \quad \tau_{xy} = \frac{a}{2}(h^2 - y^2).$$

(Darin bedeutet $a = P/2J$ und J das Trägheitsmoment des Balkenquerschnitts um die Querachse durch den Schwerpunkt). Die Differentialgleichung der Hauptspannungslinien lautet daher

$$\operatorname{tg} 2\varphi_0 = \frac{2y'}{1 - y'^2} = \frac{2\tau_{xy}}{\sigma_x - \sigma_y} = \frac{h^2 - y^2}{x y},$$

oder

$$y'^2 + \frac{2 x y}{h^2 - y^2} y' - 1 = 0. \tag{25}$$

Das Integral dieser Differentialgleichung ist nicht bekannt. In der Abb. 11a ist das Ergebnis der angenäherten Integration dargestellt, wobei für die Ermittlung der Richtungen der Hauptspannungen in jedem Punkte mit Vorteil der Mohrsche Spannungskreis dienen kann.

Zur Erläuterung der Ausdrücke für σ_x und τ_{xy} sei folgendes bemerkt: Die Verteilung der Schubspannungen ist für alle Querschnitte jeder Trägerhälfte die gleiche (weil die Querkraft die gleiche ist) und wird durch eine Parabel dargestellt (**64**); die Normalspannungen nehmen vom Auflager gegen die Mitte proportional mit x und von der Mittelachse (Nullachse) gegen die waagrechten Ränder proportional mit $\pm y$ zu. In der Mittelachse selbst sind die Normalspannungen null und nur Schubspannungen vorhanden; daher laufen [nach Gl. (25)] die Hauptspannungslinien dort unter $\pm \pi/4$ durch. Die waagrechten Ränder sind Hauptspannungslinien, weil in ihnen die Schubspannungen verschwinden, der linke Rand ist aber keine Hauptspannungslinie, weil in ihm Schubspannungen wirken. Die Ecken, in denen die Ränder senkrecht aneinander stoßen, sind „singuläre Punkte“, in denen die Eigenschaft des Senkrechtstehens der Hauptspannungslinien aufgehoben ist.

Man beachte noch, daß die obigen Gln. für σ_x und τ_{xy} streng genommen nicht der Stützung in den zwei Auflagerpunkten A und B und auch nicht einer Belastung durch eine Einzelkraft $\mathfrak{P}$ entsprechen. Die Belastung und die Stützungen sind vielmehr durch die Summen der Schubspannungen dargestellt, die im Mittelquerschnitt und an den Endquerschnitten auftreten. In einiger Entfernung von diesen wird aber die Spannungsverteilung durch die obigen Gln. zutreffend angegeben (Prinzip von Saint-Venant).

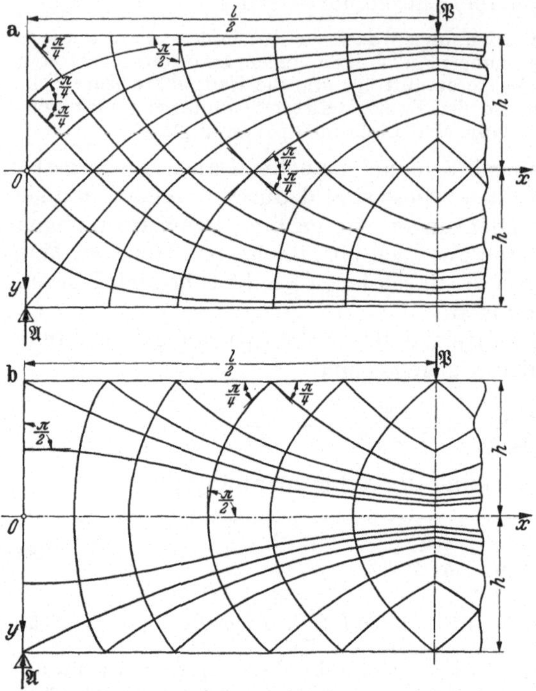

Abb. 11a und b.
a Hauptspannungslinien, b Schubspannungslinien.

Die Differentialgleichung der Schubspannungslinien für die hier betrachtete Belastung lautet

$$y_1'^2 - \frac{2(h^2 - y_1^2)}{x\,y_1} y_1' - 1 = 0. \qquad (26)$$

Diese Gl. läßt sich (durch die Substitution $x^2 = s$, $y^2 = t$) auf die Clairautsche bzw. Lagrangesche Form zurückführen und vollständig integrieren. Das Ergebnis ist in Abb. 11b dargestellt. Die Kurven schneiden die in a) gegebenen in jedem Punkte unter $\pm \pi/4$.

Wenn übrigens die Belastung nicht eine Einzelkraft in der Mitte, sondern gleichförmig (q je Längeneinheit) über die Trägerlänge verteilt ist, so haben die Hauptspannungslinien (und auch die Schubspannungslinien) genau dieselbe Form. Denn es ist dann

$$\sigma_x = a' x (l - x) y, \qquad \sigma_y = 0, \qquad \tau_{xy} = \frac{a'}{2}(l - x)(h^2 - y^2), \qquad (27)$$

worinj etzt $a' = q/2\,J$ bedeutet. Die Differentialgleichungen für die beiden Kurvenscharen bleiben also ungeändert.

13. Der dreiachsige (räumliche) Spannungszustand. In derselben Weise wie zuvor ist leicht einzusehen, daß zur Kennzeichnung des räumlichen oder dreiachsigen Spannungszustandes sechs Größen angegeben werden müssen, und zwar die Normalspannungen und Schubspannungen auf drei zueinander senkrechte Ebenen. Die Normalspannungen $\sigma_x, \sigma_y, \sigma_z$ werden wieder nach außen positiv gerechnet; die Schubspannung in jeder Ebene wird durch zwei Komponenten festgelegt und (wie in 9) durch je zwei Zeiger bezeichnet. Für die drei Ebenen würden sich demnach neun Größen ergeben; wegen der Gleichheit der Schubspannungen in je zwei zueinander senkrechten Ebenen sind je zwei von ihnen einander gleich, und zwar ist

$$\tau_{yz} = \tau_{zy}, \quad \tau_{zx} = \tau_{xz}, \quad \tau_{xy} = \tau_{yx}. \tag{28}$$

Als Komponenten des **räumlichen Spannungstensors** bezeichnen wir die **sechs** Spannungsgrößen des folgenden symmetrischen Schemas

$$\begin{pmatrix} \sigma_x & \tau_{xy} & \tau_{xz} \\ \tau_{yx} & \sigma_y & \tau_{yz} \\ \tau_{zx} & \tau_{zy} & \sigma_z \end{pmatrix}.$$

Durch diese sechs Größen lassen sich nun die Komponenten der auf eine beliebige Ebene wirkenden Spannung linear ausdrücken. Wir betrachten hierzu ein Raumelement in Form eines Vierflachs (Tetraeder), dessen in O zusammenstoßende Kanten aufeinander senkrecht stehen; die Spannungen, die auf dessen Seitenflächen etwa in der x-Richtung einwirken, sind in Abb. 12 eingetragen. Die nach außen gerichtete Normale $\mathfrak{n}$ zur geneigten Seitenfläche ΔF sei durch die Richtungskosinusse λ, μ, ν gegeben. In der x-Richtung wirken nur die Normalspannung $\bar{\sigma}_x$ auf die Dreiecksfläche $OBC = \lambda \Delta F$ und die Schubspannungen $\bar{\tau}_{yx}$ auf die Fläche $OCA = \mu \Delta F$ und $\bar{\tau}_{zx}$ auf die Fläche $OAB = \nu \Delta F$. Die Komponenten der Spannung $\mathfrak{p}$, die auf die geneigte Seitenfläche ΔF wirkt, nach den Achsen seien mit p_x, p_y, p_z bezeichnet.

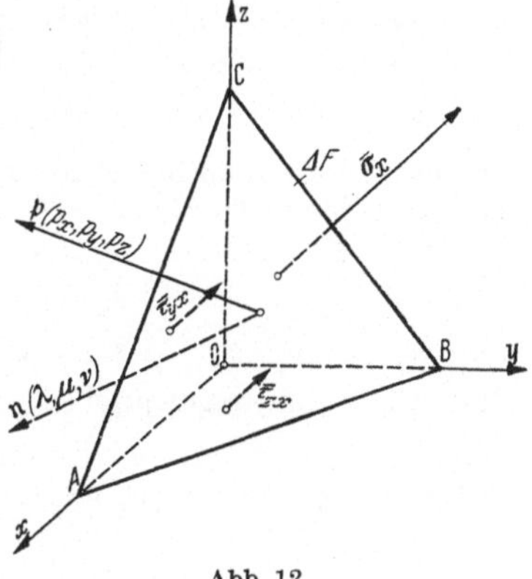

Abb. 12.

Die Gleichgewichtsbedingung für die x-Richtung ergibt dann die erste der folgenden Gln., zu der die beiden anderen auf dieselbe Weise gefunden werden

$$\boxed{\begin{aligned} p_x &= \lambda \sigma_x + \mu \tau_{yx} + \nu \tau_{zx}, \\ p_y &= \lambda \tau_{xy} + \mu \sigma_y + \nu \tau_{zy}, \\ p_z &= \lambda \tau_{xz} + \mu \tau_{yz} + \nu \sigma_z. \end{aligned}} \tag{29}$$

Die Gesamtspannung auf die Seitenfläche ΔF ist daher

$$p = \sqrt{p_x^2 + p_y^2 + p_z^2},$$

und die Normalspannung σ auf die Fläche ΔF ergibt sich durch Projektion von $\mathfrak{p}$ auf $\mathfrak{n}$ oder durch die Summe der Projektionen von p_x, p_y, p_z auf $\mathfrak{n}$ in der Form

$$\begin{aligned} \sigma &= p \cos\varphi = \lambda p_x + \mu p_y + \nu p_z \\ &= \lambda^2 \sigma_x + \mu^2 \sigma_y + \nu^2 \sigma_z + 2\mu\nu\tau_{yz} + 2\nu\lambda\tau_{zx} + 2\lambda\mu\tau_{xy}. \end{aligned} \tag{30}$$

Ferner ist die Größe der Schubspannung in der Fläche ΔF

$$\tau = \sqrt{p^2 - \sigma^2}. \tag{31}$$

Beim dreiachsigen Spannungszustand gibt es i. a. drei Ebenen, die dadurch ausgezeichnet sind, daß die Vektoren der in ihnen auftretenden Spannungen auf den Ebenen senkrecht stehen. Man nennt diese Spannungen die Hauptspannungen und die zugehörigen Ebenen die Hauptspannungsebenen.

Beispiel 6. Berechne die Hauptspannungen $\sigma_1, \sigma_2, \sigma_3$ eines räumlichen Spannungszustandes $\sigma_x, \sigma_y, \sigma_z, \tau_{yz}, \tau_{zx}, \tau_{xy}$ aus der Bedingung des Senkrechtstehens zu den zugehörigen Flächenelementen (s. Beispiel 3).

Wenn σ eine der Hauptspannungen und λ, μ, ν die Richtungskosinusse der Normalen der zugehörigen Ebene bedeuten, so hat man in den Gln. (29) $p_x = \lambda\sigma$, $p_y = \mu\sigma$, $p_z = \nu\sigma$ zu setzen und erhält die Gln.

$$\left.\begin{aligned} \lambda\sigma &= \lambda\sigma_x + \mu\tau_{yx} + \nu\tau_{zx} \\ \mu\sigma &= \lambda\tau_{xy} + \mu\sigma_y + \nu\tau_{zy} \\ \nu\sigma &= \lambda\tau_{xz} + \mu\tau_{yz} + \nu\sigma_z \end{aligned}\right\} \text{ oder } \left.\begin{aligned} \lambda(\sigma_x - \sigma) + \mu\tau_{yx} + \nu\tau_{zx} &= 0 \\ \lambda\tau_{xy} + \mu(\sigma_y - \sigma) + \nu\tau_{zy} &= 0 \\ \lambda\tau_{xz} + \mu\tau_{yz} + \nu(\sigma_z - \sigma) &= 0 \end{aligned}\right\}. \tag{32}$$

Die notwendige (und hinreichende) Bedingung dafür, daß diese Gln. von null verschiedene Lösungen λ, μ, ν haben, ist das Verschwinden der Determinante

$$\begin{vmatrix} \sigma_x - \sigma, & \tau_{yx}, & \tau_{zx} \\ \tau_{xy}, & \sigma_y - \sigma, & \tau_{zy} \\ \tau_{xz}, & \tau_{yz}, & \sigma_z - \sigma \end{vmatrix} = 0;$$

diese Gl. lautet ausgeschrieben

$$\sigma^3 - (\sigma_x + \sigma_y + \sigma_z)\sigma^2 + (\sigma_y\sigma_z + \sigma_z\sigma_x + \sigma_x\sigma_y - \tau_{yz}^2 - \tau_{zx}^2 - \tau_{xy}^2)\sigma - \begin{vmatrix} \sigma_x & \tau_{yx} & \tau_{zx} \\ \tau_{xy} & \sigma_y & \tau_{zy} \\ \tau_{xz} & \tau_{yz} & \sigma_z \end{vmatrix} = 0$$

und gibt in ihren Wurzeln die drei Hauptspannungen $\sigma_1, \sigma_2, \sigma_3$. Um die Richtungen der Hauptspannungen zu ermitteln, setze man diese Werte nacheinander in zwei der drei Gln. (32) ein, wodurch die Verhältnisse der Richtungskosinusse $\lambda : \mu : \nu$ gefunden sind. Die Richtungskosinusse selbst erhält man dann durch Hinzunahme der Bedingung $\lambda^2 + \mu^2 + \nu^2 = 1$.

14. Bemerkung über die Mohrsche Darstellung des dreiachsigen Spannungszustandes. Ähnlich wie der zweiachsige (ebene) kann auch der dreiachsige (räumliche) Spannungszustand auf die Ebene „abgebildet" werden; diese außerordentlich bemerkenswerte Darstellung, die ebenfalls O. Mohr zu verdanken ist, ist in Abb. 13 angegeben; es ist dabei angenommen, daß der Spannungszustand von vornherein durch seine drei Hauptspannungen $\sigma_1, \sigma_2, \sigma_3$ gegeben ist.

In der Abbildung werden die Strecken $\overline{OS_1} = \sigma_1$, $\overline{OS_2} = \sigma_2$, $\overline{OS_3} = \sigma_3$ auf einer σ-Achse aufgetragen und über die Punktpaare $\overline{S_3S_2}$, $\overline{S_2S_1}$, $\overline{S_3S_1}$ Halbkreise geschlagen, deren Mittelpunkte M_1, M_2, M_3 auf der σ-Achse liegen. Dadurch entsteht ein Kreisbogendreieck, und durch die Koordinaten σ, τ der Punkte im Innern und am Rande dieses Kreisbogendreiecks sind alle bei dem gegebenen Spannungszustand möglichen Werte von σ und τ erschöpft.

Um die Werte von σ, τ zu erhalten, die einem Flächenelement angehören, dessen Normale mit den Achsen die Winkel α, β, γ einschließt, trage man α bei S_1 und γ bei S_3 auf, und zwar jeden Winkel von der τ-Achse aus. Die zweiten Schenkel der Winkel mögen den Kreis über $\overline{S_1 S_3}$ in den Punkten E und F schneiden; sodann schlage man den Kreisbogen $\widehat{ER}$ mit dem Mittelpunkte M_1 und den Kreisbogen $\widehat{FR}$ mit

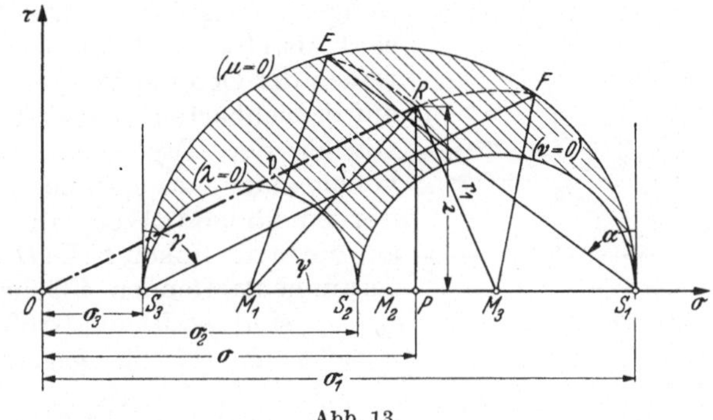

Abb. 13.

dem Mittelpunkte M_3. Die Koordinaten des Schnittpunktes R stellen dann die Normalspannung σ und die Schubspannung τ dar, die auf das betrachtete Flächenteilchen wirken (τ ohne Rücksicht auf das Vorzeichen!) Die größte auftretende Schubspannung ist vom Betrage $|\sigma_1 - \sigma_3|/2$. Auf den Beweis für diese Beziehungen kann hier nicht eingegangen werden.

15. Die Gleichgewichtsbedingungen für das Körperelement. Nachdem wir den Begriff des Spannungszustandes in einem Punkte oder des Spannungstensors und seine Darstellung durch die Mohrschen Kreise erläutert haben, gehen wir einen Schritt weiter in der Bestimmung des Spannungstensors selbst, indem wir uns die Aufgabe stellen, die Veränderung des Spannungszustandes von Punkt zu Punkt zu verfolgen. Wir gelangen auf diese Weise zur Aufstellung der statischen Gleichungen für die Spannungen in Abhängigkeit vom Orte im Innern des Körpers, oder der Gleichgewichtsbedingungen. Um zu diesen Gln. zu gelangen, müssen wir berücksichtigen, daß der Spannungstensor in allen Punkten i. a. verschieden sein wird; er wird dabei vor allem abhängen müssen von der an der Oberfläche oder am Rande des Körpers wirkenden Belastung durch äußere Kräfte; dieser Belastung entspricht an der Oberfläche eine bestimmte Verteilung von „Randspannungen“, die als bekannt angesehen werden. In diese gegebenen, an der Oberfläche angreifenden Spannungen ist der Spannungstensor über den ganzen Körper hinweg so einzupassen, daß im Innern an jeder Stelle außer den Bedingungen des Gleichgewichts, wie bald noch deutlicher hervortreten wird, die des „natürlichen Zusammenhanges“ des Körperganzen erfüllt sind. Dabei wird sich sofort ergeben, daß diese Aufgabe durch Einführung der Spannungen allein i. a. nicht gelöst werden kann.

Die Bedingungen des Gleichgewichts findet man am einfachsten durch Betrachtung eines im Innern des Körpers abgegrenzten Teiles in Form eines kleinen Quaders unter der Einwirkung der auf dessen Seitenflächen wirkenden Spannungen und der gegebenenfalls vorhandenen Raumkräfte (wie der Gewichte, Trägheitskräfte usw.).

A. Für den ebenen (zweiachsigen) Spannungszustand sind an dem Quader($\Delta x, \Delta y, \Delta z$) die in Abb. 14 (für die x-Richtung) eingetragenen Spannungen einzuführen. Die Spannungen sind als stetige, differenzierbare Funktionen des Ortes anzusehen, deren Werte auf benachbarten Flächen um die ersten Glieder der Taylorschen Entwicklung voneinander verschieden angenommen werden können. Wenn die Spannungen auf die in der linken Ecke O des Quaders zusammentreffenden Flächenstücke σ_x, σ_y, τ_{xy} sind, so ist die Größe der in der x-Richtung auf die gegenüberliegende „Fläche" $\overline{AC}$ wirkende Normalspannung $\sigma_x + \frac{\partial \sigma_x}{\partial x} \Delta x$, und die Größe der in der „Fläche" $\overline{BC}$ wirkenden Schubspannung $\tau_{yx} + \frac{\partial \tau_{yx}}{\partial y} \Delta y$. Bedeuten endlich ϱ die Dichte und X, Y die Komponenten der etwa vorhandenen Raumkräfte auf die Masseneinheit bezogen in den Richtungen der gewählten Achsen, so führt die Bedingung des Gleichgewichts aller in der x-Richtung wirkenden Kräfte auf die Gl.

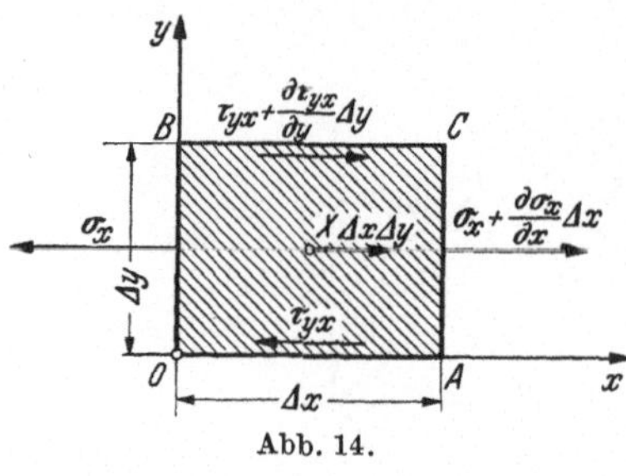

Abb. 14.

$$\left(\sigma_x + \frac{\partial \sigma_x}{\partial x} \Delta x\right) \Delta y \, \Delta z - \sigma_x \Delta y \, \Delta z$$

$$+ \left(\tau_{yx} + \frac{\partial \tau_{yx}}{\partial y} \Delta y\right) \Delta x \, \Delta z - \tau_{yx} \Delta x \, \Delta z + \varrho X \Delta x \, \Delta y \, \Delta z = 0 .$$

Dadurch erhält man die erste der beiden folgenden Gln., die zweite, für die y-Richtung, wird auf dieselbe Weise gewonnen:

$$\begin{aligned} \frac{\partial \sigma_x}{\partial x} + \frac{\partial \tau_{yx}}{\partial y} + \varrho X &= 0, \\ \frac{\partial \tau_{xy}}{\partial x} + \frac{\partial \sigma_y}{\partial y} + \varrho Y &= 0. \end{aligned} \qquad (33)$$

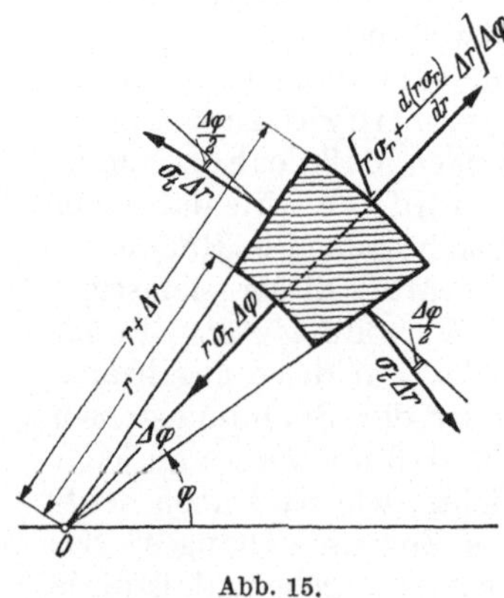

Abb. 15.

Dies sind zwei Gln. für die drei unbekannten Funktionen σ_x, σ_y, τ_{xy}. Daraus sieht man, daß diese drei Funktionen i. a. aus diesen statischen Gleichungen allein nicht bestimmt werden können. Das ebene Spannungsproblem ist einfach statisch-unbestimmt. Wie schon hier bemerkt werden soll, müssen die Formänderungen herangezogen werden, um diese Unbestimmtheit zu beheben.

Beispiel 7. Ebener achsensymmetrischer Spannungszustand eines zylindrischen Körpers. Zur Aufstellung der statischen Gleichungen nimmt man in diesem Falle das Flächenelement (Abb. 15) zweckmäßig von zwei konzentrischen Kreisen mit den Halbmessern r, $r+\Delta r$ und zwei Strahlen φ, $\varphi + \Delta\varphi$ begrenzt an; die „Höhe" des Körperelements sei h. Die Normalspannung in Richtung r wird als „Radialspannung" σ_r, die in Richtung der Tangente als „Tangentialspannung" oder „Ringspannung" σ_t bezeichnet. Beide sind von φ unabhängig, Schubspannungen treten bei Achsensymmetrie in den betrachteten Schnittrichtungen nicht auf. Die Gleichgewichtsbedingung für die Richtung r liefert unmittelbar auf Grund des in der Abb. angegebenen Spannungsbildes die Gl.

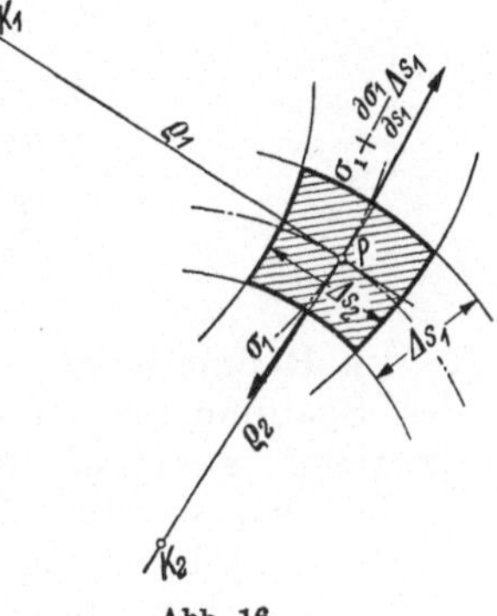

Abb. 16.

$$\left(r\sigma_r + \frac{d(r\sigma_r)}{dr}\Delta r\right) h\Delta\varphi$$

$$- r\sigma_r h\Delta\varphi - 2\sigma_t \Delta r \frac{\Delta\varphi}{2} h = 0,$$

also nach Ausführung der Kürzungen

$$\frac{d(r\sigma_r)}{dr} - \sigma_t = 0, \quad \text{oder} \quad \boxed{\frac{d\sigma_r}{dr} = \frac{\sigma_t - \sigma_r}{r}}. \tag{34}$$

Zur Bestimmung der beiden Normalspannungen σ_r und σ_t haben wir nur eine Gleichung; wir wissen, daß das ebene Spannungsproblem einfach statisch-unbestimmt ist.

Beispiel 8. Die statischen Gleichungen „in natürlicher Darstellung". Manchmal ist es vorteilhaft, die Gleichgewichtsbedingungen auf die Hauptspannungslinien als Koordinatenlinien zu beziehen. Ein kleines Teilchen, dessen Seitenflächen nach diesen orientiert sind, ist dann allein unter der Wirkung der Normalspannungen im Gleichgewichte. Für den einachsigen Spannungszustand denken wir uns (ähnlich wie in Beisp. 7) in Abb. 16 die beiden Scharen der Hauptspannungslinien mit den Bogenelementen Δs_1 und Δs_2 und den zugehörigen Krümmungshalbmessern ϱ_1 und ϱ_2 angedeutet. Wendet man die Gl. (34) auf diese Koordinatenlinien und die zugehörigen Krümmungskreise an, so findet man unmittelbar die gesuchten Gln.

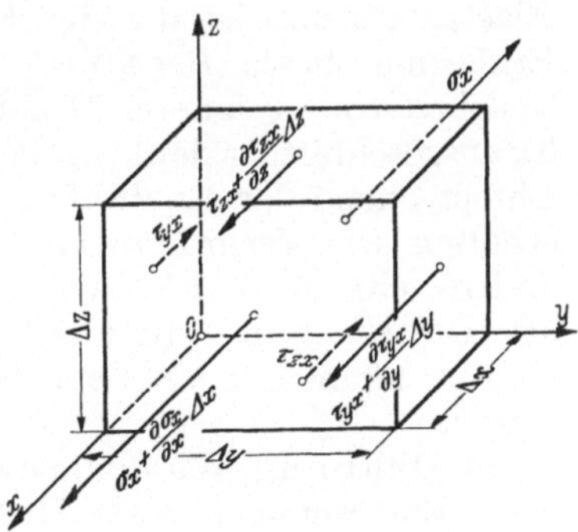

Abb. 17.

$$\boxed{\frac{\partial\sigma_1}{\partial s_1} = \frac{\sigma_2 - \sigma_1}{\varrho_2}, \quad \frac{\partial\sigma_2}{\partial s_2} = \frac{\sigma_1 - \sigma_2}{\varrho_1}}. \tag{35}$$

B. Für den räumlichen Spannungszustand hat man auf den in Abb. 17 dargestellten Quader in der x-Richtung die eingetragenen Spannungskomponenten einzuführen und deren Veränderlichkeit in den gegenüberliegenden Seitenflächen zu berücksichtigen. Durch eine ganz ähnliche Betrachtung wie in A. erhält man die erste der folgenden statischen Gln., zu der die beiden anderen, für die y- und z-Richtung, auf dieselbe Weise gefunden werden:

$$\begin{aligned}
\frac{\partial \sigma_x}{\partial x} + \frac{\partial \tau_{yx}}{\partial y} + \frac{\partial \tau_{zx}}{\partial z} + \varrho X &= 0, \\
\frac{\partial \tau_{xy}}{\partial x} + \frac{\partial \sigma_y}{\partial y} + \frac{\partial \tau_{zy}}{\partial z} + \varrho Y &= 0, \\
\frac{\partial \tau_{xz}}{\partial x} + \frac{\partial \tau_{yz}}{\partial y} + \frac{\partial \sigma_z}{\partial z} + \varrho Z &= 0.
\end{aligned} \tag{36}$$

Im Raume haben wir also drei Gln. für die sechs Komponenten des Spannungstensors; das räumliche Spannungsproblem ist daher dreifach statisch-unbestimmt.

Bei den meisten Aufgaben der Festigkeitslehre sind die Raumkräfte von sehr geringem Einfluß und daher zu vernachlässigen. Es ergeben sich dann dieselben Gln. wie zuvor ohne die Größen X, Y, Z. Die betreffenden Gln. nennt man dann homogen.

II. Der Verzerrungszustand.

16. Dehnung und Gleitung. Der zweite grundlegende Begriff der Elastizitätslehre ist der der Formänderung oder Verzerrung. Zur Erklärung dieses Begriffes betrachten wir die Verformung, die ein Teilchen von geeigneter Gestalt, das wir aus dem Innern des Körpers herausgeschnitten denken, bei einer Belastung des Körpers erfährt. Entsprechend der Dualität: Normalspannungen und Schubspannungen erhalten wir Verformungen, die einerseits in Längenänderungen, andererseits in Winkeländerungen bestehen; jene bezeichnet man als Dehnungen, diese als Gleitungen (oder Schiebungen). Elementar können diese Begriffe etwa in der folgenden Weise erklärt werden:

a) Dehnung. Wir denken uns auf einem Zugstab (Abb. 18) in irgend einer Entfernung l_0 zwei Marken angebracht; nach Aufbringen einer Belastung sei die Entfernung zwischen den beiden Marken $l_1 = l_0 + \lambda$ geworden. Dann bezeichnet man als Dehnung den Quotienten

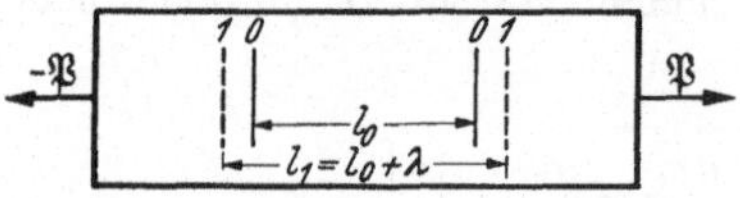

Abb. 18.

$$\varepsilon = \frac{l_1 - l_0}{l_0} = \frac{\lambda}{l_0}, \tag{37}$$

also das Verhältnis der Längenänderung zur ursprünglichen Länge. Die Dehnung ist daher eine unbenannte Zahl.

b) Gleitung. Als reinen Schub bezeichnet man einen zweiachsigen Spannungszustand, bei dem auf zwei Paare zueinander senkrechter Ebenen nur Schubspannungen wirken; die zugehörigen Hauptspannungen sind dann, wie wir wissen, durch $\sigma_1 = -\sigma_2 = \tau$ gegeben. Wir nehmen an, daß ein Teilchen von der Form eines Quaders (Abb. 19), das einem reinen Schub unterworfen ist, und von dem eine Seitenfläche festgehalten wird, nur Änderungen seiner rechten Winkel erfährt, und bezeichnen den Betrag der Änderung dieses rechten Winkels als Gleitung oder Schiebung γ; da für kleine γ die Beziehung $\operatorname{tg}\gamma \approx \gamma$ gilt, so folgt unmittelbar

$$\gamma = \frac{\overline{C\,C'}}{\overline{A\,C}} = \frac{u}{h}. \tag{38}$$

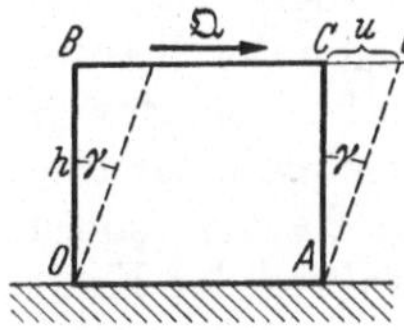

Abb. 19.

In diesen Erklärungen kommt schon die für die lineare Elastizitätslehre grundlegende Annahme zum Ausdruck, daß Normalspannungen nur mit Längenänderungen, Schubspannungen nur mit Winkeländerungen verbunden sind.

17. Die Komponenten des Verzerrungstensors. Die in **16** gegebenen Definitionen liefern für endliche Abmessungen der betrachteten Körper nur dann zutreffende Werte für die Dehnungen und Gleitungen, wenn diese gleichmäßig über die betrachteten Längen und Flächen verteilt sind. Ist dies nicht der Fall, so ist es — ähnlich dem bei der Erörterung des Spannungszustandes befolgten Vorgang — nötig, die Erklärung des Begriffes der Verzerrung an die Betrachtung eines kleinen Quaders zu knüpfen, der die Seitenlängen $\Delta x, \Delta y, \Delta z$ haben möge und den man sich aus dem Innern des betrachteten Körpers herausgeschnitten zu denken hat, und sodann zu den Grenzen $\Delta x \to 0, \Delta y \to 0, \Delta z \to 0$ überzugehen. Die ganze Verformung dieses Quaders kann als bekannt angesehen werden, wenn die Änderung der drei Längen seiner Kanten und der drei Winkel zwischen je zweien der von einer Ecke auslaufenden Kanten bei der Verformung gegeben sind. Die Längenänderungen der Kanten, auf die ursprünglichen Längen bezogen, nennt man die Dehnungen $\varepsilon_x, \varepsilon_y, \varepsilon_z$ nach den Richtungen x, y, z, die Änderungen der ursprünglich rechten Winkel je zweier Kanten die Gleitungen (oder Schiebungen) $\gamma_{yz}, \gamma_{zx}, \gamma_{xy}$ in den Ebenen yz, zx, xy. Für den betrachteten Quader erhält man so sechs Größen, die man als die Komponenten des Verzerrungstensors bezeichnet, und die den Verzerrungszustand in dem Punkte kennzeichnen, in den der Quader durch den Grenzübergang $\Delta x \to 0$, $\Delta y \to 0$, $\Delta z \to 0$ zusammengezogen wurde. Da wir von „Verformungen" eines festen Körpers nur dann sprechen, wenn relative Lagenänderungen seiner Teilchen gegeneinander eintreten, so kann eine Verzerrung nur „bis auf eine starre Bewegung" bestimmt sein.

Um zu den analytischen Ausdrücken für die Komponenten des Verzerrungstensors zu gelangen, denken wir uns jedem Punkte O des Körpers den Punkt O' zugeordnet, in den O bei der Verschiebung übergeht; den Vektor $\overrightarrow{OO'} = \mathfrak{v}$ bezeichnet man dann als **Verschiebungsvektor** oder kurz als die **Verschiebung** des Punktes O.

Wir zeigen zunächst, wie die **sechs** Verzerrungsgrößen durch die **drei** Komponenten (u, v, w) der Verschiebung $\mathfrak{v}$ des betrachteten Punktes O und ihrer Ableitungen (also genauer gesagt: des „Verschiebungsfeldes" in der Umgebung des Punktes O) ausgedrückt werden können; diese Verschiebung $\mathfrak{v}$ und ihre Komponenten u, v, w nach den Richtungen der Kanten des Quaders sind wieder als stetig-differenzierbare Funktionen des Ortes (x, y, z) des betrachteten Punktes anzusehen.

Bezeichnen wir die Kantenlängen des betrachteten Quaders wieder mit $\Delta x, \Delta y, \Delta z$, so ist u die x-Komponente der Verschiebung des Anfangspunktes der Kante Δx, und daher ist die Verschiebung des Endpunktes in der Form anzusetzen

$$u_1 = u + \frac{\partial u}{\partial x} \Delta x .$$

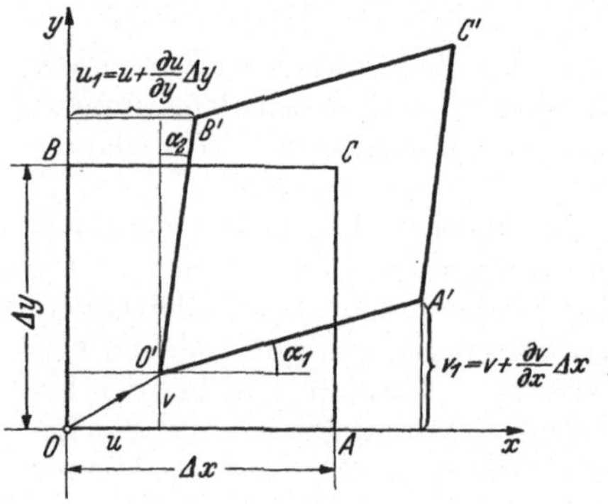

Abb. 20.

Als **Dehnung in der x-Richtung**, ε_x, definiert man den **Grenzwert des Verhältnisses der Längenänderung der Kante Δx zu ihrer ursprünglichen Länge** für $\Delta x \to 0$, also die Größe

$$\varepsilon_x = \lim_{\Delta x \to 0} \frac{u_1 - u}{\Delta x} = \frac{\partial u}{\partial x}, \qquad (39)$$

und ähnliches gilt für die y- und z-Richtung.

Als **Gleitung** oder **Schiebung** γ_{xy} **bezeichnet man die Änderung der ursprünglich rechten Winkel zwischen den x-y-Achsen.** Betrachten wir etwa die in der x-y-Ebene liegende Seitenfläche des Quaders, so kommt die Winkeländerung zwischen den Kanten x und y dadurch zustande, daß die Seiten des Quaders bei der Formänderung **verschiedene Drehungen** erfahren. Diese Drehungen kann man auch durch die Verschiebungen ausdrücken, die die Anfangs- und Endpunkte der Kanten Δx und Δy des Quaders in der x- und y-Richtung erleiden. Als **Gleitung** γ_{xy} in der x-y-Ebene bezeichnen wir demnach die Größe (Abb. 20)

$$\gamma_{xy} = \alpha_1 + \alpha_2 = \lim_{\Delta x \to 0} \frac{v_1 - v}{\Delta x} + \lim_{\Delta y \to 0} \frac{u_1 - u}{\Delta y} = \frac{\partial v}{\partial x} + \frac{\partial u}{\partial y}, \qquad (40)$$

wobei ähnlich wie früher

$$v_1 = v + \frac{\partial v}{\partial x} \Delta x , \qquad u_1 = u + \frac{\partial u}{\partial y} \Delta y$$

gesetzt worden ist.

Auf diese Weise findet man die folgenden Werte für die „**sechs Komponenten** des Verzerrungstensors", der durch die ersten Ableitungen der drei Verschiebungen u, v, w nach den Koordinatenachsen in folgender Weise dargestellt wird:

$$\boxed{\begin{aligned} \varepsilon_x &= \frac{\partial u}{\partial x}, & \gamma_{yz} &= \frac{\partial w}{\partial y} + \frac{\partial v}{\partial z}, \\ \varepsilon_y &= \frac{\partial v}{\partial y}, & \gamma_{zx} &= \frac{\partial u}{\partial z} + \frac{\partial w}{\partial x}, \\ \varepsilon_z &= \frac{\partial w}{\partial z}, & \gamma_{xy} &= \frac{\partial v}{\partial x} + \frac{\partial u}{\partial y}. \end{aligned}} \tag{41}$$

18. Anwendungen. Beispiel 9. Zeige, daß die Verzerrungsgrößen $\varepsilon_x, \ldots$ und $\gamma_{xy}, \ldots$ für eine kleine („starre") Bewegung des Körpers verschwinden.

Die allgemeinste starre Bewegung eines Körpers im Raume ist eine Schraubenbewegung; die Verschiebungen u, v, w eines Punktes (x, y, z) bei einer solchen stellen sich in der Form dar[1]

$$u = a + q z - r y, \qquad v = b + r x - p z, \qquad w = c + p y - q x, \tag{42}$$

worin a, b, c die Schiebungen (Translationen) nach den drei Achsen und p, q, r die Drehungen (Rotationen) um die drei Achsen bedeuten. Die Ausrechnung der Verzerrungsgrößen nach den Gln. (41) liefert unmittelbar deren Verschwinden. — Umgekehrt sieht man, daß aus dem Verschwinden der Verzerrungsgrößen $\varepsilon_x, \ldots$ und $\gamma_{yz}, \ldots$ das Verschwinden der Verschiebungen (u, v, w) „bis auf eine kleine Bewegung" folgt.

Beispiel 10. Zeige, daß bei der Verformung, die durch die Ortsfunktionen u, v, w gegeben ist, eine Drehung (oder „Rotation" oder „Wirbel") des Raumelementes eintritt, deren z-Komponente gegeben ist durch

$$\boxed{r = \frac{1}{2}\left(\frac{\partial v}{\partial x} - \frac{\partial u}{\partial y}\right);} \tag{43}$$

ähnlich lauten die beiden Komponenten der Drehung um die x- und y-Achse.

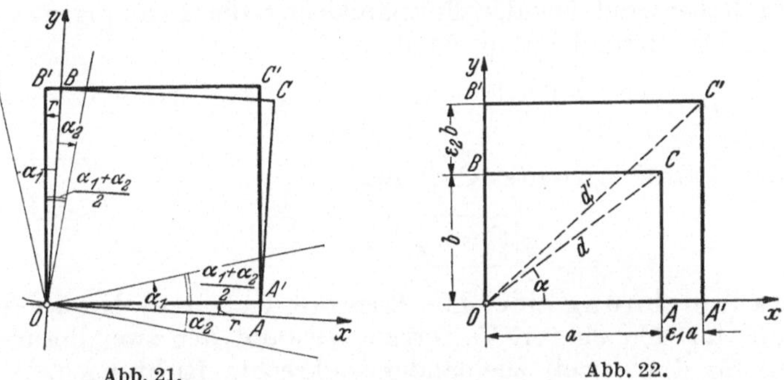

Abb. 21. Abb. 22.

Wie man aus Abb. 21 unmittelbar entnimmt, entspricht den Drehungen α_1 und α_2 der ursprünglich nach x und y gerichteten Kanten des Quaders eine Drehung des ganzen Quaders um den Betrag

$$\alpha_1 - \frac{1}{2}(\alpha_1 + \alpha_2) = \frac{1}{2}(\alpha_1 - \alpha_2) = \frac{1}{2}\left(\frac{\partial v}{\partial x} - \frac{\partial u}{\partial y}\right) = r.$$

Die Gleitung des Quaders $\gamma_{xy} = \alpha_1 + \alpha_2$ kann daher dargestellt werden durch die Aufeinanderfolge der Drehung $r = \frac{1}{2}(\alpha_1 - \alpha_2)$ und der „symmetrischen Glei-

[1] Pöschl: TM I Gln. (156) S. 121.

tung“ $\frac{1}{2}(\alpha_1 + \alpha_2)$. Man kann auch sagen: Die Drehung r verschwindet, wenn die Gleitung γ_{xy} symmetrisch ist.

Beispiel 11. Dehnungen in Richtung der Diagonalen eines Quaders. Die Seiten eines Quaders a, b mögen die Dehnungen ε_1, ε_2 erfahren; berechne die Dehnung ε in der Diagonalen d.

Es seien d und d' in Abb. 22 die Längen der Diagonalen vor und nach der Formänderung, dann ist die Dehnung in Richtung von d'

$$\varepsilon = \frac{d'-d}{d} = \frac{\sqrt{(1+\varepsilon_1)^2 a^2 + (1+\varepsilon_2)^2 b^2}}{\sqrt{a^2+b^2}} - 1 \approx \sqrt{1 + \frac{2\,\varepsilon_1 a^2}{a^2+b^2} + \frac{2\,\varepsilon_2 b^2}{a^2+b^2}} - 1$$

$$\approx \frac{a^2\varepsilon_1}{a^2+b^2} + \frac{b^2\varepsilon_2}{a^2+b^2} = \varepsilon_1 \cos^2\alpha + \varepsilon_2 \sin^2\alpha, \tag{44}$$

wenn α den Winkel von d gegen die x-Achse bedeutet.

Beispiel 12. Dehnungen in Polarkoordinaten. Bei Aufgaben über Drehkörper ist es oft vorteilhaft, auch die Verzerrung nicht auf rechtwinklige, sondern auf Polarkoordinaten zu beziehen. Wenn u_r und u_t die Komponenten der Verschiebung nach Radius und Tangente sind, so ist die „Dehnung in Richtung von r“ oder die „radiale Dehnung“ durch den Ausdruck gegeben

$$\varepsilon_r = \lim_{\Delta r \to 0} \frac{u_r' - u_r}{\Delta r} = \frac{d u_r}{d r}; \tag{45}$$

und die „Dehnung senkrecht zu r“, die „tangentiale“ oder „Ringdehnung“

$$\varepsilon_t = \frac{2\pi(r+u_r) - 2\pi r}{2\pi r} = \frac{u_r}{r}. \tag{46}$$

19. Unter **Raumdehnung** (kubischer Dilatation) Θ versteht man das Verhältnis zwischen der bei irgend einer Verformung auftretenden Änderung des Rauminhaltes und dem ursprünglichen Rauminhalt. Wir betrachten einen im Innern des Körpers liegenden Quader, dessen Seiten vor der Formänderung die Längen Δx, Δy, Δz haben und bei der Formänderung die Dehnungen ε_x, ε_y, ε_z erfahren. Die Raumdehnung ist dann

$$\Theta = \frac{(1+\varepsilon_x)\Delta x\,(1+\varepsilon_y)\Delta y\,(1+\varepsilon_z)\Delta z - \Delta x\,\Delta y\,\Delta z}{\Delta x\,\Delta y\,\Delta z},$$

also bis auf Größen zweiter Ordnung

$$\boxed{\Theta = \varepsilon_x + \varepsilon_y + \varepsilon_z\,.} \tag{47}$$

Die Raumdehnung ist die Summe der drei linearen Dehnungen (für den ebenen Verzerrungszustand der zwei linearen Dehnungen) für drei (zwei) zueinander senkrechte Richtungen.

Für eine reine Gleitung tritt gemäß der in **16** und **17** gegebenen Erklärungen eine Änderung des Rauminhaltes nicht ein, die Raumdehnung ist für diese also gleich null.

20. Die Verträglichkeitsbedingungen. Mittels der Gln. (41) sind die sechs Verzerrungsgrößen $(\varepsilon_x, \ldots, \gamma_{yz}, \ldots)$ durch die partiellen Ableitungen der drei Verschiebungen (u, v, w) nach (x, y, z) ausgedrückt; daraus folgt, daß jene sechs Größen nicht voneinander unabhängig sein können, sondern durch drei Bedingungen miteinander verbunden sein müssen, wenn der Körper seinen inneren Zusammenhang behalten soll.

Diese Bedingungen ergeben sich durch Elimination der Größen (u, v, w) aus den Gln. (41).

Für eine ebene Verzerrung mit den Komponenten

$$\varepsilon_x = \frac{\partial u}{\partial x}, \quad \varepsilon_y = \frac{\partial v}{\partial y}, \quad \gamma_{xy} = \frac{\partial v}{\partial x} + \frac{\partial u}{\partial y}$$

erhält man durch Elimination von u und v die folgende (einzige) Gl. als „Verträglichkeitsbedingung“

$$\boxed{\frac{\partial^2 \varepsilon_x}{\partial y^2} + \frac{\partial^2 \varepsilon_y}{\partial x^2} = \frac{\partial^2 \gamma_{xy}}{\partial x \, \partial y}.} \tag{48}$$

Drei Größen $\varepsilon_x, \varepsilon_y, \gamma_{xy}$ bestimmen also nur dann einen ebenen Verzerrungszustand, wenn zwischen ihnen diese Gleichung besteht. Diese bezeichnet man auch als „Bedingungsgleichung für den inneren Zusammenhang“ des Körpers.

In ähnlicher Weise lassen sich drei voneinander unabhängige Verträglichkeitsbedingungen für die räumliche Verzerrung eines Körpers angeben.

Für Fachwerke bestehen die Verträglichkeitsbedingungen für die Formänderungen darin, daß die Stäbe des Fachwerks auch nach ihren Längenänderungen durch die Belastung eine geschlossene Figur ähnlicher Art wie die ursprüngliche bilden müssen.

21. Übergang zu den elastischen Gleichungen. Die statischen Gleichungen stellen für den ebenen Spannungszustand zwei Bedingungen dar, die den drei Komponenten des ebenen Spannungstensors, und für den räumlichen Spannungszustand drei Bedingungen, die den sechs Komponenten des räumlichen Spannungstensors auferlegt sind. Für sich allein reichen die statischen Gleichungen daher weder im einen noch im anderen Falle zur Bestimmung der Spannungsgrößen aus. Man kann diese Größen nur bestimmen, wenn man die Annahme der Starrheit der Körper aufgibt und in einer geeigneten Form die Beziehungen einführt, die zwischen den Spannungen und den Formänderungen bestehen, und die das tatsächliche Verhalten der Stoffe unter den gegebenen Lasten mit einer für die praktischen Rechnungen hinreichenden Genauigkeit wiedergeben. Der naheliegendste Ansatz für diese Beziehungen ist der lineare, die durch ihn gewonnenen Gln. bezeichnet man als das Hookesche Gesetz oder als die „elastischen Gleichungen“. Durch ihre Einführung können sowohl die Spannungen als auch die Formänderungen ermittelt werden. Um die Berechtigung eines derartigen Ansatzes im Hinblick auf das tatsächlich beobachtbare Verhalten der Stoffe zu beurteilen, ist es nötig, sich über dieses Verhalten in seinen kennzeichnendsten Zügen Klarheit zu verschaffen.

III. Das Verhalten der festen Körper bei Belastungen.

22. Vorbemerkung. Zum Gegenstande einer Theorie können niemals die in der Natur gegebenen Körper selbst, sondern nur gewisse Idealkörper gemacht werden, die einerseits die wesentlichen Züge der

„natürlichen“ festen Körper mit hinreichender Genauigkeit wiedergeben, aber andrerseits einfach genug sind, damit man ihre Eigenschaften in mathematische Ansätze fassen kann. Das Ziel ist die Gewinnung gewisser Stoffgesetze in Form von sog. Stoffgleichungen, von denen die wichtigste das Hookesche Gesetz, d. i. die Gleichung für den ideal-elastischen oder Hookeschen Körper darstellt. Durch entsprechende Gesetze kennzeichnet man den ideal-plastischen Körper und im Bereiche der Flüssigkeiten die ideal-reibungsfreie und die ideal-zähe Flüssigkeit.

Um zur Aufstellung dieser Stoffgleichungen zu gelangen, ist zunächst ein Überblick über die auf diesem Gebiete vorliegenden Tatsachen und Beobachtungen erforderlich. Bezüglich aller Einzelheiten muß auf die Stoffkunde und Materialprüfung verwiesen werden.

23. Physikalische Kennzeichnung der Stoffe. Vom physikalischen Standpunkt aus kann man die festen Körper, die als Bau- und Werkstoffe der Technik in Betracht kommen, in zwei Gruppen einteilen: 1. die Kristalle und kristallartigen Stoffe (worunter wir auch die Werkstoffe mit Faserstruktur zählen wollen), und 2. die amorphen Stoffe. Um zunächst von diesen zu sprechen, so zeigen sie nach allen Richtungen des Raumes ein völlig gleichartiges Verhalten. Diese Eigenschaft, die man auch als Isotropie bezeichnet, ist physikalisch in der regellosen Anordnung der Atome oder Moleküle in diesen Stoffen begründet. Beispiele von amorphen Stoffen sind: natürliche und künstliche Gläser, Harze, Lacke u. dgl. Durchsichtige amorphe Körper können im ungespannten Zustand niemals doppeltbrechend sein; wird ein solcher Körper jedoch gespannt, so erwirbt er die Eigenschaft der Doppelbrechung und gerade diese kann dann zur Spannungsmessung dienen, worauf die optischen Methoden der Spannungsmessung beruhen. Die Probekörper stellt man meist aus Bakelit, Phenolit, Trolon u. dgl. her. Weiter zeigt ein amorpher Körper nie eine ebene Spaltbarkeit, sondern stets gekrümmte Bruchflächen. In manchen von Natur aus amorphen Stoffen läßt sich durch äußere Einwirkung eine teilweise Ordnung der Moleküle erzielen; so wird z. B. Kautschuk durch Strecken stark anisotrop. Diese Zustände bilden den Übergang zu den kristallartigen Körpern, in denen alle Atome oder Moleküle nach strengen Gesetzen geordnet sind.

Die meisten Stoffe, die in der Technik verwendet werden, gehören der ersten Gruppe an. Bei den Metallen handelt es sich aber fast immer um Konglomerate aus vielen einzelnen kleinen Kristallen, also eigentlich um anisotrope Stoffe. So sind Eisen und Stahl (infolge der Erzeugung in einem Schmelzverfahren) Anhäufungen von kleinen, regellos orientierten Kristallen mit unregelmäßigen Begrenzungen, die in den verschiedensten kristallographischen Richtungen verwachsen sind und äußerlich den kristallinen Aufbau kaum mehr erkennen lassen; man nennt sie oft auch Kristallite. Ähnlich verhalten sich die meisten anderen Metalle. Zwischen den einzelnen kleinen Kristallkörnern der meisten technischen Werkstoffe scheiden sich beim Erstarren feinkörnige Zwischenschichten aus kristallfremden Bestandteilen aus; diese

Schichten vermögen in vielen Fällen erhebliche Kohäsionskräfte (molekulare Anziehungskräfte) zu vermitteln und dem ganzen Stoffe scheinbar eine merkliche Gleichartigkeit zu erteilen, verdienen daher in solchen Fällen die Bezeichnung „Bindemittel". In anderen Fällen sind sie jedoch der bevorzugte Sitz von Lockerstellen des Gefüges, in denen dann meist die Brucherscheinungen ihren Ausgang nehmen.

Im ersten Fall erfolgt der Bruch quer durch die Einzelkristalle, die dabei zerbrechen, im zweiten längs der Kristallitgrenzen. Ob der eine oder der andere Fall vorliegt, hängt wahrscheinlich davon ab, inwieweit der Gitterbau der Kristallite und der Zwischenschicht eine starke Kohäsion der beiderseitigen Grenzschichten ermöglicht.

Andere Werkstoffe enthalten nicht viele einzelne, durch Zwischenschichten voneinander getrennte Kristalle, sondern lange Ketten von kristallähnlicher Beschaffenheit, zwischen denen wiederum Einlagerungen anderer Stoffe vorhanden sein können; hierzu gehören Holz, Leder, Faserstoffe usw.

Die großen Verschiedenheiten des Feinbaues der Festkörper sind auch der Grund dafür, daß es so außerordentlich schwierig und bis jetzt nicht gelungen ist, die mechanischen Eigenschaften dieser Stoffe aus allgemeinen physikalischen Gesetzen — etwa aus dem atomaren Aufbau und den Atomkräften der Bausteine — in einem Maße zu erklären, das auch die Forderungen der Technik ausreichend befriedigen würde. Die in der Festigkeitslehre verwendeten Begriffe und Größen wie Elastizitätsgrenze, Streckgrenze, Bruchfestigkeit, Härte, Einschnürung u. dgl. legt man heute ausschließlich empirisch, d. h. durch unmittelbare physikalische und technische Messungen und Beobachtungen fest.

Das wichtigste Ergebnis der folgenden Betrachtungen ist, daß das Verhalten der Körper keineswegs einheitlich und etwa durch eine einzige bestimmte Aussage ausdrückbar ist. Bei der Belastung eines Körpers durch zunehmende Kräfte hat man es vielmehr mit einer Aneinanderreihung verschiedener Phasen zu tun, von denen jede besondere Eigenschaften besitzt, und deren Übergänge ineinander heute noch lange nicht geklärt sind. Eine Folge dieser Sachlage für die Theorie der festen Körper ist es, daß jeder dieser Bereiche durch andere Aussagen beschrieben werden muß, die sich scheinbar ohne inneren Zusammenhang aneinander schließen. Die folgende Übersicht beschränkt sich auf eine knappe Darstellung der wichtigsten aus Versuchen gewonnenen Ergebnisse.

24. Prüfung der Festigkeitseigenschaften. Die bereits in 7 hervorgehobene Tatsache, daß man in einem stabförmigen Körper, der in seiner Längsrichtung auf Zug beansprucht wird, schon ziemlich nahe bei den Lastangriffsstellen mit großer Annäherung einen homogenen Spannungszustand bekommt, ist der Grund für die alle anderen Festigkeitsprüfungen überragende Bedeutung des Zugversuchs. Schon der Druckversuch zeigt lange nicht diese Einfachheit, und andere Versuchsanordnungen — mögen sie für die Beantwortung von Sonderfragen noch so wichtig und unentbehrlich sein (wie etwa Biege-, Torsions- und

Scherversuche sowie auch alle dynamischen Prüfverfahren) — stehen an Einfachheit und Durchsichtigkeit weit hinter dem Zugversuch zurück.

Abb. 23 zeigt schematisch eine neuere Ausführung einer Festigkeitsprüfmaschine von Mohr & Federhaff in Mannheim. Die Maschine ist als „Universal-Prüfmaschine" gebaut, d. h. für Zug-, Druck-, Biege- und Scherversuche in gleichem Maße verwendbar. Der „Mechanismus" aller derartigen Maschinen besteht darin, daß man die Probekörper (Stab oder Würfel) durch Strecken oder Drücken zu Formänderungen (Verlängerungen, Verkürzungen, Durchbiegungen usw.) zwingt, die ihrerseits die Spannungen in den Probekörpern hervorrufen.

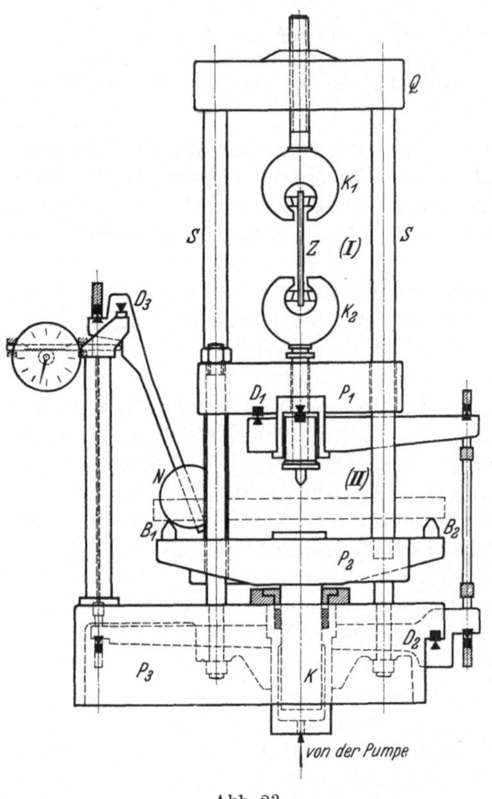

Abb. 23.

In der Abbildung ist die Maschine als Zerreißmaschine in Verwendung gedacht. Der Probestab Z wird im oberen Raum (I) durch Beißkeile in die Spannköpfe K_1, K_2 eingespannt, von denen der obere K_1 in das (obere) Querstück Q eingesetzt ist, der untere mit einem Hebelsystem in Verbindung steht, das zur Kraftmessung dient. Das Querstück Q ist mittels der Säulen S, S mit einer kräftig ausgebildeten Platte P_2 — dem „Biegetisch" — verbunden, in die unten der Kolben K eingelassen ist, unter den die Druckflüssigkeit eingepumpt wird. Das zur Kraftmessung dienende Hebelsystem stützt sich auf die festen Drehpunkte D_1, D_2, D_3 und überträgt die Belastung des Probekörpers auf das Pendel N einer Neigungswaage, dessen Ausschlag an einer Rundskala abgelesen wird. Eine besondere Vorrichtung dient zur selbsttätigen Aufschreibung der Spannungs-Dehnungs-Linie im Bereich der größeren Formänderungen. Die kleinen Formänderungen bis zur Proportionalitäts- oder Elastizitätsgrenze werden durch besondere Dehnungsmesser bestimmt, die an dem Probestab selbst angesetzt werden und die Längenänderungen einer auf dem Probestab markierten Vergleichslänge in geeigneter Übersetzung anzeigen. Für den Druckversuch wird der Versuchskörper in den unteren Raum (II) gebracht, für Biegeversuche werden die balkenförmigen Körper auf die zwei Stützen B_1, B_2 aufgelegt und beim gleichen Arbeitsgang einer Druck- oder Biegebelastung unterworfen.

25. Der Stahlstab beim Zugversuch. Elastizität, Proportionalität. Wird ein Zugstab (bei normaler Temperatur) in einer Festigkeitsprüfmaschine einer zunehmenden Belastung unterworfen, so treten in zeitlicher Aufeinanderfolge Erscheinungen und Zustände auf, die wir nun in beschreibender Form kennen lernen wollen. Sie entsprechen recht verwickelten Vorgängen im Kleingefüge der Körper und kehren in ähnlicher Weise mehr oder weniger ausgeprägt bei allen festen Körpern wieder. Schon in dem einfachsten Falle, der langsam zunehmenden Belastung, stellen diese Vorgänge vom Beginn der Belastung an bis zur Zerstörung — dem Bruche — keineswegs ein einheitlich ablaufendes Geschehnis dar, und der Sachverhalt wird noch erheblich verwikkelter, wenn auch Entlastungen und wiederholte Belastungswechsel hinzugenommen, und auch die Abhängigkeit von der Zeit, in der die Belastungen und Entlastungen erfolgen, in die Betrachtung einbezogen werden. Die Beschreibung all dieser hiermit nur angedeuteten Vorgänge wird Gelegenheit geben, eine Reihe von Begriffen zu erklären, die für die Beurteilung des Verhaltens der Werkstoffe von grundlegender Bedeutung sind.

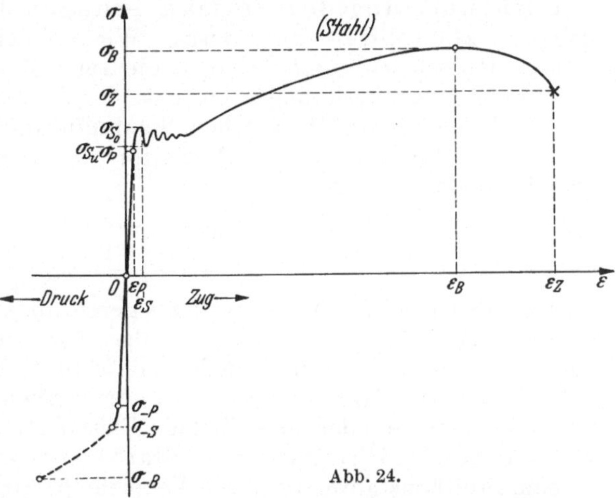

Abb. 24.

Das Ziel des Zugversuches ist die Erforschung des Zusammenhangs zwischen Belastung und Formänderung. Da sich die Querschnittsfläche mit der Belastung ändert, wird die Belastung meist auf die Einheit des Querschnittes F_0 des unbelasteten Stabes bezogen, mithin als „Belastung" die veränderliche Spannung $\sigma = P/F_0$ angesehen. Um die „Formänderung" anzugeben, wird auf der Mantelfläche des Prüfstabes eine Versuchslänge l_0 (Abb. 18) kenntlich gemacht, und zwar durch Marken, die die Oberfläche des Stabes nicht verletzen dürfen; als Formänderung nimmt man dann die auf die Einheit der Meßlänge l_0 bezogene „Dehnung" $\varepsilon = (l_1 - l_0)/l_0$.

Das Verhalten des Stoffes wird daher zweckmäßig im Zusammenhange mit einer Spannungs-Dehnungs-Linie (σ-ε-Linie) beschrieben; diese hat für einen Probestab aus Stahl die in der Abb. 24 angegebene typische Gestalt. Bei beginnender Belastung sind die auftretenden Dehnungen zunächst außerordentlich klein und bleiben auch klein bis zu einem ziemlich beträchtlichen Wert der Belastung, so daß sie mit freiem Auge kaum wahrgenommen werden können. Von besonderer Bedeutung ist, daß die σ-ε-Linie in dieser ersten Phase merklich geradlinig ist; d. h. die Spannung σ wächst nahezu proportional mit der Dehnung ε bis zu einem Werte, den man als Proportionalitätsgrenze σ_P bezeichnet. In diesem Bereiche zeigt das Material überdies die Eigentümlichkeit, daß die Formänderungen fast vollständig wieder verschwinden, sobald die Belastung, die diese hervorgebracht hat, wieder fortgenommen wird. Diese Eigenschaft wird als Elastizität bezeichnet, und man versteht darunter die Fähigkeit der Rückbildung der Formänderungen bei Fortnahme der diese erzeugenden Belastung. Wir können auch sagen, daß in diesem Bereich ein umkehrbar eindeutiger Zusammenhang zwischen Spannung σ und Dehnung ε besteht.

Die Proportionalität zwischen Spannung und Dehnung in dem beschriebenen Bereich wird durch die für die ganze „Elastizitätstheorie" grundlegende Beziehung

$$\boxed{\sigma = E\,\varepsilon} \tag{49}$$

zum Ausdruck gebracht, in der dieses geradlinige oder lineare Verhalten formelmäßig erfaßt ist, und die als das Hookesche Gesetz bezeichnet wird. Ein Körper, der diese Bedingung erfüllt, wird als ideal-elastischer oder als Hookescher Körper bezeichnet; auf ihn beziehen sich die Aussagen der eigentlichen Elastizitätstheorie. Die Größe E wird als Elastizitätszahl oder Elastizitätsmodul bezeichnet und ist eine Stoffkonstante, die durch Versuche bestimmt und in allen Rechnungen als gegeben angesehen wird; sie ist von derselben Dimension wie die Spannung σ und wird wie diese in kg/cm² ausgedrückt. Für den Kehrwert $1/E = \alpha$ ist (nach C. v. Bach) die Bezeichnung Dehnungsmaß oder Dehnungszahl, auch Elastizitätsmaß in Gebrauch.

In Tabelle 1 sind für eine Anzahl von Stoffen, insb. für einige Werk- und Baustoffe der Technik die Werte von E aufgeführt. (Die anderen darin aufgenommenen Größen werden später erklärt.)

26. Querdehnung, Querzahl. Im Bereiche kleiner Formänderungen ist außer der durch Gl. (49) ausgedrückten linearen Beziehung zwischen σ und ε noch eine zweite Tatsache über die Verformung von grundsätzlicher Bedeutung, die hier ebenfalls als Versuchsergebnis angesehen wird und in folgender Form ausgesprochen werden kann: Mit der Ausdehnung in der Längsrichtung durch eine Zugbeanspruchung ist gleichzeitig eine Kürzung (oder Schrumpfung) in der Querrichtung verbunden, die zu jener Längsdehnung in einem festen, nur vom Stoff abhängigen Verhältnis steht. Ein Körper, der einer Zugkraft unterworfen ist, wird nicht nur länger, sondern auch dünner (Abb. 25). (Das Umgekehrte gilt bei Belastung auf Druck.)

Wie bereits erklärt, sei $\varepsilon = (l_1 - l_0)/l_0$ die Längsdehnung. Wenn dann d_0 eine Querabmessung vor der Formänderung ist und d_1 nach dieser, so bezeichnet man als Querkürzung (Querzusammenziehung, Querkontraktion) ε_q das Verhältnis

$$\boxed{\varepsilon_q = \frac{d_1 - d_0}{d_0} = \frac{\delta}{d_0},} \tag{50}$$

und zwar ist bei Zug $\varepsilon > 0$, $\varepsilon_q < 0$, bei Druck $\varepsilon < 0$, $\varepsilon_q > 0$.

Der oben ausgesprochene Satz führt daher zu folgender Aussage:

$$\boxed{\left|\frac{\varepsilon}{\varepsilon_q}\right| \equiv \left|\frac{\text{Längsdehnung}}{\text{Querkürzung}}\right| = m = \frac{1}{\nu} = \text{konst}.} \tag{51}$$

Den Wert dieser Konstanten nennt man das Poissonsche Verhältnis oder die Poissonsche Zahl. Ihr Kehrwert $\nu = 1/m$ wird auch kurz als Querzahl bezeichnet. In Tabelle 1 ist der Wert von ν für einige Stoffe eingetragen. Für die meisten Stoffe liegt m zwischen 3 und 4, mithin ν zwischen $^1/_3$ und $^1/_4$, jedenfalls ist (wie in **39** gezeigt wird) $\nu < \frac{1}{2}$.

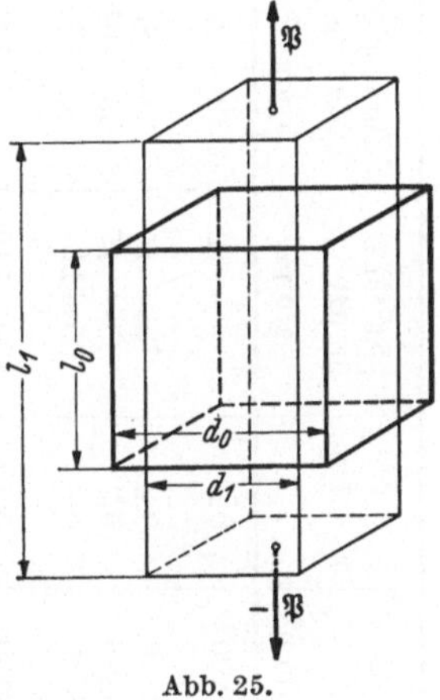

Abb. 25.

27. Streckgrenze, Fließen, Verfestigung, Bruch. Bei einem bestimmten Werte der Spannung, den man als die (obere) Streckgrenze σ_S (σ_{S_o}) bezeichnet (Abb. 24), tritt ziemlich unvermittelt eine Änderung in dem ansteigenden Verlaufe der σ-ε-Linie ein; die Kurve macht eine scharfe Krümmung und verläuft zunächst ein kurzes Stück in welligen Linien und im Mittel ziemlich genau der ε-Achse parallel[1] — manchmal auch etwas fallend —, zwischen σ_{S_o} und der unteren Streckgrenze σ_{S_u}. Bei weiter zunehmender Belastung treten an Stahlstäben sehr erhebliche, und zwar bleibende, d. h. bei Fortnahme der Belastung nicht mehr verschwindende Formänderungen auf; das Material wird bildsam oder plastisch, „es fließt"; der Bereich, in dem dieses Fließen eintritt, wird als der bildsame, der plastische oder der Fließbereich bezeichnet.

Der Zustand, in dem sich das Material in diesem Bereiche befindet, begründet auch die Möglichkeit, durch Bearbeitung (die jedoch meist bei höherer Temperatur erfolgt), also durch Walzen, Strecken, Hämmern, Schmieden, Pressen, Ziehen, Biegen u. dgl. bestimmte Gebrauchsformen herzustellen; von dieser Möglichkeit wird in größtem Umfange Gebrauch gemacht.

Das Ansteigen der σ-ε-Linie oberhalb der Streckgrenze bedeutet, daß die Spannungen bei stark wachsenden Dehnungen noch weiter zunehmen, oder, wie man auch sagen kann, daß zur weiteren Vergrößerung der Dehnung eine Zunahme der Spannung erforderlich ist; das Material wird also bei wachsenden bleibenden Formänderungen fester und vermag größere Belastungen „aufzunehmen", als der Streckgrenze ent-

[1] Bei Flußstahl beträgt die Länge dieses waagrechten Stückes etwa das 10 bis 15fache der elastischen Verlängerung.

Tabelle 1. Festigkeitszahlen für die wichtigsten Stoffe.

Nr.		Stoff	E kg/mm²	G kg/mm²	$\nu = 1/m$	Streckgrenze σ_S kg/mm²	Zugfestigkeit σ_B kg/mm²	Druckfestigkeit σ_{-B} kg/mm²	Bruchdehnung δ in vH	Brucheinschnürung ψ in vH
1	Eisen und Stahl	Gußeisen	10000 (etwa)	3800	0,3	~ 12	12— 20	70— 85	—	—
2		Flußstahl	21500	8300	0,3	18— 45	34— 80	18— 45	25— 8	60—15
3		Nickelstahl, geglüht	21500	8300	0,3	35— 45	55— 65	35— 45	22—18	65—55
4		Nickelchromstahl, geh.	21500	8300	0,3	105—115	115—135	105—115	10— 6	60—50
5		Chromsilizium—Federstahl gehärtet	21500	8300	0,3	120—140	135—155	120—140	8— 6	40—30
6	Nichteisenmetalle	Aluminium (gezogen)	7200	2700	0,34	5	9—10	—	8—13	—
7		Blei	1700	600	0,45	0,5—3 (σ_{-S})	1— 5	—	—	—
8		Gold	8100	2800	0,42	14	—	—	—	—
9		Kupfer	11500	4700	0,34	12	22	60	35—38	45—50
10		Platin	17000	6200	0,39	26	34	—	—	—
11		Silber	8100	2900	0,38	11	29	—	—	—
12		Zink	13000	—	0,33	10	20—25	—	12—38	23—56
13		Zinn	5500	2000	0,33	4	3,5	—	—	—
14		Messing	9000	3500	0,33	20	25	—	—	—
15	Natürliche Gesteine	Granit	2400	—	—	—	0,5—0,8	9—23	—	—
16		Basalt	—	—	—	—	1	8—45	—	—
17		Kalkstein	1900	—	—	—	0,15—0,60	7—25	—	—
18		Sandstein	630	—	—	—	0,25	2—22	—	—
19		Marmor	2600	—	—	—	0,2—0,6	5—15	—	—
20	Hölzer	Buche	1750	—	—	—	13	3	—	—
21		Eiche	1050	—	—	etwa 2	10	3,5	—	—
22		Fichte	950	—	—	—	7,5	2,5	—	—
23		Kiefer	930	—	—	—	8	3	—	—
24	Andere Stoffe	Glas	7000	2700	0,3	2,5—3,2	3,5—9	60—120	—	—
25		Lederriemen	12—22	—	—	—	2,5—3,5	—	—	—
26		Kautschuk	0,02—0,8	—	—	1,5—3	5—12	—	—	—

sprechen würden — allerdings, wie gesagt, meist nur unter sehr stark zunehmenden und bleibenden Formänderungen. Dieser Umstand ist für das Verhalten des Stahls als Baustoff — und aller anderen, sich ähnlich verhaltenden Stoffe — bei Beanspruchungen oberhalb der Streckgrenze von großer praktischer Bedeutung. Man bezeichnet diese Phase des Belastungsvorganges als Verfestigung und die geschilderte Eigenschaft als Verfestigungsfähigkeit.

Diese Verfestigung findet aber eine Grenze, die durch die folgende Eigentümlichkeit ausgezeichnet ist. Während bisher der Stab seiner ganzen Länge nach an der Formänderung beteiligt war, tritt nun an irgendeiner Stelle des Stabes eine deutlich sichtbare örtliche Einschnürung ein, und zwar naturgemäß dort, wo örtliche Lockerstellen des Gefüges oder Einschlüsse fremder Teilchen das Fließen in besonders starkem Maß hervorrufen. Den Wert der Spannung, bei dem diese Einschnürung eintritt, und der den größten Wert von σ darstellt, der (immer auf F_0 bezogen!) überhaupt auftritt, nennt man die Zugfestigkeit σ_B.

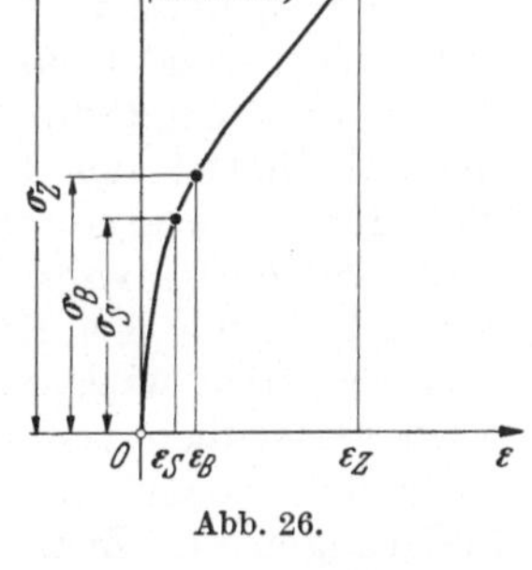

Abb. 26.

In der Technik wird oft an Stelle von „Zugfestigkeit" die Bezeichnung „Bruchspannung" verwendet. Es ist aber zweifellos anschaulicher, mit Bruchspannung etwa die Spannung zu bezeichnen, die längs der wirklichen Bruchfläche überwunden wird, damit sie sich auch auf das gleiche Versuchsstadium bezieht wie die Ausdrücke „Bruchdehnung" und „Brucheinschnürung".

Bei der weiteren Dehnung verlängern sich nun die Teile in der Umgebung der Einschnürungsstelle, die (auf F_0 bezogenen) Spannungen nehmen wieder ab, und bei σ_z und ε_z wird der Stab in zwei Teile zerrissen, es tritt der Bruch ein. Der Bruch bedeutet physikalisch die Überwindung der Kohäsion und das Ende der plastischen Verformbarkeit des Stoffes.

Wird die Spannung nicht, wie dies gewöhnlich geschieht und auch in Abb. 24 vorausgesetzt ist, auf den ursprünglichen Stabquerschnitt, sondern auf den (veränderlichen!) Querschnitt an der Einschnürstelle bezogen, so steigt die σ-ε-Linie von dem Augenblick des Auftretens der Einschnürung bis zum Bruche noch etwas an und zeigt die in Abb. 26 angegebene Gestalt. (Bei O nicht lotrecht!)

Für das Verhalten der Stoffe wird in der Stoffkunde außer σ_B (manchmal auch σ_S) die Angabe der beiden folgenden Zahlen als typische Kennwerte verlangt:

$$\left\{\begin{array}{ll} \delta = 100\,\dfrac{l_z - l_0}{l_0}, & \text{die Bruchdehnung in vH der Anfangslänge, und} \\ \psi = 100\,\dfrac{F_0 - F_z}{F_0}, & \text{die Brucheinschnürung in vH des Querschnitts zu Beginn der Belastung.} \end{array}\right.$$

Der Stahl, der bei wachsender Belastung das geschilderte Verhalten zeigt, insbesondere nach Überschreiten der Streckgrenze zu fließen beginnt und sich dann noch durch Verfestigung dem drohenden Bruche zur Wehr setzt, bildet das typische Beispiel eines zähen Materials. Die Eigenschaften eines solchen sind demnach: zuerst fast vollkommene Proportionalität zwischen Spannung und Dehnung, dabei fast vollkommene Elastizität, dann ein ausgebildeter Fließbereich mit erheblicher Verfestigung, schließlich Bruch.

28. Physikalisches über Festigkeit und Bruch. Wie schon gesagt, besitzen alle metallischen Baustoffe kristallinen Aufbau, d. h. sie sind aus kleinen, oft auch mikroskopisch nicht unterscheidbaren Kristallen zusammengesetzt, deren molekulare Beschaffenheit dieselbe ist wie die eines einzelnen, gezüchteten Kristalls aus dem gleichen Stoff. Die Atome in einem solchen Kristall sind in Raumgittern angeordnet; diese Anordnung bedeutet, daß alle Atome auf drei im allgemeinen schiefwinklig — in besonderen Fällen auch rechtwinklig — zueinander liegenden Scharen von parallelen Ebenen (Gitterebenen, Netzebenen) regelmäßig verteilt sind; in jeder einzelnen Ebene liegen die Atome auf bestimmten Scharen von Geraden (Gittergeraden).

Im Proportionalitätsbereich, der dem geradlinigen Teil der σ-ε-Linie entspricht, erleidet das Gitter eine homogene Verformung ohne wesentliche Gestaltsänderung, die das Gefüge des Stoffes nicht ändert und nach Aufhören der Beanspruchung von selbst wieder verschwindet. Bei der Fließgrenze beginnend und bei den sich an diese anschließenden bleibenden Formänderungen treten dagegen örtliche Veränderungen des Kristallaufbaues ein. Es sind dabei mehrere verschiedenartige Vorgänge denkbar und — in wechselndem Maße — auch tatsächlich beobachtet worden, die das Gefüge merklich ändern können: 1. Änderungen in Form und Größe von Einzelkristallen, 2. Formänderungen der Zwischenschichten. Hierzu ist noch folgendes zu bemerken: Zu 1: Eine bestimmte Schar der vorhin genannten Ebenenscharen enthält die jeweils am dichtesten mit Atomen besetzten Gittergeraden, und in Richtung dieser Geraden (Gleitrichtung) sind die Teile eines Kristalls im allgemeinen am leichtesten gegeneinander bleibend verschieblich, wobei die erwähnten Ebenen (Gleitebenen) aufeinander abgleiten. Bei der Belastung eines solchen ,,Kristalliten-Haufwerks" wird zunächst in jedem einzelnen der unregelmäßig angeordneten Kristalle die in der Gleitrichtung wirkende Belastungskomponente eine entsprechende (also je nach der Lage zur Gleitrichtung mehr oder weniger große) bleibende Verschiebung der Netzebenen hervorrufen. Wahrscheinlich bilden sich oft gleichzeitig kleinere Einzelkristalle dadurch, daß größere zerrissen werden; vorher können auch noch Verbiegungen einzelner Kristalle (also z. B. Verkrümmungen vorher ebener Begrenzungsflächen u. ä.) eingetreten sein. — Zu 2: Mit diesen Änderungen an den Kristallen selbst geht zwangsläufig eine Verformung der Zwischenschicht Hand in Hand.

Je reiner das Metall ist, desto geringer ist sein Widerstand gegen die Gleitungen, desto größer ist zugleich sein Gleitvermögen. Ein reines Metall hat daher eine besonders niedrige Festigkeit und hohe Dehnbarkeit.

Der Angriff genügend großer äußerer Kräfte verursacht meistens das Auftreten von Gleitflächen, die sehr nahe in Richtung der größten Schubspannungen liegen und an der Oberfläche des Versuchskörpers (nach Ätzen und Polieren) sichtbar werden; sie sind als Hartmannsche oder Lüderssche Linien bekannt.

Diese Vorgänge bedeuten also Änderungen im inneren Bau des Stoffes, die keineswegs unmittelbar zu seiner Zerstörung führen; sie haben vielmehr zunächst gleichzeitig mit der bleibenden Verformung eine Verfestigung des Materials im Gefolge; d. h. das Material kann nach eingetretener Gleitung usw. zunächst Spannungen aufnehmen, die höher liegen als die Streckgrenze. Diese Tatsache wird bei Stahl (und einigen Metallen) durch den von der Streckgrenze nach oben verlaufenden Zug der σ-ε-Linie zum Ausdruck gebracht.

Für eine anschauliche Beschreibung der Vorgänge, die wir hier allein im Sinne haben, kann diese Verfestigung als eine gegenseitige Blockierung oder Verhakung der (gegebenenfalls erst bei der Verformung teilweise neuentstehenden) einzelnen Kristallite in den Gleitflächen gedeutet werden, die durch die scharfkantige Begrenzung der Kristallite bedingt ist. Dabei ist auch die bei den Reibungsvorgängen auftretende Selbstsperrung sehr wesentlich. (Auch der wellige Verlauf der σ-ε-Linie oberhalb der Streckgrenze kann als eine Reibungserscheinung mit abwechselnder Freigabe und Wiederverhakung der Kristallite gedeutet werden; es tritt dabei eine teilweise Auflockerung des Gefüges ein, der sich aber die innere Reibung an den scharfen Kristallumrissen widersetzt, so daß nach Ablauf dieser Phase das Material höhere Belastungen aufnehmen kann als zuvor.) Die Blockierung kann jedoch auch nur bis zu einem gewissen Betrage, nämlich bis Erreichung von gewissen Grenzspannungen, die für die Herstellung eines Gleichgewichtszustandes erforderlich sind, wirksam sein. Bei weiterer Steigerung der Belastung kann die notwendige Kohäsion nicht mehr aufgebracht werden; innerhalb der Einzelkristalle schreiten die Gleitflächenbildung, das Verbiegen und Zerreißen immer weiter fort; entsprechend bildet sich eine stärkere Auflockerung der zwischen den Kristallen liegenden Schichten aus, deren Kohäsionswirkung fortgesetzt abnimmt; schließlich tritt der Bruch ein. Der Bruch selbst kann als die Folge der fortgesetzten Zermürbung und Zerrüttung des Gefüges, und zwar vorzugsweise in den Gleitschichten des Werkstoffes, aufgefaßt werden. Dies ist ein anderer Ausdruck dafür, daß mit Eintritt der bleibenden Formänderung das Gefüge des Werkstoffes merklich inhomogen wird.

29. Die Elastizitätsgrenze. In 25 wurde gesagt, daß sich zähe Stoffe im Bereich kleiner Formänderungen fast vollkommen elastisch verhalten. Tatsächlich muß man jedoch jede Formänderung Δl als aus zwei Teilen bestehend ansetzen,

$$\Delta l = \Delta l_e + \Delta l_p,$$

von denen der erste Δl_e als der elastische, der zweite Δl_p als der unelastische, bleibende oder plastische Teil bezeichnet wird. Das Verhältnis

$$\eta = \frac{\Delta l_e}{\Delta l} \tag{52}$$

nennt man das Maß für die Vollkommenheit der Elastizität; es ist dies das Verhältnis des elastischen Anteils zur gesamten Formänderung. Ein vollkommen elastischer Stoff wäre durch $\eta = 1$ gekennzeichnet.

Für kleine Formänderungen ist der zweite Anteil Δl_p nahezu bedeutungslos; den Wert der Spannung, bis zu der man Δl_p praktisch ganz vernachlässigen kann, bezeichnet man als Elastizitätsgrenze σ_E. Diese Grenze ist aber keineswegs objektiv angebbar, sie hängt vielmehr von der Genauigkeit der Meßverfahren ab und ist mehr oder weniger willkürlich festgesetzt. Die Elastizitätsgrenze σ_E wird als jene Zahl definiert, unterhalb welcher das Verhältnis $\Delta l_p/\Delta l$ kleiner als ein gewisser Zahlenwert ist, der in Tabelle 2 angegeben ist.

Tabelle 2.
Festsetzung der Elastizitätsgrenze in Abhängigkeit von $\Delta l_p/\Delta l$.

Internationaler Materialprüfungskongreß 1906[1] .	$100\ \Delta l_p/\Delta l = 0{,}001$
Materialprüfungsamt Berlin-Dahlem	$100\ \Delta l_p/\Delta l = 0{,}003$
Andere praktische Festsetzungen	$100\ \Delta l_p/\Delta l = 0{,}02$ bis 0,03
Nach Fr. Krupp wird für Stahl gesetzt	$\sigma_E = \sigma_S$

Ähnlich wie für die Elastizitätsgrenze wäre auch für die Proportionalitätsgrenze eine einschränkende Festsetzung erforderlich. In der Praxis werden beide nur in besonderen Fällen bestimmt und verlangt. In ihrer technischen Bedeutung treten beide gegenüber der Streckgrenze, bei der in den meisten Fällen eine scharf erkennbare Änderung in dem elastischen Verhalten der Stoffe eintritt, sehr in den Hintergrund.

30. Der Stahlstab beim Druckversuch. Der Druckversuch wird bei Stahl und Eisen an kurzen Zylindern ausgeführt und ergibt als σ-ε-Linie den ebenfalls in Abb. 24 eingetragenen Verlauf. Der elastische Bereich setzt sich nahezu geradlinig (und ohne Knick!) in den Bereich der negativen σ- und ε-Werte fort, jedoch ist die Quetschgrenze σ_{-S}, d. i. jene Spannung, bei der die bleibenden Zusammendrückungen merklich zu werden beginnen, weit weniger scharf ausgeprägt als die Streck- oder Fließgrenze σ_S, und vollends ist ein Bruch im eigentlichen Sinne, d. h. in Form einer vollständigen Trennung in zwei oder mehrere Teile, fast nie zu erreichen. Kurze Probekörper werden immer flacher und flacher zusammengedrückt, und der Bruchvorgang gibt sich nur durch Risse zu erkennen, die in ungefähr radialer Richtung an dem Probestück entstehen. (Dieses Verhalten ist in der Abb. 24 durch Strichelung angedeutet.)

31. Verhalten anderer technisch wichtiger Stoffe. Einteilung. Der Stahl, dessen Verhalten im vorhergehenden geschildert wurde, ist das wichtigste Beispiel eines zähen Stoffes; ähnlich wie Stahl verhalten sich auch — mit mehr oder weniger deutlicher Ausprägung der einzelnen Phasen — einige andere technisch wichtige Metalle und Metallegierungen wie Bronze oder Messing; bei den meisten dieser Stoffe fallen obere

[1] Die ersten beiden Angaben sind viel zu klein, weil Dehnungen nur höchstens bis auf 0,01 vH genau gemessen werden können.

und untere Streckgrenze zusammen. Die spröden Stoffe, insb. Gußeisen, Gesteine und die meisten anderen Bau- und Werkstoffe der Technik zeigen ein Verhalten, das von dem der zähen sehr verschieden ist.

In Abb. 27 sind die σ-ε-Linien für einige Stoffe zusammengestellt. (Alle diese Angaben und Unterscheidungen haben nur für Zimmertemperatur Geltung.) (Die Maßstäbe sind für a bis f verschieden!).

a) Gußeisen: Der elastische Bereich, in dem die σ-ε-Linie nahezu geradlinig verläuft, erstreckt sich bis zu einer scharfen Grenze, an die sich fast unmittelbar der Bruch anschließt (spröder Stoff). Kein Fließen, keine Verfestigung, keine Einschnürung.

b) Bronze: Unscharfe Streckgrenze, weiter Fließbereich (zäher Stoff).

c) Marmor, d) Beton, e) Holz, f) Leder sind teilweise elastisch, nur bei sehr kleinen Belastungen besteht Proportionalität zwischen

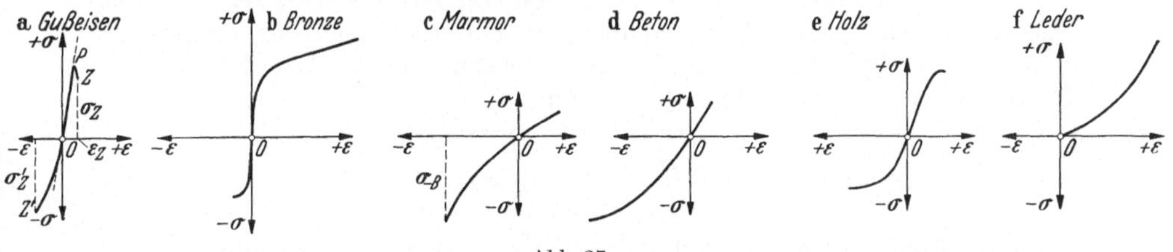

Abb. 27.

Spannung und Dehnung. Fließ- oder Streckgrenzen im eigentlichen Sinne sind nicht vorhanden.

Andere Stoffe, wie Lehm, Ton, Teer, Asphalt zeigen nahezu gar keine Elastizität, sondern behalten eine ihnen erteilte Formänderung bei — manchmal nimmt diese auch noch zu —, ohne ein Streben zur Rückbildung zu zeigen; man bezeichnet sie als bildsame Stoffe. Bei anderen, wie Blei, ist ein elastischer Bereich zwar vorhanden, die Elastizitätsgrenze liegt aber sehr niedrig, so daß diese Stoffe praktisch als bildsam angesehen werden können.

Auf Grund dieser Tatsachen kann man die festen Stoffe für eine ungefähre Übersicht in folgende drei Gruppen einteilen:

1. Zähe Stoffe: elastisch, Proportionalitätsbereich vorhanden, deutliche Streckgrenze, ausgedehnter Fließbereich mit Verfestigung, Bruch nach vorausgehender Einschnürung. Beispiele: Stahl, einige Metalle und Metallegierungen.

2. Spröde Stoffe: kein merklicher Fließbereich, keine merkliche Einschnürung. Beispiele: Gußeisen, Gesteine, Glas, Beton.

3. Bildsame Stoffe: geringe Elastizität, plastisches Verhalten. Beispiele: Lehm, Ton, Teer, Blei, Asphalt.

(Organische Stoffe wie Holz und Leder lassen sich schwer in diesem Schema unterbringen).

32. Härte. Die Bedeutung dieses Begriffes für die technische Festigkeitslehre ist deshalb so erheblich, weil erfahrungsgemäß die Angabe der Härte eines Stoffes einen Rückschluß auf seine Festigkeit (Bruchspannung) zu ziehen gestattet, und weil zur Bestimmung der Härte viel einfachere Mittel ausreichend sind als zur Ausführung eines Zerreißversuches. Ein solcher macht immer die Entnahme eines Probestabes notwendig, während die Härtebestimmung an jedem Werkstück vorgenommen werden kann, das hierzu nur an einer ganz kleinen Fläche poliert werden muß.

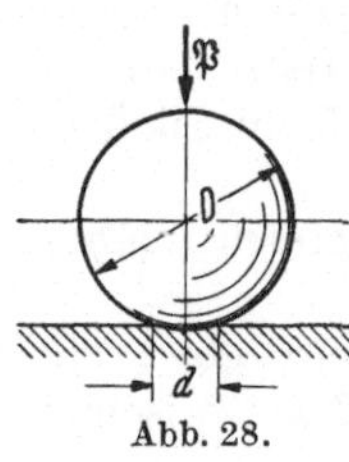

Abb. 28.

Unter Härte versteht man i. a. den Widerstand, den ein Körper dem Eindringen eines anderen entgegensetzt. Bei der technischen Härteprüfung wird der Eindruck (als bleibende Formänderung) gemessen, der an dem Werkstück durch Anpressen einer hochgehärteten Stahlkugel entsteht. Das gebräuchlichste Verfahren ist die Brinellsche Kugeldruckprobe: eine Kugel von $D = 10$ mm (bzw. 5 oder 2,5 mm) Durchmesser wird mit der Kraft $P = 3000$ kg (während 30 sek) an das Werkstück angepreßt (Abb. 28) und der Durchmesser d der entstehenden kreisförmigen Berührungsfläche gemessen. Als Härtezahl (Brinellhärte) bezeichnet man den Quotienten

$$\boxed{H_B = P \Big/ \frac{\pi d^2}{4}.} \tag{53}$$

Für einige Stoffe ergeben sich auf diese Weise Härtezahlen, die zu entnehmen sind aus der nebenstehenden Tabelle.

Tabelle 3. Härtezahlen.

Stoff	H_B (kg/mm²)
Vulkanfiber	7—16
Lagermetall (Weißmetall) .	20—28
Al (gewalzt)	45
Cu	60
Bronze	60—250
Gußeisen.	130—300
Stahl	150—300
Stahl, gehärtet	bis 850

Mit der Härtezahl hängt erfahrungsgemäß die Festigkeit bestimmter Stoffe in einfacher Weise zusammen, u. zw. für Kohlenstoffstahl verschiedener Zusammensetzung nach der Formel $\sigma_B = 0{,}36\, H_B$ und für Chromnickelstahl durch

$$\sigma_B = 0{,}34\, H_B.$$

33. Wechselnde Belastung. Die in 25 für das Verhalten der verschiedenen Körper gegebenen Aussagen stellen nur ein erstes schematisches Bild für das in seiner Gesamtheit viel verwickeltere Verhalten der Stoffe dar. Diese Aussagen müssen besonders dann erweitert werden, wenn es sich um die Berücksichtigung der Zeitabhängigkeit, also nicht um konstante oder langsam wachsende, sondern um veränderliche und rasch wechselnde Belastung handelt. Aus der überaus großen Zahl der auf diesem Gebiete gewonnenen Erfahrungen und Beobachtungen seien hier nur die allerwichtigsten angeführt[1].

a) Elastische Nachwirkung, Kriechen. Bei allen Belastungs-

[1] Als kurze Darstellung der in Betracht kommenden Vorgänge und Beobachtungen vom technischen Standpunkte aus sei vor allem auf das reichhaltige Büchlein von A. Thum und W. Buchmann: Dauerfestigkeit und Konstruktion, Berlin: VDI-Verlag 1932, verwiesen.

versuchen bemerkt man, daß die Formänderungen nicht augenblicklich ihren endgültigen Wert annehmen, sondern daß bis zur Erreichung des Endwertes eine große, manchmal recht erhebliche Zeit verstreicht. So geht z. B. die Formänderung auch im elastischen Bereich bei Fortnahme der Belastung nicht augenblicklich auf Null zurück, sondern erst nach einer gewissen Zeit (und auch dann, wie früher schon beschrieben, nicht völlig, wegen der stets vorhandenen bleibenden Formänderung). Diese Verzögerung der Formänderung gegen die Belastung bezeichnet man als elastische Nachwirkung. Die Erscheinung, daß die Formänderung bei Belastung und Entlastung erst nach einer gewissen Zeit ihren Endwert erreicht, nennt man auch Kriechen des Stoffes.

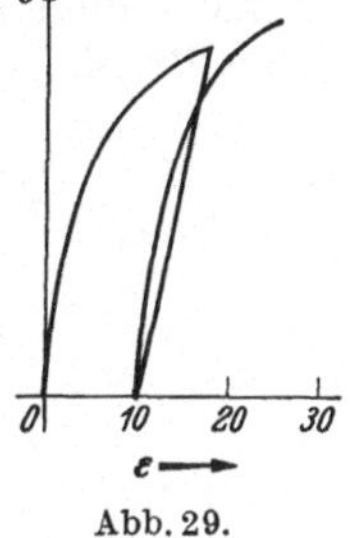

Abb. 29.

b) Erhöhung der Elastizitäts- und Streckgrenze, Bauschingereffekt. Belastet man Stäbe über die Elastizitätsgrenze und entlastet sie, so findet man für den dieser Vorbelastung unterworfenen Werkstoff bei neuerlicher Belastung eine Erhöhung der Elastizitätsgrenze. Die Einschaltung einer Ruhepause nach der Entlastung kann eine weitere Erhöhung der Elastizitätsgrenze zur Folge haben. (In Ausnahmefällen auch eine Abnahme.) Eine neuerliche Belastung im entgegengesetzten Sinn (also auf Druck, wenn vorher Zug aufgebracht war, und umgekehrt) setzt die Elastizitätsgrenze wieder herab. Ähnliches gilt für die Streckgrenze. Die Gesamtheit dieser eng miteinander zusammenhängenden Erscheinungen wird als Bauschingereffekt bezeichnet.

c) Elastische Hysteresis. Wenn ein Stab nach einer Belastung bis zu einem bestimmten Wert ($\sigma_{\max}$) wieder bis auf null entlastet wird, so wird beim Rückgang der Belastung nicht dieselbe σ-ε-Linie durchschritten; die neue σ-ε-Linie liegt vielmehr nach der Seite der größeren ε verschoben, nimmt also den aus Abb. 29 ersichtlichen Verlauf. Wird der Stab neuerlich belastet und dies fortgesetzt, so ergibt sich das in derselben Abbildung eingetragene Bild. — Dieses Zurückbleiben der Dehnung hinter der Spannung wird als elastische Hysteresis bezeichnet. Die Erscheinung wird noch deutlicher, wenn man einen Belastungsverlauf zwischen $+\sigma_{\max}$, $-\sigma_{\max}$, $+\sigma_{\max}$ betrachtet; in diesem Fall wird eine Belastungsschleife durchlaufen, wie sie in Abb. 30 dargestellt ist. Die Fläche dieser Schleife stellt die Arbeit (Formänderungsarbeit) dar, die bei jedem solchen Umlauf zugeführt werden muß und durch innere (molekulare) Reibung in Wärme umgesetzt wird. Diese Arbeit ist naturgemäß umso größer, je mehr der Umkehrpunkt $\sigma_{\max}$ im Gebiet der bleibenden Formänderung liegt, je mehr also die Belastung $\sigma_{\max}$ die Fließgrenze überschreitet.

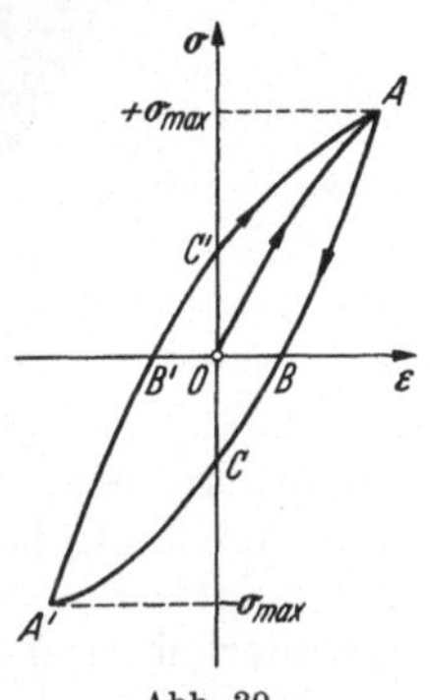

Abb. 30.

d) Ermüdung, Dauerbruch. Alle in den vorhergehenden Abschnitten gemachten Aussagen beziehen sich nur auf die sogenannte statische Belastung des Werkstoffes; man versteht darunter eine einmalige, gleichbleibende oder langsam veränderliche Belastung. Die dabei für den Eintritt des Bruches geltenden Werte der Spannung bezeichnet man als statische Festigkeit σ_B, den Bruchvorgang selbst als Gewaltbruch. Diese Annahme entspricht aber nur in besonderen Fällen dem wirklich vorliegenden Sachverhalt. Die Beanspruchung von ungleichförmig bewegten Maschinenteilen ist von wechselnder Beschaffenheit und führt zu ganz anderen Aussagen über die Größen der den Bruch herbeiführenden Spannungen. Die ersten grundlegenden Er-

Abb. 31.

kenntnisse über den Einfluß wechselnder und wiederholter Belastungen sind dem deutschen Eisenbahningenieur August Wöhler zu verdanken, der zeigte, daß bei wechselnder Belastung viel geringere Höchstwerte erforderlich sind, um den Bruch herbeizuführen.

Einen durch wiederholte, wechselnde Belastung herbeigeführten Bruch bezeichnet man als Schwingungsbruch oder, da er nur bei dauernd wiederholter Beanspruchung eintritt, als Dauerbruch[1]. Ein solcher nimmt immer von irgend einer schwächeren Stelle des Querschnittes seinen Ausgang und läßt an der Bruchfläche deutlich zwei Bereiche erkennen (Abb. 31): einen — die „Dauerbruchzone" — von äußerst feinkörniger Beschaffenheit, ähnlich wie bei amorphen Stoffen. Die Dauerbruchzone entsteht durch allmähliche Ausdehnung einer anfänglich schwächeren Stelle unter fortschreitender Auflockerung der

[1] Manchmal wird die Bezeichnung Dauerbruch auch für das Endergebnis einer konstanten Beanspruchung verwendet: Dauerzugfestigkeit usw.

„Gleitflächen“ der Kristalle; die dadurch bedingte Zermürbung und Zerrüttung ist mit einer Ermüdung des Stoffes verbunden und führt zu einer Herabsetzung der Festigkeit. Die Ermüdung wird also als eine von anderen Erscheinungen (Fließen, Verfestigung, Einschnürung) unabhängige Zerrüttung des Werkstoffes, und zwar vorwiegend in den Gleitschichten der Kristalle, angesehen. Der zweite Bereich — die „Restbruchzone“ — zeigt eine Bruchfläche von normaler Beschaffenheit, und der Bruch in diesem Restbereich ist von der Art eines Gewaltbruches, der einsetzt, sobald die Schwächung des Querschnittes durch Auflockerung im ersten Bereich ein gewisses Maß erreicht hat. Bemerkenswert ist auch, daß der Schwingungsbruch in der Regel ohne merkliche Formänderung des Materials eintritt.

Unter „wechselnder Beanspruchung“ versteht man, genauer gesagt, eine solche, die zwischen zwei festen Werten in bestimmtem Rythmus schwankt. Die (absolut) größere Spannung heißt dabei die „obere Grenzspannung“ (Bezeichnung σ_o oder τ_o), die (absolut) kleinere die „untere Grenzspannung“ (Bezeichnung σ_u oder τ_u). Der arithmetische Mittelwert zwischen oberer und unterer Grenzspannung wird „Mittelspannung“ (σ_m oder τ_m) und die halbe Differenz der Grenzwerte „Spannungsausschlag“ (σ_a oder τ_a) genannt.

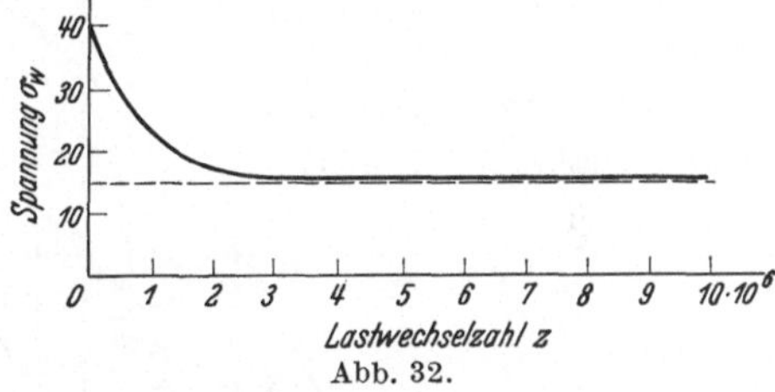

Abb. 32.

Das Ergebnis einer Prüfung auf Schwingungsfestigkeit wird in Form einer Wöhlerkurve angegeben, in welcher der Spannungsausschlag in Abhängigkeit von der Zahl der Lastwechsel aufgetragen ist. Diese Wöhlerkurven zeigen in den allermeisten Fällen den in Abb. 32 angegebenen typischen Verlauf. Man erkennt, daß sich die Kurve einem endlichen, von null verschiedenen Endwert nähert, der bei einigen Millionen Lastwechseln fast immer erreicht wird. Aus diesem Grunde werden an Stelle des „beliebig oft“ in den obigen Aussagen praktisch für Stahl zehn Millionen Lastwechsel als die Wechselzahl angenommen, bei der dieser kleinste Endwert sicher erreicht ist. Man spricht demgemäß auch von der Zehnmillionen-Grenze oder allgemein von der Grenzzahl. Bei Leichtmetallen muß man z. B. oft bis $30 \cdot 10^6$ Lastwechsel gehen.

Die dieser Grenzzahl entsprechenden Werte der Schwingungsfestigkeit werden auch als „Dauerfestigkeiten“ bezeichnet. — Im Gegensatz hierzu werden alle jene Werte der Festigkeit, die bei Lastwechselzahlen unterhalb der Grenzzahl ermittelt werden, „Zeitfestigkeiten“ genannt.

Die Ergebnisse der Dauerfestigkeitsversuche bei verschiedenen Mittelspannungen werden neuerdings in sog. „Dauerfestigkeitsschaubildern“ wiedergegeben, von denen ein typisches Beispiel in Abb. 33 gezeigt ist. Über der Mittelspannung als Abszisse werden jene oberen und unteren Grenzspannungen als Ordinaten aufgetragen (in der Abb. mit

σ_o, σ_u bezeichnet), die vom Werkstoff gerade noch ertragen werden, ohne daß der Bruch eintritt, die also die asymptotischen Werte der Wöhlerkurve sind. Man erhält demgemäß einen Kurvenzug mit zwei Ästen, die von der unter 45° geneigten Geraden in der Ordinatenrichtung gleichweit entfernt sind; den Punkten dieser Geraden entsprechen die Mittelspannungen, die um die gleichen Spannungsausschläge vermehrt oder vermindert werden. Das Schaubild der gemessenen Werte wird dann noch dadurch abgeändert, daß es bei der Streckgrenze durch das Geradenstück $\overline{AB}$ abgeschnitten wird, da diese in keinem Falle überschritten werden soll. So entstehen die beiden Geradenstücke $\overline{DA}$ und $\overline{CB}$. Dasselbe wiederholt man auf der Seite der negativen Spanunngen mit der Quetschgrenze. Die Geradenstücke $\overline{C'D}$ und $\overline{D'C}$ des Bildes stellen dagegen keine Idealisierung oder Willkür dar, sondern entsprechen den Meßwerten, die in diesen Bereichen fast genau linear ansteigen.

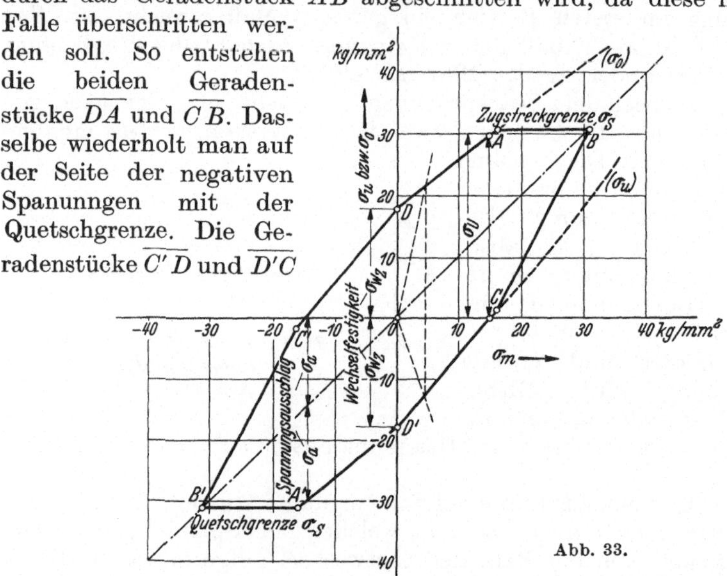

Abb. 33.

Der zum Mittelwert Null gehörige Spannungsausschlag wird auch als „Wechselfestigkeit“ σ_W (oder τ_W), der zum Mittelwert $\sigma_o/2$ (oder $\tau_o/2$) gehörige Spannungsausschlag als „Ursprungsfestigkeit“ σ_U (oder τ_U) bezeichnet. Sie wurden früher meist allein angegeben.

Dauerfestigkeitsschaubilder der beschriebenen Art werden für jede Beanspruchungsart (Zug-Druck, Biegung, Torsion) besonders aufgenommen.

Als Anhaltspunkt für die Größe der **Wechselfestigkeit** σ_W diene die Angabe, daß für C-Stähle und legierte Stähle für das Verhältnis

$$\frac{\sigma_W}{\sigma_B} = \frac{\text{Wechselfestigkeit}}{\text{Zugfestigkeit}} = 0{,}35 \text{ bis } 0{,}7$$

zu setzen ist, wobei unter σ_W der Wert für große Wechselzahlen (10 Millionen) zu verstehen ist, und der Spielraum durch Formeinflüsse bedingt ist.

Früher hat man für die Verhältnisse

$$\sigma_W : \sigma_U : \sigma_B = 1 : 2 : 3$$

angenommen; heute weiß man, daß diese Zahlen zu hoch gestaffelt sind.

e) Die Kavitationskorrosion (Zernagung) ist vermutlich dynamischen Ursprungs und tritt bei wiederholten, schlagartigen Beanspruchungen von bestimmten Beträgen auf. Durch Vorhandensein von Flüssigkeiten wird die Erscheinung der Korrosion sehr begünstigt. Messungen (mit der Piëzo-Quarzzelle) haben ergeben, daß wiederholte Druckstöße (kurzdauernde Belastungen) im Betrage von nicht mehr als 200 bis 300 kg/cm^2 genügen, um die Zerstörung der widerstandsfähigsten Metalle innerhalb kürzester Zeit zu bewirken. Es stellt sich als notwendig heraus, die bisherigen Theorien der Widerstandsfähigkeit der Metalle gegen Ermüdung in dem Sinne zu ergänzen, daß unter der Einwirkung wiederholter Schläge, besonders merklich in Gegenwart einer Flüssigkeit, die Ermüdungsgrenze sich wesentlich nach unten verschiebt. Vorgänge dieser Art sind vor allem für den Wasserturbinenbau von größter Bedeutung, wo sie in dem Unterdruckgebiet an den Schaufelenden, vermutlich mitbedingt durch die Gaseinschlüsse im Metall, die gefürchteten „Kavitationserscheinungen" hervorrufen.

In diesen Bemerkungen sind nur die wichtigsten Umstände angeführt — vor allem im Hinblick auf die Art der Belastung —, die für das Verhalten der Stoffe maßgebend sind. Auf andere Einflüsse, die gleichfalls von Bedeutung sind, wie Vorbehandlung, Oberflächenbeschaffenheit, Oberflächenbehandlung (Drücken!), Form der Versuchskörper, Temperatur, Wärmebehandlung u. dgl. soll hier nur hingewiesen werden, um die äußerst verwickelte Frage nach dem Verhalten der Stoffe und ihrer Festigkeit zu kennzeichnen.

34. Bruchhypothesen. In 8 wurde schon darauf hingewiesen, daß die bei Aufbringung einer bestimmten Belastung auftretenden Gleitflächen sehr nahe mit den Richtungen der größten Schubspannungen zusammenfallen. Es ist daher naheliegend, als maßgebend für das Auftreten dieser Gleitflächen, sowie auch des Gleitens innerhalb der Kristallkörner selbst, das Erreichen eines bestimmten Wertes der Schubspannung anzusehen, die man als Grenzschubspannung bezeichnet. Da der Eintritt des Fließens bei zähen Stoffen auch als Beginn des Bruches gelten kann — wobei sich freilich in diesen Fällen der Vorgang der Verfestigung dazwischenschaltet —, wird oft dieselbe Größe auch als maßgebend für den Eintritt des Bruches angesehen, der dann als Scherbruch bezeichnet wird. Bei spröden Stoffen tritt der Bruch nahezu unmittelbar am Ende des elastischen Bereiches ein. — Dies ist aber nur eine der möglichen Annahmen, die getroffen werden können und auf ihre Richtigkeit geprüft worden sind. Unter den in Betracht kommenden Möglichkeiten sind — im Zusammenhang — die folgenden hervorzuheben:

a) Hypothese der größten Normalspannung (Zug oder Druck), (älteste Theorie),

b) Hypothese der größten Schubspannung (Coulomb, Guest),

c) Hypothese des elastischen Grenzzustandes (O. Mohr),

d) Hypothese der größten Dehnung oder Gleitung (C. v. Bach),

e) Hypothese der größten Formänderungsarbeit (E. Beltrami),

f) Hypothese der größten Gestaltänderungsarbeit (H. Hencky, R. v. Mises, F. Schleicher).

Hierzu seien die folgenden Erläuterungen gegeben:

a) Die Annahme, daß die größte auftretende Normalspannung (Zug oder Druck) für den Eintritt des Bruches maßgebend sei, ist die älteste und liegt den meisten älteren Festigkeitsberechnungen zugrunde. Wenn sie allgemein richtig wäre, müßten die Bruchflächen von Stäben stets senkrecht zur Stabachse liegen — der Bruch würde dann als Trennbruch zu bezeichnen sein —, was jedoch bei zähen Stoffen (Stahl) sicher nicht zutrifft. Ferner könnten Stoffe, die nur hydrostatischen Druckkräften ausgesetzt sind, diesen nach Überschreitung der Bruchspannung (die aus dem einachsigen Spannungszustand abgeleitet wird) nicht widerstehen, was offenbar doch der Fall ist. Diese Theorie kann daher nicht aufrecht erhalten werden.

b) Die Hypothese der größten Schubspannung besagt, daß das Auftreten eines gewissen Grenzwertes für die Schubspannung, also das Erreichen einer bestimmten Grenzschubspannung, für den Eintritt des Bruches (als Folgeerscheinung des Fließens) maßgebend ist. Es wurde bereits hervorgehoben, daß diese Theorie eine große innere Wahrscheinlichkeit für sich hat. Wenn die Hauptspannungen in irgend einem Punkte $\sigma_1, \sigma_2, \sigma_3$ sind, und wenn wie bisher immer $\sigma_1 > \sigma_2 > \sigma_3$ vorausgesetzt wird, so ist die größte Schubspannung (nach **14**) vom Betrage

$$\tau_{max} = (\sigma_1 - \sigma_3)/2 ,$$

die mittlere Normalspannung wäre also ohne Einfluß auf den Eintritt des Bruches. Diese Theorie steht in besserer Übereinstimmung mit den Versuchen, insbesondere jenen von Guest, und ist vor allem bei Stahl mit ausgeprägter Streckgrenze bestätigt gefunden worden. In anderen Fällen hat sich jedoch ein Einfluß der mittleren Hauptspannung σ_2 gezeigt.

c) Die Theorie von O. Mohr stellt eine Verbindung der beiden vorgenannten dar; bei ihr wird als maßgebend für den Eintritt des Bruches nicht ein bestimmter Wert der Normalspannung oder der Schubspannung, sondern das Erreichen einer bestimmten Grenzkurve betrachtet, die in der Form

$$\tau = f(\sigma)$$

für jeden Werkstoff gegeben sein soll und etwa von der in Abb. 34a gezeichneten Form angenommen werden kann. Wenn in einem Punkte des Körpers der Spannungszustand so beschaffen ist, daß der zugehörige Spannungskreis diese Grenzkurve erreicht, dann soll in diesem Punkt der Bruch eintreten. Diese Grenzkurve stellt die Umhüllende sämtlicher Spannungskreise dar, die den „Grenzzuständen des Gleichgewichtes" unterhalb des Bruches entsprechen. Wenn die Umhüllende aus zwei Parallelen zur σ-Achse im Abstand τ_{max} besteht, so erhält man wieder die Theorie der maximalen Schubspannung (Abb. 34b); ist die Umhüllende eine Parallele zur τ-Achse im Abstand σ_{max}, so erhält man die Hypothese a).

d) Die Hypothese der größten Dehnung oder Gleitung geht von der Annahme aus, daß die größte auftretende Formänderung für den Eintritt des Bruches maßgebend ist. Diese Theorie ist durch die Beobachtungen nicht bestätigt worden; diese zeigen vielmehr, daß die Widerstandsfähigkeit des Materials in einer Richtung durch eine zu dieser senkrechte Spannung, mit der doch eine Dehnung in der ersten Richtung verbunden ist, nicht verändert wird, was nach dieser Hypothese der Fall sein müßte. Trotzdem sind die praktischen Berechnungsverfahren zum Teil heute noch darauf aufgebaut, weshalb sie angeführt werden muß.

e) Die Hypothese der größten Formänderungsarbeit (Erklärung dieses Begriffes in **40**) nimmt an, daß die größte in einem Raumteilchen aufgespeicherte Formänderungsarbeit für das Eintreten

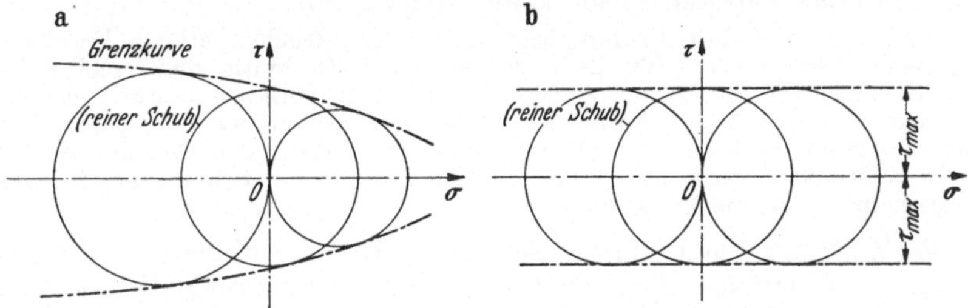

Abb. 34a und b.

des Bruches bestimmend ist. Diese Theorie geht von der Tatsache aus, daß das Material im elastischen Bereich die Arbeit in umkehrbarer Weise aufnimmt, und daß dies aufhört, sobald der Arbeitsbetrag einen bestimmten Grenzwert erreicht hat. Auch diese Theorie ist von der Erfahrung nicht bestätigt worden. Dagegen scheint

f) die Hypothese der größten Gestaltänderungsarbeit für die moderne Auffassung des Bruchvorgangs besondere Bedeutung zu besitzen[1]. Diese Theorie sucht dem Gedanken Rechnung zu tragen, daß ein Spannungszustand von der Art des hydrostatischen (nach dem in a) Gesagten) keinen Einfluß auf die Zerstörung des Materials haben kann; in der Tat weiß man, daß ein allseitiger Druck eine Zerstörung nicht hervorbringen kann. Es wird daher von dem gegebenen auf die Hauptspannungen bezogenen Zustand $\sigma_1, \sigma_2, \sigma_3$ ein homogener Spannungszustand in Abrechnung gebracht, welcher der Normalspannung $\sigma_m = (\sigma_1 + \sigma_2 + \sigma_3)/3$ entspricht. Die dem restlichen Spannungszustand $\sigma_1 - \sigma_m, \sigma_2 - \sigma_m, \sigma_3 - \sigma_m$ zugehörige Arbeit wird als Gestaltänderungsarbeit $\mathsf{A}^{(g)}$ bezeichnet und hat (wie in **41** gezeigt wird) folgenden Wert

$$\mathsf{A}^{(g)} = \frac{1}{12\,G}\left[(\sigma_2 - \sigma_3)^2 + (\sigma_3 - \sigma_1)^2 + (\sigma_1 - \sigma_2)^2\right]. \tag{54}$$

---

[1] Diese Hypothese wird den meisten neueren theoretischen Untersuchungen zugrunde gelegt, die sich mit plastischen Formänderungen beschäftigen.

Für den Eintritt des Fließens bzw. des Bruches soll dann die Bedingung gelten $A^{(\sigma)} \geqq$ konst., wobei diese Konstante dem Werkstoff eigentümlich ist. An jenem Punkte, an dem der mit den drei dort herrschenden Hauptspannungen σ_1, σ_2, σ_3 gerechnete Ausdruck $A^{(\sigma)}$ zuerst einen bestimmten Grenzbetrag erreicht, soll der Bruch entstehen. Nach dieser Theorie haben alle drei Normalspannungen Einfluß auf den Eintritt des Bruches. Diese Theorie steht mit neueren Versuchen (von Lode, Reuß u. a.), die zu ihrer Prüfung angestellt wurden, in befriedigender Übereinstimmung und ist heute für alle Stoffe (außer für Stahl) mit ausgeprägter Streckgrenze als die wichtigste aller Bruchtheorien anzusehen. Das Verhalten der in Wirklichkeit vielkristallinen Stoffe (Stahl) scheint nach neueren Versuchen zwischen der Mohrschen und der Hypothese der größten Gestaltänderungsarbeit zu liegen, allenfalls mit Einschluß dieser beiden Theorien als Grenzfällen.

Der Umstand, daß die Prüfung bei keiner dieser „Bruchhypothesen“ genügend allgemeine Aussagen, die für die verschiedenen Stoffe gültig sind, ergeben hat, läßt erkennen, daß der bei der Aufstellung dieser Hypothesen beschrittene Weg wahrscheinlich eine zu enge Auffassung des Sachverhaltes darstellt. Wirkliche Fortschritte dürften nur durch ein genaueres Eingehen auf die Änderungen der Struktur der verschiedenen Stoffe in den verschiedenen Phasen der Belastung (Fließen, Verfestigung, zunehmende Auflockerung, Bruch) zu gewinnen sein.

35. Zulässige Spannungen; Sicherheit. Die aus diesen Theorien gewonnenen Werte der „Festigkeiten“ bilden die Grundlage für die Wahl der „zulässigen Spannungen“ (σ_{zul}, τ_{zul}, usw.), auf denen die technischen Berechnungen, vor allem die Festlegung der Abmessungen — die Dimensionierung — beruhen. Nach der „Hypothese der größten Spannung“ wird als zulässige Spannung in der Regel ein bestimmter Bruchteil der betreffenden „Festigkeit“ (oder der „Streckgrenze“) angenommen ($^1/_3$ bis $^1/_{10}$), den Kehrwert dieses Verhältnisses bezeichnet man als die Sicherheit (3-fache bis 10-fache Sicherheit). Die Festsetzung der zulässigen Spannung ist eine praktische Frage von außerordentlicher Tragweite, für deren Beantwortung (außer amtlichen Vorschriften) vor allem die Genauigkeit, mit der die Belastung gegeben ist und die Beanspruchungen in jedem Einzelfall ermittelt werden können, und die Erfahrungen des Konstrukteurs entscheidend sind. — Es sei hier nur noch ausdrücklich auf den Unterschied hingewiesen, der zwischen den objektiv (durch Messung) gefundenen Werten der Streckgrenze, Festigkeit, usw., und den zulässigen Spannungen, die in weitem Maße durch subjektive Momente (amtliche Vorschriften, persönliche Erfahrungen u. dgl.) bedingt sind, besteht. Über die zulässigen Spannungen enthalten die Ingenieurbücher ausführliche Angaben. Die wichtigsten dieser Angaben über die Wahl der zulässigen Spannungen, soweit sie sich theoretisch begründen lassen, werden in 88 gegeben.

IV. Die elastischen Gleichungen.

36. Das Hookesche Gesetz für Schub; Gleitzahl. Das Hookesche Gesetz in der Form, die wir bisher kennengelernt haben, bringt die Beziehung zwischen der Normalspannung σ in einer Richtung und der damit verbundenen Dehnung ε (bzw. Kürzung) zum Ausdruck. Dieser Aussage tritt nun, sie ergänzend, eine andere an die Seite, die einen ebenfalls linearen Zusammenhang zwischen den Schubspannungen τ bei reinem Schub und der mit diesen verbundenen Gleitung γ angibt. Es gehört zum Wesen der „linearen“ Elastizitätstheorie, daß sie die Beziehungen zwischen den Normalspannungen und Dehnungen einerseits trennt von denen zwischen den Schubspannungen und Gleitungen andrerseits.

Selbstverständlich läßt sich die ganze Theorie allgemeiner und exakter begründen als in der schrittweise vorgehenden und beschreibenden Art, die wir hier verfolgen, die aber für die erste Einführung besonders geeignet sein dürfte.

Das Hookesche Gesetz für Schubspannungen und Gleitungen schreiben wir in der Form

$$\boxed{\tau = G\gamma} \tag{55}$$

und wenden es für jedes rechteckig begrenzte Teilchen an, an dessen Seitenflächen paarweise die Schub-

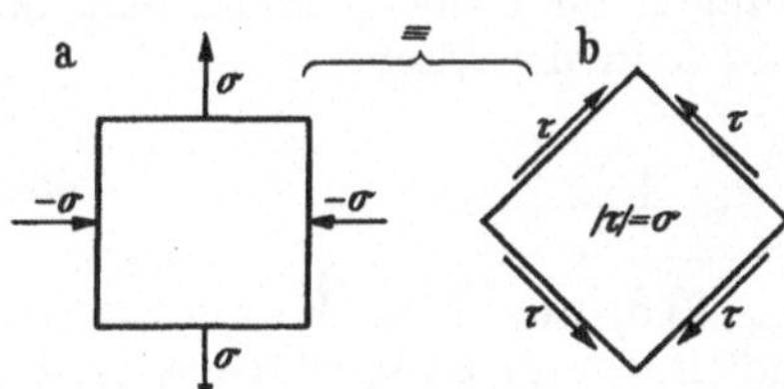

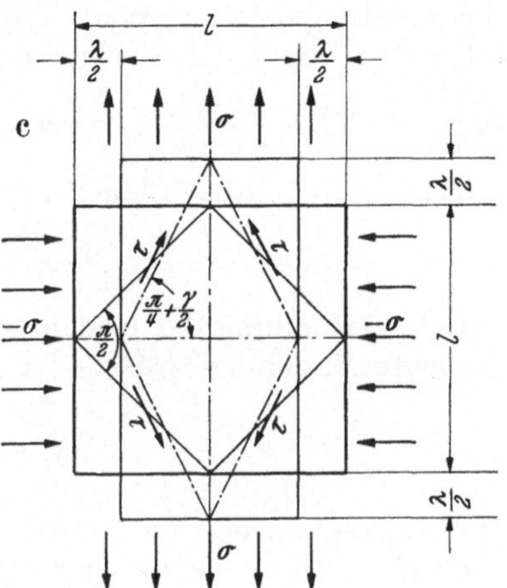

Abb. 35a bis c.

spannungen τ wirken und die Gleitung γ hervorbringen. Den Faktor G bezeichnet man als Gleitzahl (auch Gleitmodul oder Schubmodul); diese ist eine Größe von derselben Art wie E und wird wie diese in kg/cm^2 ausgedrückt (siehe Tabelle 1 in Kap. III).

Mit diesen Festsetzungen haben wir zur Kennzeichnung des elastischen Verhaltens der Körper drei Konstante E, ν, G eingeführt. Dieser Umstand könnte zu dem Schluß verleiten, daß das Verhalten des idealelastischen Körpers, wie wir ihn hier der Betrachtung zugrunde legen, von drei Konstanten abhängig sei. Dem ist jedoch nicht so, es läßt sich vielmehr zeigen, daß zwischen diesen drei Konstanten eine identische Beziehung besteht. Diese erhält man am einfachsten durch Betrachtung eines besonderen Spannungs- und damit verknüpften Verzerrungszustandes, der in Abb. 35a bis c eingetragen ist. Man denke sich ein Teilchen mit quadratischem Querschnitt senkrecht zu einem Seitenpaar mit den Spannungen σ gezogen und senkrecht zum anderen Seitenpaar mit den gleichen Spannungen $-\sigma$ gedrückt. Dadurch wird das Teilchen in der Richtung der Zugspannungen σ verlängert, in der Richtung der Druckspannungen $-\sigma$ verkürzt und nimmt die in der Abb. 35c gestrichelt eingetragene Form an. In **10** wurde gezeigt, daß die größten bei diesem Spannungszustand auftretenden Schubspannungen unter den Winkeln $\pm\pi/4$ gegen die Normalspannungen liegen und den Betrag $|\tau| = |\sigma|$ haben. Die Formänderungen des ursprünglich quadratischen Teilchens unter dem Einfluß der Spannungen σ, $-\sigma$ auf die vier Seitenflächen und die des diagonal liegenden Teilchens unter dem Einfluß der Schubspannungen τ stimmen miteinander überein und führen zu folgenden Aussagen:

Die Dehnung in der Richtung σ ist nach dem Hookeschen Gesetz

$$\varepsilon = \frac{\lambda}{l} = \frac{\sigma}{E} + \frac{\nu\sigma}{E} = \frac{1+\nu}{E}\sigma;$$

die Gleitung des diagonal liegenden Quadrates ergibt sich aus der folgenden Beziehung, die unmittelbar aus der Abb. 35c abzulesen ist:

$$\operatorname{tg}\left(\frac{\pi}{4} + \frac{\gamma}{2}\right) = \frac{\frac{1}{2}l + \frac{1}{2}\lambda}{\frac{1}{2}l - \frac{1}{2}\lambda}, \quad \text{oder} \quad \frac{1+\gamma/2}{1-\gamma/2} = \frac{1+\lambda/l}{1-\lambda/l}, \quad \text{also ist} \quad \gamma = \frac{2\lambda}{l};$$

mithin erhält man nach dem Hookeschen Gesetz für Schub, da $|\tau| = |\sigma|$ ist,

$$\gamma = \frac{2\lambda}{l} = \frac{\tau}{G} = \frac{\sigma}{G}.$$

Durch Verbindung der beiden Gleichungen für ε und γ findet man die gesuchte Beziehung zwischen E, ν und G in der Form

$$\boxed{G = \frac{E}{2(1+\nu)}.} \tag{56}$$

Das elastische Verhalten eines Hookeschen Körpers (d. i. nach **25** ein ideal-elastischer Körper mit linearem Elastizitätsgesetz) ist durch zwei von den drei Konstanten E, ν, G gekennzeichnet.

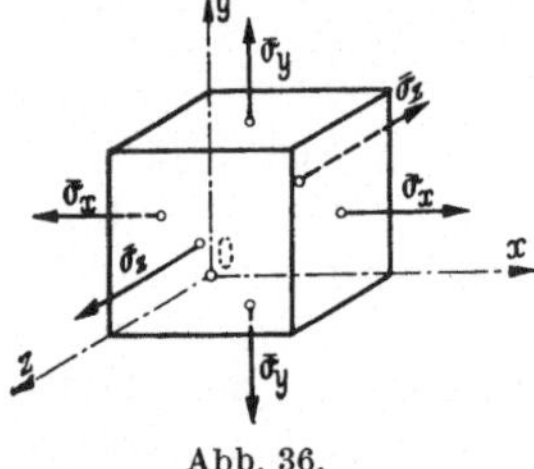

Abb. 36.

37. Die allgemeine Form des Hookeschen Gesetzes oder die Spannungs-Dehnungs-Gleichungen für den ideal-elastischen Körper finden wir nun in folgender Weise: Nach **26** sind für ein Teilchen in Form eines Quaders (Abb. 36) mit der Spannung σ_x in der x-Richtung eine Dehnung vom Betrage σ_x/E längs x und Verkürzungen vom Betrage $\nu\sigma_x/E$ in den dazu senkrechten Richtungen verbunden. Setzt man diese Aussage für die drei Normalspannungen σ_x, σ_y, σ_z, die auf die Seitenflächen des Teilchens wirken, an, so findet man für die Dehnungen in den Achsenrichtungen die Ausdrücke

$$\boxed{\begin{aligned} E\,\varepsilon_x &\equiv E\,\frac{\partial u}{\partial x} = \sigma_x - \nu(\sigma_y + \sigma_z), \\ E\,\varepsilon_y &\equiv E\,\frac{\partial v}{\partial y} = \sigma_y - \nu(\sigma_z + \sigma_x), \\ E\,\varepsilon_z &\equiv E\,\frac{\partial w}{\partial z} = \sigma_z - \nu(\sigma_x + \sigma_y). \end{aligned}} \tag{57}$$

Zu diesen treten die drei Gleichungen für die Schubspannungen auf je zwei Paare gegenüberliegender Seitenflächen

$$\boxed{\begin{aligned} G\gamma_{yz} &\equiv G\left(\frac{\partial v}{\partial z} + \frac{\partial w}{\partial y}\right) = \tau_{yz}, \\ G\gamma_{zx} &\equiv G\left(\frac{\partial w}{\partial x} + \frac{\partial u}{\partial z}\right) = \tau_{zx}, \\ G\gamma_{xy} &\equiv G\left(\frac{\partial u}{\partial y} + \frac{\partial v}{\partial x}\right) = \tau_{xy}. \end{aligned}} \tag{58}$$

Diese sechs Gln. bilden die gesuchten Stoffgleichungen für den idealelastischen Körper oder die Grundgleichungen der linearen Elastizitätstheorie für einen Körper von drei Dimensionen.

Die Gln. (57) lauten nach $\sigma_x, \sigma_y, \sigma_z$ aufgelöst

$$\begin{aligned} \sigma_x &= \frac{E}{(1+\nu)(1-2\nu)}[(1-\nu)\,\varepsilon_x + \nu(\varepsilon_y + \varepsilon_z)] \\ &= \frac{E}{1+\nu}\left[\varepsilon_x + \frac{\nu\Theta}{1-2\nu}\right], \text{ usw.} \ldots, \end{aligned} \tag{59}$$

worin nach Gl. (47) $\Theta = \varepsilon_x + \varepsilon_y + \varepsilon_z$ die Raumdehnung bedeutet.

Die wesentliche Bedeutung dieser „elastischen Gleichungen" liegt darin, daß sie zusammen mit den statischen Gleichungen die Aufgabe der Bestimmung des Spannungs- und Verzerrungszustandes lösbar machen; denn die Gleichgewichtsgleichungen geben zusammen mit den elastischen $3 + 6 = 9$ Gln., denen dieselbe Zahl von Unbekannten, nämlich 6 Spannungsgrößen und 3 Verschiebungen u, v, w gegenüberstehen. Man beachte hierbei, daß sich die sechs Verzerrungsgrößen $\varepsilon_x, \ldots, \gamma_{yz}$ durch diese drei Verschiebungen u, v, w ausdrücken lassen.

38. Der ebene Spannungs- und Verzerrungszustand.

a) Nach **9** spricht man von einem ebenen Spannungszustand dann, wenn die Spannungen, die auf die seitlichen Begrenzungsflächen eines prismatischen Teilchens wirken, alle in einer Ebene liegen. Dieser Fall ist bei den Scheiben verwirklicht, die nur Beanspruchungen in ihrer Ebene erleiden. Man beachte aber, daß senkrecht zur Scheibenebene Dehnungen oder Verkürzungen auftreten können. Der ebene Spannungszustand ist durch $\sigma_z = \tau_{xz} = \tau_{yz} = 0$ gekennzeichnet, so daß man aus den allgemeinen elastischen Gln. (57) durch Einführung dieser Bedingungen die folgenden erhält

$$E\,\varepsilon_x = \sigma_x - \nu\sigma_y, \qquad E\,\varepsilon_y = \sigma_y - \nu\sigma_x, \qquad E\,\varepsilon_z = -\nu(\sigma_x + \sigma_y). \tag{60}$$

Aus den beiden ersten findet man durch Auflösung

$$\boxed{\sigma_x = \frac{E}{1-\nu^2}(\varepsilon_x + \nu\,\varepsilon_y), \quad \sigma_y = \frac{E}{1-\nu^2}(\varepsilon_y + \nu\,\varepsilon_x),} \tag{61}$$

und sodann folgt aus der dritten

$$\varepsilon_z = -\frac{\nu}{1-\nu}(\varepsilon_x + \varepsilon_y). \tag{62}$$

Hierzu tritt noch die Gleichung für die Schubspannung τ_{xy}

$$\boxed{\tau_{xy} = G\gamma_{xy} = G\left(\frac{\partial u}{\partial y} + \frac{\partial v}{\partial x}\right)}\,. \tag{63}$$

b) Wenn dagegen der Spannungszustand so beschaffen ist, daß in einer Richtung keine Verzerrungen auftreten können, so spricht man von einem ebenen Verzerrungszustand. Ein Beispiel hierfür ist in Abb. 37 angedeutet. Ein elastischer Körper ist zwischen starren Platten eingelegt, die einen unveränderlichen Abstand voneinander haben und wird durch Druckkräfte parallel zur Plattenrichtung beansprucht; dann ist die Verzerrung senkrecht zu den Platten verhindert. In diesem Falle hat man in den allgemeinen Gleichungen $\varepsilon_z = \gamma_{xz} = \gamma_{yz} = 0$ zu setzen und findet, da aus der Bedingung $\varepsilon_z = 0$

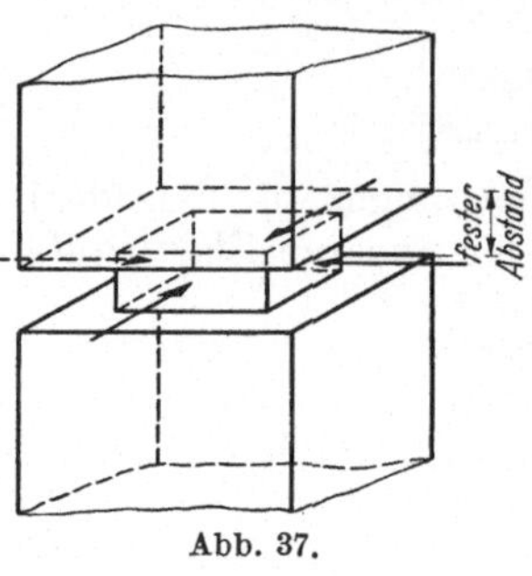

Abb. 37.

$$\sigma_z = \nu(\sigma_x + \sigma_y)$$

folgt, die Gln.

$$\left.\begin{aligned} E\,\varepsilon_x &= (1+\nu)\left[(1-\nu)\,\sigma_x - \nu\,\sigma_y\right], \\ E\,\varepsilon_y &= (1+\nu)\left[-\nu\,\sigma_x + (1-\nu)\,\sigma_y\right], \end{aligned}\right\} \tag{64}$$

oder nach den Spannungen aufgelöst

$$\left.\begin{aligned} \sigma_x &= \frac{E}{(1+\nu)(1-2\nu)}\left[(1-\nu)\,\varepsilon_x + \nu\,\varepsilon_y\right], \\ \sigma_y &= \frac{E}{(1+\nu)(1-2\nu)}\left[\nu\,\varepsilon_x + (1-\nu)\,\varepsilon_y\right], \\ \sigma_z &= \nu(\sigma_x + \sigma_y) = \frac{\nu E}{(1+\nu)(1-2\nu)}(\varepsilon_x + \varepsilon_y)\,. \end{aligned}\right\} \tag{65}$$

Für die Schubspannungen gelten dieselben Gleichungen wie zuvor.

Für die Lösung des ebenen Spannungsproblems stehen zwei statische und drei elastische Gleichungen zur Verfügung, die zur Bestimmung von fünf Unbekannten, u. zw. der drei Spannungen $\sigma_x, \sigma_y, \tau_{xy}$ und der zwei Verschiebungen u, v dienen können. Auch das ebene elastische Problem wird durch Hinzunahme der elastischen Gleichungen lösbar.

Die Gleichungen, die man so erhält, sind partielle Differentialgleichungen für die Spannungs- bzw. die Verschiebungskomponenten. Um sie zu lösen, müssen entweder für die Spannungen oder für die Verschiebungen (oder für beide in verschiedenen Bereichen der Begrenzung) gewisse Randbedingungen vorgegeben sein, an die, wie schon in **15** erwähnt, der Spannungs- und Verzerrungstensor so einzupassen sind, daß die Bedingungen des Gleichgewichts und des materiellen Zusammenhangs erfüllt sind. Die allgemeine Formulierung des so entstehenden Integrationsproblems und die Verfahren zu dessen Lösung werden in der Elastizitätstheorie gegeben. Die Lösung ist aber im allgemeinen mit großen Schwierigkeiten verbunden und nur in einfachen Fällen vollständig ausführbar.

39. Die Raumdehnung in Abhängigkeit von den Spannungen.

a) bei einfacher Zugbeanspruchung, etwa für einen in Richtung einer Kante mit der Spannung σ auf Zug beanspruchten Würfel ist die Dehnung in dieser Richtung $\varepsilon = \sigma/E$ und nach **26** die Kürzung in den Querrichtungen $\nu\varepsilon = \nu\sigma/E$; daher ist die Raumdehnung (bis auf Größen zweiter Ordnung)

$$\Theta = (1+\varepsilon)(1-\nu\varepsilon)(1-\nu\varepsilon) - 1 \approx (1-2\nu)\,\varepsilon = (1-2\nu)\,\sigma/E\,. \tag{66}$$

Für $\nu = \frac{1}{2}$ würde man $2\nu = 1$, also $\Theta = 0$ erhalten; dies ist der Fall der raumbeständigen oder „vollkommenen" Flüssigkeit. Für die festen Körper ist immer $\nu < \frac{1}{2}$, also $2\nu < 1$; dies bedeutet, daß eine Zugbeanspruchung immer mit einer Vergrößerung, eine Druckbeanspruchung mit einer Verkleinerung des Rauminhaltes des Körpers verbunden ist. — Bei einfachem Schub ist die Raumdehnung null.

b) Für einen dreiachsigen Spannungszustand mit den Hauptspannungen $\sigma_1, \sigma_2, \sigma_3$ ist daher die Raumdehnung

$$\Theta = (1-2\nu)(\sigma_1+\sigma_2+\sigma_3)/E\,. \tag{67}$$

Das Verhältnis der Mittelspannung $(\sigma_1+\sigma_2+\sigma_3)/3$ zur Raumdehnung Θ wird auch als K o m p r e s s i o n s m o d u l, k, bezeichnet; nach Gl. (67) ist

$$k = \frac{(\sigma_1+\sigma_2+\sigma_3)/3}{\Theta} = \frac{E}{3(1-2\nu)}\,. \tag{67'}$$

40. Die Formänderungsarbeit. Wenn ein nicht-starrer Körper irgendwie belastet wird, so ändert er seine Form, und zwar so, daß er unter der Last nachgibt oder einsinkt; bei vollkommen elastischen Körpern verschwindet diese Formänderung wieder, sobald die Belastung entfernt wird. Diese Arbeit der eingeprägten Kräfte nennt man die „Lastsenkungsarbeit" A_a; sie findet ihren Gegenwert in dem Arbeits- oder Energiebetrage, der von den inneren Spannungen geleistet wird, und zwar dadurch, daß die Flächen, auf die diese wirken, bei der Verformung des Körpers auch gewisse Verschiebungen in Richtung der Spannungen erleiden. Man sagt, daß die Arbeit der Lasten bei der Durchsenkung von dem Körper „aufgenommen" und von diesem in innere potentielle Energie „umgesetzt" wird. Für diese innere Energie A_i ist in der Technik das Wort F o r m ä n d e r u n g s a r b e i t in Gebrauch, das auch hier beibehalten werden möge.

Die auf die Raumeinheit bezogene Formänderungsarbeit bezeichnet man auch als die „spezifische Formänderungsarbeit" oder als „Energiedichte" A_i^*; wenn V den Rauminhalt des Körpers bedeutet, so ist zu setzen

$$\mathsf{A}_i = \int_{(V)} \mathsf{A}_i^*\,dV\,. \tag{68}$$

Die spezifische Formänderungsarbeit A_i^* hat die Dimension [KL/L³] und wird in kgm/m³ oder in kgcm/cm³ $\equiv$ kg/cm² ausgedrückt; sie hat also die Dimension einer Spannung.

Bei gleichförmiger (homogener) Verteilung der Arbeit über den ganzen Rauminhalt V des Körpers ist daher

$$\mathsf{A}_i = \mathsf{A}_i^* V. \tag{69}$$

Bei der Berechnung der „Formänderungsarbeit“ A_i und der „Lastsenkungsarbeit“ A_a nimmt man an, daß man von dem spannungsfreien Zustand des Körpers ausgeht und die Belastung langsam bis zu ihrem Endwert anwachsen läßt, so daß auch die entstehenden Formänderungen langsam von null bis zu ihren Endwerten anwachsen. Man kann diese Annahme auch so ausdrücken, daß während des ganzen Belastungsvorganges zwischen der momentanen Belastung und den entstehenden elastischen Kräften Gleichgewicht herrschen soll, ohne daß irgendwelche Trägheitskräfte auftreten würden.

Man erkennt ohne weiteres, daß das plötzliche Aufbringen einer Last in ihrer vollen Größe dieser Bedingung nicht entspricht und von dynamischen Vorgängen, insb. von Stößen und Schwingungen begleitet sein würde, die mit statischen Mitteln nicht zu erfassen sind und hier daher zunächst außer Betracht bleiben sollen.

Als Definitionsgleichung für die mechanische Arbeit, die von einer Kraft $P(\lambda)$, die irgendwie von der Verschiebung λ abhängen soll, bei einer Verschiebung 0 bis λ geleistet wird, gilt

$$\mathsf{A}_a(\lambda) = \int_0^\lambda P(\lambda)\, d\lambda, \tag{70}$$

wobei der Einfachheit halber die Integrationsveränderliche und die obere Grenze mit demselben Buchstaben bezeichnet sind.

Für die „spezifische Formänderungsarbeit“ A_i^*, die von einem würfelförmigen Teilchen von der Seitenlänge 1 cm bei der Belastung eines Paares von gegenüberliegenden Seitenflächen mit σ aufgenommen wird, ergibt sich demnach, wenn der Wert von σ für jedes ε bekannt, also die Funktion $\sigma = \sigma(\varepsilon)$ als gegeben anzusehen ist, der Ausdruck

$$\boxed{\mathsf{A}_i^* = \int_0^\varepsilon \sigma(\varepsilon)\, d\varepsilon.} \tag{71}$$

Unter der bezogenen oder spezifischen Formänderungsarbeit versteht man daher jene Arbeit, die von der Raumeinheit des Körpers durch die Spannungen beim allmählichen Aufbringen der Belastung und bei der gleichzeitigen Ausbildung der Formänderung von einem spannungslosen Anfangszustand aus bis zu bestimmten Endwerten aufgenommen wird.

Für den Zusammenhang zwischen Spannung und Dehnung, der durch das Hookesche Gesetz $\sigma = E\varepsilon$ ausgedrückt wird und auch allen folgenden Betrachtungen zugrunde gelegt ist, erhält man für die spezifische Formänderungsarbeit eine der drei Formen

$$\boxed{\mathsf{A}_i^* = \frac{1}{2} E\varepsilon^2 = \frac{1}{2}\frac{\sigma^2}{E} = \frac{1}{2}\sigma\varepsilon.} \tag{72}$$

In diesen Gleichungen bedeuten σ und ε die Endwerte der Spannung und Dehnung bei der betrachteten Formänderung, wie auch ε in der oberen Grenze des Integrals (71) diesen Endwert bedeutet.

Für die durch die Schubspannungen τ bis zur Ausbildung der Gleitung γ geleistete bezogene Formänderungsarbeit erhält man ganz entsprechend

$$\boxed{\mathsf{A}_i^* = \int_0^\gamma \tau(\gamma)\,d\gamma,} \tag{73}$$

und unter Annahme des Hookeschen Gesetzes $\tau = G\gamma$

$$\boxed{\mathsf{A}_i^* = \frac{1}{2}\,G\gamma^2 = \frac{1}{2}\,\frac{\tau^2}{G} = \frac{1}{2}\,\tau\gamma.} \tag{74}$$

Auf Grund dieser Definition kann man unmittelbar die Formänderungsarbeit anschreiben, die dem dreidimensionalen Spannungszustand $\sigma_x, \ldots \tau_{yz}, \ldots$ entspricht. Es ist

$$\boxed{\mathsf{A}_i^*(\sigma, \varepsilon) = \frac{1}{2}\left[\sigma_x\varepsilon_x + \sigma_y\varepsilon_y + \sigma_z\varepsilon_z + \tau_{yz}\gamma_{yz} + \tau_{zx}\gamma_{zx} + \tau_{xy}\gamma_{xy}\right].} \tag{75}$$

Führt man für die Verzerrungsgrößen ihre Werte gemäß den elastischen Gleichungen ein, so erhält man A_i^* in den Spannungen σ, τ allein ausgedrückt

$$\boxed{\begin{aligned}\mathsf{A}_i^*(\sigma, \tau) = \frac{1}{2E}&\left[\sigma_x^2 + \sigma_y^2 + \sigma_z^2 - 2\nu(\sigma_y\sigma_z + \sigma_z\sigma_x + \sigma_x\sigma_y)\right]\\ &+ \frac{1}{2G}(\tau_{yz}^2 + \tau_{zx}^2 + \tau_{xy}^2)\end{aligned}} \tag{76}$$

oder in den Formänderungen ε, γ allein ausgedrückt

$$\boxed{\mathsf{A}_i^*(\varepsilon, \gamma) = G\left[\varepsilon_x^2 + \varepsilon_y^2 + \varepsilon_z^2 + \frac{\nu}{1-2\nu}\Theta^2\right] + \frac{1}{2}\,G(\gamma_{yz}^2 + \gamma_{zx}^2 + \gamma_{xy}^2).} \tag{77}$$

Durch die hinzugeschriebenen Argumente ist jedesmal angedeutet, in welchen Veränderlichen A_i^* ausgedrückt ist.

Die Vereinfachungen für den zweidimensionalen Spannungs- und Verzerrungszustand ($\sigma_z = 0$ oder $\varepsilon_z = 0$) lassen sich sofort hinschreiben. — Ebenso sind die Ausdrücke sofort anzugeben, die man erhält, wenn an Stelle der allgemeinen Spannungs- und Verzerrungskomponenten deren Hauptwerte $\sigma_1, \sigma_2, \sigma_3$ bzw. $\varepsilon_1, \varepsilon_2, \varepsilon_3$ eingeführt werden.

Von den Ausdrücken für die Formänderungsarbeit werden in der Festigkeitslehre die mannigfachsten Anwendungen gemacht. Als formale Folgerungen, die sich unmittelbar aus der Form der Gln. (76) und (77) ergeben, merken wir zunächst an

$$\frac{\partial\mathsf{A}_i^*(\sigma, \tau)}{\partial\sigma_x} = \frac{1}{E}\left[\sigma_x - \nu(\sigma_y + \sigma_z)\right] = \varepsilon_x, \qquad \frac{\partial\mathsf{A}_i^*(\sigma, \tau)}{\partial\tau_{yz}} = \frac{\tau_{yz}}{G} = \gamma_{yz}, \quad \text{usw.}$$

und ähnlich

$$\frac{\partial A_i^*(\varepsilon,\gamma)}{\partial \varepsilon_x} = 2G\left[\varepsilon_x + \frac{\nu}{1-2\nu}\Theta\right] = \frac{E}{1+\nu}\left[\varepsilon_x + \frac{\nu}{1-2\nu}\Theta\right] = \sigma_x,$$

$$\frac{\partial A_i^*(\varepsilon,\gamma)}{\partial \gamma_{yz}} = G\gamma_{yz} = \tau_{yz}, \quad \text{usw.}$$

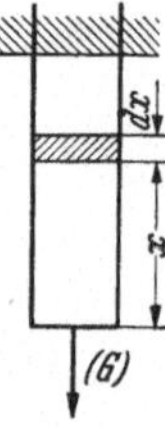
Abb. 38.

Wir erhalten damit die folgenden Sätze:

Die partielle Ableitung von $A_i^*(\sigma,\tau)$ nach einer Spannungskomponente gibt die zugehörige Formänderung, und die Ableitung von $A_i^*(\varepsilon,\gamma)$ nach einer Formänderungskomponente die zugehörige Spannung.

Die eigentlichen Anwendungen der Sätze über die Formänderungsarbeit sind im XI. Kapitel gegeben.

Beispiel 13. Formänderungsarbeit in einem Zugstab von der Länge l und dem Querschnitt F, der mit P belastet ist. Es ist

$$A_i = \frac{1}{2}\sigma\varepsilon V = \frac{1}{2}F\sigma l\varepsilon = \frac{1}{2}P\lambda = \frac{1}{2}\frac{P^2 l}{EF} = \frac{1}{2}EF\frac{\lambda^2}{l},$$

und daraus

$$\frac{\partial A_i}{\partial P} = \frac{Pl}{EF} = \lambda, \qquad \frac{\partial A_i}{\partial \lambda} = EF\frac{\lambda}{l} = P.$$

Beispiel 14. Formänderungsarbeit in einem durch sein Eigengewicht G belasteten Stab (Abb. 38). Sei $d\lambda$ die Verlängerung des Teilchens der ursprünglichen Länge dx im Abstande x vom unteren Ende, dann ist seine Dehnung

$$\varepsilon = \frac{d\lambda}{dx} = \frac{\sigma}{E} = \frac{\gamma F x}{EF} = \frac{\gamma x}{E};$$

γ = Einheitsgewicht. Daher ist die gesamte Längenänderung

$$\lambda = \int^{\lambda} d\lambda = \frac{\gamma}{E}\int_0^l x\,dx = \frac{\gamma l^2}{2E} = \frac{1}{2}\frac{Gl}{EF}.$$

Die bei verteiltem Eigengewicht gefundene Verlängerung λ ist also halb so groß wie sie wäre, wenn G als Einzellast am unteren Ende hängen würde. Ferner ist

$$A_i = \frac{1}{2}\int_0^l EF\varepsilon^2 dx = \frac{1}{2}EF\frac{\gamma^2}{E^2}\int_0^l x^2 dx = \frac{1}{2}\frac{\gamma^2F^2l^3}{3EF} = \frac{1}{6}\frac{G^2 l}{EF}.$$

Die Formänderungsarbeit A_i beträgt daher nur den dritten Teil der Arbeit, die sich durch eine Einzellast von der Größe G am Ende ergeben würde.

41. Die Gestaltänderungsarbeit. Um auf diesen Begriff, der für die Theorie des Fließens (Plastizitätstheorie) und der Verfestigung von Wichtigkeit ist, zu kommen, denke man sich die Hauptspannungen $\sigma_1, \sigma_2, \sigma_3$ des gegebenen, auf seine Hauptachsen bezogenen Spannungszustandes um eine gleichförmige Spannung vom Mittelwerte

$$\sigma_m = (\sigma_1 + \sigma_2 + \sigma_3)/3 \tag{78}$$

vermindert; dann erhält man einen neuen Spannungszustand[1], der durch

[1] Der nach Abzug von σ_m zurückbleibende Teil des Spannungstensors wird als Deviator bezeichnet.

die Hauptspannungen $\sigma_1 - \sigma_m$, $\sigma_2 - \sigma_m$, $\sigma_3 - \sigma_m$ gekennzeichnet ist, und für den die Summe der Hauptspannungen Null ist; nach Gl. (67) ist die zugehörige Raumdehnung null. Mit diesem Spannungszustand ist keine Änderung des Rauminhaltes, sondern nur eine Änderung der Gestalt verbunden. Der gegebene Spannungszustand wird also zerlegt in einen Anteil mit den drei gleichen Hauptspannungen σ_m, der von einer Änderung des Rauminhaltes begleitet ist, und in einen zweiten Anteil, der die Hauptspannungen $\sigma_1 - \sigma_m$, $\sigma_2 - \sigma_m$, $\sigma_3 - \sigma_m$ besitzt und nur eine Änderung der Gestalt (ohne Änderung des Rauminhaltes) zur Folge hat. Die diesem entsprechende Arbeit bezeichnet man als Gestaltänderungsarbeit $A^{(g)}$. Ihre Größe berechnen wir nach Gl. (76) und erhalten

$$A^{(g)} = \frac{1}{2E}\{(\sigma_1 - \sigma_m)^2 + (\sigma_2 - \sigma_m)^2 + (\sigma_3 - \sigma_m)^2 \\ - 2\nu[(\sigma_2 - \sigma_m)(\sigma_3 - \sigma_m) + (\sigma_3 - \sigma_m)(\sigma_1 - \sigma_m) + (\sigma_1 - \sigma_m)(\sigma_2 - \sigma_m)]\},$$

oder nach Ausrechnung der Klammern und mit Benutzung der Gl. (56) $E = 2(1 + \nu)G$,

$$\boxed{A^{(g)} = \frac{1}{12G}[(\sigma_2 - \sigma_3)^2 + (\sigma_3 - \sigma_1)^2 + (\sigma_1 - \sigma_2)^2],} \tag{79}$$

$A^{(g)}$ verschwindet nur, wenn $\sigma_1 = \sigma_2 = \sigma_3$. Die halben Differenzen der Hauptspannungen sind die „größten" Schubspannungen, die in den Halbierungsebenen der Hauptspannungen auftreten; bezeichnet man diese mit

$$\tau_1 = \frac{\sigma_2 - \sigma_3}{2}, \quad \tau_2 = \frac{\sigma_3 - \sigma_1}{2}, \quad \tau_3 = \frac{\sigma_1 - \sigma_2}{2},$$

so erhält man $A^{(g)}$ in anderer Form ausgedrückt

$$\boxed{A^{(g)} = \frac{1}{3G}(\tau_1^2 + \tau_2^2 + \tau_3^2).} \tag{80}$$

Den Ausdruck für $A^{(g)}$ kann man auch so erhalten, daß man die Formänderungsarbeit A_1 ermittelt, die der gleichförmigen Spannung $\sigma_m = (\sigma_1 + \sigma_2 + \sigma_3)/3$ und der durch sie bewirkten Raumdehnung $\Theta = \varepsilon_1 + \varepsilon_2 + \varepsilon_3$ entspricht; diese mittlere, gleichförmige Spannung σ_m ist von der Art eines hydrostatischen Druckes. Es ist nach Gl. (72)

$$A_1 = \frac{1}{2}\sigma_m \Theta = \frac{1}{2}\frac{\sigma_1 + \sigma_2 + \sigma_3}{3}(\varepsilon_1 + \varepsilon_2 + \varepsilon_3) = \frac{1 - 2\nu}{6E}(\sigma_1 + \sigma_2 + \sigma_3)^2.$$

Die Differenz $A_i - A_1$ ist dann jene Arbeit, die nur zur Änderung der Gestalt des Teilchens erforderlich ist, also $A^{(g)}$. Man findet

$$\begin{aligned} A^{(g)} &= A_i - A_1 \\ &= \frac{1}{2E}[\sigma_1^2 + \sigma_2^2 + \sigma_3^2 - 2\nu(\sigma_2\sigma_3 + \sigma_3\sigma_1 + \sigma_1\sigma_2)] - \frac{1 - 2\nu}{6E}(\sigma_1 + \sigma_2 + \sigma_3)^2 \\ &= \frac{1}{6G}[\sigma_1^2 + \sigma_2^2 + \sigma_3^2 - \sigma_2\sigma_3 - \sigma_3\sigma_1 - \sigma_1\sigma_2] \\ &= \frac{1}{12G}[(\sigma_2 - \sigma_3)^2 + (\sigma_3 - \sigma_1)^2 + (\sigma_1 - \sigma_2)^2], \end{aligned}$$

wie zuvor.

V. Zug und Druck.

42. Zusammenstellung. Für einen stabförmigen Körper vom Querschnitt F und der Länge l, der auf reinen Zug oder Druck P beansprucht ist, gelten die Gleichungen:

a) Spannung: $\sigma = P/F$.

Durch diese Gleichung wird auch die praktische Aufgabe der Dimensionierung eines auf Zug oder Druck beanspruchten Baugliedes gelöst. Wird als „zulässige Spannung" ein bestimmter Wert $\sigma = \sigma_{zul}$ für Zug oder $\sigma = \sigma_{d\,zul}$ für Druck vorgeschrieben, so ist die erforderliche Querschnittsfläche durch die Gleichung gegeben

$$F = P/\sigma_{zul}, \quad \text{oder} \quad F = P/\sigma_{d\,zul}. \tag{81}$$

b) Formänderung:

$$\varepsilon = \frac{\lambda}{l} = \frac{\sigma}{E} = \frac{P}{EF}, \qquad \lambda = \frac{Pl}{EF}. \tag{82}$$

c) Formänderungsarbeit:

$$\mathsf{A} = \frac{1}{2} P \lambda = \frac{1}{2} \frac{P^2 l}{EF} = \frac{1}{2} \frac{EF}{l} \lambda^2. \tag{83}$$

d) Wärmespannungen: Der Gedanke, der zur Berechnung der Wärmespannungen dient, ist der folgende: Die bei einer Temperaturänderung auftretende Ausdehnung ist eine Änderung der Abmessungen des Körpers, ohne daß zunächst damit irgendwelche Spannungen verbunden wären. Wird diese Ausdehnung durch äußere Kräfte rückgängig gemacht oder — was auf dasselbe herauskommt — von vornherein verhindert, so ist sie nunmehr als elastische (allenfalls plastische) Zusammendrückung mit Spannungen verbunden.

Wenn ein Stab von einer Anfangstemperatur $t_0\,^0$C auf eine Endtemperatur $t\,^0$C gebracht wird, so beträgt seine Dehnung

$$\boxed{\varepsilon = \alpha (t - t_0),} \tag{84}$$

worin α die „lineare thermische Ausdehnungszahl" des Stoffes je 1 ^{0}C bedeutet. Wird die Wärmeausdehnung durch Festhalten der Stabenden verhindert, oder eine eingetretene Änderung rückgängig gemacht, so entstehen (im elastischen Gebiete) Wärmespannungen vom Betrage

$$\boxed{\sigma = E\,\varepsilon = E\,\alpha\,(t - t_0).} \tag{85}$$

Für Stahl ist (für 0 bis 100^0 C etwa) $\alpha = 0{,}0000115$ je ^{0}C; dies entspricht bei einer Temperaturzunahme von 100^0 C einer Verlängerung von 1,15 mm auf 1 m Länge.

Die Formänderungsarbeit, die bei einer durch Wärmespannungen hervorgerufenen Verzerrung aufgenommen oder abgegeben wird, wird ebenso berechnet wie bei elastischer. Es ist

$$\boxed{\mathsf{A}^{(th)} = \frac{1}{2} \sigma \varepsilon = \frac{1}{2} E \varepsilon^2 = \frac{1}{2} E \alpha^2 (t - t_0)^2.} \tag{86}$$

Anmerkung. Die Annahme der gleichmäßigen Verteilung der Spannungen in einem auf Zug oder Druck beanspruchten stabförmigen Körper kann als zutreffend angesehen werden, wenn der Körper keine schärferen Querschnittsänderungen aufweist. Bei Kerben, Hohlkehlen, Schraubengängen, Querschnittsabsätzen u. dgl. tritt eine wesentliche Erhöhung der Spannungen in der Nähe dieser Stellen ein, die je nach der Form das 3 bis 6-fache und darüber der „mittleren" Spannung betragen kann. Ähnliche Erhöhungen der Spannungen treten naturgemäß auch bei Biegung und Verdrehung ein. Eine rechnerische Verfolgung dieser für Konstruktion und Betrieb in gleichem Maße wichtigen Erscheinungen liegt außerhalb des Rahmens dieses Lehrbuches.

43. Elementare Beispiele. Statisch-bestimmte Aufgaben. Diese sind durch die Eigenschaft ausgezeichnet, daß die Ermittlung der Spannungen von der der Formänderungen vollständig trennbar ist. In den folgenden Aufgaben ist eine Übersicht über die einfachsten dabei auftretenden Fragestellungen und die Erklärung einiger neuer Begriffe und Bezeichnungen gegeben.

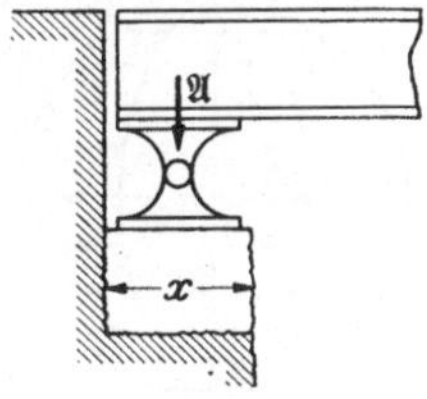

Abb. 39.

Beispiel 15. Wie groß ist der erforderliche Durchmesser der Zugstange (Stahl) eines Dachstuhls, die mit $S = 12$ t belastet ist, wenn die zulässige Zugspannung $\sigma_{zul} = 1000\,\text{kg/cm}^2$ beträgt? Wie groß ist die Verlängerung bei einer Länge $l = 5$ m?

Der erforderliche Querschnitt ist

$$F = \frac{\pi d^2}{4} = \frac{S}{\sigma_{zul}} = \frac{12000}{1000} = 12\,\text{cm}^2, \quad \text{daraus} \quad d = 3{,}46 \approx 3{,}5\,\text{cm}.$$

Die Verlängerung beträgt

$$\lambda = \frac{S\,l}{E\,F} = \frac{12000 \cdot 500}{2{,}15 \cdot 10^6 \cdot 12} = 0{,}23\,\text{cm}.$$

Beispiel 16. Die beiden Auflagerquader (Abb. 39) einer Brücke, die zusammen mit $A = 180$ t belastet sind, sollen quadratische Grundflächen erhalten, die zulässige Druckspannung ist mit $\sigma_{d\,zul} = 60\,\text{kg/cm}^2$ vorgeschrieben. Wie groß ist die Seitenlänge x auszuführen? — Es ist

$$2F = 2x^2 = \frac{A}{\sigma_{d\,zul}} = \frac{180000}{60} = 3000\,\text{cm}^2, \quad \text{daraus} \quad x^2 = 1500, \quad x = 39\,\text{cm}.$$

Beispiel 17. Ein Eisenstab vom Querschnitt $F = 1\,\text{cm}^2$ und der Länge $l = 40$ cm wird durch Erhitzen um 1 mm ausgedehnt. Wie groß ist die Kraft, die nötig ist, um diese Dehnung zu verhindern?

Die Dehnung beträgt $\varepsilon = 0{,}1/40 = 1/400$, somit die erforderliche Kraft zur Verhinderung der Dehnung

$$P = F\sigma = 1 \cdot E\,\varepsilon = 1 \cdot 2{,}15 \cdot 10^6 \cdot 1/400 = 5400\,\text{kg}.$$

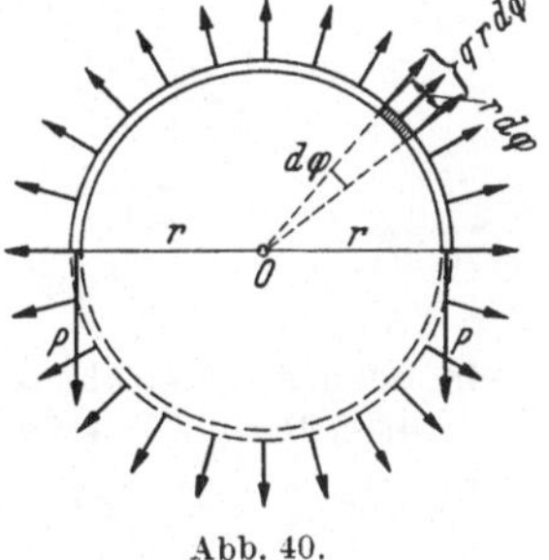

Abb. 40.

Beispiel 18. Dünner Kreisring, in radialer Richtung gleichförmig mit q (kg/m) belastet, Abb. 40. — („Dünn" bedeutet: frei von jeder Biegesteifheit.) — Ist die Belastung radial nach außen gerichtet, so treten im Ring Zugkräfte, bei nach innen gerichteter Belastung Druckkräfte auf. Die „Ringspannungen" findet man durch Division durch die Querschnittsfläche F des Ringes.

Um die Ringkraft P zu ermitteln, denke man sich den Ring durch eine waagrechte Ebene durch die Achse zerschnitten und die Gleichgewichtsbedingung für die lotrechte Richtung angesetzt. Man findet

$$2P = \int_0^\pi q\,r\,d\varphi \sin\varphi = q\,r\,[-\cos\varphi]_0^\pi = 2\,q\,r, \quad \text{also} \quad \boxed{P = q\,r}. \qquad (87)$$

Erfolgt die radiale Belastung durch die Fliehkräfte bei gleichförmiger Drehung mit der Drehgeschwindigkeit ω um die Achse des Ringes, so ist ($\mu F = \mu' =$ Liniendichte)

$$q = \mu F r \omega^2 = \mu' r \omega^2, \quad \text{also} \quad P = \mu' r^2 \omega^2,$$

und die „Ringspannung" (mit $r\omega = v$)

$$\sigma_r = P/F = \mu r^2 \omega^2 = \mu v^2. \tag{88}$$

Bedeutet w die Vergrößerung des Halbmessers bei der Belastung, so ist die „Ringdehnung"

$$\varepsilon_r = \frac{\text{Vergrößerung des Umfanges}}{\text{ursprüngliche Länge}} = \frac{2\pi(r+w) - 2\pi r}{2\pi r} = \frac{w}{r},$$

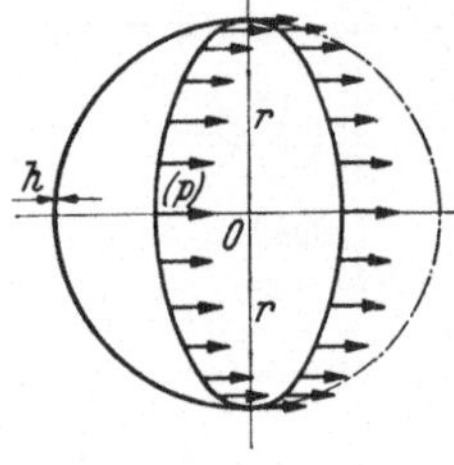

Abb. 41.

und nach dem Hookeschen Gesetz ist

$$\varepsilon_r = \frac{w}{r} = \frac{\sigma_r}{E} = \frac{q\,r}{EF}, \quad \text{also} \quad w = \frac{q\,r^2}{EF}. \tag{89}$$

Beispiel 19. Dünne Gefäßwände. Nach den angegebenen Formeln können auch die Wandstärken von dünnen zylindrischen Gefäßen berechnet werden, die mit einem konstanten Innendruck p belastet sind. „Dünn" bedeutet wie zuvor: frei von jeder Biegesteifheit. In der Gefäßwand können nur Normalspannungen auftreten, die über die Querschnitte gleichförmig verteilt sind. Die Dicke sei h.

a) Kugel: Denkt man sich den dünnen Kugelmantel nach Abb. 41 längs einer Durchmesserebene aufgeschnitten, so gibt der Projektionssatz für die Richtung senkrecht zu dieser Ebene, wenn r den mittleren Halbmesser bezeichnet, die Gl.

$$2\pi r h \sigma = r^2 \pi p, \quad \text{daher} \quad \boxed{\sigma = p\,r/2\,h}. \tag{90}$$

b) Zylinder (ohne Berücksichtigung der „Böden"), Länge l, mittlerer Halbmesser r: Ein ebener Schnitt durch die Achse (Abb. 42a) liefert die „Tangential- oder Ringspannung" σ_t aus der Gl.

$$2\,l\,h\,\sigma_t = 2\,r\,l\,p, \quad \text{also} \quad \boxed{\sigma_t = p\,r/h}; \tag{91}$$

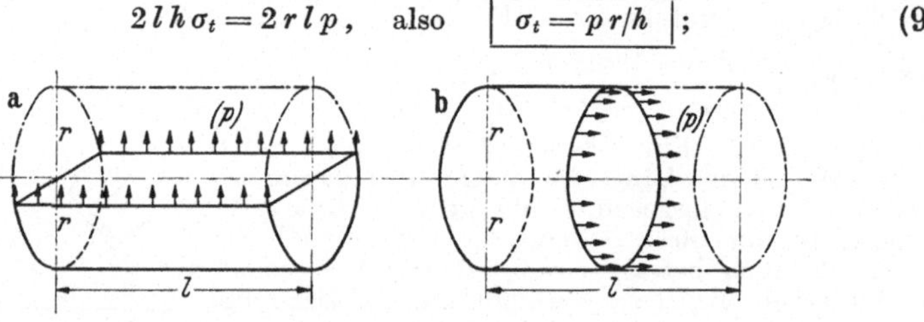

Abb. 42a und b.

ein Schnitt senkrecht zur Richtung der Erzeugenden (Abb. 42b) gibt für die „Längsspannung" σ_x die Gl.

$$2\,r\,\pi\,h\,\sigma_x = r^2 \pi\,p, \quad \text{also} \quad \boxed{\sigma_x = p\,r/2\,h}. \tag{92}$$

Die Ringspannung ist doppelt so groß wie die Längsspannung.

Beispiel 20. Körper gleicher Zug- oder Druckbeanspruchung. Damit bezeichnet man einen durch sein eigenes Gewicht belasteten Körper, für den die Zug- oder Druckspannungen in allen Querschnitten gleich groß sind. Vorausgesetzt wird dabei immer gleichförmige Verteilung der Spannungen über die Querschnitte.

Wir nehmen an, daß der Körper außer durch sein Eigengewicht noch durch eine Last $\mathfrak{P}$ am unteren Ende belastet ist, Abb. 43. Wenn F der Querschnitt in der

Entfernung x vom unteren Ende ist, so muß F nach oben zu in einem solchen Maße zunehmen, daß das jeweils hinzutretende Eigengewicht gerade durch die hinzutretende Vergrößerung von F getragen werden kann. Für ein Element von der Höhe dx führt dies unmittelbar auf die Gleichung

$$\sigma\, dF = \gamma F\, dx\,,$$

und daraus folgt durch Integration, wenn für $x = 0$, $F = F_0 = P/\sigma$ ist,

$$F = F_0 e^{\gamma x/\sigma} = \frac{P}{\sigma}\, e^{\gamma x/\sigma}\,.$$

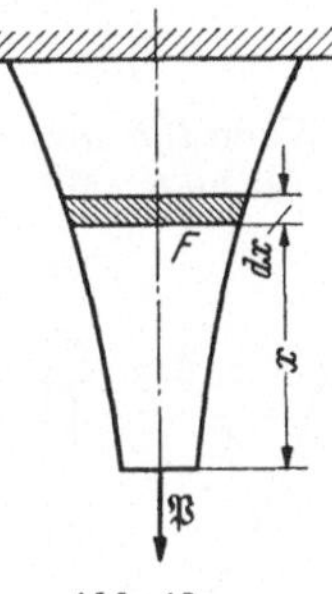

Abb. 43.

Nach diesem Gesetz muß (bei Zug) der Querschnitt von unten nach oben zunehmen.

Beispiel 20a. Reißlänge. Dieser Begriff wird bei Textilstoffen gebraucht. Es wird damit jene Länge, l_R, bezeichnet, bei welcher der frei herabhängende Körper bei gleichbleibendem Querschnitt unter seinem Eigengewicht abreißt. Aus der Gl. $F\sigma_B = \gamma F\, l_R$ folgt

$$\boxed{l_R = \sigma_B/\gamma\,.} \qquad (92')$$

Z. B. ist für Hanf $l_R = 35$ km, für Baumwolle $l_R = 22$ bis 28 km.

Beispiel 21. Wackelige Stützung. Ein Körper vom Gewichte G ist nach Abb. 44 an dem Knotenpunkte C zweier gleich langer Stäbe $\overline{AC}$ und $\overline{BC}$ befestigt, die in einer geraden Linie liegen. Man ermittle die Senkung von C.

Dies ist ein Beispiel, bei dem es nicht genügt, die Formänderungen (Verlängerungen) als kleine Größen schlechthin zu betrachten, genauer gesagt, nur ihre ersten Potenzen beizubehalten und alle höheren außer Betracht zu lassen; es ist vielmehr — wie sich bei der Rechnung sofort ergibt — notwendig, in den Gleichungen auch die zweiten Potenzen der Formänderungsgrößen beizubehalten. Man erkennt übrigens, daß es sich hier nicht um eine starre Stützung, sondern (wie man sagt) um eine Stützung „mit unendlich kleiner Beweglichkeit" oder eine „wackelige Stützung" handelt. Dieses Merkmal ist jedem Knoten eines ebenen Fachwerks eigentümlich, der mit anderen Knoten durch zwei in einer Geraden liegende Stäbe verbunden ist. Fachwerke, bei denen dies mindestens für einen Knoten zutrifft, gehören zu den Ausnahmefachwerken und erfordern für die Spannungsermittlung besondere Verfahren.

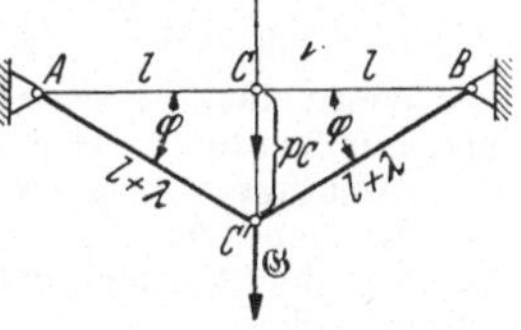

Abb. 44.

Es sei p_C die gesuchte Senkung des Punktes C, φ der Winkel der Stäbe in der Gleichgewichtslage nach der Formänderung gegen die Waagrechte; der Zusammenhang von p_C und φ ist durch die Gleichung gegeben

$$\operatorname{tg}\varphi = \frac{p_C}{l}\,, \quad \text{daraus} \quad \widehat{\varphi} \approx \frac{p_C}{l}\,.$$

Die Dehnung der Stäbe ist

$$\varepsilon = \frac{\overline{AC'} - \overline{AC}}{\overline{AC}} = \frac{\sqrt{l^2 + p_C^2} - l}{l} \approx \frac{p_C^2}{2\,l^2}\,;$$

die statische Gleichgewichtsbedingung für die lotrechte Richtung ergibt

$$S = \frac{G}{2\sin\varphi} \approx \frac{G}{2\,\widehat{\varphi}} = \frac{G\,l}{2\,p_C} = F\sigma = E F \varepsilon = E F\,\frac{p_C^2}{2\,l^2}\,.$$

Daraus folgt für die gesuchte Senkung

$$p_C = l\sqrt[3]{\frac{G}{E F}}\,.$$

Man beachte, daß die Beziehung zwischen p_C und der Last G nicht mehr linear ist.

Beispiel 22. Die elastische Seillinie. Die Gleichgewichtsform eines schweren undehnbaren Seiles ist die „gemeine Kettenlinie“ (Abb. 45). Ihre Gl. ist, wenn $a = H/q$ den „Parameter“ bedeutet,

$$y = a\,\mathfrak{Cof}\,\frac{x}{a}, \quad \text{und ihre Länge} \quad l = a\,\mathfrak{Sin}\,\frac{b}{a}.$$

Wenn l, b und q (das Gewicht je Längeneinheit des Seiles) gegeben sind, so erhält man a durch Einführung von $b/a = u$ und Auflösung der Gl.

$$\frac{\mathfrak{Sin}\,u}{u} = \frac{l}{b};$$

diese Auflösung erfolgt entweder zeichnerisch oder mit Hilfe von Tafeln. Flache Seillinien kann man angenähert durch Parabeln ersetzen; man schreibt dann

$$\frac{\mathfrak{Sin}\,u}{u} \approx 1 + \frac{u^2}{6} = \frac{l}{b}$$

und erhält

$$\frac{H}{b\,q} = \sqrt{\frac{b}{6\,(l-b)}}.$$

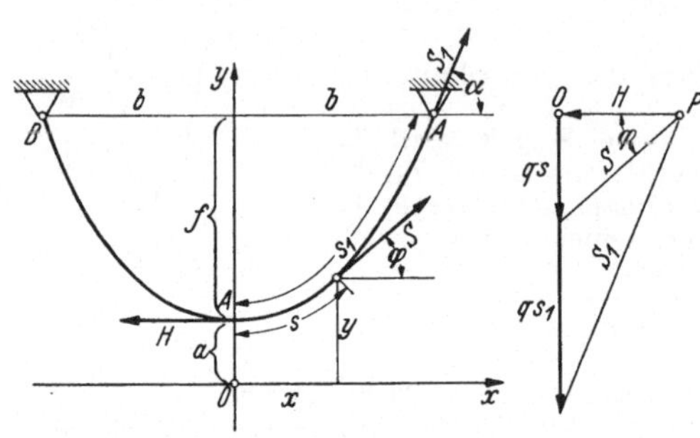

Abb. 45.

Der Durchhang ist

$$f = \sqrt{\frac{3}{2}\,b\,(l-b)}, \quad \text{und daraus folgt} \quad l = b\left(1 + \frac{2}{3}\,\frac{f^2}{b^2}\right).$$

Wenn das Seil elastisch angenommen wird, so wird es durch die Seilkräfte gedehnt, dadurch wird H verkleinert. Wir wollen für die Längenänderung und die Abnahme von H bei kleinen Durchhängen angenäherte Ausdrücke aufstellen. Die Längenänderung $d\lambda$ eines Seilelements ds ist nach dem Hookeschen Gesetz, wenn F den Querschnitt des Seils und $S = H/\cos\varphi$ die Seilkraft an irgendeiner Stelle bedeutet,

$$\varepsilon = \frac{d\lambda}{ds} = \frac{\sigma}{E} = \frac{S}{EF} = \frac{H}{EF}\,\frac{1}{\cos\varphi}.$$

Nun ist für die gemeine Kettenlinie

$$\operatorname{tg}\varphi = \frac{q\,s}{H} = \frac{s}{a}, \qquad s = a\operatorname{tg}\varphi, \qquad ds = \frac{a}{\cos^2\varphi}\,d\varphi, \qquad l = a\operatorname{tg}\alpha,$$

mithin

$$\frac{d\lambda}{d\varphi} = \frac{H}{EF}\,\frac{1}{\cos\varphi}\,\frac{ds}{d\varphi} = \frac{a\,H}{EF}\,\frac{1}{\cos^3\varphi},$$

daraus die gesamte Längenänderung

$$\lambda = \int d\lambda = \frac{a\,H}{EF}\int_0^\alpha \frac{d\varphi}{\cos^3\varphi} = \frac{a\,H}{2\,EF}\left[\frac{\sin\alpha}{\cos^2\alpha} + \ln\operatorname{tg}\left(\frac{\pi}{4} + \frac{\alpha}{2}\right)\right].$$

Setzt man $\operatorname{tg}\alpha = l/a$ ein und entwickelt nach Potenzen von α, so findet man, daß bis auf Glieder 3. Ordnung die Gl. gilt

$$\lambda = \frac{H\,l}{EF},$$

d. h. die gesamte Dehnung λ kann für kleine Durchhänge so berechnet werden, als ob das Seil seiner ganzen Länge nach gleichförmig durch H gedehnt würde, wie vorauszusehen war. Damit ergibt sich der Durchhang f' nach der Dehnung aus

$$f'^2 = \frac{3}{2}\, b\,[(l+\lambda) - b] = \frac{3}{2}\, b\left[l + \frac{H\,l}{EF} - b\right] = f^2 + \frac{3}{2}\,\frac{H\,b\,l}{EF},$$

und die Horizontalkraft für die gedehnte Kettenlinie

$$H' = q\,b\sqrt{\frac{b}{6\,(l+\lambda-b)}} \approx H\left[1 - \frac{\lambda}{2\,(l-b)}\right] = H\left[1 - \frac{H\,l}{2\,EF\,(l-b)}\right].$$

Der Einfluß von Temperaturänderungen kann in ähnlicher Weise in Rechnung gestellt werden.

44. Berechnung auf Schwingungsfestigkeit. Das in Abb. 33 gegebene Schaubild für die Dauerfestigkeit eines Werkstoffes (dort für Stahl) kann unmittelbar zur Dimensionierung wechselnd beanspruchter Konstruktionsteile verwendet werden. Zur Erklärung des Vorganges diene

Beispiel 23. Die Zugstange (Kreisquerschnitt) eines Pumpengestänges wird wechselnd auf $Z = 5$ t Zug und $D = 3$ t Druck beansprucht. Welchen Durchmesser muß die Stange erhalten, wenn dreifache Sicherheit vorgeschrieben ist?

Nach diesen Angaben ist die „mittlere Kraft" 1 t und der „Kraftausschlag" $\pm$ 4 t (4 : 1). Aus der Abb. 33 entnimmt man, daß der Werkstoff bei einer Mittelspannung $\sigma_m = 4{,}4$ kg/mm² einen Spannungsausschlag $\sigma_a = 17{,}6$ kg/mm² gerade noch aushalten würde(4 : 1). Die zugehörige obere Grenzspannung ist $\sigma_o = 22$ kg/mm². Der gesuchte Querschnitt ist daher

$$F = 3\cdot\frac{5000}{2200} = 6{,}8 \text{ cm}^2.$$

Würde man nach der für statische Belastung geltenden Formel rechnen und die Sicherheit auf die Streckgrenze beziehen, so würde man erhalten

$$F' = 3\cdot\frac{5000}{3200} = 4{,}7 \text{ cm}^2,$$

also einen viel kleineren Wert.

Für die Ausführung der Berechnung lege man durch O gerade Linien unter Neigungswinkeln, deren Tangenten gleich sind den Verhältnissen der Grenzwerte der Lasten zu deren Mittelwert (in Abb. 33 gestrichelt angedeutet). Die Abszisse der Schnittpunkte (bzw. die kleinere der beiden Abszissen) gibt die gesuchte Mittelspannung und die (dem Betrage nach) größere Ordinate die gesuchte Grenzspannung. Gemäß dieser Grenzspannung erfolgt die Dimensionierung des Querschnittes.

45. Verschiebungspläne. In der Statik wird gezeigt, wie die Stabkräfte eines statisch-bestimmten Fachwerkes nach zeichnerischen oder rechnerischen Methoden ermittelt werden können. Unter dem Einfluß der Stabkräfte erfahren die Stäbe Längenänderungen, die sich in ihrer Gesamtheit in bestimmten Verschiebungen der Knotenpunkte auswirken. Um diese zu bestimmen, hat man zu beachten, daß das Fachwerk auch nach den Längenänderungen der Stäbe ein zusammenhängendes Ganzes bilden muß; die Verschiebungen müssen daher so erfolgen, daß sie die „Bedingungen des inneren Zusammenhanges" erfüllen: Jedes geschlossene Dreieck, Viereck usw. muß ein ebensolches Polygon bleiben, auch dürfen die Auflagerbedingungen nicht verletzt werden.

Für statisch-bestimmte Fachwerke können diese Bedingungen (nach V. Williot) durch Anlage eines Verschiebungsplanes erfüllt werden, dessen Eigenschaften an Hand der einfachsten Beispiele erklärt werden sollen — die Erweiterung auf beliebige Fachwerke der angegebenen Art bietet dann keine Schwierigkeit.

Der einfachste Fall ist in Abb. 46 dargestellt: Ein mit $\mathfrak{P}$ belasteter „Knoten" C ist durch zwei Stäbe *1, 2* mit den Längen l_1, l_2 mit zwei festen Punkten A, B verbunden. Um die Verschiebung von C zu erhalten, hätte man die Längenänderungen λ_1, λ_2 der Stäbe zu berechnen und mit den Seiten $l_1 + \lambda_1$, $l_2 + \lambda_2$ ein neues Dreieck ABC' zu zeichnen; dann wäre $\overline{CC'}$ die gesuchte Verschiebung. Wenn S_1 und S_2 die Stabkräfte sind, so ist

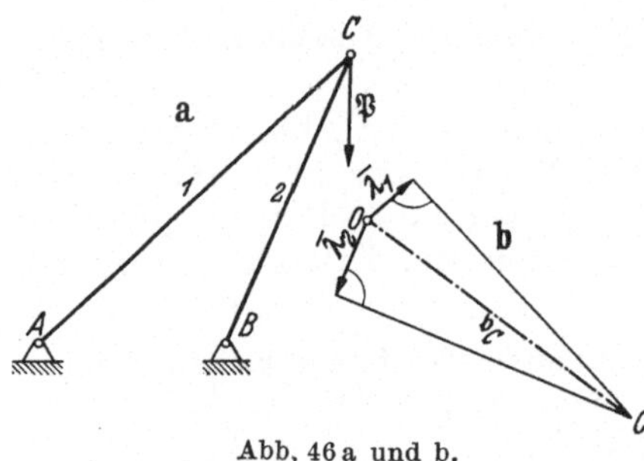

Abb. 46 a und b.

$$\lambda_1 = \frac{S_1 l_1}{E_1 F_1}, \qquad \lambda_2 = \frac{S_2 l_2}{E_2 F_2}.$$

Wegen der Kleinheit der λ ist es nicht möglich, die λ in demselben Maßstab aufzutragen wie die l. Man wird daher für die λ einen geeigneten größeren Maßstab wählen und kann die Kreisbogen, die zur Konstruktion von C' erforderlich wären, durch Stücke ihrer Tangenten ersetzen. Man trage in dem „Verschiebungsplan" (Abb. 46b) von einem Punkte O die Strecken λ_1, λ_2 in Richtung der Stäbe *1, 2* auf (u. zw. als Verlängerung, wenn diese auf Zug, als Verkürzung, wenn sie auf Druck beansprucht sind) und ziehe in den Endpunkten die Senkrechten zu den Richtungen der Stäbe; durch den Schnittpunkt dieser Senkrechten ist dann c' und durch die Strecke $\overline{Oc'}$ die Verschiebung von C in dem gewählten Maßstab gegeben.

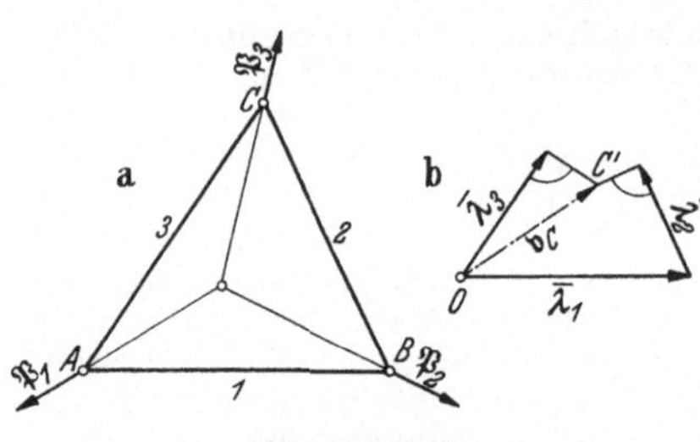

Abb. 47a und b.

Man beachte, daß die Strecken λ_1 und λ_2 nicht etwa geometrisch addiert werden dürfen, um die Verschiebung $\overrightarrow{Oc'} = \mathfrak{v}_c$ des Punktes C zu erhalten.

In Abb. 47 ist ein Dreieck ABC mit den Seiten l_1, l_2, l_3 gegeben, das in den Eckpunkten (Knoten, Gelenken) mit den Kräften $\mathfrak{P}_1, \mathfrak{P}_2, \mathfrak{P}_3$ belastet ist. Um die Form des Dreiecks nach der Formänderung zu ermitteln, denke man sich C und die Richtung eines Stabes *1* festgehalten, und die Verlängerungen $\lambda_1, \lambda_2, \lambda_3$ der Seiten berechnet. Zur Ermittlung der neuen Lage C' von C trage man im Verschiebungsplan Abb. 47b λ_1, λ_3 in Richtung von Stab *1* und *3* und vom Endpunkt von λ_1 die Strecke λ_2 in Richtung des Stabes *2* auf; der Schnitt c' der Senkrechten zu λ_2 und λ_3 in den bez. Endpunkten liefert dann in $\overline{Oc'}$ die gesuchte Verschiebung $\mathfrak{v}_c$.

Da ein Dreiecksfachwerk aus Dreiecken aufgebaut werden kann, so kann auch die Verschiebung jedes Knotens durch fortgesetzte Anwendung der soeben angegebenen Konstruktion erhalten werden. Bei Fachwerken mit zwei festen Auflagern wird man bei einem Auflager beginnen, eine von diesem ausgehende Stabrichtung als fest annehmen und nachträglich durch eine Rückdrehung der ganzen Fachwerkfigur um den entsprechenden Winkel die Endlagen der Knoten und die endgültigen Knotenverschiebungen ermitteln.

Das Verfahren der Verschiebungspläne wird auch bei der Berechnung der Eigenschwingdauer eines mit einer Punktmasse besetzten Fachwerks (**116**) mit Nutzen angewendet.

Man beachte, daß die Ermittlung der Stabkräfte für jene Lage des Fachwerks erfolgt, die den ungedehnten Stäben entspricht, während Gleichgewicht doch erst nach der Formänderung eintritt, die Stabkräfte also strenge genommen erst nach Ausbildung der Formänderungen ermittelt werden müßten. Es läßt sich jedoch zeigen, daß die dadurch entstehenden Fehler in praktischen Fällen wegen der Kleinheit der Formänderungen klein von höherer Ordnung und daher im allgemeinen zu vernachlässigen sind. — Das gleiche gilt grundsätzlich für alle Aufgaben der Elastizitätstheorie; die statischen Gleichungen werden immer für die unverzerrte Lage des Systems angesetzt, und mit den dadurch sich ergebenden Werten der Kräfte werden erst die Formänderungen ermittelt.

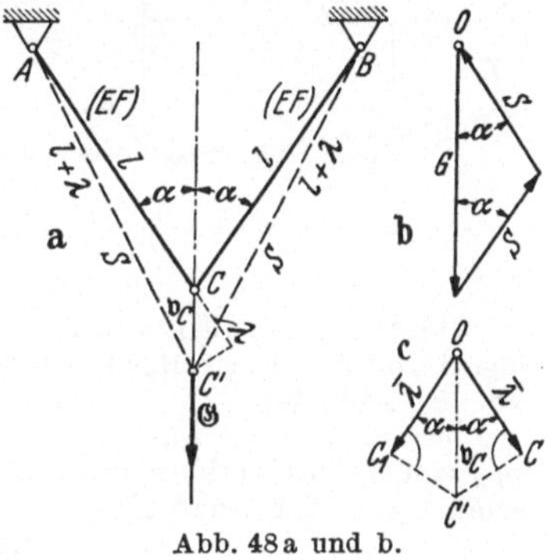

Abb. 48a und b.

Beispiel 24. Ein Gewicht $\mathfrak{G}$ ist nach Abb. 48 in C symmetrisch an zwei Stäben oder Seilen aufgehängt; man ermittle die Lage von C nach der Formänderung. Der Querschnitt der Stäbe sei F, ihre Länge l, die Elastizitätszahl E.

Aus dem Kräfteplan oder der Gleichgewichtsbedingung für die Lotrechte folgt die Kraft in jedem Stabe

$$S = G/2\cos\alpha .$$

Die Verlängerung jedes Stabes ist

$$\lambda = \frac{S\,l}{E\,F} = \frac{G\,l}{2\,E\,F\cos\alpha}.$$

Schlägt man um A und B Kreisbögen mit den Halbmessern $l + \lambda$, so gibt deren Schnitt einen Punkt C', der die Lage von C nach der Formänderung darstellt, und es ist

$$\overline{O\,c'} \equiv \overline{C\,C'} = v_C = \frac{\lambda}{\cos\alpha} = \frac{G\,l}{2\,E\,F\cos^2\alpha}.$$

Um den Verschiebungsplan zu erhalten, mache man $\overline{Oc} \parallel \overline{AC}$, $\overline{Oc_1} \parallel \overline{BC}$, $\overline{Oc} = \overline{Oc_1} = \lambda$, und errichte in den Endpunkten c und c_1 die Senkrechten zu den Strecken $\overline{Oc}$ und $\overline{Oc_1}$; dann ist $\overrightarrow{Oc'} = \mathfrak{v}_C$ die gesuchte Senkung des Punktes C.

46. Statisch-unbestimmte Aufgaben. Methode der Formänderungen. Bei den statisch-unbestimmten Aufgaben können Spannungen und Formänderungen nur gemeinsam unter gleichzeitiger Benutzung der statischen und der elastischen Gleichungen ermittelt werden. Für die Lösung derartiger Aufgaben ist die „Methode der Formänderungen“

besonders geeignet, die auf einfachen geometrischen Überlegungen beruht und fast von selbst die Zurückführung auf statisch-bestimmte Aufgaben liefert. Wenn die Unbestimmtheit von einer „überzähligen Auflagerbedingung" herrührt, das Fachwerk also „äußerlich" einfach statisch-unbestimmt ist, dann denke man sich diese Bedingung „gelöst" und die Formänderung ermittelt, die die gegebene Belastung (P) an dem durch diese „Lösung" statisch-bestimmt gewordenen System hervorbringt. Wir bezeichnen diese Formänderung mit p_{PA}, wobei der erste Zeiger P die Belastung, der zweite A den Punkt angibt, an dem die Formänderung betrachtet wird. Sodann führt man an dem gelösten Auflager eine Kraft A von solcher Größe ein, die diese Formänderung wieder aufhebt. Die Bedingung für die Gleichheit dieser Formänderungen

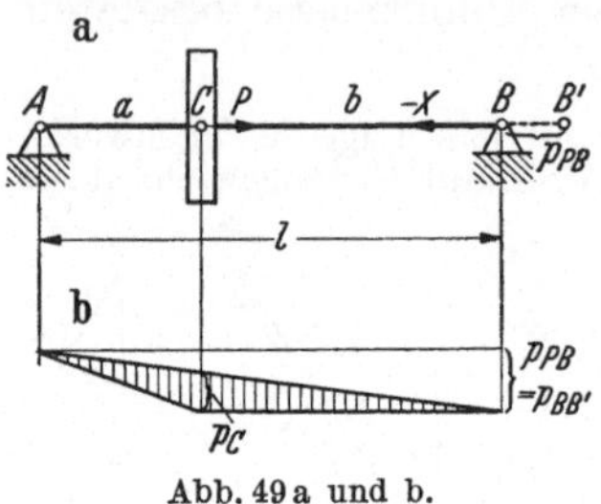

Abb. 49a und b.

$$\boxed{p_{PA} = p_{AA}} \tag{93}$$

liefert sodann unmittelbar eine Gleichung für die unbekannte Auflagerkraft A. Ähnlich hat man vorzugehen, wenn es sich um mehrfach statisch-unbestimmte Aufgaben handelt.

Beispiel 25. Ein Stab $\overline{AB} = l$ ist in den Punkten A und B gelenkig gelagert und in C in axialer Richtung mit $\mathfrak{P}$ belastet; man ermittle die Verschiebung von C (Abb. 49).

Man denke sich das Lager (Gelenk) B gelöst und berechne die Verschiebung p_{PB} von B, die durch die in C angreifende Kraft $\mathfrak{P}$ entsteht; bei gelöstem Gelenk B erfährt nur der linke Teil a eine Verlängerung, der rechte wird ohne Dehnung nach rechts verschoben. Es ist daher

$$p_{PB} = Pa/EF.$$

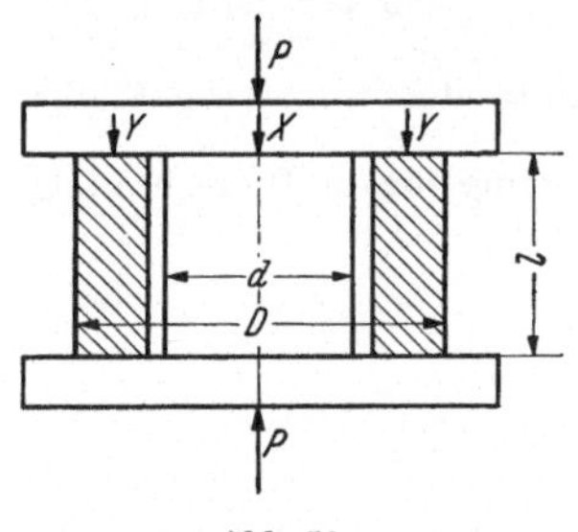

Abb. 50.

Nunmehr denke man sich diese Verschiebung durch die in B angreifende, unbekannte Auflagerkraft B rückgängig gemacht; dadurch wird die geometrische Bedingung der Festhaltung des Punktes B nachträglich befriedigt. Es wird also gesetzt

$$p_{PB} = p_{BB}, \quad \text{und da} \quad p_{BB} = Bl/EF,$$

so erhält man die Gleichung

$$Pa/EF = Bl/EF, \quad \text{und daraus} \quad B = Pa/l;$$

ebenso ist $A = Pb/l$. Die statische Gleichung $A + B = P$ ist erfüllt. Die Verschiebung von C unter der Wirkung von C und mit Berücksichtigung der Einspannungen ist

$$p_C = p_{PB} - \frac{a}{l}\,p_{BB} = \frac{Pa}{EF} - \frac{Ba}{EF} = \frac{Pab}{EFl}.$$

Die Verteilung der Verschiebungen längs des Stabes ist in Abb. 49b eingetragen.

Beispiel 26. Ein Vollzylinder *1* aus Stahl (Abb. 50) und ein umgebender Hohlzylinder *2* aus Kupfer von gleicher Länge l werden zwischen zwei starren Druckplatten mit der Kraft $P = 40$ t zusammengepreßt. Gegeben sind die Durchmesser $d = 10$ cm, $D = 20$ cm und die Elastizitätszahlen $E_1 = 2{,}15 \cdot 10^6$ at für Stahl und $E_2 = 1{,}15 \cdot 10^6$ at für Kupfer. Welchen Teil X der Kraft P nimmt der Stahlzylinder und welchen Y der umgebende Hohlzylinder auf und wie groß ist die Zusammendrückung?

Die statische Gleichung lautet

$$P = X + Y,$$

und die Zusammendrückung ε ist, wenn λ die auftretende Verkürzung bedeutet,

$$\varepsilon \equiv \frac{\lambda}{l} = \frac{X}{E_1 F_1} = \frac{Y}{E_2 F_2}.$$

Daraus folgt

$$P = \frac{\lambda}{l}(E_1 F_1 + E_2 F_2) \quad \text{und} \quad \varepsilon \equiv \frac{\lambda}{l} = \frac{P}{E_1 F_1 + E_2 F_2} = 0{,}91 \cdot 10^{-4}.$$

Schließlich erhält man die gesuchten Anteile der Belastung

$$X = E_1 F_1 \varepsilon = 15{,}4\,\text{t}, \qquad Y = E_2 F_2 \varepsilon = 24{,}6\,\text{t}.$$

Voraussetzung für die Zulässigkeit dieser Rechnung ist, daß zu Beginn der Zusammendrückung der Zylinder *1* und der Hohlzylinder *2* tatsächlich genau die gleiche Höhe l haben.

Beispiel 27. Ein Gewicht P wird von drei Stäben in symmetrischer Anordnung nach Abb. 51 getragen; die Querschnitte seien F_2, F_1 und F_2, die Elastizitätszahlen E_2, E_1 und E_2. Gegeben sind ferner die Länge l des mittleren Stabes und die Winkel α. Man ermittle die in den Stäben auftretenden Kräfte S_2, S_1, S_2 und die Senkung p des Punktes C.

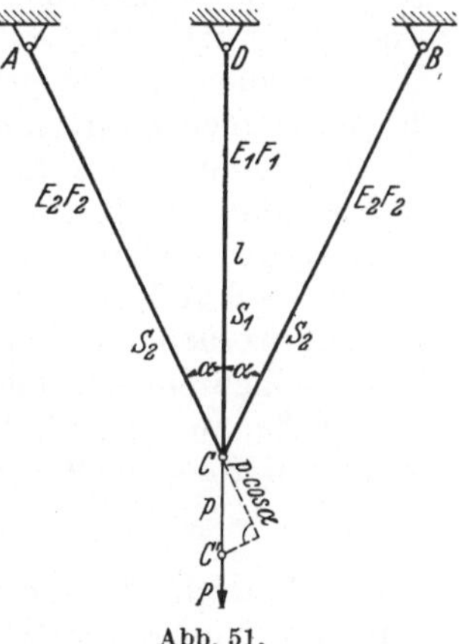

Abb. 51.

Die statische Gleichung für die Lotrechte lautet

$$P = S_1 + 2 S_2 \cos\alpha.$$

Die Dehnungen und die Stabkräfte im inneren und in den äußeren Stäben sind in der Form anzusetzen für Stab *1*:

$$\varepsilon_1 = p/l, \qquad S_1 = E_1 F_1 \varepsilon_1 = E_1 F_1 p/l,$$

für die Stäbe *2*:

$$\varepsilon_2 = \frac{p\cos\alpha}{l/\cos\alpha} = \frac{p\cos^2\alpha}{l}, \qquad S_2 = E_2 F_2 \varepsilon_2 = E_2 F_2 \frac{p\cos^2\alpha}{l}.$$

Setzt man diese Werte in die statische Gleichung ein, so findet man

$$P = [E_1 F_1 + 2 E_2 F_2 \cos^3\alpha]\,p/l, \quad \text{und daraus} \quad \frac{p}{l} = \frac{P}{E_1 F_1 + 2 E_2 F_2 \cos^3\alpha}.$$

Damit sind auch die Stabkräfte S_1 und S_2 bestimmt.

47. Statisch-unbestimmte Fachwerke. Prinzip der virtuellen Arbeiten. In der Statik der starren Körper wird gezeigt, wie die Stabkräfte für ein statisch-bestimmtes Fachwerk durch rechnerische oder zeichnerische Verfahren ermittelt werden können. Diese Verfahren beruhen lediglich auf den Gleichgewichtsbedingungen von ebenen Kräftegruppen. Schon dort tritt die Tatsache hervor, daß die geometrische Bestimmtheit — die „Starrheit" des Fachwerks — mit der statischen unmittelbar Hand in Hand geht. Besteht das Fachwerk dagegen aus mehr Stäben, als zur geometrischen Bestimmtheit der Fachwerkfigur erforderlich sind, so ist die Fachwerkfigur geometrisch-überbestimmt und gleichzeitig (wie der eingebürgerte Ausdruck lautet) statisch-unbestimmt. Damit soll — wie auch bei den in **46** besprochenen Aufgaben — nichts anderes ausgedrückt werden, als daß die statischen Gleichungen für sich allein nicht ausreichen, die Stabkräfte zu bestimmen; es müssen die Formänderungen hinzugenommen werden, die das Fachwerk erleidet.

Die Gesamtheit der Formänderungen, die die Stäbe des Fachwerks bei irgend einer Belastung erfahren, und die so beschaffen sind, daß das Fachwerk seinen inneren Zusammenhang behält, wollen wir ein „zulässiges System von Formänderungen" nennen. Durch Verwertung dieses Begriffes in Verbindung mit dem Prinzip der virtuellen Verschiebungen (virtuellen Arbeiten) ist es möglich, die Stabkräfte für statisch-unbestimmte Fachwerke zu bestimmen (Verfahren von O. Mohr). Das Prinzip besagt, daß für eine im Gleichgewicht befindliche Kräftegruppe die Summe der Arbeiten, die von den gegebenen Kräften bei einer „virtuellen" Verschiebung geleistet werden, verschwinden muß. Die virtuellen Verschiebungen müssen so beschaffen sein, daß sie von den gegebenen Kräften unabhängig sind (also nicht etwa die elastischen Verschiebungen sein dürfen, die das Kräftesystem selbst hervorbringt) und so, daß die Bedingungen des inneren Zusammenhanges nicht verletzt werden, müssen also ein „zulässiges System von Formänderungen" bilden. — Für Fachwerke, deren Stäbe nur auf Zug oder Druck beansprucht werden, kommen dabei nur die in diesem Kapitel benutzten Beziehungen zur Anwendung.

Ein Fachwerk mit s Stäben und n Knoten ist i. a. statisch bestimmt, wenn $s = 2n - 3$. Wenn ein Stab mehr vorhanden, also wenn

$$s = 2n - 3 + 1$$

ist, so bezeichnet man das Fachwerk als einfach statisch-unbestimmt. Von diesen s Stäben des gegebenen Fachwerks wird ein geeigneter Stab (k) als überzählig bezeichnet und herausgenommen gedacht, so daß das übrigbleibende Fachwerk geometrisch-bestimmt und daher auch statisch-bestimmt ist; man bezeichnet es dann als ein zu dem gegebenen Fachwerk gehöriges, statisch-bestimmtes Hauptnetz. Wir denken uns dieses statisch-bestimmte Hauptnetz durch die gegebenen Lasten beansprucht und für diese Lasten die Stabkräfte durch Rechnung oder Zeichnung bestimmt. Die so erhaltenen Stabkräfte seien für den Stab i mit T_i bezeichnet, für den herausgenommenen Stab (k) ist $T_k = 0$.

Nun denken wir uns alle Lasten entfernt und an den Endpunkten des herausgenommenen, überzähligen Stabes k zwei Kräfte von der Größe $+ 1$ kg in dem Sinne angebracht, der einer Zugspannung in dem Stabe k entsprechen würde; mit dieser Belastung von $+ 1$ kg an den Enden des Stabes k kann man dann einen zweiten Kräfteplan zeichnen (oder die Stabkräfte ausrechnen) und erhält Kräfte in den Stäben, die mit u_i bezeichnet seien (insb. ist $u_k = + 1$)[1]. In Wirklich-

[1] In der Baustatik werden oft auch jene Größen mit u_i bezeichnet, die durch $u_k = - 1$ kg, also durch eine (im herausgenommenen Stabe wirkende) Druckkraft von der Größe 1 hervorgerufen werden. Man erhält dann in Gl. (94) statt des Zeichens $-$ das Zeichen $+$ und $S_i = T_i - X u_i$. Durch diese Einführung ergibt sich die Wärmespannung im herausgenommenen Stab, die bei Temperaturerhöhung eine Druckspannung ist, als positive Größe.

keit ist nun in dem überzähligen Stabe k die Kraft nicht $u_k = 1$ kg, sondern etwa X-mal so groß (X ist eine reine Zahl); die Kraft in den andern Stäben ist mithin $X u_i$, da sich nur der Maßstab des Kräfteplans ändert. Dieses X gilt es zu bestimmen. Bei Vorhandensein der Lasten und des überzähligen Stabes sind die Stabkräfte

$$S_i = T_i + X u_i\,, \qquad (\text{insb. } S_k = 0 + X)\,,$$

und die durch diese bewirkten Längenänderungen sind, wenn $l_i/E_i F_i = r_i$ gesetzt wird,

$$\Delta l_i = r_i S_i = r_i (T_i + X u_i)\,, \quad [\text{insb. } \Delta l_k = r_k S_k = r_k (0 + X)]\,.$$

Diese Längenänderungen, die noch von dem unbekannten X abhängen, müssen ein „zulässiges System von Längenänderungen" sein, d. i. ein

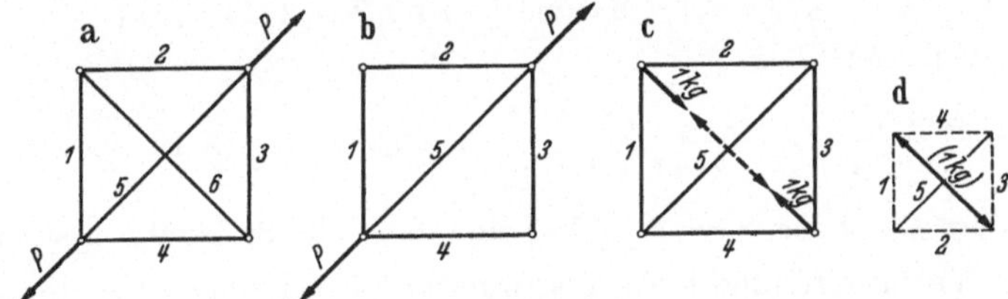

Abb. 52a bis d.

solches, das mit den Bedingungen des Zusammenhanges des Fachwerks verträglich ist.

Um X zu bestimmen, wenden wir auf das System der Stabkräfte $X u_i$ und das davon unabhängige System der Verschiebungen Δl_i das Prinzip der virtuellen Arbeiten an[1]; die Kräfte $X u_i$ (einschließlich $X u_k = + X$) bilden eine Gleichgewichtsgruppe und Δl_i ein davon unabhängiges zulässiges System von Verschiebungen. Das Prinzip führt daher auf die Gleichung

$$\sum X u_i \Delta l_i = X \sum u_i r_i (T_i + X u_i) = 0\,,$$

und daraus erhält man (da $X \neq 0$)

$$\boxed{X = -\frac{\sum u_i r_i T_i}{\sum u_i^2 r_i}\,.} \tag{94}$$

Vermöge der Gleichungen $S_i = T_i + X u_i$ sind damit auch die in allen übrigen Stäben wirkenden Stabkräfte gefunden.

Aus dem Vorstehenden ist unmittelbar klar, wie man vorzugehen hat, wenn es sich nicht um ein einfach, sondern um ein mehrfach statisch-unbestimmtes System handelt. Ein n-fach statisch-unbestimmtes System liegt dann vor, wenn erst durch Entfernen von n Stäben ein in sich unbewegliches, statisch-bestimmtes Hauptnetz übrig bleibt.

48. Anwendungen. Beispiel 28. Fachwerk aus 6 Stäben nach Abb. 52, einfach statisch-unbestimmt, mit den Kräften P, P belastet.

[1] Man könnte auch die Stabkräfte S_i und die Verschiebungen $X u_i r_i$ nehmen. Es müssen nur beide — die Stabkräfte und die Verschiebungen — von X abhängen, aber voneinander unabhängig sein.

Man denke sich den Stab *6* entfernt, die Belastung P, P aufgebracht und erhält $T_5 = P$, alle andern $T_i = 0$. Dann bringe man in Richtung des Stabes *6* zwei Kräfte $u_6 = +1$ kg an und ermittle die dadurch erzeugten Stabkräfte u_i. Für die Ausrechnung nach Gl. (94) lege man die folgende Tabelle an, in der man die auszuführenden Rechnungen einträgt (es sei $E_i F_i$ = konst. für alle Stäbe):

Stab	T_i	u_i (kg!)	u_i^2	$r_i = l_i/E_i F_i$	$u_i r_i T_i$	$u_i^2 r_i$	$S_i = T_i + X u_i$
1	0	$-1/\sqrt{2}$	½	r	0	$r/2$	0,207 P
2	0	$-1/\sqrt{2}$	½	r	0	$r/2$	0,207 P
3	0	$-1/\sqrt{2}$	½	r	0	$r/2$	0,207 P
4	0	$-1/\sqrt{2}$	½	r	0	$r/2$	0,207 P
5	P	$+1$	1	$r\sqrt{2}$	$r\sqrt{2}\,P$	$r\sqrt{2}$	0,707 P
6 (≡k)	0	$+1$	1	$r\sqrt{2}$	0	$r\sqrt{2}$	$-0{,}293\,P$
				Summe	$r\sqrt{2}\,P$	$2r(1+\sqrt{2})$	

Die Gl. (94) liefert dann

$$X = -\frac{\Sigma u_i r_i T_i}{\Sigma u_i^2 r_i} = -\frac{r\sqrt{2}\,P}{2r(1+\sqrt{2})\,u_6} = -\,0{,}293\,P. \qquad (X \text{ ist eine reine Zahl!})$$

Zufolge der Gleichung $S_i = T_i + X u_i$ sind dann alle Stabkräfte bestimmt.

Das Verfahren bleibt auch anwendbar für Fachwerke, die an sich statisch bestimmt sind und erst durch die Lagerung statisch-unbestimmt

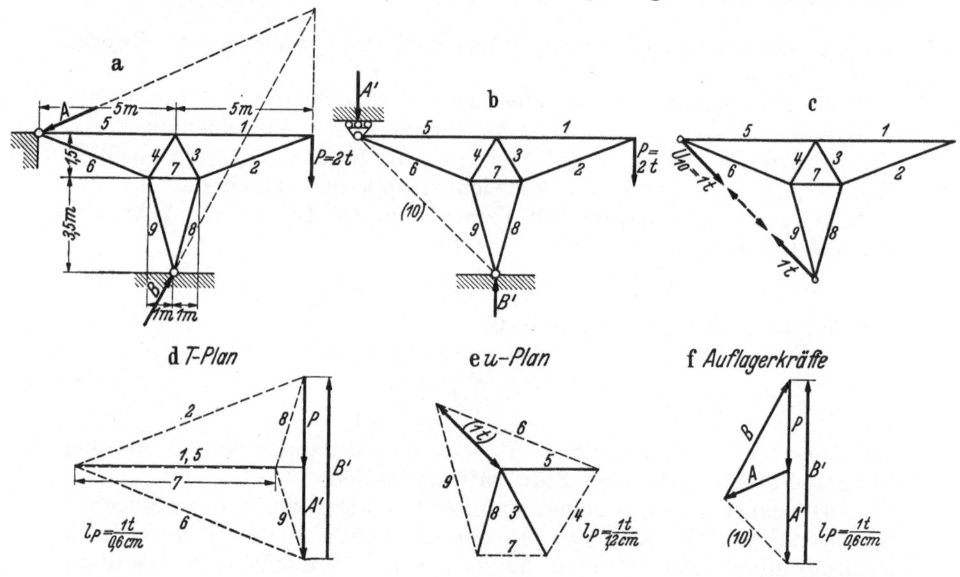

Abb. 53a bis f.

werden; man nennt solche Aufgaben **äußerlich** statisch-unbestimmt. Eine hierher gehörige Aufgabe ist im folgenden Beispiel behandelt.

Beispiel 29. Fachwerk nach Abb. 53, in zwei Gelenken A, B gelagert und am rechten Knotenpunkt mit $P = 2$ t belastet. Man ermittle die Stabkräfte und die Auflagerkräfte.

Die Fachwerkfigur selbst ist statisch-bestimmt, denn es ist $s = 9$, $n = 6$, $s = 2n - 3$; die Aufgabe wird erst durch die zweifache Gelenklagerung einfach statisch-unbestimmt.

Zunächst machen wir die Lagerung des Fachwerks durch Wegnahme einer „Bedingung" zu einer statisch-bestimmten, indem wir etwa die Verschiebung von A nach der Waagerechten freigeben. Für dieses Fachwerk (Abb. 53b) werden durch Zeichnung (oder Rechnung) die durch die Last $P = 2$ t hervorgerufenen Stabkräfte T_i ermittelt. Nun denken wir uns zwischen $\overline{AB}$ einen „unendlich steifen Stab" *10* eingesetzt ($E_{10}F_{10} = \infty$), der die unveränderliche Entfernung der beiden Punkte erzwingt, und an seinen Enden Zugkräfte $u_{10} = +1$ t wirkend; die dadurch in den anderen Stäben hervorgerufenen Stabkräfte sind u_i, und wenn X die Stabkraft im Stab *10* ist, $X u_i$. Die Stabkräfte sind daher tatsächlich $S_i = T_i + X u_i$; ein von diesen unabhängiges, also „zulässiges" System von Verschiebungen ist $\Delta l_i = r_i X u_i$, daher gilt nach dem Prinzip der virtuellen Arbeiten dieselbe Gleichung wie früher

$$\sum S_i \Delta l_i = X \sum u_i r_i (T_i + X u_i) = 0\,,$$

und daraus folgt

$$X = -\frac{\sum u_i r_i T_i}{\sum u_i^2 r_i} = -\frac{41{,}13}{20{,}121} = -2{,}04.$$

Die Ausführung ist in der folgenden Tabelle und in Abb. 53c bis e enthalten.

Wenn X ermittelt ist, so findet man nach Abb. 53f auch die tatsächlich auftretenden Auflagerkräfte A und B.

Stab	T_i	u_i	u_i^2	$r_i = l_i/E_i F_i$	$u_i r_i T_i$	$u_i^2 r_i$	$S_i = T_i + X u_i$
1	+5,2	0	0	$2\cdot10^{-5}$	0	0	5,2 t
2	−5,65	0	0	$2\cdot10^{-5}$	0	0	−5,65
3	0	+1,03	1,06	$1\cdot10^{-5}$	0	$1{,}06\cdot10^{-5}$	−2,105
4	0	−1,03	1,06	$1\cdot10^{-5}$	0	$1{,}06\cdot10^{-5}$	+2,105
5	+5,2	+1,14	1,3	$2\cdot10^{-5}$	$11{,}85\cdot10^{-5}$	$2{,}60\cdot10^{-5}$	+2,87
6	−5,65	−1,98	3,92	$2\cdot10^{-5}$	$22{,}85\cdot10^{-5}$	$7{,}84.10^{-5}$	−1,60
7	−4,65	−0,84	0,706	$1\cdot10^{-5}$	$3{,}91\cdot10^{-5}$	$0{,}706\cdot10^{-5}$	−2,935
8	−2,10	+0,9	0,81	$2\cdot10^{-5}$	$-3{,}78\cdot10^{-5}$	$1{,}62\cdot10^{-5}$	−3,934
9	−2,10	−1,62	2,62	$2\cdot10^{-5}$	$6{,}80\cdot10^{-5}$	$5{,}24\cdot10^{-5}$	+1,21
10	0	1	1	0	0	0	
				Summe	$41{,}13\cdot10^{-5}$	$20{,}126\cdot10^{-5}$	$X = -2{,}04$

49. Nietverbindungen werden praktisch durch Verwendung ähnlicher Ansätze berechnet, wie sie hier für Zug und Druck angegeben wurden. Im ganzen wird der Durchmesser der Niete d nach dem Ansatz $Q = F_s \tau_{zul}$ berechnet und die Blechstärke s auf „Lochleibungsdruck" nach der Formel $Q = F_l \sigma_{l\,zul}$; dadurch soll erreicht werden, daß die Druckbeanspruchung der Berührungsflächen zwischen den Nietschäften, und dem Blech, in denen die Kraftübertragung erfolgt, einen gewissen, zulässigen Betrag nicht überschreitet. Doch muß man sich darüber klar sein, daß der bei den Nietverbindungen auftretende Spannungs- und Verzerrungszustand ein außerordentlich verwickelter ist, der durch diese Ansätze nur in ganz grober Weise erfaßt wird.

Bei praktischen Rechnungen wird für die „zulässige Schubspannung" für Nietverbindungen gesetzt

$$\tau_{zul} = 0{,}8 \cdot \sigma_{zul} \tag{95}$$

und für den „zulässigen Lochleibungsdruck“

$$\sigma_{l\,zul} = 2{,}5 \cdot \sigma_{zul}\,. \tag{96}$$

Die Gl. (95) dient dann zur Ermittlung der Nietquerschnitte, die Gl. (96) zur Festlegung der Blechstärke s. Sei η die Zahl der Niete, dann kann die statische Gleichung in der Form geschrieben werden

$$Q = \eta\,\frac{\pi\,d^2}{4}\,\tau_{zul} = \eta\,\frac{\pi\,d^2}{4} \cdot 0{,}8 \cdot \sigma_{zul} = F_s\,\sigma_{zul}\,,$$

worin die Größe

$$\eta \cdot 0{,}8 \cdot \frac{\pi\,d^2}{4} = F_s$$

auch als „äquivalenter Nietquerschnitt“ bezeichnet wird. Die Gl. (96) wird in der folgenden Form verwendet: Sei s die Blechstärke, so hat die

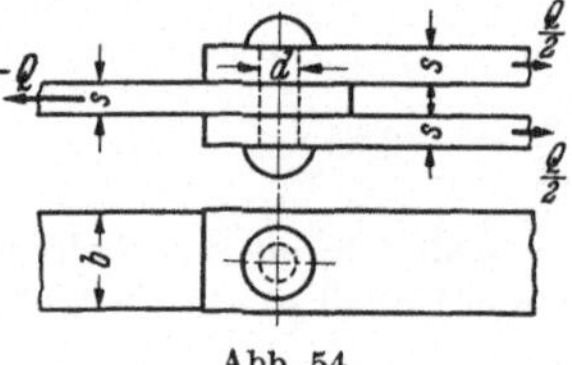

Abb. 54.

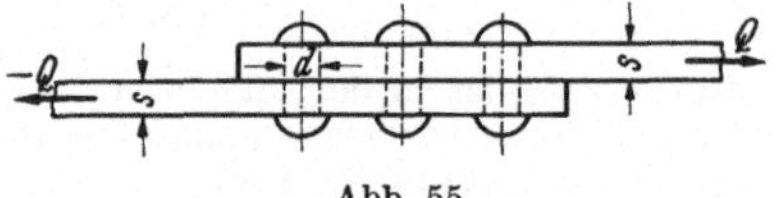

Abb. 55.

auf Lochleibungsdruck beanspruchte Fläche für η Niete die Größe $\eta s d$, und daher gilt die Gleichung

$$Q = \eta\,s\,d\,\sigma_{l\,zul} = \eta\,s\,d \cdot 2{,}5 \cdot \sigma_{zul} = F_l\,\sigma_{zul}\,,$$

wobei F_l die gesamte „äquivalente Lochleibungsfläche“ bedeutet.

Beispiel 30. Welche Zugkraft kann durch die in Abb. 54 gezeichnete Nietverbindung übertragen werden, wenn der Durchmesser des Nietschaftes $d = 2{,}0$ cm beträgt und $\sigma_{zul} = 1200$ at nicht überschritten werden soll? Wie groß ist dann die erforderliche Blechbreite b und Blechdicke s?

Nach den obigen Gln. (95) und (96) ist zunächst

$$\tau_{zul} = 0{,}8 \cdot \sigma_{zul} = 1000\ \text{at}\,, \qquad \sigma_{l\,zul} = 2{,}5 \cdot \sigma_{zul} = 3000\ \text{at}\,.$$

Da bei dieser Nietverbindung zwei Querschnitte auf Schub beansprucht werden, ist

$$Q = 2\,\pi\,d^2/4 \cdot \tau_{zul} = 6280\ \text{kg}\,.$$

Soll der zulässige Lochleibungsdruck den Betrag $\sigma_{l\,zul}$ nicht überschreiten, so muß die Gleichung gelten

$$Q = s\,d\,\sigma_{l\,zul}\,, \quad \text{daher} \quad s = \frac{Q}{d\,\sigma_{l\,zul}} = 1{,}05\ \text{cm}\,.$$

Für den Blechquerschnitt gilt (nach Abzug des Nietquerschnitts)

$$Q = (b - d)\,s\,\sigma_{zul}\,, \quad \text{also} \quad b = d + \frac{Q}{s\,\sigma_{zul}} \approx 8\ \text{cm}\,.$$

Beispiel 31. Zwei Zugbänder von 6 cm Breite und 1,2 cm Dicke sollen nach Abb. 55 so miteinander verbunden werden, daß durch die $d = 1{,}7$ cm starken Niete eine Kraft von $Q = 10$ t übertragen werden kann. Wieviele Niete (η) sind erforderlich, wenn $\sigma_{zul} = 1200$ at vorgeschrieben ist, und wie groß ist die notwendige Blechstärke s?

Es gilt die Gleichung

$$Q = \eta \frac{\pi d^2}{4} \tau_{zul} = \eta \frac{\pi d^2}{4} \cdot 0{,}8 \cdot \sigma_{zul}\,, \quad \text{daraus} \quad \eta = \frac{Q}{0{,}8 \cdot \sigma_{zul} \cdot \pi d^2/4} = 4{,}6 \approx 5\,.$$

Die Blechstärke s folgt aus der Gleichung

$$Q = \eta\, s\, d\, \sigma_{l\,zul} \quad \text{mit} \quad s = \frac{Q}{\eta\, d \sigma_{l\,zul}} = \frac{10}{5 \cdot 1{,}7 \cdot 3} = 0{,}4 \text{ cm}\,.$$

VI. Flächenträgheitsmomente.

Das „Trägheitsmoment" tritt in der Biegungslehre als eine geometrisch definierte Hilfsgröße auf, die ihren Namen einer formalen Analogie mit dem in der Dynamik verwendeten „Massenträgheitsmoment" (Drehmasse) zu verdanken hat.

50. Definitionen. Um zu dem Begriff des Trägheitsmomentes (abgekürzt TM) einer ebenen Fläche F in bezug auf eine Achse x oder des achsialen Flächenträgheitsmomentes J_x zugelangen, denke man sich die gegebene Fläche F in beliebiger Weise in kleine Teilflächen f_n zerlegt, jede solche Teilfläche mit dem Quadrat des Abstandes y_n ihres Schwerpunktes von der Achse x multipliziert und die Summe dieser Produkte gebildet; dann ist das TM in bezug auf die x-Achse durch den Ausdruck gegeben

$$\boxed{J_x = S\, f_n y_n^2\,.} \tag{97}$$

(Mit dem Zeichen S wird die Summe über alle Flächenelemente f_n bezeichnet, die zu F gehören). Ebenso ist das TM in bezug auf die y-Achse

$$\boxed{J_y = S\, f_n x_n^2\,.} \tag{98}$$

Diese Summe strebt bei beliebiger Verkleinerung der Teilchen einem bestimmten Grenzwert zu, der den exakten Wert des TM darstellt. Es ist plausibel, daß man durch eine endliche Unterteilung der gegebenen Fläche nur einen angenäherten Wert für das TM erhält; auch erkennt man unmittelbar, daß es für eine angenäherte Berechnung eines TM mit Bezug auf die x-Achse in der Regel (aber nicht immer) vorteilhaft ist, die gegebene Fläche in Streifen zu zerlegen, die der gegebenen Achse x parallel laufen.

Das Zentrifugalmoment für das Achsenpaar x und y ist in ganz ähnlichem Sinne durch die Gleichung definiert

$$\boxed{J_{xy} = S\, f_n x_n y_n\,.} \tag{99}$$

Zum Unterschiede von den „statischen" oder „linearen" Momenten werden die Trägheits- und Zentrifugalmomente als „quadratische Momente" bezeichnet.

Unter dem polaren Trägheitsmoment in bezug auf einen Punkt O versteht man den Ausdruck

$$\boxed{J_0 = S\, f_n r_n^2 = J_x + J_y\,;} \tag{100}$$

dabei ist die Beziehung $r_n^2 = x_n^2 + y_n^2$ benutzt. Das polare TM für einen Punkt O ist daher die Summe der axialen TMe für irgend zwei zueinander senkrechte Achsen durch O.

Eine oft gebrauchte Hilfsgröße ist der Trägheitshalbmesser i_x oder Trägheitsarm; er ist durch die Gleichung definiert

$$J_x = F\, i_x^2, \quad \text{d. h. durch} \quad \boxed{i_x = \sqrt{J_x/F}}\,. \tag{101}$$

51. Allgemeine Sätze für die Berechnung von Trägheitsmomenten. Für die praktische Berechnung der Trägheits- und Zentrifugalmomente ist der Umstand von Bedeutung, daß diese Größen für verschiedene Achsen in der Ebene nicht voneinander unabhängig sind, sondern gewisse Zusammenhänge aufweisen, die sehr zur Vereinfachung der Rechnung beitragen.

a) Parallele Achsen. Es sei a die gegebene Achse und x eine parallele Achse durch den Schwerpunkt S — kurz als Schwerachse

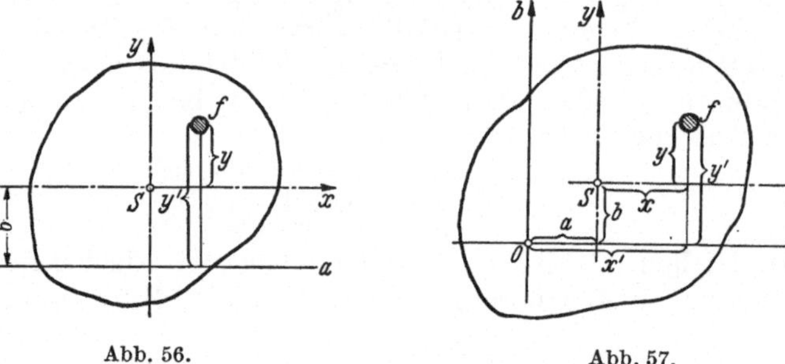

Abb. 56. Abb. 57.

bezeichnet —, so ist (nach Abb. 56 unter Weglassung der Zeiger n) $y' = y + b$ und $S\, f\, y = 0$, und daher

$$\boxed{J_a = S\, f\, y'^2 = S\, f\, (y+b)^2 = S\, f\, y^2 + b^2\, S\, f = J_x + F\, b^2.} \tag{102}$$

Durch das TM in bezug auf eine Achse a (oder x) sind die TMe in bezug auf alle hierzu parallelen Achsen bestimmt. Unter allen parallelen Achsen ergibt daher die durch den Schwerpunkt S gehende das kleinste TM.

Ebenso gilt für die Zentrifugalmomente in bezug auf die parallelen Achsenpaare x, y und a, b (Abb. 57), da

$$x' = x + a\,, \qquad y' = y + b\,, \qquad S\, f\, x = 0\,, \qquad S\, f\, y = 0\,,$$

die Gleichung

$$\boxed{J_{ab} = S\, f\, x' y' = S\, f\, (x+a)(y+b) = S\, f\, x\, y + a\, b\, S\, f = J_{xy} + F\, a\, b\,.} \tag{103}$$

Beispiel 32. Zeige, daß man durch die Zerlegung in beliebige Teilflächen und Berechnung des TM durch Ersatz der Einzelflächen als „ideelle Punktmassen" in den Teilschwerpunkten für das TM immer einen Wert erhält, der kleiner ist als der wirkliche, nach der exakten Definition berechnete.

Dies folgt einfach aus Gl. (102). Für die Näherungsrechnung aus endlichen Teilflächen wird das TM für jede Teilfläche in der Form $F b^2$ angesetzt und das stets positive Glied J_x vernachlässigt. Für das TM erhält man daher durch dieses Verfahren immer einen zu kleinen Wert.

b) Zueinander geneigte Achsen. Für die Achsenpaare x, y und ξ, η mit gemeinsamem Anfangspunkt O, deren gegenseitige Lage durch $\sphericalangle x O \xi = \varphi$ gekennzeichnet ist[1], gelten folgende Beziehungen zwischen den Koordinaten eines Punktes (Abb. 58):

$$\xi = x \cos\varphi - y \sin\varphi, \qquad \eta = x \sin\varphi + y \cos\varphi.$$

Daher folgt auf Grund der angegebenen Definitionen

$$\left.\begin{aligned} J_\xi &= S f \eta^2 = S f (x \sin\varphi + y \cos\varphi)^2 \\ &= J_x \cos^2\varphi + J_y \sin^2\varphi + 2 J_{xy} \sin\varphi\cos\varphi, \\ J_\eta &= S f \xi^2 = S f (x \cos\varphi - y \sin\varphi) \\ &= J_x \sin^2\varphi + J_y \cos^2\varphi - 2 J_{xy} \sin\varphi\cos\varphi, \\ J_{\xi\eta} &= S f \xi\eta = S f (x\cos\varphi - y\sin\varphi)(x\sin\varphi + y\cos\varphi) \\ &= (J_x - J_y)\sin\varphi\cos\varphi + J_{xy}(\cos^2\varphi - \sin^2\varphi). \end{aligned}\right\} \tag{104}$$

Durch Einführung des doppelten Winkels 2φ erhält man

$$\left.\begin{aligned} J_\xi &= \frac{J_x + J_y}{2} + \frac{J_x - J_y}{2}\cos 2\varphi + J_{xy}\sin 2\varphi, \\ J_\eta &= \frac{J_x + J_y}{2} - \frac{J_x - J_y}{2}\cos 2\varphi - J_{xy}\sin 2\varphi, \\ J_{\xi\eta} &= \qquad - \frac{J_x - J_y}{2}\sin 2\varphi + J_{xy}\cos 2\varphi. \end{aligned}\right\} \tag{105}$$

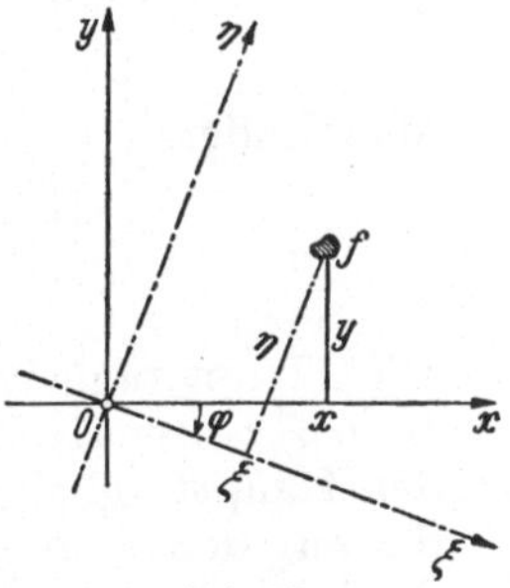

Abb. 58.

Für viele Betrachtungen ist es zweckmäßig, J_x, J_y, J_{xy} als „Komponenten" einer einzigen Größe aufzufassen, die man (in Analogie mit dem Spannungstensor) als „Trägheitstensor" bezeichnet. Die letzten Gleichungen geben an, wie sich die Komponenten eines solchen Trägheitstensors „transformieren", wenn man von dem Achsensystem x, y zu ξ, η übergeht.

Durch direkte Ausrechnung bestätigt man das Bestehen der Gleichungen

$$\boxed{J_\xi + J_\eta = J_x + J_y, \quad J_\xi J_\eta - J_{\xi\eta}^2 = J_x J_y - J_{xy}^2.} \tag{106}$$

Für jedes Paar zueinander senkrechter Achsen durch O haben diese beiden Ausdrücke denselben Wert; man nennt sie die Invarianten des Trägheitstensors J_x, J_y, J_{xy}.

52. Hauptträgheitsachsen und Hauptträgheitsmomente. Aus den Gln. (105) von **51** erkennt man unmittelbar, daß es für jeden Punkt O ein Paar von Achsen *1*, *2* mit den Trägheitsmomenten J_1, J_2 gibt, für

[1] Um Übereinstimmung mit den für den ebenen Spannungszustand geltenden Formeln herzustellen, ist für φ die aus der Abb. 58 ersichtliche Zählung gewählt worden. In richtigerer Weise könnte dies, wie hier nur erwähnt sein mag, durch Einführung der Definition $J_{xy} = - S f x y$ für das Zentrifugalmoment geschehen, die aber nicht gebräuchlich ist.

die das Zentrifugalmoment $J_{12} = 0$ ist. Sind J_x, J_y, J_{xy} bekannt, so ist die Lage dieses Achsenpaares gegeben durch

$$\boxed{\operatorname{tg} 2\varphi_0 = \frac{2 J_{xy}}{J_x - J_y}.} \tag{107}$$

Diese beiden Achsen sind auch durch die Bedingung gekennzeichnet, daß für sie die Trägheitsmomente, in Abhängigkeit von φ betrachtet, extreme Werte annehmen, denn die Bedingung

$$\frac{\partial J_\xi}{\partial \varphi} = 0, \quad \text{oder} \quad \frac{\partial J_\eta}{\partial \varphi} = 0$$

führt zu derselben Gl. (107) für φ_0. Man erhält immer zwei Werte für φ_0, die der obigen Gleichung genügen und sich um $\pi/2$ voneinander unterscheiden. Diese Achsen nennt man die Hauptträgheitsachsen und die zugehörigen Trägheitsmomente die Hauptträgheitsmomente J_1, J_2. Ihre Größen erhält man aus den Gleichungen für die Invarianten, die für die Hauptträgheitsmomente in folgender Form geschrieben werden können

$$J_1 + J_2 = J_x + J_y, \qquad J_1 J_2 = J_x J_y - J_{xy}^2.$$

Man findet

$$\boxed{J_{1,2} = \frac{J_x + J_y}{2} \pm \sqrt{\left(\frac{J_x - J_y}{2}\right)^2 + J_{xy}^2}.} \tag{108}$$

Die Hauptträgheitsachsen für den Schwerpunkt S werden auch als Hauptzentralachsen bezeichnet. — Oft versteht man aber unter den Hauptträgheitsachsen und Hauptträgheitsmomenten (ohne Zusatz) die auf den Schwerpunkt bezogenen Größen.

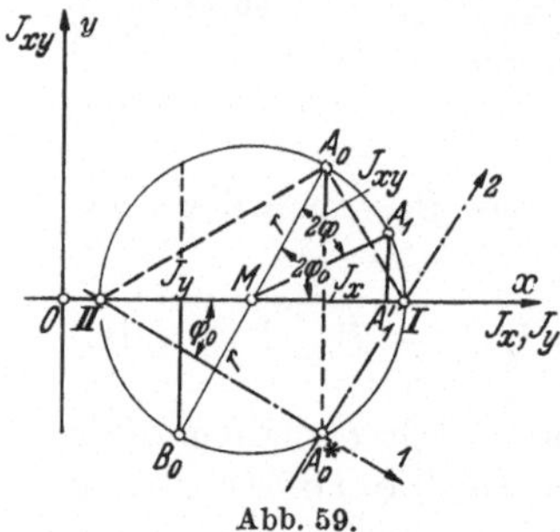

Abb. 59.

53. Trägheitskreise von Mohr und Land. Zur Darstellung aller Werte, die die Trägheits- und Zentrifugalmomente (wie die Komponenten jedes beliebigen zweiachsigen Tensors) für alle Achsen und Achsenpaare durch einen Punkt annehmen können, dienen die Trägheitskreise von Mohr und Land; beide gehen davon aus, daß für ein gegebenes Achsenpaar x, y die drei Größen J_x, J_y, J_{xy} als bekannt angenommen werden.

a) Bei dem Trägheitskreis von Mohr (Abb. 59) wird auf der x-Achse eines Achsenkreuzes von O aus J_x und J_y, von den Endpunkten nach oben und unten J_{xy} aufgetragen und über die so erhaltenen Punkte A_0, B_0 ein Kreis geschlagen; der Mittelpunkt sei M. Dann ist $\sphericalangle A_0 M x = 2\varphi_0$, und alle überhaupt möglichen Werte von J_ξ, J_η, $J_{\xi\eta}$ sind auf die Abszissen und Ordinaten der Punkte des Kreisumfanges beschränkt. Bezeichnet man nämlich mit

$$r = \sqrt{\left(\frac{J_x - J_y}{2}\right)^2 + J_{xy}^2}$$

den Halbmesser des Kreises und betrachtet einen andern Punkt A_1 mit $\sphericalangle A_0 M A_1 = 2\varphi$, so ist

$$\left\{\begin{aligned}
\overline{OA_1'} &= \frac{J_x + J_y}{2} + r\cos(2\varphi_0 - 2\varphi) = \frac{J_x + J_y}{2} + \frac{J_x - J_y}{2}\cos 2\varphi \\
&\qquad + J_{xy}\sin 2\varphi = J_\xi, \\
\overline{OB_1'} &= J_\eta \quad \text{und} \\
\overline{A_1' A_1} &= \qquad r\sin(2\varphi_0 - 2\varphi) = \quad -\frac{J_x - J_y}{2}\sin 2\varphi \\
&\qquad + J_{xy}\cos 2\varphi = J_{\xi\eta}.
\end{aligned}\right.$$

Die Strecken $\overline{OI}$, $\overline{OII}$ stellen die Haupt-TMe J_1, J_2 dar, deren Größen unmittelbar abgelesen werden können mit

$$J_{1,2} = \frac{J_x + J_y}{2} \pm \sqrt{\left(\frac{J_x - J_y}{2}\right)^2 + J_{xy}^2}.$$

Die Verbindungslinien des Spiegelpunktes A_0^* von A_0 mit I und II geben die Richtungen der Hauptträgheitsachsen *1* und *2* an.

Sind die gegebenen Achsen x, y selbst die Hauptträgheitsachsen, so hat man unmittelbar $\overline{OI} = J_1$, $\overline{OII} = J_2$ aufzutragen und erhält als Trägheitskreis den Kreis, den man über $\overline{III}$ als Durchmesser schlagen kann.

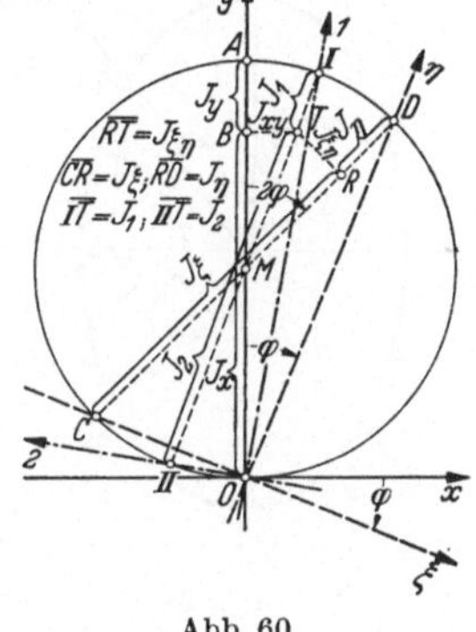

Abb. 60.

b) Der Trägheitskreis von Land (Abb. 60) wird dadurch erhalten, daß man auf der y-Achse $\overline{OB} = J_x$, $\overline{BA} = J_y$ aufträgt und über $\overline{OA}$ als Durchmesser einen Kreis schlägt; man trägt ferner von B aus die Strecke $\overline{BT} = J_{xy}$ senkrecht zu y an und erhält so den „Trägheitspunkt" T, der folgende Eigenschaften hat: Für irgend ein Achsenkreuz ξ, η verbinde man deren Schnittpunkte C, D mit dem Trägheitskreis miteinander und mache $\overline{TR} \perp \overline{CD}$, dann ist $\overline{CM} = \overline{MD} = \frac{1}{2}(J_x + J_y)$, $\overline{MB} = \frac{1}{2}(J_x - J_y)$ und daher

$$\overline{CR} = \overline{DM} + \overline{MB}\cdot\cos 2\varphi + \overline{BT}\cdot\sin 2\varphi = \frac{J_x + J_y}{2} + \frac{J_x - J_y}{2}\cos 2\varphi + J_{xy}\sin 2\varphi = J_\xi;$$

ähnlich folgt $\overline{RD} = J_\eta$, und schließlich ist

$$\overline{TR} = -\overline{MB}\cdot\sin 2\varphi + \overline{BT}\cdot\cos 2\varphi = -\frac{J_x - J_y}{2}\sin 2\varphi + J_{xy}\cos 2\varphi = J_{\xi\eta}.$$

Da die Hauptträgheitsachsen durch $J_{12} = 0$ gekennzeichnet sind, so erhält man sie, indem man den Punkt T mit dem Mittelpunkte M des Trägheitskreises verbindet und diese Linie mit dem Kreise in I, II zum Schnitt bringt; die Linien OI und OII geben dann die Richtungen der Hauptträgheitsachsen an, und es ist

$$\boxed{\overline{IT} = J_1, \quad \overline{TII} = J_2.} \tag{109}$$

Beispiel 33. Zeige, daß T immer innerhalb des Trägheitskreises liegen muß oder höchstens auf diesem liegen kann; d. h. es ist stets

$$J_{xy}^2 \leqq J_x J_y.$$

Diese Ungleichung folgt unmittelbar aus der Tatsache, daß der Wert der zweiten Invariante positiv sein muß, da die TM wesentlich positive Größen sind; es ist also

$$J_x J_y - J_{xy}^2 = J_1 J_2 \geqq 0.$$

Das Gleichheitszeichen gilt nur, wenn $J_1 = 0$ oder $J_2 = 0$, d. h. wenn die Fläche in eine Strecke übergeht.

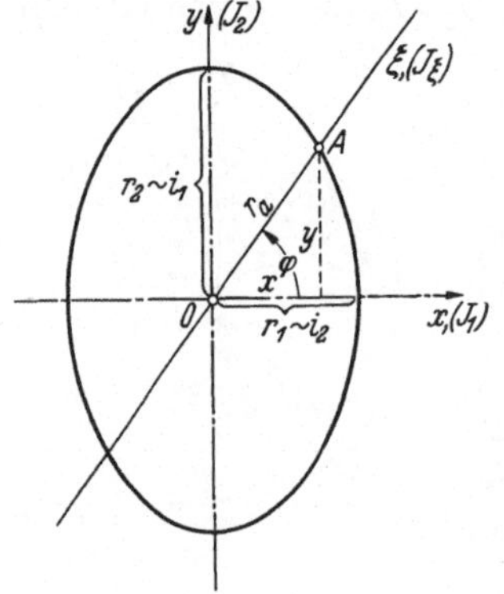

Abb. 61.

54. Die Trägheitsellipse. Es seien x und y in Abb. 61 die Hauptträgheitsachsen, dann hat das TM für irgend eine unter φ gegen x geneigte Achse ξ den Wert

$$J_\xi = J_1 \cos^2\varphi + J_2 \sin^2\varphi. \tag{110}$$

Trägt man auf der ξ-Achse eine Strecke $\overline{OA}$ auf, die der Quadratwurzel aus J_ξ umgekehrt proportional ist, setzt also

$$\overline{OA} = \frac{c}{\sqrt{J_\xi}},$$

so sind die Koordinaten von A gegeben durch

$$x = \overline{OA}\cdot\cos\varphi = c\frac{\cos\varphi}{\sqrt{J_\xi}}, \qquad y = \overline{OA}\cdot\sin\varphi = c\frac{\sin\varphi}{\sqrt{J_\xi}}.$$

Durch Einsetzen in Gl. (110) erhält man

$$J_1 x^2 + J_2 y^2 = c^2. \tag{111}$$

Daraus folgt der Satz: Der geometrische Ort der Endpunkte A ist eine Ellipse, die man als Trägheitsellipse bezeichnet. Führt man die Trägheitshalbmesser i_1 und i_2 ein durch die Gleichungen

$$J_1 = F i_1^2, \qquad J_2 = F i_2^2,$$

und setzt insbesondere

$$c^2 = F i_1^2 i_2^2,$$

so nimmt die Gleichung für die Trägheitsellipse die einfachere Form an

$$\boxed{\frac{x^2}{i_2^2} + \frac{y^2}{i_1^2} = 1.} \tag{112}$$

Die Trägheitsellipse schneidet daher auf den Achsen *1* und *2* die Trägheitshalbmesser i_2 und i_1 ab. Die Trägheitsellipse zeigt im ganzen die gleiche Gestalt wie die gegebene Fläche; nach der Richtung, wo diese weiter ausladet, zeigt auch die Trägheitsellipse die größere Erstreckung und umgekehrt. Von der Trägheitsellipse wird bei der „schiefen Biegung“ Gebrauch gemacht.

55. Zeichnerische Verfahren zur Ermittlung von Trägheitsmomenten. Die exakte Ermittlung des Trägheitsmomentes ist für alle Flächen, deren Rand als ein analytisches Kurvenstück oder als eine Folge von solchen angesehen werden kann, eine Aufgabe der Integralrechnung. Für Flächen mit zeichnerisch vorgegebenem Rand erwähnen wir zur angenäherten Bestimmung der Trägheitsmomente zwei Verfahren.

a) Das Verfahren von Nehls ist in Abb. 62 an dem Beispiel eines Schienenprofils erläutert. Das gegebene Profil wird parallel zur x-Achse, bezüglich welcher das TM zu bestimmen ist, in Teilflächen $dF = x\,dy$ zerschnitten, außerdem wird in einer passenden Entfernung a zu x eine Parallele geführt. Sodann ziehe man zu jedem Randpunkt B die Gerade $\overline{BC} \| y$, und die Linie OCB' bis B', dann ist $\triangle OAB' \sim \triangle CBB'$ und daher

$$\overline{AB'} = x' = x\,y/a.$$

Das statische Moment der ganzen Fläche in bezug auf x ist also

$$S_x = \int y\,dF = \int x\,y\,dy = a\int x'\,dy$$

und wird durch die von B' berandete Fläche dargestellt.

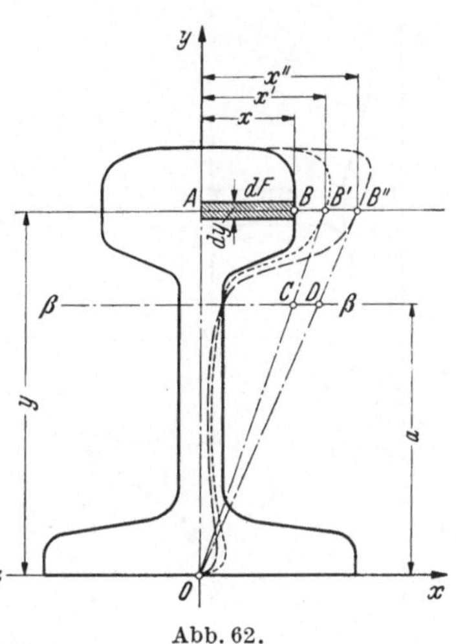

Abb. 62.

Die Wiederholung dieses Verfahrens durch Ziehen von $\overline{B'D} \| y$ und der Linie ODB'' liefert $\triangle OAB'' \sim \triangle DB'B''$, also ist

$$\overline{AB''} = x'' = x'\,y/a = x\,y^2/a^2,$$

und somit ist

$$J_x = \int y^2\,dF = \int y^2\,x\,dy = a^2\int x''\,dy.$$

Das gesuchte TM J_x wird also durch die Größe der Fläche dargestellt, die von B'' umrandet wird.

b) Das Verfahren von Mohr ergibt das TM eines Flächenstückes durch die Größe der Fläche eines vollständigen Seilecks, das auf folgende Weise erhalten wird: Es sei in Abb. 63a ein Schienenprofil gegeben, und es sei dessen TM in bezug auf die Achse y zu bestimmen, die durch die linke Randkante hindurchläuft. Durch parallel zur y-Achse geführte Schnitte denke man sich die gegebene Fläche in einfachere Flächenstücke $f_1, f_2, \ldots f_6$ (Rechtecke, Dreiecke, Trapeze u. dgl.) zerlegt, deren Schwerpunkte *1, … 6* leicht angegeben werden können. Sodann setze man nach Wahl eines geeigneten Maßstabes die „Flächen“ f_i in einem „Kräfteplan“ (*b*) zusammen und zeichne mit einem Pol P ein Seileck *1 … 6* (*c*); dann geben die Strecken, die von den Seilstrahlen auf der Achse y abgeschnitten werden, die statischen Momente und die Flächen zwischen den Seilstrahlen und der Achse y die Trägheitsmomente der Teilflächen in bezug auf die Achse y an. Das gesuchte Trägheitsmoment wird durch die Größe der gesamten Fläche $\psi_1 + \psi_2$ zwischen dem Seileck *1* . . . *6* und der Achse y dargestellt, wobei ψ_1 = Fläche (*1*, *2* . . . *6*, p, *1*), ψ_2 = Fläche (o, p, q, o).

Erforderlich ist noch die Angabe des Maßstabes, in dem diese Fläche zu messen, mit dem also die Größe der Fläche $\psi_1 + \psi_2$ zu multiplizieren ist, um das gesuchte TM zu ergeben. Wir denken uns hierzu zunächst einen Längenmaßstab l_l gewählt, in dem das gegebene Profil gezeichnet ist. Jede solche Maßstabgröße wird zweckmäßig gemäß der Gleichung eingeführt:

Darzustellende Größe = Maßstab × Darstellungsgröße.

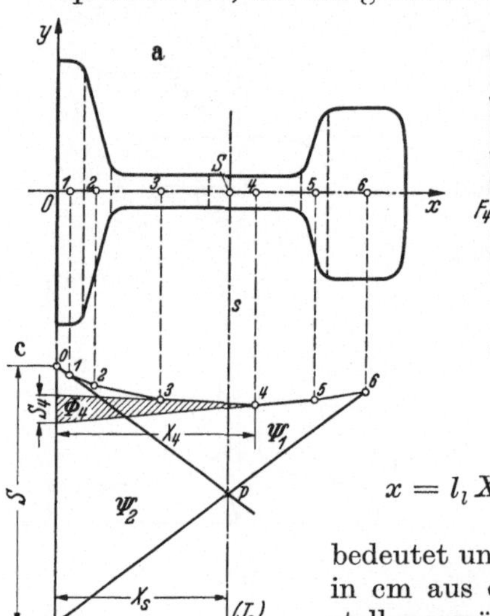

Abb. 63a bis c.

Z. B. für die Längen

$$x = l_l X, \quad \text{wobei} \quad l_l = \frac{l_l \text{ cm der Natur}}{1 \text{ cm der Zeichnung}}$$

bedeutet und jede „Darstellungsgröße" (X) immer in cm aus der Zeichnung abzulesen ist. Die Darstellungsgrößen sind im folgenden fast durchweg mit den zu den darzustellenden Größen (wie x) gehörigen großen Buchstaben (wie X) bezeichnet.

Sodann wählen wir einen Flächenmaßstab l_f zur Auftragung der „Flächen" im „Kräfteplan" (b) und die Poldistanz H (in cm); l_f hat die Bedeutung $l_f = \frac{l_f \text{ cm}^2}{1 \text{ cm}}$.

Die von den Seileckstrahlen auf der Achse y abgeschnittenen Strekken (in cm) seien aufeinanderfolgend mit $S_1, S_2 \ldots$ bezeichnet; dann gilt wegen der Ähnlichkeit der in Abb. 63b und c schraffierten Dreiecke (z. B. für das n-te Paar), wenn X_n die Entfernung der Ecke n von der y-Achse bedeutet,

$$F_n : S_n = H : X_n, \quad \text{also} \quad F_n X_n = H S_n.$$

Nun ist das statische Moment der Fläche f_n in bezug auf die y-Achse

$$s_n = f_n x_n = l_f F_n l_l X_n = l_l l_f F_n X_n = H l_l l_f S_n = l_s S_n;$$

also ist der Maßstab für die auf der y-Achse abzugreifenden Darstellungsgrößen der statischen Momente

$$l_s = H l_l l_f;$$

d. h. die Strecken S_n (in cm) auf der y-Achse geben, mit l_s multipliziert, die statischen Momente in bezug auf diese Achse in cm³. Das statische Moment der ganzen Fläche bezüglich der y-Achse ist daher

$$s = l_s \sum S_n = l_s S.$$

Die Größe der Fläche (in cm²) des n-ten Dreiecks im Seileck bezeichnen wir mit Φ_n, dann ist

$$S_n X_n = 2\,\Phi_n.$$

Das TM der Fläche f_n (wie bisher mit großem Buchstaben bezeichnet) ist

$$J_n = f_n x_n^2 = f_n x_n \cdot x_n = l_s S_n \cdot l_l X_n = l_l l_s 2\,\Phi_n = 2\,H\,l_l^2 l_f \Phi_n = l_J \Phi_n.$$

Daher ist die Maßstabgröße l_J, mit der die in cm² gemessene Fläche Φ_n zu multiplizieren ist, um das TM zu ergeben,

$$\boxed{l_J = 2\,H\,l_l^2 l_f,} \tag{113}$$

und l_J hat die Bedeutung $\frac{l_J\,\text{cm}^4}{1\,\text{cm}^2}$. Das TM der ganzen Fläche mit Bezug auf die y-Achse ist daher

$$\boxed{J_y = \sum J_n = l_J \sum \Phi_n = l_J(\psi_1 + \psi_2).} \tag{114}$$

Durch Multiplikation der Fläche $\psi_1 + \psi_2$ in cm² mit der Maßstabgröße l_J ist daher das gesuchte TM gegeben.

Ferner ist das TM J_s der Fläche in bezug auf die zu y parallele Schwerpunktsachse s (nach dem Satz über TMe für parallele Achsen)

$$J_s = J_y - f x_s^2.$$

Nun ist, da $F X_s = H S$, $S X_s = 2\,\psi_2$,

$$f x_s^2 = l_f F l_l^2 X_s^2 = H\,l_l^2 l_f S X_s = 2\,H\,l_l^2 l_f \psi_2 = l_J \psi_2,$$

also folgt

$$\boxed{J_s = l_J \psi_1.} \tag{115}$$

Dieses Verfahren kann in sinngemäßer Abänderung auch zur Ermittlung von Zentrifugalmomenten dienen.

56. Beispiele und Anwendungen. Für die Anwendungen sind außer den Werten für das TM J_x auch die des Widerstandsmomentes W_x von Wichtigkeit, das sich aus J_x durch Division durch den größten Abstand e des Querschnittsrandes von der durch den Schwerpunkt gehenden Achse x ergibt; in Zeichen

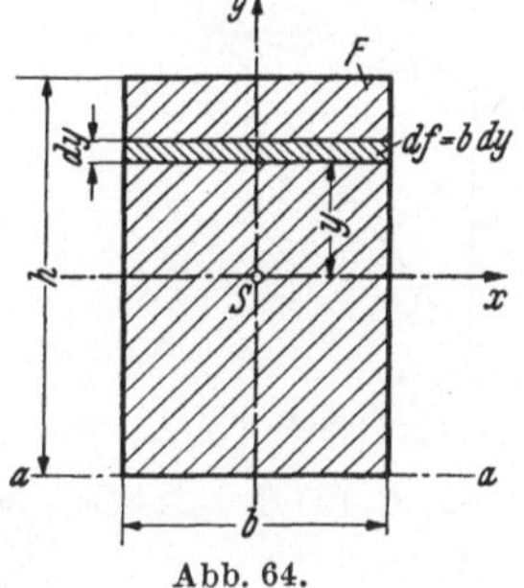

Abb. 64.

$$\boxed{W_x = J_x/e.} \tag{116}$$

In einigen der folgenden Aufgaben sind auch die Werte dieser Größe mit aufgenommen.

1. Rechteck. Seiten b, h (Abb. 64). Die Hauptachsen sind die Mittellinien x, y, und es ist, da $df = b\,dy$,

$$J_x = S f y^2 = \int y^2 df = 2b \int_0^{h/2} y^2 dy = \frac{b h^3}{12},$$

also, wenn $bh = F$ gesetzt wird,

$$J_x = \frac{b h^3}{12} = \frac{F h^2}{12}, \quad J_y = \frac{b^3 h}{12} = \frac{F b^2}{12}, \quad J_0 = J_x + J_y = \frac{F}{12}(b^2 + h^2). \tag{117}$$

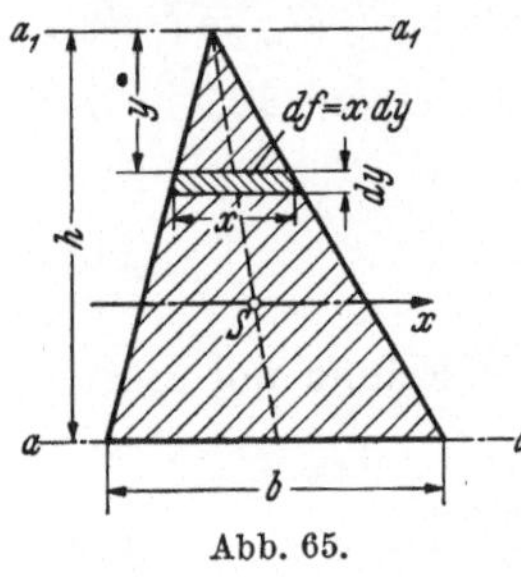

Abb. 65.

Das Widerstandsmoment W_x ist, da $e = h/2$,

$$W_x = \frac{J_x}{h/2} = \frac{b h^2}{6}.$$

Das TM für die untere (oder obere) Rechteckseite als Achse ist

$$J_a = J_x + b h \frac{h^2}{4} = \frac{b h^3}{3}.$$

Für alle Profile, die sich als Summen oder Differenzen von Rechteckflächen darstellen lassen, werden diese Formeln angewendet.

2. Dreieck. Grundlinie b, Höhe h (Abb. 65). In dem Flächenelement $x\,dy$ ist $x = by/h$ und daher, wenn $bh/2 = F$,

$$J_{a_1} = \int_0^h x\,y^2 dy = \frac{b}{h} \int_0^h y^3 dy = \frac{b h^3}{4} = \frac{F h^2}{2};$$

ferner ist das TM für die parallele Schwerachse x

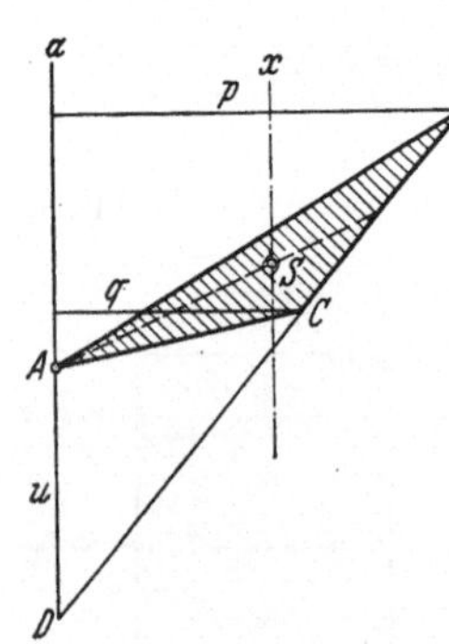

Abb. 66.

$$J_x = J_{a_1} - F\left(\frac{2h}{3}\right)^2 = \frac{b h^3}{36}, \tag{118}$$

und für die Grundlinie als Achse

$$J_a = J_x + F\left(\frac{h}{3}\right)^2 = \frac{b h^3}{12}. \tag{119}$$

Das zur x-Achse gehörige Widerstandsmoment ist

$$W_x = \frac{J_x}{2h/3} = \frac{b h^2}{24}.$$

Beispiel 34. Ermittle das TM des in Abb. 66 gezeichneten Dreiecks ABC für die Achse a. Da $\triangle ABC = \triangle ADB - \triangle ADC$, so erhält man, wenn $\overline{AD} = u$, für die Fläche des Dreiecks ABC

$$F = \tfrac{1}{2} u (p - q)$$

und daher ist das TM des Dreiecks ABC

$$J_a = \tfrac{1}{12} u (p^3 - q^3) = \tfrac{1}{6} F (p^2 + p q + q^2).$$

Berechne auch J_x.

3. Trapez. Parallelseiten b, $b + b_1$, Höhe h (Abb. 67). Durch Zerlegung des Trapezes in ein Rechteck und ein Dreieck erhält man

$$J_a = \frac{b\,h^3}{3} + \frac{b_1 h^3}{12} = \frac{(4\,b + b_1)\,h^3}{12}.$$

Da der Abstand des Schwerpunktes S von der Grundlinie den Wert hat

$$e' = \frac{h}{3}\,\frac{3\,b + b_1}{2\,b + b_1},$$

so folgt

$$J_x = J_a - F\,e'^2 = \frac{h^3}{36}\,\frac{6\,b^2 + 6\,b\,b_1 + b_1^2}{2\,b + b_1}.$$

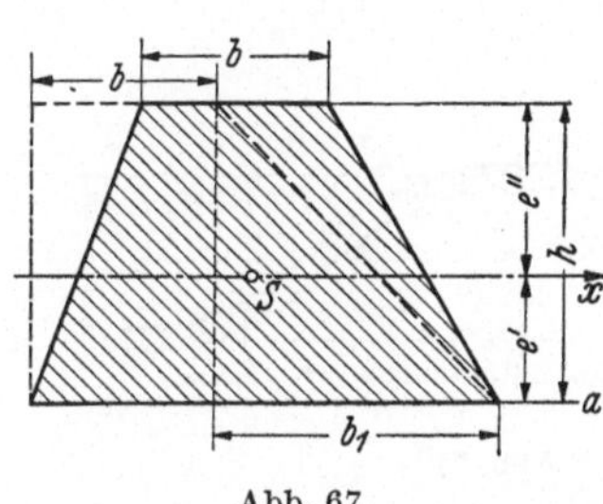

Abb. 67.

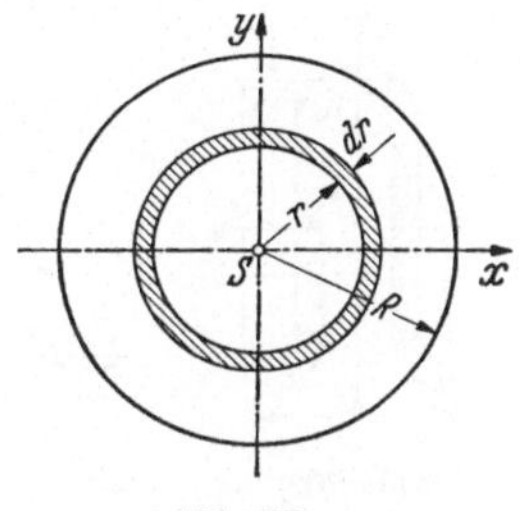

Abb. 68.

4. Kreis. Halbmesser R (Abb. 68). Man rechnet zuerst das polare TM für ein Ringelement $df = 2\,\pi r\,dr$, und erhält (mit $F = R^2\pi$)

$$J_0 = \int r^2\,df = 2\,\pi \int_0^R r^3\,dr = \frac{R^4\,\pi}{2} = \frac{F\,R^2}{2},$$

und da $J_0 = J_x + J_y = 2\,J_x$, so folgt

$$\boxed{J_x = \frac{J_0}{2} = \frac{R^4\,\pi}{4} = \frac{D^4\,\pi}{64}, \quad J_0 = \frac{R^4\pi}{2} = \frac{D^4\pi}{32} = \frac{F\,R^2}{2}.} \tag{120}$$

Das Widerstandsmoment ist

$$W_x = \frac{J_x}{R} = \frac{R^3\pi}{2} = \frac{F\,R}{2}.$$

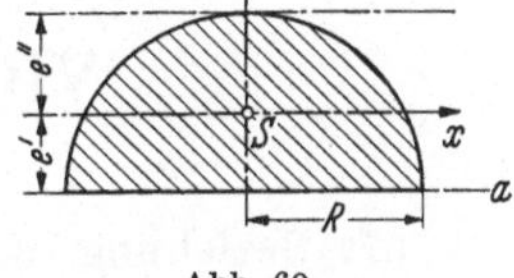

Abb. 69.

Für einen Halbkreis (Abb. 69) findet man als TM für die dem begrenzenden Durchmesser parallele Schwerachse x, da $e' = 4\,R/3\,\pi$,

$$J_x = J_a - F\,e'^2 = \frac{F\,R^2}{4} - F\,\frac{16\,R^2}{9\,\pi^2} = R^4\left(\frac{\pi}{8} - \frac{8}{9\,\pi}\right) \approx 0{,}11\,R^4.$$

Beispiel 35. Wellblechquerschnitt, aus Kreisbogen- und Geradenstücken nach Abb. 70 zusammengesetzt; man findet für eine „Welle"

$$F = c\left(\frac{\pi\,b}{2} + 2\,H\right)$$

und

$$J_x = \frac{c}{4}\left[\frac{\pi\,b^3}{16} + b^2 H + \frac{\pi\,b\,H^2}{2} + \frac{2\,H^3}{3}\right], \quad \text{worin} \quad H = h - b/2.$$

Das Widerstandsmoment ist

$$W_x = \frac{J_x}{(h + c)/2}.$$

Beispiel 36. Wellblech, Mittellinie aus Parabelbogen nach Abb. 71. Die Parabelgleichung lautet

$$y = h\left(\frac{1}{2} - \frac{8x^2}{b^2}\right).$$

Wenn man die Fläche angenähert als Produkt aus der Länge des Parabelbogens und dessen „Dicke" c rechnet, so findet man für die Fläche einer „Welle"

$$F = c\int ds = 4c\int_0^{b/4}\sqrt{1 + y'^2}\,dx \approx b\,c\left[1 + \frac{\alpha^2}{6} - \frac{\alpha^4}{40}\right], \quad \text{wobei} \quad \alpha = \frac{4h}{b};$$

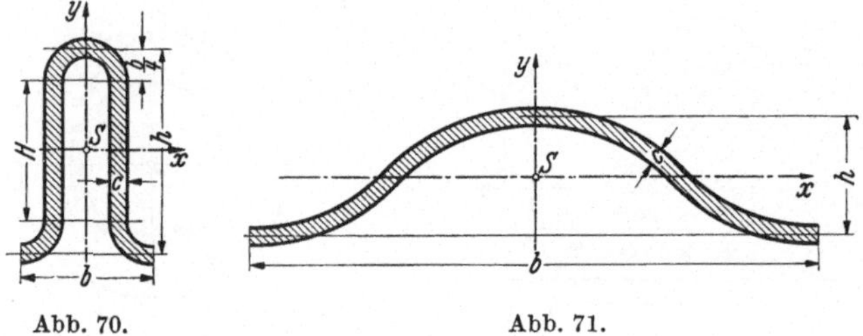

Abb. 70. Abb. 71.

ebenso erhält man für das TM bezüglich der Achse x

$$J_x = c\int y^2\,ds = 4c\int_0^{b/4} y^2\sqrt{1 + y'^2}\,dx \approx \frac{8}{15}\,c\,h^2\left[1 + \frac{\alpha^2}{14} - \frac{\alpha^4}{168}\right]\frac{b}{4}.$$

Das Widerstandsmoment ist

$$W_x = \frac{J_x}{(h + c)/2}.$$

Weitere Beispiele von Trägheits- und Widerstandsmomenten sind in den Ingenieurtaschenbüchern: Hütte, Dubbel, Förster usw. enthalten.

VII. Biegung gerader Stäbe.

A. Allgemeines.

57. Beziehung der Elastizitätstheorie zur technischen Biegelehre. Unter einem geraden Stab (Träger oder Balken) versteht man einen prismatischen Körper von beliebigem Querschnitt, dessen Länge groß ist gegen die Querabmessungen; die Verbindungsgerade der Schwerpunkte aller seiner Querschnitte bezeichnet man als seine Achse. Biegung tritt ein, wenn ein solcher Stab durch Kräfte quer zu seiner Achse belastet wird. Im folgenden wird angenommen, daß diese Kräfte alle in einer Ebene liegen, und diese wird als Lastebene bezeichnet; ferner daß die auftretenden Formänderungen innerhalb der Proportionalitätsgrenze liegen, also E eine Konstante ist.

Die Spannungen und Formänderungen in einem solchen auf Biegung beanspruchten Stab lassen sich exakt, d. h. nach den strengeren

Methoden der Elastizitätstheorie nur in wenigen, besonders einfachen Fällen bestimmen, zu denen als einfachster die Biegung durch Kräftepaare (Momente) gehört, die an den Stirnflächen des Stabes übertragen werden; man spricht hier von reiner Biegung. Für diesen Fall liefert die Theorie eine lineare Verteilung der Normalspannungen und Dehnungen über jeden Querschnitt des Stabes, ein Ergebnis, das man auch als den Satz vom Ebenbleiben der Querschnitte bei der Biegung, oder einfach als Geradliniengesetz bezeichnet. Schubspannungen in den Querschnitten treten bei reiner Biegung nicht auf.

In der technischen Biegelehre handelt es sich aber immer um die Biegung durch Momente und Querkräfte, deren exakte Behandlung erheblich verwickelter ist. Man geht praktisch so vor, daß

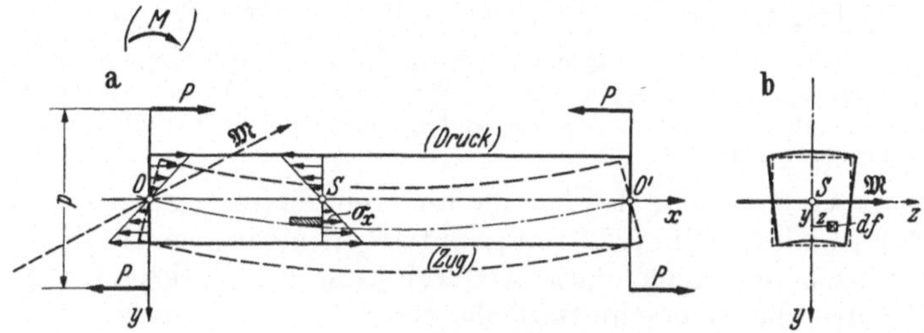

Abb. 72a und b.

für die Normalspannungen die lineare Verteilung als zutreffend angenommen wird, und daß der Einfluß der Querkräfte auf die Spannungsverteilung und Formänderung durch eine besondere Betrachtung ermittelt und der für „reine Biegung" gefundenen „überlagert" wird.

Dieses Verfahren liefert in fast allen Fällen praktisch brauchbare Ergebnisse, und meistens kann der Einfluß der Querkräfte überhaupt vernachlässigt werden; nur bei kurzen und dicken Stäben und großen Querkräften kann deren Einfluß von größerer Bedeutung werden und erfordert dann besondere Betrachtungen. Das gleiche gilt für Querschnitte mit stellenweise geringen Abmessungen senkrecht zur Biegungsebene, wie z. B. für dünne Stege von Walzeisenprofilen.

Die gefundenen Ergebnisse dienen dann auch zur Lösung der hierher gehörigen, statisch-unbestimmten Aufgaben, und zwar auch für Gebilde, die aus solchen geraden Trägern zusammengesetzt sind, und zu denen als wichtigste die Rahmen gehören. Auch für gekrümmte Stäbe kommen ähnliche Überlegungen zur Anwendung (Kap. XII).

58. Spannungsverteilung. Die gekrümmte Form, die ein ursprünglich gerader Stab bei Belastung durch quergerichtete Kräfte annimmt, kommt dadurch zustande, daß die Längsfasern des Stabes verschiedene Verlängerungen erfahren. Bei Vernachlässigung der Querkräfte kann durch eine lineare Verteilung der Längsspannungen allein das Gleichgewicht jedes beliebig abgeschnittenen Trägerteiles hergestellt werden. In der technischen Festigkeitslehre wird diese Aussage als Grundannahme eingeführt.

Wenn y, z nach Abb. 72b die Koordinaten eines Punktes des Stabquerschnittes sind, so wird demgemäß für die Spannungsverteilung die

Gleichung angesetzt

$$\sigma_x = a + b\,y + c\,z\,, \tag{121}$$

worin a, b, c Konstanten sind; diese werden durch die Bedingung festgelegt, daß für jedes Trägerstück die über den trennenden Querschnitt verteilten Spannungen mit den auf dieses Trägerstück wirkenden äußeren Kräften im Gleichgewichte sein müssen. Hierzu nehmen wir an, daß die „Lastebene", in der alle Kräfte wirken, durch die y-Achse hindurchgeht; der Momentenvektor $\mathfrak{M}$ der äußeren Kräfte liegt daher in der z-Achse. Nun bildet man etwa für den linken Trägerteil die Summe der Kräfte nach der x-Achse, und die Summe der Momente um die z-Achse und die y-Achse. Dadurch erhält man die „statischen Gleichungen" in der Form

$$\int \sigma_x df = 0\,, \qquad \int \sigma_x y\, df = M\,, \qquad \int \sigma_x z\, df = 0\,. \tag{122}$$

Man beachte, daß die im Querschnitt wirkenden Schubspannungen zu diesen drei Summen keinen Beitrag liefern würden, da sie nur Anteile an den Summen der Kräfte nach der y- und z-Achse und an der Summe der Momente um die x-Achse ergeben könnten.

Gehen wir mit dem Ansatz der linearen Spannungsverteilung nach Gl. (121) in diese Gln. (122) ein, und legen jetzt nachträglich die y- und z-Achsen des Querschnittes durch dessen Schwerpunkt S, dann sind die über die Querschnittsfläche erstreckten Integrale

$$\int y\, df = 0\,, \qquad \int z\, df = 0\,;$$

aus der ersten der Gln. (122) folgt daher $a = 0$. Die nach Einsetzen von σ_x in die beiden anderen Gln. (122) auftretenden Integrale, nämlich

$$\int z^2 df = J_y\,, \qquad \int y^2 df = J_z\,, \qquad \int y\,z\, df = J_{yz} \tag{123}$$

sind die Flächenträgheitsmomente und das Zentrifugalmoment der Querschnittsfläche in bezug auf die y- und z-Achsen. Diese beiden Gleichungen nehmen daher die Form an

$$b\,J_z + c\,J_{yz} = M\,, \qquad b\,J_{yz} + c\,J_y = 0\,.$$

Aus ihnen erhält man durch Auflösung nach b und c

$$b = \frac{J_y}{J_y J_z - J_{yz}^2}\,M\,, \qquad c = -\frac{J_{yz}}{J_y J_z - J_{yz}^2}\,M$$

und findet damit für die Spannungsverteilung über den Querschnitt den Ausdruck

$$\boxed{\sigma_x = \frac{J_y\,y - J_{yz}\,z}{J_y J_z - J_{yz}^2}\,M\,.} \tag{124}$$

Als **Nullinie** des Querschnitts wird jene bezeichnet, in der die Spannungen σ_x verschwinden; ihre Gleichung ist gegeben durch

$$\sigma_x = 0 \quad \text{oder} \quad J_y\,y - J_{yz}\,z = 0\,.$$

Die Nullinie ist daher eine Gerade durch den Schwerpunkt des Querschnitts.

Wenn die y- und z-Achsen die Hauptträgheitsachsen des Querschnitts sind, und die Lastebene durch die y-Achse hindurchgeht, so spricht man von „einfacher Biegung“. Es ist $J_{yz} = 0$, und die Gl. (124) nimmt die einfachere Form an

$$\boxed{\sigma_x = \frac{M\,y}{J_z}.} \tag{125}$$

Durch diese Gleichung ist die Bezeichnung „Geradliniengesetz“ für die erhaltene Spannungsverteilung gerechtfertigt. Die Gleichung der Nullinie ist jetzt $y = 0$, die Nullinie fällt mit der z-Achse zusammen.

Die Gesamtheit dieser Spannungen ist in Abb. 73 durch den keilförmigen „Spannungskörper“ dargestellt: die in jedem Flächenelemente in der Entfernung y von der Nullachse auftretende Spannung σ ist durch die „Höhe“ des Spannungskörpers gegeben. Durch diese Spannungen wird das in dem betreffenden Querschnitt auftretende Biegemoment „aufgenommen“.

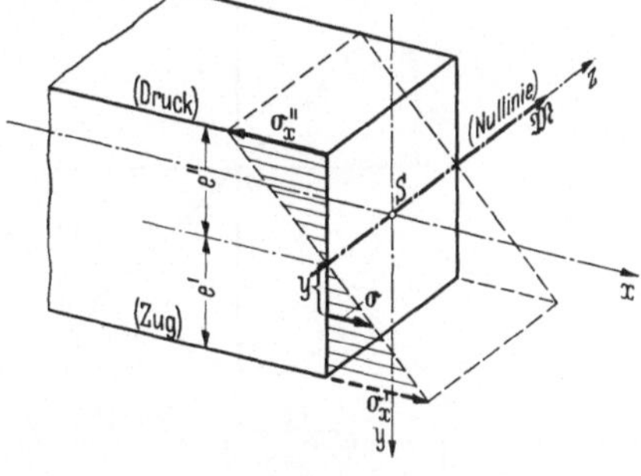

Abb. 73.

Beispiel 37. Ermittle die bei reiner Biegung auftretende Verformung eines Rechteckquerschnittes. — In **26** wurde gezeigt, daß mit einer Zugbeanspruchung eines Stabes eine Verkürzung, mit einer Druckbeanspruchung eine Vergrößerung der Querabmessungen verbunden ist. Der Querschnitt eines auf Biegung beanspruchten Stabes wird daher auf der Zugseite schmäler und auf der Druckseite breiter. Die durch die Spannung σ_x in der Stabrichtung hervorgerufene Dehnung ist

$$\varepsilon_x \equiv \frac{\partial u}{\partial x} = \frac{\sigma_x}{E} = \frac{M}{E\,J_z}\,y,$$

und diese ist nach dem Gesagten von Querkürzungen begleitet vom Betrage

$$\varepsilon_y \equiv \frac{\partial v}{\partial y} = \varepsilon_z \equiv \frac{\partial w}{\partial z} = -\nu\,\varepsilon_x = -\frac{\nu\,M\,y}{E\,J_z}.$$

Rechnet man daraus die Verschiebungen u, v, w, so erhält man für den Querschnitt nach der Biegung die in Abb. 72b dargestellte Form; für die genauere Ermittlung ist die Heranziehung der Elastizitätstheorie erforderlich.

Beispiel 38. Spannungsverteilung bei nicht-Hookeschem Gesetz. Wenn der Werkstoff nicht dem Hookeschen Gesetz gehorcht, sein Verhalten also etwa durch die in Abb. 74a gezeichnete σ-ε-Linie dargestellt ist und die Formänderungen die gekrümmten Gebiete erreichen, so ist die Spannungsverteilung nicht mehr geradlinig. Um sie zu erhalten, mache man auch hier die (angenähert sicher zulässige) Annahme, daß die Querschnitte nach der Biegung eben bleiben; dadurch sind die Dehnungen in jeder Schicht gegeben. Trägt man zu jeder Schicht die zugehörige Dehnung in der aus Abb. 74a ersichtlichen Weise auf, so erhält man eine Kurve; diese erfüllt aber — auf die ursprünglichen Achsen bezogen — noch nicht die Bedingung, daß die Längskraft verschwinden muß. Man wird daher eine neue y_1-Achse so einzeichnen, daß die mit $+$ und $-$ bezeichneten Flächen der σ-y_1-Linie einander gleich werden; wenn nötig, hat man die Konstruktion für den neuen Anfangspunkt O_1 zu wiederholen.

Auf dieselbe Weise erhält man auch die Spannungsverteilung in einem auf Biegung beanspruchten Stab mit idealisiertem, „elastisch-plastischem Formänderungsgesetz“ nach Abb. 74b. Die Verteilung der Normalspannungen in dem auf Biegung beanspruchten Stab ist wieder durch die Bedingung zu ermitteln, daß die Längskraft verschwindet, und liefert die in Abb. 74b unten angegebene Linie.

59. Die Dimensionierung der geraden Träger in der technischen Biegelehre besteht in der Aufgabe, die Abmessungen des Trägerquerschnitts so zu bestimmen, daß die größten in irgend einem Querschnitt auftretenden Spannungen gewisse Grenzwerte nicht überschreiten, die man als zulässige Spannungen bezeichnet. Bei prismatischen

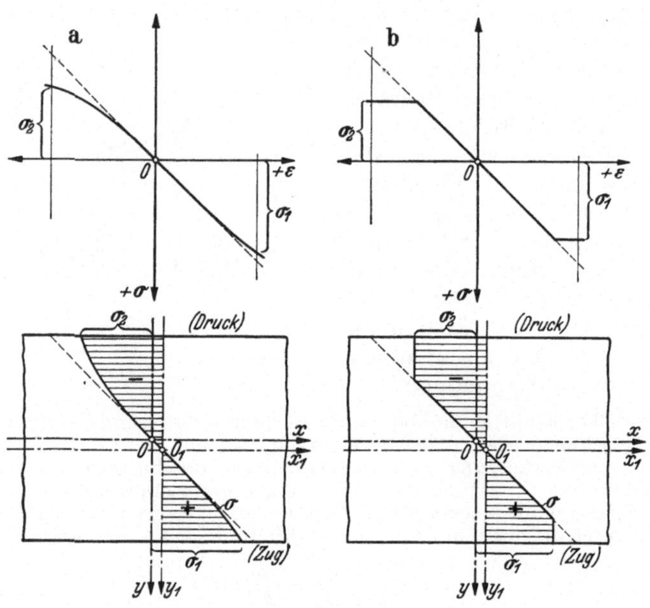

Abb. 74a und b.

Trägern tritt die größte Spannung in jenem Querschnitte auf, in dem das Biegemoment einen größten Wert annimmt, und zwar in jenen Punkten dieses Querschnittes, in denen die Entfernungen der Randfasern von der Nullinie am größten werden.

Bei einfacher Biegung (die Kraftebene geht durch die eine Hauptachse, etwa y) treten die größten Werte der Spannungen in jenen Fasern auf, für welche die y selbst die größten Werte annehmen. Sind diese e' für die Zugseite und e'' für die Druckseite, dann sind die größten Werte der Spannungen

$$\sigma_{x\max} = \frac{M e'}{J_z} = \frac{M}{W'} \text{ (Zug)}, \qquad \sigma_{x\min} = -\frac{M e''}{J_z} = -\frac{M}{W''} \text{ (Druck)},$$

und es muß sein

$$\sigma_{x\max} \leqq \sigma_{zul}, \qquad |\sigma_{x\min}| \leqq \sigma_{d\,zul}.$$

Die Größen $W' = J_z/e'$ und $W'' = J_z/e''$ werden als die Widerstandsmomente des Querschnitts bezeichnet.

Für Eisen und Stahl kann $\sigma_{zul} = \sigma_{d\,zul}$ angenommen werden, und man erhält als Bedingung für die Dimensionierung, daß der (dem Betrage nach) größere der beiden Werte $\sigma_{x\max}$ und $\sigma_{x\min}$ höchstens gleich σ_{zul} sein darf. Für die größere der beiden Spannungen ist dann der kleinere der beiden Werte W' und W'' (oder der größere von e', e'') maßgebend, und dieser wird mit W (ohne Zeiger) bezeichnet. Man erhält dann einfach als Gleichung, nach der die Dimensionierung zu erfolgen hat:

$$\boxed{|\sigma|_{\max} = \frac{|M_{\max}|}{W} \leqq \sigma_{zul}.} \tag{126}$$

60. Formänderung. Die Differentialgleichung der elastischen Linie. Wir setzen den Fall einfacher Biegung voraus, die Spannungsverteilung ist durch die Gl. (125) gegeben. Um die Durchbiegung zu erhalten, denke man sich (Abb. 75) aus dem Stab durch zwei benachbarte Querschnitte ein „Element" von der Länge $\overline{SS'} = ds$ herausgeschnitten. Eine Schicht in der Entfernung y von der Nullinie ($y = 0$) wird dann eine Verlängerung Δds, also eine Dehnung $\varepsilon_x = \frac{\Delta ds}{ds}$ erfahren. Wegen des Geradliniengesetzes, das sich unmittelbar auf die Dehnungen überträgt, sind die Querschnitte auch nach der Formänderung eben, und die vorher parallelen Querschnitte schneiden sich in einer durch K gehenden Geraden, die zur Bildebene senkrecht steht; K ist der „Krümmungsmittelpunkt" und $\overline{KS} = \varrho$ der „Krümmungshalbmesser" der Mittellinie des Stabes nach der Biegung. Daher sind die in Abb. 75 schraffierten Dreiecke ähnlich und man erhält

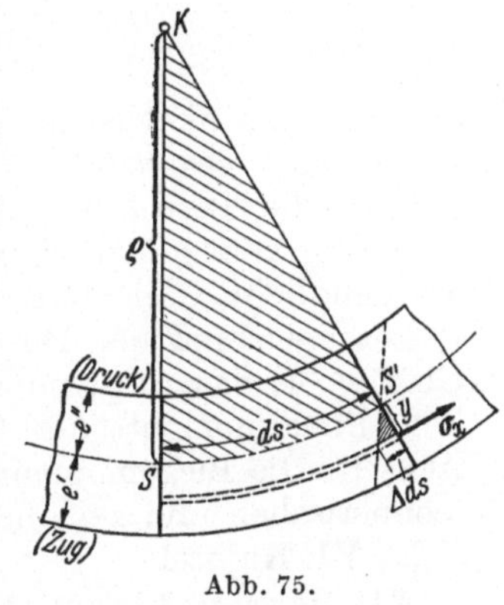

Abb. 75.

$$\varepsilon_x = \frac{\Delta ds}{ds} = \frac{\sigma_x}{E} = \frac{M y}{E J_z} = \frac{y}{\varrho}, \quad \text{also} \quad \boxed{\frac{1}{\varrho} = \frac{M}{E J_z}}. \tag{127}$$

Diese Gleichung nennt man die „natürliche Gleichung der elastischen Linie" oder „der Biegelinie" des Stabes.

Wir nehmen die Durchbiegungen als klein (also $1/\varrho \approx y''$) an und setzen das Vorzeichen für die Krümmung so fest, daß ein positives Moment eine negative Krümmung hervorbringt (d. h. eine gegen die negative y-Achse hohle Form). Bezeichnet man jetzt mit y die Verschiebung des Schwerpunktes S des Querschnittes in der y-Richtung — die „Durchsenkung" — so hat man zu setzen

$$\boxed{\frac{d^2 y}{d x^2} = -\frac{M}{E J_z}}, \tag{128}$$

und dies ist die „Differentialgleichung der elastischen Linie für kleine Verformungen".

Bezeichnet man den Winkel zwischen zwei benachbarten Tangenten oder Normalen der Biegelinie — den „Kontingenzwinkel" — mit $d\varphi$ und setzt für kleine Neigungen $ds \approx dx$, so erhält man $1/\varrho \approx d\varphi/dx$, und Gl. (127) nimmt die Form an

$$\boxed{\frac{1}{\varrho} = \frac{d\varphi}{dx} = \frac{M}{E J_z}}\,. \tag{129}$$

Durch Integration über s von 0 bis s ergibt sich der gesamte, durch die Biegung entstehende „Drehwinkel" zweier um s entfernter Querschnitte gegeneinander

$$\varphi - \varphi_0 = \int\limits_0^x \frac{M}{E J_z}\, dx\,; \tag{130}$$

dieser Drehwinkel ist daher durch das Integral über die $M/E J_z$-x-Linie von 0 bis x gegeben.

Für die Berechnung der Durchbiegung ist M als eine bekannte Funktion von x anzusehen; durch Integration der Gl. (128) erhält man die „endliche Gleichung der Biegelinie". Zur Bestimmung der Biegespannungen und der Durchbiegung benötigt man daher die folgenden Größen: 1. das Biegemoment in jedem Querschnitt, 2. die TMe bzw. Zentrifugalmomente der Querschnitte für die in Betracht kommenden Achsen. Die Biegemomente werden nach den aus der Statik bekannten rechnerischen und zeichnerischen Methoden bestimmt; bez. der TMe siehe VI. Kapitel.

61. Bewegte Einzellasten. Bisher wurde stets die Lage der Lasten auf dem Träger als fest angenommen und unter dieser Voraussetzung die größte Beanspruchung, d. i. das größte auftretende Biegemoment bestimmt. Im Brückenbau und im Kranbau hat man es jedoch auch mit Lasten zu tun, die auf dem Träger verschoben werden, und hat dann jene Stellung zu ermitteln, bei der das auftretende größte Biegemoment einen Höchstwert annimmt (es handelt sich dabei also um ein „Maximum der Maxima" oder um ein „maximum maximorum"). Die wichtigsten Fälle, die hierher gehören, sind der über eine Brücke fahrende Eisenbahnzug und die über einen Laufkranträger fahrende Laufkatze; die beiden Fälle sind noch insofern voneinander zu unterscheiden, als bei diesem stets die ganze Belastung auf dem Kranträger steht, während bei jenem die Belastung von der einen Seite auf die Brücke aufgebracht wird und auf der anderen wieder verschwindet. Wir nehmen dabei stets an, daß die bewegte Belastung aus einer Gruppe von Einzellasten besteht, die voneinander unveränderliche Entfernungen haben, und daß nur die statische Wirkung in Betracht gezogen wird; es handelt sich also nicht um bewegte Massen, die auch noch Trägheitskräfte ausüben würden.

Wir wissen, daß die Momentenlinie eines durch Einzelkräfte belasteten Trägers ein Polygon mit geraden Seiten ist, deren Ecken auf den Wirkungslinien der Einzelkräfte liegen. Der gesuchte Höchstwert kann daher nur in einem Querschnitt liegen, durch den die Wirkungslinie einer Einzelkraft hindurchgeht.

Es wird im folgenden gezeigt werden, daß man die Verteilung der größten Werte der Biegemomente als Momentenlinie einer „fiktiven" Belastung erhält, die aus der gegebenen Belastung abgeleitet wird. Betrag und Ort des Größtwertes dieser Momentenlinie lösen die gestellte Aufgabe.

Wir betrachten zunächst eine über den Träger bewegte Einzellast P_1 (Abb. 76). Das Biegemoment an der Laststelle ist

$$M_1 = P_1 \frac{x(l-x)}{l}; \qquad (131)$$

dieses kann auch aufgefaßt werden als Biegemoment einer gleichförmi-

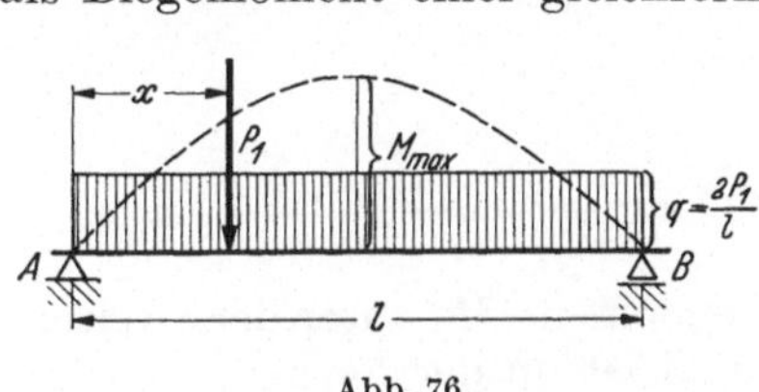

Abb. 76.

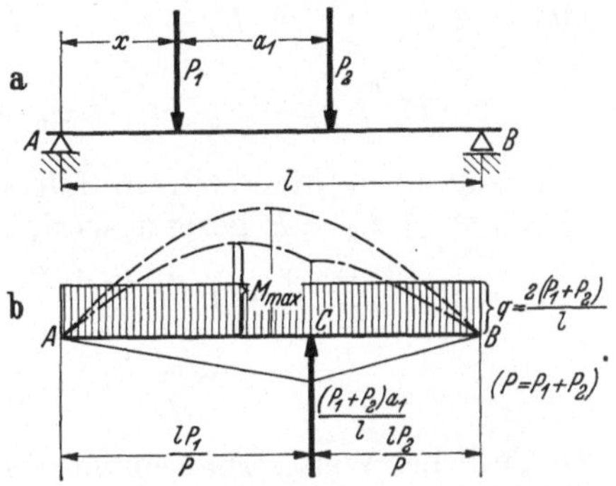

Abb. 77a und b.

gen Streckenlast vom Betrage $q = 2\,P_1/l$. Man erkennt unmittelbar, daß der größte Wert für $x = l/2$ auftritt und den Betrag $M_{\max} = q l^2/8 = P_1 l/4$ hat.

Hat man zwei Kräfte P_1, P_2 in der Entfernung a_1 voneinander (Abb. 77) und bezeichnet mit x die Entfernung der Kraft P_1 vom linken Auflager, so hat die Auflagerkraft A den Wert

$$A = P_1 \frac{l-x}{l} + P_2 \frac{l-x-a_1}{l},$$

und das Biegemoment an der Stelle x kann in der Form geschrieben werden

$$M = A x = (P_1 + P_2)\frac{x(l-x)}{l} - P_2 \frac{a_1}{l} x$$

$$= (P_1 + P_2)\frac{x(l-x)}{l} - (P_1 + P_2)\frac{a_1}{l}\,\frac{P_2}{P_1 + P_2}\,x. \qquad (132)$$

Der erste Summand rechts bedeutet das Biegemoment einer gleichförmigen Streckenlast vom Betrage $2(P_1 + P_2)/l$ an der Stelle x; und der zweite das Biegemoment einer Kraft $(P_1 + P_2)\,a_1/l$, die — von unten nach oben — in einem Punkte C wirkt, der die Stützweite im Verhältnis $P_1 : P_2$ teilt, also von den Auflagern A und B die Abstände $l P_1/(P_1 + P_2)$ und $l P_2/(P_1 + P_2)$ hat. Die Biegemomente für diese beiden Lastverteilungen sind in Abb. 77b eingetragen. Die Summe der Ordinaten gibt die strichpunktierte Kurve; der Betrag und der Ort des größten Wertes — $M_{\max}$ — liefern die Lösung der Aufgabe.

Dieser Vorgang läßt sich, wie man sofort sieht, unmittelbar für n Lasten $P_1, P_2, \ldots P_n$ in den Abständen $a_1, a_2, \ldots a_{n-1}$ voneinander verallgemeinern und liefert den gesuchten Höchstwert in folgender Weise (Abb. 78): Die Auflagerkraft A links ist

$$A = P_1 \frac{l - x_1}{l} + P_2 \frac{l - x_1 - a_1}{l} + \cdots + P_n \frac{l - x_1 - a_1 - a_2 - \cdots - a_{n-1}}{l},$$

und das Biegemoment M_1 unter der ersten Last P_1

$$M_1 = A\,x_1 = (P_1 + P_2 + \cdots + P_n)\frac{x_1(l - x_1)}{l}$$
$$- P_2 \frac{a_1}{l} x_1 - P_3 \frac{a_1 + a_2}{l} x_1 - \cdots - P_n \frac{a_1 + a_2 + \cdots + a_{n-1}}{l} x_1 .$$

Wir schreiben diese Gl. in folgender Form, wobei $P_1 + P_2 + \cdots + P_n \equiv \sum P_i = P$ gesetzt wird,

$$M_1 = P \frac{x_1(l - x_1)}{l} - P \frac{a_1}{l} \frac{P_2 + P_3 + \cdots + P_n}{P} x_1$$
$$- P \frac{a_2}{l} \frac{P_3 + \cdots + P_n}{P} x_1 - \cdots - P \frac{a_{n-1}}{l} \frac{P_n}{P} x_1 .$$

In ähnlicher Weise erhalten wir das Biegemoment M_2 unter der zweiten Kraft P_2, wenn x_2 ihre Entfernung von A ist, in der Form

$$M_2 = A\,x_2 - P_1 a_1 = P \frac{x_2(l - x_2)}{l} - P \frac{a_1}{l} \frac{P_2 + \cdots + P_n}{P} x_2$$
$$- P \frac{a_2}{l} \frac{P_3 + \cdots + P_n}{P} x_2 - \cdots - P \frac{a_{n-1}}{l} \frac{P_n}{P} x_2 + \frac{P a_1}{l}\left(x_2 - \frac{P_1}{P} l\right), \text{ usw.,}$$

und erhalten damit den Satz: Das gesuchte Biegemoment M ergibt sich als Summe des Biegemomentes einer gleichförmigen Streckenlast $q = 2\,P/l$ und der Biegemomente der $(n-1)$ Einzelkräfte $-Pa_1/l$, $-Pa_2/l, \ldots\ -Pa_{n-1}/l$, die in Punkten wirken, welche die ganze Stützweite l in den Verhältnissen $P_1 : P_2 \ldots : P_n$ teilen, also voneinander die Abstände $l P_1/P, l P_2/P, \ldots, l P_n/P$ haben. Man hat daher nur für diese fiktiven Kräfte ein Seileck zu zeichnen und die von diesem eingeschlosseneMomentenfläche von der „Parabel" $P x (l - x)/l$ abzuziehen, um den gesuchten Verlauf der Biegemomente zu erhalten. Die größte Ordinate der so gefundenen Differenzfläche gibt nach Ort und Größe das gesuchte größte Biegemoment. Durch die Ersatzbelastung wird der Träger mit n Kräften

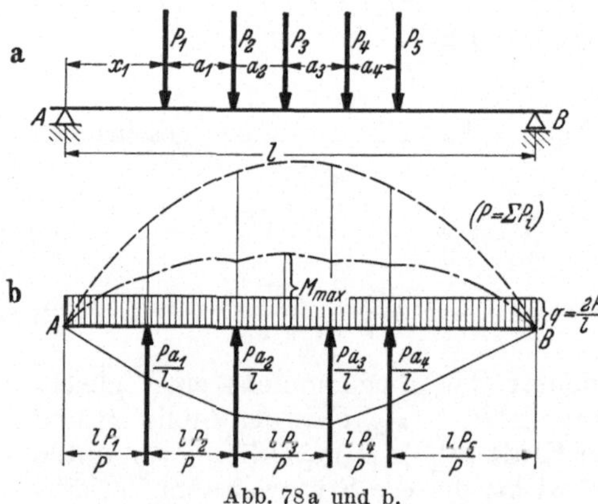

Abb. 78a und b.

in n Felder eingeteilt; aus den obigen Gleichungen für $M_1, M_2 \ldots$ folgt, daß das im ersten, zweiten usw. Feld der Ersatzbelastung auftretende Biegemoment gilt, wenn $P_1, P_2, P_3 \ldots$ im betreffenden Felde liegt. Tritt daher das größte Biegemoment im i-ten Felde auf, so ist P_i an die Stelle dieses Maximums zu rücken. — Die Betrachtungen gelten nur so lange, bis die letzte Kraft P_n das rechte Auflager erreicht hat.

Andere Verfahren zur Bestimmung des größten auftretenden Biegemomentes werden in der Baustatik gegeben.

62. Die Formänderungsarbeit durch Biegemomente erhält man durch Summation (Integration) der für die Raumeinheit geltenden Ausdrücke über den ganzen Körper. Um die Formänderungsarbeit zu berechnen, verwende man die für die Raumeinheit geltende Gleichung

$$\mathsf{A}_i^* = \frac{\sigma^2}{2E}, \quad \text{und setze darin} \quad \sigma = \frac{M\,y}{J};$$

da kein Zweifel über die Bedeutung möglich, ist hier einfach J statt J_z geschrieben. Dann erhält man durch Integration über den ganzen Balken

$$\mathsf{A}_i = \int_0^l \int_{(F)} \frac{\sigma^2}{2E}\,dx\,df = \frac{1}{2}\int_0^l \int_{(F)} \frac{M^2 y^2}{EJ^2}\,dx\,df.$$

Führt man die Integration über die Querschnittsfläche F aus, beachtet, daß $\int y^2\,df = J$ ist, und berücksichtigt auch die Gleichung $M = -EJ\,y''$, so findet man für A_i die Ausdrücke

$$\boxed{\mathsf{A}_i = \frac{1}{2}\int_0^l \frac{M^2}{EJ}\,dx = \frac{1}{2}\int_0^l EJ\,y''^2\,dx.} \tag{133}$$

Für die Ausrechnung ist es vorteilhaft, den Ausdruck $\frac{1}{2}\int_0^l M^2\,dx$ als „statisches Moment" der Momentenfläche $M = M(x)$ in bezug auf die x-Achse zu deuten; dies führt in vielen Fällen (Gerade, Parabel) zu erheblichen Vereinfachungen.

Beispiel 39. a) Frei aufliegender Träger, gleichförmig mit q belastet; es ist $M = \frac{1}{2}q\,x\,(l - x)$ und

$$\mathsf{A}_i = \frac{1}{2EJ}\int_0^l M^2\,dx = \frac{q^2}{4EJ}\int_0^{l/2} x^2(l-x)^2\,dx = \frac{q^2\,l^5}{240\,EJ}.$$

b) Für einen einseitig eingespannten, mit der Streckenlast q gleichförmig belasteten Träger ist $M = q\,x^2/2$ und

$$\mathsf{A}_i = q^2\,l^5/20\,EJ.$$

B. Schiefe Biegung.

63. Spannungsverteilung. Wenn der Vektor $\mathfrak{M}$ des Biegemomentes nicht mit einer Hauptträgheitsachse des Querschnitts zusammenfällt, so spricht man von schiefer Biegung. Ein solcher Fall liegt z. B.

bei dem lotrecht belasteten U-Träger auf einem geneigten Dach (Abb. 79) vor. Senkrecht zu $\mathfrak{M}$, und durch S gehend, steht die „Kraftebene"; in dieser sollen die Wirkungslinien aller Kräfte liegen. — Wir unterscheiden folgende Fälle:

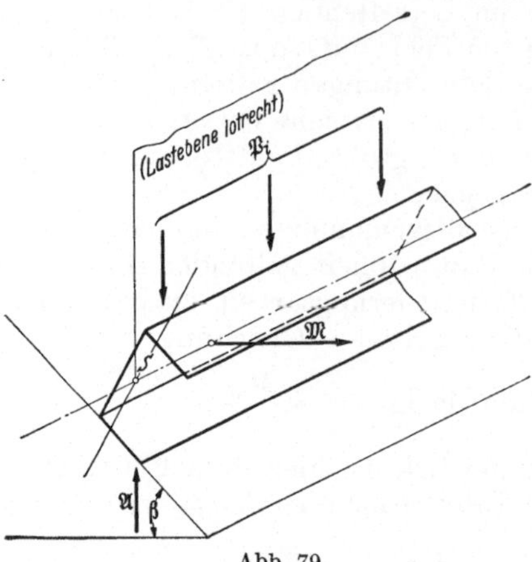

Abb. 79.

a) Die Achsen y, z seien die Hauptträgheitsachsen des Querschnittes (Abb. 80); dann läßt sich die „schiefe" Biegung unmittelbar auf die „einfache" zurückführen. Hierzu zerlege man $\mathfrak{M}$ nach den Hauptträgheitsachsen in zwei Komponenten $M_1 = M\cos\beta$ und $M_2 = M\sin\beta$, berechne die von jedem dieser Momente erzeugten Spannungen und überlagere diese. Da alle Spannungen Normalspannungen sind und die Richtung der Trägerachse haben, werden sie einfach addiert oder subtrahiert, je nachdem sie für ein Flächenteilchen den gleichen oder entgegengesetzten Pfeil haben; dies hängt davon ab, ob die Koordinaten y und z positive oder negative Werte haben.

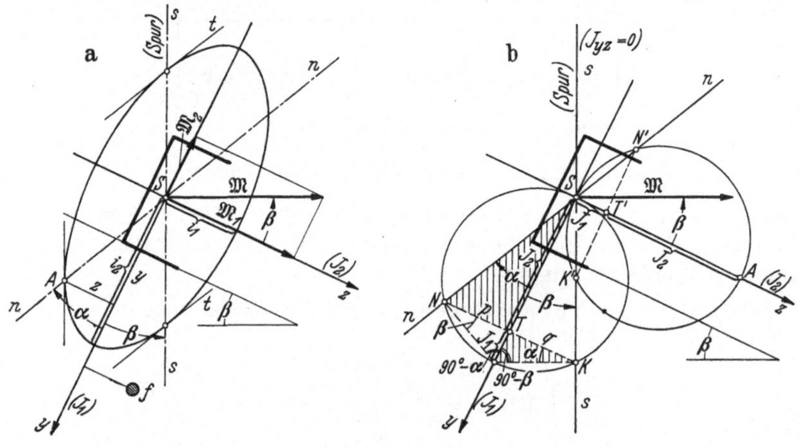

Abb. 80 a und b.

Für die Spannung in einem Punkte $f(y, z)$ des Querschnitts erhält man

$$\sigma_x = \frac{M_1 y}{J_2} + \frac{M_2 z}{J_1} = \frac{M\cos\beta\, y}{J_2} + \frac{M\sin\beta\, z}{J_1}.$$

Die Gleichung der Nullinie ist dann gegeben durch $\sigma_x = 0$, oder

$$\frac{y\cos\beta}{J_2} + \frac{z\sin\beta}{J_1} = 0, \quad \text{d.h.} \quad \frac{z}{y} = -\frac{J_1}{J_2}\operatorname{ctg}\beta.$$

Wenn der Neigungswinkel der Nullinie gegen die y-Achse mit α bezeichnet wird, also $\operatorname{tg}\alpha = z/y$ ist, so erhält man zwischen den Winkeln α und β die Beziehung

$$\boxed{\operatorname{tg}\alpha\operatorname{tg}\beta = -J_1/J_2.} \tag{134}$$

Diese Gleichung besagt, daß **die Spur der Kraftebene** s–s **und die zugehörige Nullinie** n–n **konjugierte Richtungen bezüglich der Trägheitsellipse sind.**

Die Gleichung der Trägheitsellipse in bezug auf die y- und z-Achse lautet nämlich (54)

$$J_1 y^2 + J_2 z^2 = \text{konst.}$$

Denkt man sich in einem Punkte $A\ (y, z)$ der Trägheitsellipse die Tangente an diese gezeichnet, so erhält man deren Neigung durch Ableitung der letzten Gleichung

$$J_1 y\,dy + J_2 z\,dz = 0 \quad \text{oder} \quad \frac{dz}{dy} = -\frac{J_1}{J_2}\frac{y}{z}.$$

Setzt man daher $dz/dy = \operatorname{tg}\beta$, $z/y = \operatorname{tg}\alpha$, so folgt

$$\operatorname{tg}\beta = -\frac{J_1}{J_2}\frac{y}{z} = -\frac{J_1}{J_2}\operatorname{ctg}\alpha, \quad \text{oder (wie zuvor)} \quad \operatorname{tg}\alpha\operatorname{tg}\beta = -\frac{J_1}{J_2}.$$

Die Tangenten in den Schnittpunkten der Spur der Kraftebene mit der Trägheitsellipse sind daher der Nullinie parallel und umgekehrt; d. h. die beiden Richtungen sind konjugiert zueinander.

b) Die Beziehung zwischen der Spur der Kraftebene und der Nullinie kann bequemer mittels des **Land**schen Trägheitskreises dargestellt werden (Abb. 80b). Hierzu nehmen wir wieder an, daß die Achsen y, z die **Hauptachsen** sind, und zeichnen den Trägheitskreis für eine der Achsen; dann liegen die drei Punkte K, N (Schnittpunkte der Spur s–s der Kraftebene und der Nullinie n–n mit dem Trägheitskreis) und T auf einer Geraden. Denn es folgt nach dem Sinussatz aus den zwei Paaren ähnlicher Dreiecke (ein Paar ist in der Abb. 80b schraffiert)

$$\frac{\sin\alpha}{\cos\beta} = \frac{J_1}{q} = \frac{p}{J_2}, \qquad \frac{\sin\beta}{\cos\alpha} = \frac{J_1}{p} = \frac{q}{J_2},$$

und daraus

$$\operatorname{tg}\alpha\operatorname{tg}\beta = -J_1/J_2.$$

(Das negative Vorzeichen soll besagen, daß die beiden Richtungen s–s und n–n auf verschiedenen Seiten der y-Achse liegen.)

c) Wenn die gegebenen Achsen **nicht die Hauptachsen** sind, jedoch der Momentenvektor $\mathfrak{M}$ etwa mit der z-Achse zusammenfällt, (Abb. 81), so läßt sich eine ähnliche Konstruktion anwenden. Nach Gl. (124) ist die Spannung in einem beliebigen Punkte $f(y, z)$ des Querschnitts

$$\sigma_x = \frac{J_y y - J_{yz} z}{J_y J_z - J_{yz}^2} M.$$

Die Nullinie ($\sigma_x = 0$) ist daher durch die Gleichung gegeben

$$J_y y - J_{yz} z = 0;$$

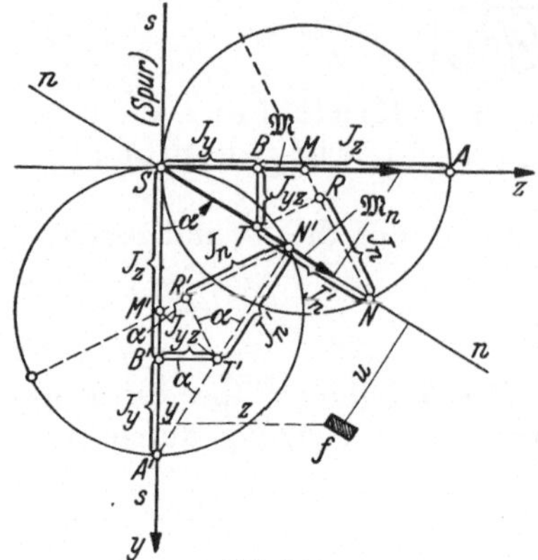

Abb. 81.

sie schließt also mit der y-Achse einen Winkel α ein, für den

$$\operatorname{tg}\alpha = \frac{z}{y} = \frac{J_y}{J_{yz}}. \tag{135}$$

Zeichnet man daher für den Querschnitt den Landschen Trägheitskreis, dessen Durchmesser $\overline{SA}$ in die z-Achse fällt, so gibt die Verbindungslinie $\overline{ST}$ unmittelbar die Nullinie n–n. — Um zu zeigen, daß die Spannungen in irgend einem Punkte f des Querschnitts dem Abstand u von dieser Nullinie proportional sind, gehen wir so vor: Wir bezeichnen mit $M_n = M \sin\alpha$ die Projektion von $\mathfrak{M}$ auf n–n und mit J_n das TM des Querschnitts in bezug auf n–n; dann muß sein

$$\sigma_x = \frac{M_n u}{J_n}. \tag{136}$$

Zum Beweis dafür, daß dieser Ausdruck für σ_x mit Gl. (124) identisch ist, berechnen wir mit Benützung der Gl. (135) für tg α das TM für die Achse n–n; wir erhalten

$$J_n = J_y \cos^2\alpha + J_z \sin^2\alpha - 2 J_{yz} \sin\alpha\cos\alpha$$
$$= \sin^2\alpha \left[J_y \frac{J_{yz}^2}{J_y^2} + J_z - 2 J_{yz} \frac{J_{yz}}{J_y}\right] = \frac{\sin^2\alpha}{J_y}\left[J_y J_z - J_{yz}^2\right].$$

Ferner ist nach Abb. 81

$$u = y\sin\alpha - z\cos\alpha = \frac{\sin\alpha}{J_y}\left[J_y y - J_{yz} z\right].$$

Führt man diese Ausdrücke in den nach Gl. (124) gegebenen Wert für σ_x ein, so findet man tatsächlich

$$\sigma_x = \frac{J_y u}{\sin\alpha} \frac{\sin^2\alpha}{J_y J_n} \frac{M_n}{\sin\alpha} = \frac{M_n u}{J_n}.$$

Diese Gleichung kann noch auf eine etwas andere Form gebracht werden, wenn man die Hilfsgröße $J_n' = J_n / \sin\alpha$ einführt:

$$\sigma_x = \frac{M_n u}{J_n} = \frac{M u}{J_n'}. \tag{137}$$

Nach den Eigenschaften des Landschen Trägheitskreises kann J_n' aus der Abb. 81 unmittelbar entnommen werden.

Benutzt man (Abb. 81) statt des Momentenvektors $\mathfrak{M}$ die Spur s–s der Kraftebene, so hat man deren Schnittpunkt A' mit dem anderen Trägheitskreise, dessen Durchmesser in der y-Achse liegt, mit T' zu verbinden; diese Linie trifft den Kreis (außer in A') noch in N'; dann ist auch $\overline{SN'}$ die Lage der Nullinie, denn es ist wieder $\operatorname{tg}\alpha = J_y/J_{yz}$.

d) Der allgemeine Fall liegt vor, wenn y, z beliebige Achsen (nicht die Hauptachsen) sind und $\mathfrak{M}$ beliebig gerichtet ist. Die soeben erklärte Konstruktion bleibt auch in diesem Falle gültig; sie ist in Abb. 82 ausgeführt. Zur Bestimmung der Spannungsverteilung dienen die Gleichungen

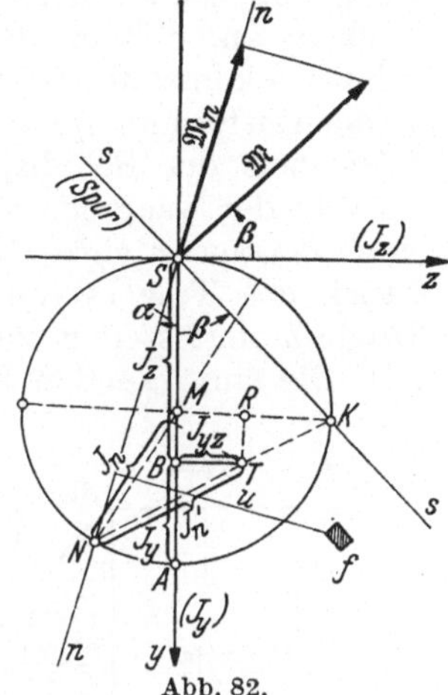

Abb. 82.

$$\int \sigma_x df = 0\,,$$

$$\int \sigma_x y\, df = M \cos\beta\,,$$

$$\int \sigma_x z\, df = M \sin\beta\,.$$

Die Spannung σ_x in einem Punkte $f\,(y, z)$ findet man ganz wie zuvor (nach dem Ansatz $\sigma_x = b\,y + c\,z$)

$$\sigma_x = \frac{(J_y\cos\beta - J_{yz}\sin\beta)\,y + (J_z\sin\beta - J_{yz}\cos\beta)\,z}{J_y J_z - J_{yz}^2} = \frac{M_n u}{J_n} = \frac{M\,u}{J'_n} \tag{138}$$

und die Lage der Nullinie

$$\operatorname{tg}\alpha = -\frac{J_y - J_{yz}\operatorname{tg}\beta}{J_z\operatorname{tg}\beta - J_{yz}}\,. \tag{139}$$

Die Richtigkeit folgt ähnlich wie zuvor aus der Geometrie der Figur.

C. Berechnung der Schubspannungen.

64. Schubspannungen im querbelasteten Balken. Die technische Theorie der Balkenbiegung ermittelt die Spannungsverteilung (und die Durchbiegung), die einerseits durch die Biegemomente, andrerseits durch die Querkräfte entstehen, getrennt voneinander; da die so erhaltenen Lösungen die Verträglichkeitsbedingungen (**20**) nicht erfüllen, so sind sie nur als Annäherungen zu bewerten, die aber für viele Zwecke als ausreichend angesehen werden können. In **58** wurden die Normalspannungen berechnet, die durch die Biegemomente M allein entstehen.

Die angenäherte Berechnung der Schubspannungen geschieht durch die folgende Betrachtung: Die Querkräfte, die durch die Querbelastungen des Trägers auftreten, müssen durch die in den Querschnitten auftretenden Schubspannungen aufgenommen bzw. übertragen werden. Wegen der Spannungsfreiheit der oberen und unteren Randflächen müssen die Schubspannungen in den am Rande liegenden Flächenteilchen null sein, daher ist die Annahme einer gleichförmigen Verteilung der Schubspannungen über den Querschnitt von vorne herein ausgeschlossen. Um die Schubspannungen zu berechnen, setzen wir (Abb. 83a) zunächst einen Träger mit Rechteckquerschnitt voraus und nehmen an, daß die Schubspannungen über die Breite b des Querschnittes konstant sind und zur Höhe des Rechteckes parallel verlaufen; in der Entfernung η von der Nullachse soll ihre Größe τ sein. Wegen der Gleichheit der Schubspannungen in senkrechten Ebenen haben wir auch in der waagrechten Parallelebene zur Nullachse Schubspannungen vom Betrage τ einzuführen. Wir betrachten daher (Abb. 83b, c) ein Stück des Trägers von der Länge Δx, der Höhe $(\frac{1}{2}h - \eta)$ und der Breite b und stellen die Gleichgewichtsbedingung für die x-Richtung auf. Die einwirkenden Kräfte sind: $\tau b \Delta x$ an der waagerechten oberen

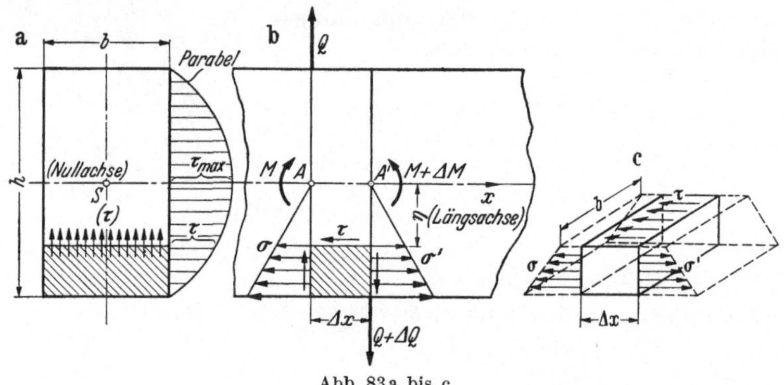

Abb. 83a bis c.

Fläche, $\int \sigma\, df$ an der linken und $\int \sigma' df$ an der rechten Seitenfläche. Es gilt daher die Gleichung

$$-\tau b \Delta x + \int \sigma' df - \int \sigma\, df = 0\,;$$

die Integrationen sind über den Querschnittsteil von η bis $h/2$ zu erstrecken. Darin ist zu setzen

$$\sigma = \frac{M y}{J}, \qquad \sigma' = \frac{(M + \Delta M)\, y}{J}.$$

Man erhält daher

$$\tau = \frac{\Delta M}{\Delta x} \frac{1}{b J} \int_{\eta}^{h/2} y\, df$$

oder, wenn für

$$\lim_{\Delta x \to 0} \frac{\Delta M}{\Delta x} = \frac{dM}{dx} = Q \text{ die Querkraft und für } \int_{\eta}^{h/2} y\, df = S\,,$$

das statische Moment der betrachteten Fläche in bezug auf die Nullachse eingeführt werden, folgt

$$\boxed{\tau = \frac{Q S}{b J}.} \tag{140}$$

Für den Rechteckquerschnitt ist $df = b\,dy$ und

$$S = \int_{\eta}^{h/2} y\,df = b\int_{\eta}^{h/2} y\,dy = \frac{b}{2}\left(\frac{h^2}{4} - \eta^2\right), \qquad J = \frac{b\,h^3}{12},$$

also

$$\boxed{\tau = \frac{6\,Q}{b\,h^3}\left(\frac{h^2}{4} - \eta^2\right).} \tag{141}$$

Man erhält demnach eine parabolische Verteilung der Schubspannungen über die Querschnittshöhe mit dem größten Wert in der Mitte (für $\eta = 0$) vom Betrage

$$\boxed{\tau_{\max} = \frac{3}{2}\,\frac{Q}{b\,h}.} \tag{142}$$

Die genauere Theorie zeigt, daß die Annahme einer gleichförmigen Verteilung der Schubspannungen über die Breite b des Querschnittes um so weniger erfüllt ist, je breiter dieser ist (im Verhältnis zur Höhe), und zwar treten die größten Werte in den Punkten auf, in denen die Nullachse den Rand des Querschnittes trifft; diese größten Werte können doppelt so groß werden wie der in der vorhergehenden Gleichung angegebene Wert. — Für schmale Rechtecke (Stegbleche von vollwandigen Querschnitten) ist diese Gl. (142) aber als recht genau anzusehen.

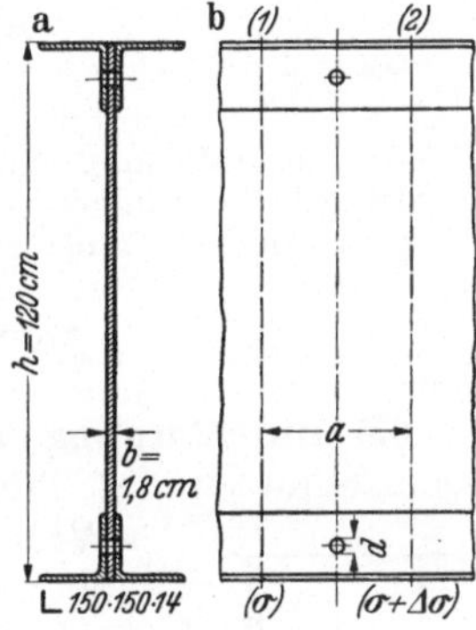

Abb. 84 a und b.

Eine ähnliche Rechnung für den Kreis ergibt

$$\tau_{\max} = \frac{4}{3}\,\frac{Q}{\pi r^2}. \tag{143}$$

Für Querschnitte, die vom Rechteck verschieden sind, müssen die Schubspannungen an den Rändern tangential zu diesen und auch für innere Flächenelemente zur Belastungsebene geneigt verlaufen. In diesem Falle wird praktisch für die Richtung der Schubspannungen im Innern eine mehr oder weniger willkürliche Annahme eingeführt, z. B. die, daß sich die Schubspannungen in einem Punkte der Lastebene schneiden, und (wie zuvor) daß ihre Komponenten parallel zur Lastebene längs der ganzen Querschnittsbreite konstant sind. Die exakte Ermittlung der Schubspannungen ist erheblich verwickelter.

Beispiel 40. Man bestimme die Schubspannungen in der Nullachse eines Trägerprofils, dessen Stegblech 1,8 cm dick und 120 cm hoch ist, und dessen Gurten durch je zwei gleichschenklige Winkeleisen 150 · 150 · 14 mm gebildet werden (Abb. 84). Die Querkraft beträgt $Q = 60$ t. — Man bestimme auch die Schubspannungen in den Nieten, die den Steg mit den Winkeln verbinden, wenn der Nietdurchmesser $d = 2{,}5$ cm, die Teilung der (einreihig angenommenen) Nietreihe $a = 10$ cm beträgt. (St. Timoshenko).

In Gl. (140) ist zu setzen

$$J = \tfrac{1}{12}\cdot 1{,}8\cdot 120^3 + 4\,(845 + 40{,}3\cdot 55{,}8^2) = 764500\ \text{cm}^4,$$

$$S = \int_0^{h/2} y\,df = \tfrac{1}{2}\cdot 1{,}8\cdot 60^2 + 2\cdot 40\cdot 3{,}55\cdot 8 = 7738\ \text{cm}^3.$$

Daraus folgt

$$\tau_{\max} = Q\,S/b\,J = 321 \text{ at}.$$

Um die Schubkraft zu berechnen, die in den Nieten übertragen wird, betrachte man ein Stück des Trägers von der Länge a (gleich der Nietteilung), das durch zwei Querschnitte *1* und *2* nach Abb. 84b begrenzt wird. Die Normalspannungen in den beiden Querschnitten sind

$$\sigma' = \frac{M\,y}{J}, \qquad \sigma'' = \sigma' + \Delta\sigma = \frac{(M + \Delta M)\,y}{J},$$

und daher ist ihr Unterschied

$$\Delta\sigma = \sigma'' - \sigma' = \Delta M\,y/J.$$

Die Differenz ΔM der für die beiden Querschnitte gebildeten Momente ist (mit $\Delta x \rightarrow a$) in der Form anzusetzen

$$\Delta M = Q\,a; \quad \text{also wird} \quad \Delta\sigma = Q\,a\,y/J.$$

Die durch die Nieten zu übertragende Querkraft Q_N ist daher die Summe der Spannungsunterschiede $\Delta\sigma$, über die Querschnittsfläche der beiden Winkel erstreckt; da das statische Moment der Winkel $2\,S_w = 4498 \text{ cm}^3$ beträgt, erhält man für diese Querkraft

$$Q_N = 2\int \Delta\sigma\,df = 2\,\frac{Q\,a}{J}\int y\,df = \frac{2\,Q\,a\,S_w}{J} = \frac{60000 \cdot 10 \cdot 4498}{764500} = 3530 \text{ kg}.$$

Diese Querkraft muß von den beiden Querschnitten der Niete aufgenommen werden, die die Winkel mit dem Steg verbinden, also ist die mittlere Schubspannung in jedem Nietquerschnitte

$$\tau_m = \frac{Q_N}{2\,\pi\,d^2/4} = \frac{3530}{2\,\pi \cdot 2{,}5^2/4} = 361 \text{ at}.$$

65. Durchbiegung infolge der Schubspannungen. Durch die in den Querschnitten des Trägers auftretenden Schubspannungen wird eine Winkeländerung (Gleitung) zwischen den Querschnittsebenen und der Trägerachse und infolge davon eine zusätzliche Durchbiegung hervorgerufen, für deren Größe manchmal eine Abschätzung erforderlich ist. Wie in 64 gezeigt, sind die Schubspannungen über den Querschnitt veränderlich, und daher sind auch die Gleitungen längs der zur Nullachse parallelen Schichten, die diese zusätzliche Durchbiegung bewirken, verschieden; daher können auch die Querschnitte selbst (wie dies bei der reinen Biegung vorausgesetzt wurde) nicht eben bleiben.

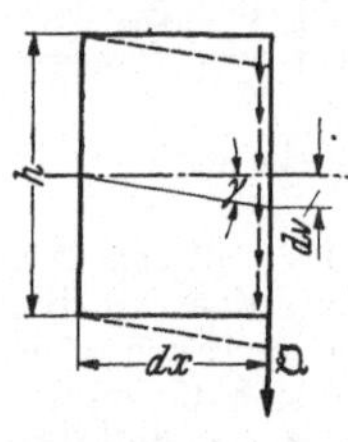

Abb. 85.

Die angenäherte Berechnung der durch die Schubspannungen allein bewirkten Durchbiegung benützt eine einfache Arbeitsbetrachtung. Man betrachtet ein Stück des Trägers zwischen zwei um $d\,x$ voneinander entfernten Querschnitten, die durch die an den Seitenflächen wirkenden Schubspannungen eine „mittlere Verschiebung" dv gegeneinander erfahren mögen (Abb. 85). Um dv zu berechnen, setzt man die Arbeit der Querkräfte $\frac{1}{2}\,Q dv$ gleich der Arbeit der (über den Querschnitt veränderlichen) Schubspannungen; also

$$\frac{1}{2}\,Q\,d\,v = \frac{1}{2}\int \frac{\tau^2}{G}\,df \cdot dx$$

Führt man hier nach Gl. (140) den Wert $\tau = QS/bJ$ ein, so kann man schreiben

$$\frac{1}{2} Q \frac{dv}{dx} = \frac{1}{2G} \int \frac{Q^2 S^2}{b^2 J^2} df = \frac{Q^2}{2G} \int \frac{S^2}{b^2 J^2} df = \frac{\varkappa Q^2}{2GF};$$

darin ist für das allein vom Querschnitt F und seiner Form abhängige Integral die Abkürzung

$$\boxed{\int \frac{S^2}{b^2 J^2} df = \frac{\varkappa}{F}} \tag{144}$$

gesetzt worden. Die dadurch definierte Größe $\varkappa$ wird als „Schubverteilungszahl" bezeichnet. So erhält man die Gleichung

$$\boxed{\frac{dv}{dx} = \frac{\varkappa Q}{GF},} \tag{145}$$

aus der angenähert die Durchbiegung v berechnet werden kann, die durch die Schubspannungen hervorgerufen wird.

Für einen Balken mit Rechteckquerschnitt hat man in Gl. (144) zu setzen

$$S = \frac{b}{2}\left(\frac{h^2}{4} - \eta^2\right), \quad df = b\,dy, \quad F = bh, \quad J = \frac{bh^3}{12},$$

und findet nach Ausführung der Integration[1]

$$\boxed{\varkappa = 1{,}2.} \tag{146}$$

Für Walzeisenquerschnitte in I-Form erhält man

$$\text{I NP8}: \varkappa = 2{,}4\,, \qquad \text{I NP50}: \varkappa = 2{,}0\,. \tag{147}$$

Beispiel 41. Für einen einseitig eingespannten Träger von der Länge l und Rechteckquerschnitt, der am freien Ende mit der Einzelkraft Q belastet ist, ergibt sich die von den Schubspannungen hervorgerufene Durchbiegung durch Integration der Gl. (145) in der Form

$$v = \frac{\varkappa Q l}{GF}. \tag{148}$$

Beispiel 42. Für einen Träger mit Rechteckquerschnitt, der beiderseits gelenkig gelagert und in der Mitte mit einer Einzelkraft P belastet ist, ist die Querkraft in jedem Felde $Q = \pm P/2$; daher ist die Summe der längs des Trägers bis zur Mitte durch die Schubspannungen hervorgerufenen Durchbiegungen (mit $\varkappa = 1{,}2$)

$$v = \int\limits_{x=0}^{x=l/2} dv = \frac{\varkappa P}{2GF} \int\limits_{0}^{l/2} dx = \frac{\varkappa P l}{4Gbh} = 0{,}3 \frac{Pl}{Gbh}. \tag{149}$$

Bei diesen Betrachtungen wird der Lastquerschnitt als festgehalten betrachtet und die Summe der Durchbiegungen berechnet, die sich vom linken Auflager (oder vom rechten) bis zur Laststelle anhäufen. (Ähnlich wenn P nicht in der Mitte ist.)

[1] Nach einer genaueren Theorie wird der Wert für Rechteckquerschnitte mit $\varkappa = 1{,}1$ ermittelt [s. Th. v. Kármán: Abh. aus dem Aerodyn. Inst. Aachen Heft 7 (1927) S. 10].

Für die gesamte Durchbiegung, durch die Momente und die Querkräfte, findet man daher (mit der Poissonschen Zahl $m = 10/3$ und der Gleitzahl $G = 0{,}4\,E$)

$$V = \frac{P l^3}{4 E b h^3} + 0{,}3 \frac{P l}{G b h} = \frac{P l}{4 E b h}\left[\frac{l^2}{h^2} + 3\right]. \tag{150}$$

Daraus entnimmt man, daß der Einfluß der Schubspannungen auf die Durchbiegung nur bei kurzen Stäben (l/h klein gegen $\sqrt{3}$) merklich werden kann.

D. Berechnung der Durchbiegungen.

66. Methoden zur Bestimmung der Biegelinien. Die Durchbiegung $y = y(x)$ ist (abgesehen von der Querkraft) durch die Verteilung der Momente $M(x)$ und der Steifigkeit $EJ(x)$ längs des Stabes sowie durch die Art der Auflagerung bestimmt. Man könnte sie in jedem besonderen Falle durch direkte Integration der Differentialgleichung (128) der elastischen Linie des Stabes erhalten; dieses Verfahren wäre aber bei mehreren Lasten sehr umständlich, so daß praktisch andere Methoden in Frage kommen, von denen hier die folgenden genannt seien:

1. Die Anwendung des „Mohrschen Satzes" durch Einführung der Biegungsmomente als „ideelle Belastung". — Dieses Verfahren eignet sich auch insb. für die Anwendung zeichnerischer Methoden, die sich vor allem bei empirisch gegebenen Belastungen (Momenten) und bei veränderlicher Steifigkeit $[EJ(x)]$ empfehlen.

2. Die Aufstellung von einfachen typischen Belastungsfällen, aus denen die allgemeineren durch Überlagerung gewonnen werden können.

3. Die Anwendung der Sätze Castiglianos (siehe XI. Kapitel).

67. Biegelinien durch direkte Integration. Die Differentialgleichung der elastischen Linie lautete

$$\frac{d^2 y}{d x^2} = - \frac{M(x)}{E J(x)};$$

durch eine Integration folgt die „Neigung" der Tangente gegen die x-Achse

$$\frac{d y}{d x} = - \int^{x} \frac{M(\xi)}{E J(\xi)}\, d\xi + A', \tag{151}$$

und durch eine zweite die „Durchbiegung" oder „Senkung" des Stabes im Punkte x

$$y \equiv y(x) = - \int^{x} \left\{ \int^{\eta} \frac{M(\xi)}{E J(\xi)}\, d\xi \right\} d\eta + A' x + C'. \tag{152}$$

In diesen Gleichungen bedeuten A' und C' Integrationskonstanten. Das Biegemoment M ist für jedes „Feld" — von Last zu Last oder Stütze — durch einen bestimmten analytischen Ausdruck definiert, oder, wie man sagt, „stückweise bestimmt". Durch die angegebene zweifache Integration erhält man für jedes Feld eine Gleichung, in der die Konstanten durch die Rand- und Übergangsbedingungen zu ermitteln sind. Die Randbedingungen enthalten Aussagen über die Art der Stützung (freie Auflagerung, feste oder nachgiebige Einspannung), die Übergangsbedingungen über den stetigen inneren Zusammenhang des Trägers (Gleichheit der Senkungen und Neigungen in den Feldern zu beiden Seiten der Lasten). Es ist klar, daß diese Methode bei einer größeren Anzahl von Kräften äußerst umständlich und zeitraubend und daher nach Möglichkeit zu vermeiden ist; die folgenden Beispiele dienen nur zu ihrer allgemeinen Erläuterung. (Wenn nichts gesagt, ist überall $EJ =$ konst. angenommen.)

Die gewonnenen Ergebnisse sind in der Tabelle 4 übersichtlich zusammengestellt und können, wie später noch erklärt wird, durch „Überlagerung" nach dem in **66** unter 2. genannten Verfahren zur direkten Behandlung verwickelterer Fälle (auch statisch unbestimmter Träger, Rahmen u. dgl.) verwertet werden.

Beispiel 43. Freiaufliegender Träger, a) durch eine Einzelkraft P belastet (Abb. Tabelle 4 Nr. 1). Die Auflagerkräfte sind $A = Pb/l$, $B = Pa/l$, das Moment im linken Feld $M = Ax = Pbx/l$. Führt man noch für das rechte Feld die von B nach links weisende x_1-Achse ein, so erhält man die Gleichungen

$$\frac{d^2y}{dx^2} = -\frac{Pb}{EJl}x, \qquad \frac{d^2y_1}{dx_1^2} = -\frac{Pa}{EJl}x_1,$$

und daraus durch Integration

$$\frac{dy}{dx} = -\frac{Pb}{EJl}\frac{x^2}{2} + A', \qquad \frac{dy_1}{dx_1} = -\frac{Pa}{EJl}\frac{x_1^2}{2} + A_1',$$

wobei A', A_1' Integrationskonstanten sind; und weiter

$$y = -\frac{Pb}{EJl}\frac{x^3}{6} + A'x, \qquad y_1 = -\frac{Pa}{EJl}\frac{x_1^3}{6} + A_1'x_1;$$

die bei dieser zweiten Integration auftretenden Konstanten sind so bestimmt worden, daß für $x = 0$, $y = 0$ und für $x_1 = 0$, $y_1 = 0$ ist, verschwinden also. Die Übergangs- oder Stetigkeitsbedingungen im Angriffspunkte von P liefern die Gleichungen

$$\left.\begin{aligned} y\big|_{x=a} &= y_1\big|_{x_1=b}, \quad \text{d. i.} \quad -\frac{Pba^3}{6EJl} + A'a = -\frac{Pab^3}{6EJl} + A_1'b, \\ \frac{dy}{dx}\bigg|_{x=a} &= -\frac{dy_1}{dx}\bigg|_{x_1=b}, \qquad -\frac{Pba^2}{2EJl} + A' = \frac{Pab^2}{2EJl} - A_1'; \end{aligned}\right\}$$

aus ihnen erhält man

$$A' = \frac{Pab(a+2b)}{6EJl} = \psi_A, \qquad A_1' = \frac{Pab(b+2a)}{6EJl} = \psi_B.$$

Die Konstanten A' und A_1' bedeuten unmittelbar die Neigungen der elastischen Linie in den Auflagerpunkten A und B. Die Gleichung der elastischen Linie in endlicher Form lautet daher für das linke Feld

$$y = \frac{Pbx}{6EJl}(l^2 - b^2 - x^2),$$

und ähnlich für das rechte Feld. Für die Durchbiegung unter der Last findet man

$$\boxed{y_P = y\big|_{x=a} = \frac{P}{3EJ}\frac{a^2b^2}{l};} \qquad (153)$$

Tabelle 4. Statisch-bestimmte Träger.

Nr.	Belastungsfall und typischer Verlauf der Biege- und Momentenlinie	Auflagerkräfte		Momente			Gleichung der elastischen Linie	Senkungen ($\delta_A = 0$)	Neigungen		
		A	B	$M(x)$ links von L	M_A	M_B		y_P	ψ_A	ψ_B	ψ_P
1	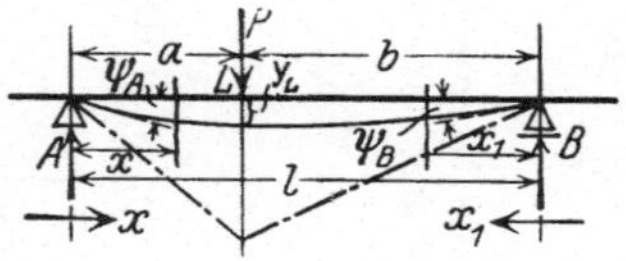	$P\frac{b}{l}$	$P\frac{a}{l}$	$P\frac{bx}{l}$	0	0	$y = \frac{Pb}{6EJl}[l^2x - b^2x - x^3]$ $y_1 = \frac{Pa}{6EJl}[l^2x_1 - a^2x_1 - x_1^3]$	$\frac{P}{3EJ}\frac{a^2b^2}{l}$	$\frac{Pab}{6EJl}(l+b)$	$\frac{Pab}{6EJl}(l+a)$ (in Richtung x_1)	$\frac{Pba}{3EJl}(b-a)$
1a	$a = b = \frac{l}{2}$	$\frac{P}{2}$	$\frac{P}{2}$	$P\frac{x}{2}$	0	0	$y = \frac{Pl^3}{12EJ}\left[\frac{3}{4}\frac{x}{l} - \left(\frac{x}{l}\right)^3\right]$ $y_1 = \frac{Pl^3}{12EJ}\left[\frac{3}{4}\frac{x_1}{l} - \left(\frac{x_1}{l}\right)^3\right]$	$\frac{Pl^3}{48EJ}$	$\frac{Pl^2}{16EJ}$	$\frac{Pl^2}{16EJ}$ (in Richtung x_1)	0
2	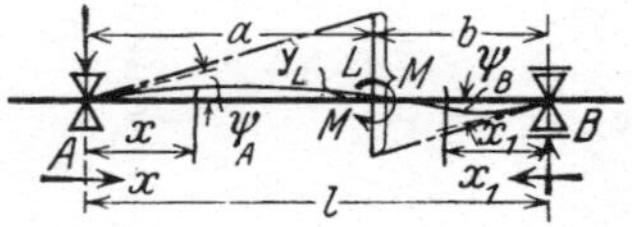	$-\frac{M}{l}$	$+\frac{M}{l}$	$-\frac{Mx}{l}$ $\left[\begin{array}{l} -\frac{Ma}{l} \text{ für } x=a-0 \\ +\frac{Mb}{l} \text{ für } x=a+0 \end{array}\right]$	0	0	$y = -\frac{M}{6EJl}x[l^2 - 3b^2 - x^2]$ $y_1 = +\frac{M}{6EJl}x_1[l^2 - 3a^2 - x_1^2]$	$-\frac{M}{3EJ}\frac{ab}{l}(a-b)$ (neg. für $a > b$!)	$-\frac{M}{6EJl}(l^2 - 3b^2)$	$\frac{M}{6EJl}(l^2 - 3a^2)$ (in Richtung x_1)	$\frac{M}{3EJl}(a^2 - ab + b^2)$
2a	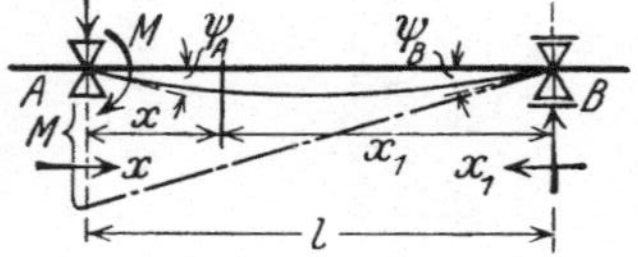	$-\frac{M}{l}$	$+\frac{M}{l}$	$M\frac{l-x}{l}$	M	0	$y = \frac{M}{6EJl}x_1[l^2 - x_1^2]$; $x_1 = l - x$ $= \frac{M}{6EJl}(l-x)[2lx - x^2]$	—	$\frac{Ml}{3EJ}$	$-\frac{Ml}{6EJ}$ (in Richtung x_1)	—

2b	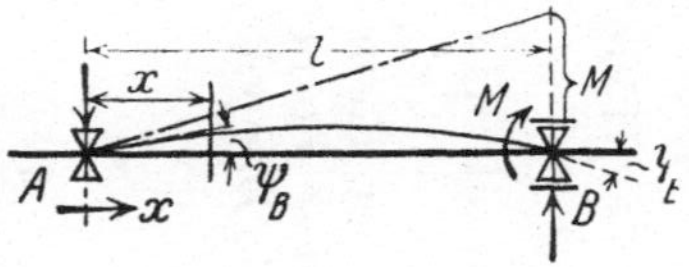	$-\frac{M}{l}$	$+\frac{M}{l}$	$-\frac{Mx}{l}$	0	M	$y=-\frac{M}{6EJl}x[l^2-x^2]$	—	$-\frac{Ml}{6EJ}$	$+\frac{Ml}{3EJ}$	—
3	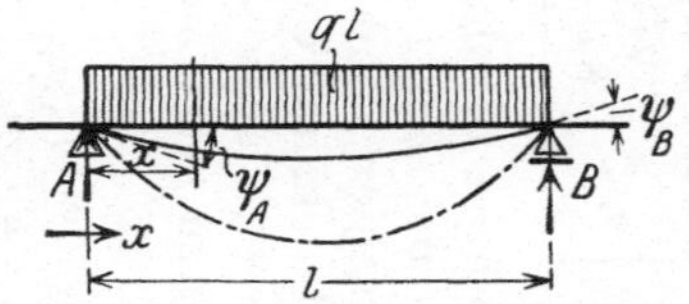	$q\frac{l}{2}$	$q\frac{l}{2}$	$q\frac{lx}{2}\left(1-\frac{x}{l}\right)$	0	0	$y=\frac{ql^4}{24EJ}\left[\frac{x}{l}-2\left(\frac{x}{l}\right)^3+\left(\frac{x}{l}\right)^4\right]$	$y_{\max}=\frac{5ql^4}{384EJ}$ $\left(\text{für } x=\frac{l}{2}\right)$	$\frac{ql^3}{24EJ}$	$-\frac{ql^3}{24EJ}$	—
4	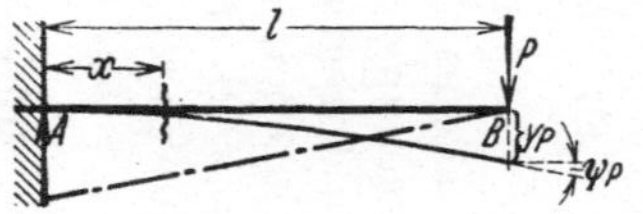	P	0	$-P(l-x)$	Pl	0	$y=\frac{P}{6EJ}[3lx^2-x^3]$ $y_1=\frac{Pl^2}{6EJ}[3x_1-l]$	$\frac{Pl^3}{3EJ}$	0	$\frac{Pl^2}{2EJ}$	$\frac{Pl^2}{2EJ}$
5	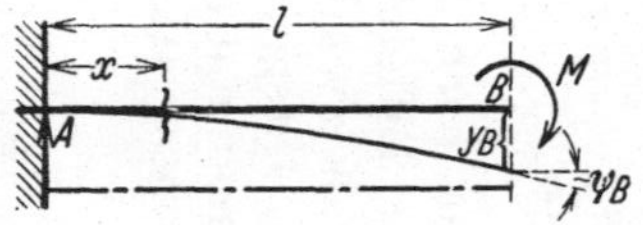	0	0	$-M$	$-M$ für $x=+0$	$-M$ für $x=l-0$	$y=\frac{M}{EJ}\frac{x^2}{2}$	$y_B=\frac{Ml^2}{2EJ}$	0	$\frac{M}{EJ}l$	—
6	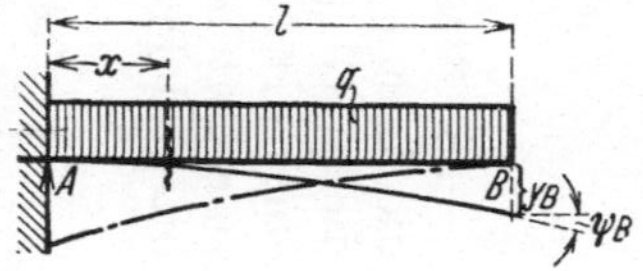	ql	0	$-\frac{q}{2}(l-x)^2$	$-\frac{q}{2}l^2$	0	$y=\frac{ql^4}{24EJ}$ $\times\left[6\left(\frac{x}{l}\right)^2-4\left(\frac{x}{l}\right)^3+\left(\frac{x}{l}\right)^4\right]$	$y_B=\frac{ql^4}{8EJ}$	0	$\frac{ql^3}{6EJ}$	$\frac{ql^3}{6EJ}$

für die Neigung an P ergibt sich

$$\psi_P = \frac{dy}{dx}\bigg|_{x=a} = \frac{P\,a\,b\,(b-a)}{3\,E\,J\,l}.$$

Die größte Durchbiegung tritt im längeren, in der Abbildung also im rechten Felde, in einer Entfernung x_0 vom rechten Auflager auf, wobei

$$x_0 = \sqrt{b\,(2\,a+b)/3}$$

ist, und hat die Größe

$$y_{\max} = y_1|_{x_1=x_0} = \frac{P\sqrt{3}}{27\,E\,J\,l}\,a\,[b\,(a+2\,b)]^{3/2}.$$

b) Gleichförmig mit q kg/m belastet, Abb. in Tabelle 4 Nr. 3. Die Auflagerkräfte sind $A = B = ql/2$, das Moment an der Stelle x ist

$$M(x) = \frac{q\,l}{2}\,x - q\,x\,\frac{x}{2} = \frac{q\,x}{2}\,(l-x) = -\,E\,J\,y''.$$

Durch Integration ergibt sich die Gleichung der elastischen Linie

$$y = \frac{q\,l^4}{24\,E\,J}\left[\frac{x}{l} - 2\left(\frac{x}{l}\right)^3 + \left(\frac{x}{l}\right)^4\right]$$

und die größte Durchbiegung in der Mitte des Stabes

$$\boxed{y_{\max} = \frac{5\,q\,l^4}{384\,E\,J}}\,. \tag{154}$$

Beispiel 44. Einseitig eingespannter Träger.

a) Durch Einzelkraft P nach Abb. in Tabelle 4 Nr. 4 belastet:

$$A = P, \qquad M(x) = -\,M_A + A\,x = -\,P\,(l-x) = -\,E\,J\,y''.$$

Die Gleichung der elastischen Linie lautet

$$y = \frac{P}{6\,E\,J}\,x^2\,(3\,l-x) \quad \text{und} \quad \boxed{y_P = \frac{P\,l^3}{3\,E\,J}}\,. \tag{155}$$

b) Für gleichförmige Streckenlast q ist (Abb. in Tabelle 4, Nr. 6)

$$A = q\,l\,, \quad M(x) = -\,M_A + A\,x - \frac{q\,x^2}{2} = -\,\frac{q}{2}\,(l-x)^2 = -\,E\,J\,y''.$$

Es folgt

$$y = \frac{q}{24\,E\,J}\,x^2\,(6\,l^2 - 4\,l\,x + x^2) \quad \text{und} \quad \boxed{y_{\max} = \frac{q\,l^4}{8\,E\,J}}\,. \tag{156}$$

68. Biegelinien nach Mohr. Dieses Verfahren beruht darauf, daß die Lösung einer Differentialgleichung von der Form $y'' = -\,f(x)$, die in Gl. (152) als zweifaches Integral erschien, auch in der Form eines einfachen Integrals geschrieben werden kann. Um diese Form zu erhalten, hat man nur auf das in Gl. (152) rechts auftretende Doppelintegral Produktintegration anzuwenden; hierzu setzt man

$$\int_0^\eta \frac{M(\xi)}{EJ(\xi)}\,d\xi = u\,, \quad d\eta = dv\,, \quad \text{und} \quad du = \frac{M(\eta)}{EJ(\eta)}\,d\eta\,, \quad v = \eta\,,$$

dann erhält man als Wert des Integrals in Gl. (152) (nach Vertauschung von η mit ξ im letzten Glied)

$$\int_0^x u\,dv = [u\,v]_0^x - \int_0^x v\,du \equiv x\int_0^x \frac{M(\xi)}{EJ(\xi)}\,d\xi - \int_0^x \xi\,\frac{M(\xi)}{EJ(\xi)}\,d\xi\,,$$

und damit ergibt sich die gesuchte Form der Lösung

$$y(x) = -\int_0^x (x-\xi)\,\frac{M(\xi)}{EJ(\xi)}\,d\xi + A'x + C', \tag{157}$$

worin wieder A' und C' die beiden Integrationskonstanten bedeuten. Dem Integranden läßt sich dabei unmittelbar die folgende Deutung geben: Man denke sich das Biegungsmoment $M(\xi)$, das der gegebenen Belastung entspricht, durch $EJ(\xi)$ dividiert, als neue „ideelle Belastung“ auf den Träger aufgebracht (Abb. 86), u. zw. sollen jetzt positive Momente nach oben, negative nach unten aufgetragen werden; die Integrationsveränderliche ξ bedeutet irgend eine Abszisse im Intervall von 0 bis x. Dann ist $M(\xi)\,d\xi/EJ(\xi)$ die auf das Stück $d\xi$ entfallende „ideelle Last“ und $(x-\xi)M(\xi)d\xi/EJ(\xi)$ das „Moment“ dieser ideellen Last in bezug auf den Punkt x, in dem die Durchbiegung bestimmt werden soll. Die Gl. (157) besagt daher (abgesehen von den Gliedern $A'x + C'$), daß die Durchbiegung in x gleich ist der Summe der Momente der ideellen Belastung auf dem Stück von 0 bis x in bezug auf den Punkt x. Dies ist der Inhalt des Mohrschen Satzes.

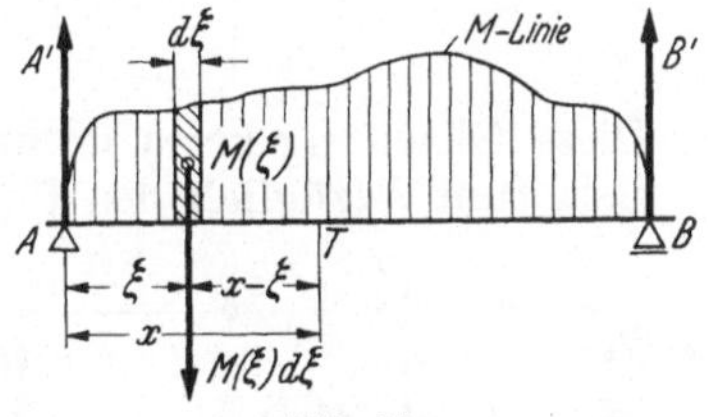

Abb. 86.

Durch Ableitung der Gl. (157) nach x erhält man die mit (151) übereinstimmende Gleichung

$$\frac{dy}{dx} \equiv y' \equiv \psi = -\int_0^x \frac{M(\xi)}{EJ(\xi)}\,d\xi + A' \tag{158}$$

Bei dieser Differentiation spielt x, das im Integranden und als obere Grenze des Integrals vorkommt, die Rolle eines Parameters.

Durch die Gl. (158) ist die erste Ableitung y' oder die Neigung $y' \equiv \psi$ an jeder Stelle des Trägers gegeben; und zwar ist die Neigung y' nach dieser Gleichung (abgesehen von der Konstanten A') gleich der Summe der Querkräfte, die der „ideellen Belastung“ M/EJ entsprechen. Die Konstante A' bedeutet die Neigung der elastischen Linie für $x = 0$, also am linken Auflager.

Dieses Verfahren vermeidet jede Unterteilung des Trägers in einzelne Felder und die besondere Berücksichtigung der „Übergangsbedingungen“;

es erweist sich auch für alle Erweiterungen (veränderliche Steifigkeit, kontinuierliche Träger usw.) als außerordentlich leistungsfähig. Dazu kommt noch, daß es auch der zeichnerischen Auswertung unmittelbar zugänglich ist und die Durchbiegung aus der ideellen Belastung durch denselben Vorgang (Seileck) liefert, durch den sich die Biegungsmomente aus den wirklichen Belastungen ergeben.

Eine besondere Beachtung ist der Bestimmung und Deutung der Integrationskonstanten zu schenken, die natürlich von der Art der Stützung des Trägers abhängen (s. u. 70). Wir erläutern die hierbei auftretenden Beziehungen an Hand der folgenden Beispiele.

69. Die wichtigsten Sonderfälle. A. Für den frei aufliegenden Träger lauten die Randbedingungen $y = 0$ für $x = 0$ und $x = l$; somit ist in Gl. (157) $C' = 0$ und

$$A' = \frac{1}{l}\int_0^l (l - \xi)\,\frac{M(\xi)}{EJ(\xi)}\,d\xi = \psi_A. \tag{159}$$

Diese Gleichung kann unmittelbar als Momentengleichung der ideellen Belastung bezüglich des Punktes B gedeutet werden, daher ist A' die dieser ideellen Belastung entsprechende „ideelle Auflagerkraft" am linken Auflager A; diese ideelle Auflagerkraft A' gibt gleichzeitig die Neigung der elastischen Linie in A an.

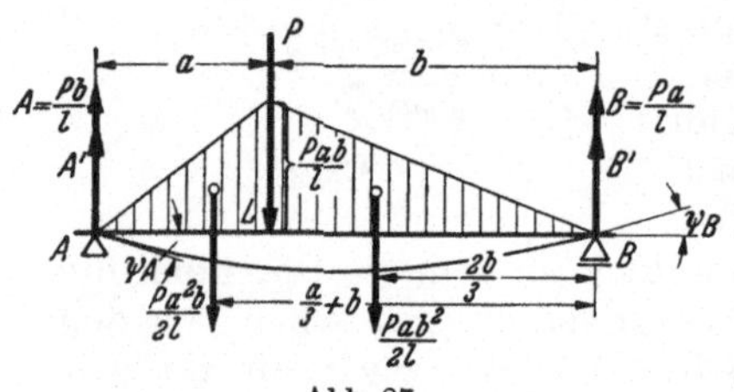

Abb. 87.

Für den frei aufliegenden und nur zwischen den Stützen belasteten Träger hat man daher die Momente als „ideelle Belastung" aufgebracht zu denken und für diese in der gewöhnlichen Weise die „ideellen Auflagerkräfte" zu bestimmen. Dies kann auch so ausgedrückt werden, daß für den beiderseits frei aufliegenden Träger die „ideelle Belastung" gerade so zu behandeln ist wie die „wirkliche", d. h. die Randbedingungen für den ursprünglichen und ideell belasteten Träger stimmen vollständig überein. In den anderen Fällen (Träger mit überhängenden Enden, eingespannter Träger) trifft dies, wie wir sehen werden, nicht zu.

Beispiel 45. Für das Beispiel 43a) erhält man nach diesem Verfahren die Auflagerkraft A' der ideellen Belastung (Abb. 87)

$$A' = \frac{1}{EJl}\left[\frac{Pa^2b}{2l}\left(\frac{a}{3}+b\right)+\frac{Pab^2}{2l}\,\frac{2b}{3}\right] = \frac{Pab}{6EJl^2}(a^2+3ab+2b^2) = \frac{Pab(a+2b)}{6EJl} = \psi_A,$$

und für die Durchbiegung an der Laststelle

$$y_P = A'a - \frac{Pa^2b}{2EJl}\,\frac{a}{3} = \frac{Pa^2b^2}{3EJl}.$$

Ähnlich kann die Durchbiegung y an jeder anderen Stelle x berechnet werden.

Für gleichförmige Belastung (Abb. 88) ist [nach Beispiel 43b)] die Momentenlinie eine Parabel, und man findet auf dieselbe Weise die ideelle Auflagerkraft in A,

$$A' = \frac{2}{3}\frac{q l^2}{8 EJ}\frac{l}{2} = \frac{q l^3}{24 EJ} = \psi_A,$$

und die Durchbiegung in der Mitte

$$y_m = A'\frac{l}{2} - A'\frac{3l}{16} = \frac{q l^3}{24 EJ}\frac{5l}{16} = \frac{5 q l^4}{384 EJ}.$$

Beispiel 46. Wirken auf den frei aufliegenden Träger AB nach Abb. 89 zwei oder mehrere Lasten $P_1, P_2, \ldots$, so hat man die von jeder Kraft herrührende Momentenfläche zu nehmen und diese zu „addieren", indem man für jedes x die Summe der Ordinaten bildet. Aus der Summenfläche erhält man die Durchbiegung unmittelbar nach dem Mohrschen Satz.

Beispiel 47. Belastung durch Momente.

a) Für ein Kräftepaar oder „Moment" M am linken Auflager findet man die in Abb. in Tabelle 4 Nr. 2a gezeichnete Momentenfläche und daher nach dem Mohrschen Satze

$$A' = \frac{1}{l}\frac{Ml}{2EJ}\frac{2l}{3} = \frac{Ml}{3EJ} = \psi_A \quad \text{und} \quad \psi_B = A' - \frac{Ml}{2EJ} = -\frac{Ml}{6EJ}.$$

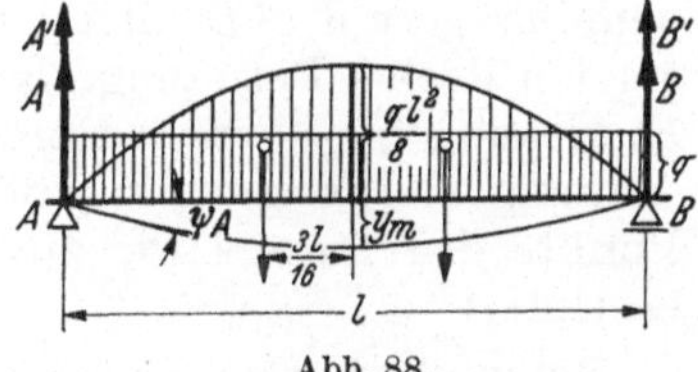

Abb. 88.

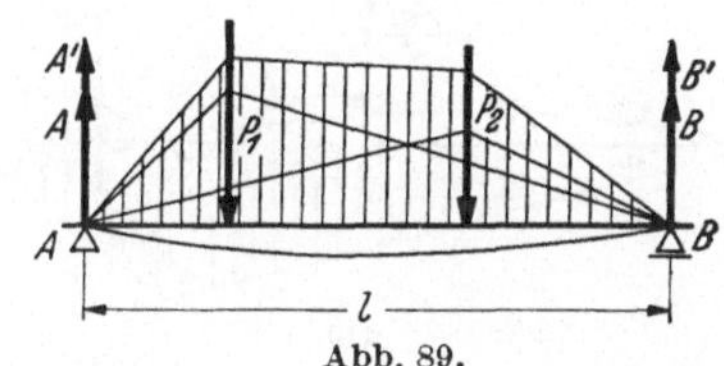

Abb. 89.

b) Ebenso folgt für die Belastung durch M am rechten Auflager (Abb. in Tabelle 4 Nr. 2b)

$$A' = -\frac{1}{l}\frac{Ml}{2EJ}\frac{l}{3} = -\frac{Ml}{6EJ} = \psi_A, \quad \psi_B = A' + \frac{Ml}{2EJ} = \frac{Ml}{3EJ}.$$

c) Sind beide Auflager durch gleich große und entgegengesetzt gerichtete Momente M belastet, so ist die Momentenfläche ein Rechteck und man erhält unmittelbar durch Überlagerung

$$\psi_A = -\psi_B = -\frac{Ml}{2EJ}.$$

Diese Ausdrücke werden später für die Anwendungen des dritten der in **66** erwähnten Verfahren benützt werden.

d) Für ein Moment M, das zwischen den Auflagern, etwa in den Entfernungen a, b von diesen angreift, hat die Momentenlinie die in Abb. in Tabelle 4 Nr. 2 eingetragene Form; sie ist im Angriffspunkte von M unstetig, und ihre schrägen Begrenzungslinien schließen mit der x-Achse gleiche Winkel ein. Nach dem Mohrschen Satz findet man für die Durchbiegung an der Stelle x im ersten Feld

$$y = -\frac{Mx}{6EJl}(l^2 - 3b^2 - x^2).$$

Diesen Ausdruck gewinnt man auch durch folgende Überlegung: Die Durchbiegung durch eine Einzelkraft P ist im ersten Felde durch die Gleichung gegeben

$$y_1 = \frac{Px}{6EJl}(l^2 b - b^3 - x^2 b);$$

dieser wollen wir eine zweite überlagern, die durch eine Kraft $-P$ entsteht, die in der Entfernung $b + \Delta b$ vom rechten Auflager wirkt; die Durchbiegung infolge dieser Kraft ist

$$-(y_1 + \Delta y_1) = -\left(y_1 + \frac{\partial y_1}{\partial b}\Delta b\right),$$

und daher ist, wenn $P\Delta b = M$ gesetzt wird, die Summe der Durchbiegungen im linken Felde

$$y = y_1 - (y_1 + \Delta y_1) = -\frac{\partial y_1}{\partial b}\Delta b = -\frac{M x}{6 E J l}(l^2 - 3 b^2 - x^2),$$

wie zuvor.

B. Für den Träger mit überhängendem Ende BC (Abb. 90) gilt dieselbe Gl. (157) mit $C' = 0$, und überdies ist

$$A' = \frac{1}{l}\int_0^l (l - \xi)\frac{M(\xi)}{EJ}d\xi = \psi_A.$$

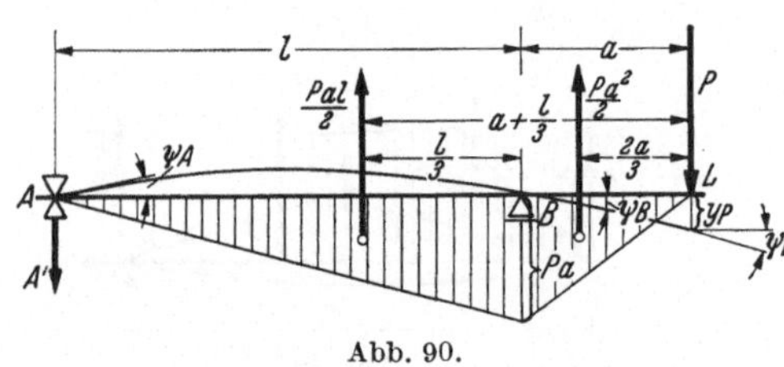

Abb. 90.

A' ist also die in A auftretende Auflagerkraft vermöge der über dem Trägerteil AB allein liegenden ideellen Belastung. Nach Festlegung von A' ist die Durchsenkung und Neigung in jedem Punkte des Trägers wie zuvor bestimmt.

Beispiel 48. Für die Belastung durch eine Einzelkraft P am überhängenden Ende C erhält man, da die Momentenfläche das in der Abb. 90 eingetragene Dreieck ist,

$$A' = -\frac{1}{l}\frac{P a l}{2 E J}\frac{l}{3} = -\frac{P a l}{6 E J} = \psi_A.$$

Für die Durchsenkung unter der Last P findet man

$$y_P = -\frac{P a l}{6 E J}(l + a) + \frac{P a l}{2 E J}\left(a + \frac{l}{3}\right) + \frac{P a^2}{2 E J}\frac{2 a}{3} = \frac{P a^2 (l + a)}{3 E J},$$

und für die Neigungen in C und B

$$\psi_P = A' + \frac{P a l}{2 E J} + \frac{P a^2}{2 E J} = -\frac{P a l}{6 E J} + \frac{P a l}{2 E J} + \frac{P a^2}{2 E J} = \frac{P a (2 l + 3 a)}{6 E J},$$

$$\psi_B = A' + \frac{P a l}{2 E J} = \frac{P a l}{3 E J}.$$

C. Für den einseitig eingespannten Träger ist die Durchbiegung durch die folgende einfache Gleichung gegeben

$$\boxed{y = -\int_0^x (x - \xi)\frac{M(\xi)}{E J(\xi)}d\xi;} \tag{160}$$

denn dies ist die für $x = 0$ zugleich mit ihrer Ableitung verschwindende Lösung der Gleichung der elastischen Linie. Man hat also nur die von der ursprünglichen Belastung herrührenden Biegungsmomente als „ideelle Belastung" auf den Träger aufzubringen, ohne irgendwelche sonstige Auflagerbedingungen neu einzuführen; das von 0 bis x erstreckte Moment dieser als ideelle Belastung aufgefaßten Momentenfläche gibt dann ohne weiteres die Durchbiegung an der Stelle x.

Man beachte, daß für den einseitig eingespannten Träger der ideell belastete „Ersatzträger" nicht mehr denselben Auflagerbedingungen unterworfen werden darf wie der ursprüngliche. — Die dabei geltenden Beziehungen sind in **70** näher ausgeführt.

Die einfachsten Belastungsfälle sind in den folgenden Beispielen behandelt.

Beispiel 49. Einseitig eingespannter Träger. a) Für die Belastung durch eine Einzelkraft P gilt die dreieckige Momentenfläche nach Abb. in Tabelle 4 Nr. 4. Die Senkung y an der Stelle x ist unmittelbar durch das Moment der von A bis x reichenden Trapezfläche gegeben. Zerlegt man diese durch eine Diagonale in zwei Dreiecke, so erhält man die Gleichung der elastischen Linie

$$y = \frac{1}{EJ}\left[\frac{1}{2}P(l-x)x\frac{x}{3} + \frac{1}{2}Plx\frac{2x}{3}\right] = \frac{Px^2}{6EJ}(3l-x).$$

Insbesondere ist die Durchbiegung an der Laststelle P (für $x = l$)

$$y_P = \frac{1}{EJ}\frac{Pl^2}{2}\frac{2l}{3} = \frac{Pl^3}{3EJ},$$

und die Neigung der elastischen Linie in P

$$\psi_P = \frac{Pl^2}{2EJ}.$$

b) Für gleichförmige Streckenbelastung q ergibt sich ebenso nach Abb. in Tabelle 4 Nr. 6:

$$y_B = \frac{1}{EJ}\frac{1}{3}\frac{ql^2}{2}l\frac{3l}{4} = \frac{ql^4}{8EJ}, \qquad \psi_B = \frac{1}{EJ}\frac{1}{2}\frac{ql^2}{3}l = \frac{ql^3}{6EJ}.$$

c) Für die Belastung durch ein am freien Ende B angreifendes Moment M nach Abb. in Tabelle 4 Nr. 5 ist

$$y_B = \frac{1}{EJ}Ml\frac{l}{2} = \frac{Ml^2}{2EJ}, \qquad \psi_B = \frac{Ml}{EJ}.$$

Man beachte, daß für ein positives Moment M das Trägerende B nach unten ausweicht.

70. Eine Zusammenstellung der Ersatzträger, die gemäß dem Mohrschen Satze anzunehmen sind, ist in Abb. 91 gegeben. Hierzu die folgenden Bemerkungen:

a) Für den beiderseits frei aufliegenden Träger ist der „Ersatzträger", der durch die Biegemomente „ideell belastet" ist, von derselben Art — frei aufliegend — wie der ursprünglich gegebene. Da die Momente für diese ideelle Belastung die Durchbiegungen und die Querkräfte die Neigungen ergeben, folgt diese Zuordnung unmittelbar.

b) Für den einseitig eingespannten Träger ist der Ersatzträger so anzunehmen, daß dem eingespannten Ende des ursprünglichen ein freies Ende des Ersatzträgers entspricht, und umgekehrt. Denn der Durchbiegung null und der Neigung null am eingespannten Ende des ursprünglichen Trägers entspricht ein Moment null und eine Querkraft null für den Ersatzträger, also ein freies Ende: und dem freien Ende des ursprünglichen Trägers entspricht als Durchsenkung und Neigung ein Moment und eine Querkraft des Ersatzträgers, also eine Einspannung.

c) In ähnlicher Übertragung erhält man für den Träger mit einem überhängenden Ende als Ersatzträger einen „Gerberträger" mit einem Zwischengelenk, d) für den Gerberträger einen Träger mit überhängendem Ende usw. Es entspricht ganz allgemein einem Gelenk im gegebenen Träger eine Stütze im Ersatzträger und umgekehrt. Einem statisch-bestimmten Träger entspricht stets wieder ein statisch-bestimmter Träger.

Bei den statisch unbestimmten Fällen ist es so, daß jedem statisch-unbestimmten (d. h. statisch-überbestimmten) Träger als Ersatzträger der ideellen Belastung ein statisch-unterbestimmter Träger zugeordnet ist. Insbesondere entspricht einem einfach statisch-unbestimmten Träger nach e) ein einfach statisch-unterbestimmter

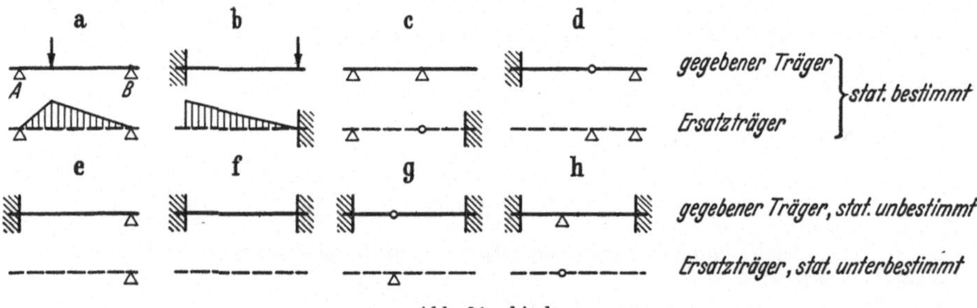

Abb. 91a bis h.

Ersatzträger, einem zweifach statisch-unbestimmten nach f) ein zweifach statisch-unterbestimmter, und ähnlich bei g) und h). In diesen Fällen verlangt die Ermittlung der statisch-unbestimmbaren Größen die Anwendung besonderer Verfahren.

71. Zeichnerische Ermittlung der Durchbiegung. Nach der in 68 gegebenen Lösungsform der Gleichung der elastischen Linie ist die Durchbiegung an jeder Stelle als das „Moment" für einen Ersatzträger gegeben, den man sich durch die „Momente" der ursprünglichen Belastung ideell belastet zu denken hat. Auf der zeichnerischen Ausführung dieser Deutung beruht das Verfahren, das wir hier zu besprechen haben, und das auch von O. Mohr herrührt. Wir geben die Erläuterung hierzu für den beiderseits frei aufliegenden Träger, doch gilt das Verfahren ganz allgemein.

Nach Gl. (157) ist die Durchsenkung im Punkte x eines solchen Trägers durch die Gleichung gegeben

$$y(x) = A'x - \int_0^x (x - \xi)\,\frac{M(\xi)}{EJ(\xi)}\,d\xi\,. \tag{161}$$

Die Konstante A' bedeutet, wie schon gesagt, die „ideelle Auflagerkraft", die dieser ideellen Belastung entspricht.

Zur Ermittlung der Durchbiegung auf zeichnerischem Wege denke man sich das Integral durch eine endliche Summe ersetzt und die unter dem Integral stehende Momentenbildung zeichnerisch durch ein Seileck ausgeführt. Damit ist die Aufgabe, die Durchbiegung zu bestimmen, grundsätzlich gelöst.

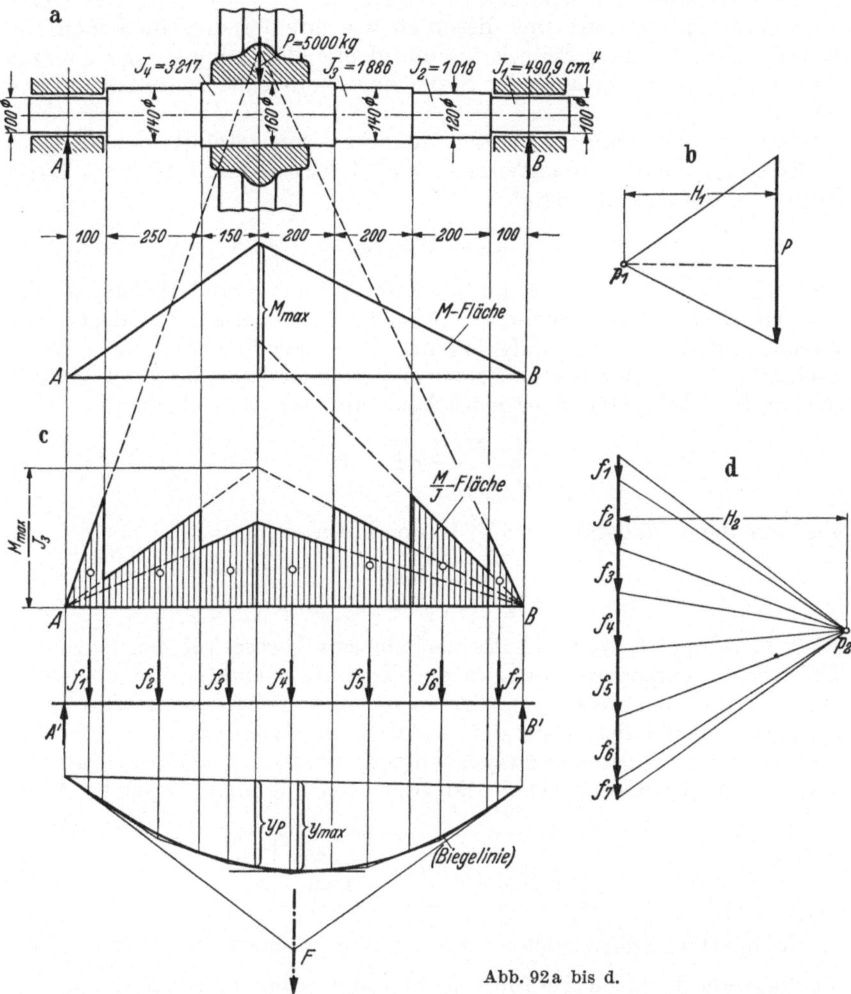

Abb. 92a bis d.

Für die Ausführung sind jedoch Erklärungen über die M a ß s t ä b e erforderlich, die bei der Konstruktion selbst auftreten; sie sind teils frei wählbar, teils folgen sie aus der Konstruktion. Wir geben diese Bemerkungen an Hand eines Zahlenbeispiels.

Es sei nach Abb. 92 ein statisch-bestimmt gelagerter und irgendwie belasteter Träger gegeben. Wie aus der Statik bekannt ist, werden die Biegemomente durch ein Seileck geliefert, das hier als das e r s t e S e i leck bezeichnet werden möge. Diese Momente, die im allgemeinen längs des Trägers veränderlich sind, denke man sich als Streckenlasten $M(\xi)/EJ(\xi)$ auf den Träger aufgebracht und zu ihnen als ideeller Belastung ein zweites Seileck gezeichnet. Hierzu stelle man das Integral in Gl. (161) durch eine Summe über endlich viele Teilstrecken dar, ersetze die über jede solche Teilstrecke verteilte Last durch eine Einzellast und verfahre mit diesen so wie mit der ursprünglichen Belastung. Durch dieses Seileck für die ideelle Belastung — das zweite Seileck — ist dann an jeder Stelle unmittelbar die Durchbiegung gegeben.

Für die Zeichnung des ersten Seilecks seien gewählt: der Längenmaßstab l_l, der Kräftemaßstab l_P und der Polabstand H_1 (cm). Dann folgt der Momentenmaßstab

$$l_M = H_1 l_l l_P .$$

Die Momente M oder, bei konstantem E und veränderlichem J, die Größen M/J — die „verzerrten Momente" — werden als ideelle Belastung auf den Träger aufgebracht. Diese ideelle Belastung wird in geeigneter Weise in einzelne Felder eingeteilt und für die durch J dividierten Streckenlasten über jedes Feld, also für die „Flächen"

$$\int\limits_{(i\text{-tes Feld})} \frac{M(\xi)}{J}\, d\xi = F_i$$

ein besonderer Maßstab gewählt in der Form

$$l_F = \frac{\ldots\ \mathrm{kgcm}^{-2}}{1\ \mathrm{cm}} .$$

Die „Vektoren" $\mathfrak{f}_1, \mathfrak{f}_2, \ldots$, die den ideellen Lasten auf den einzelnen Teilstrecken entsprechen und in den Teilschwerpunkten der einzelnen Belastungsflächen wirken, werden in einem „zweiten Kräfteplan" aufgetragen und für diesen mit dem Polabstand H_2 (cm) das „zweite Seileck" gezeichnet; die darin zwischen den Seilstrahlen und der Schlußlinie enthaltenen Strecken ergeben die gesuchten Durchbiegungen im Maßstabe

$$\boxed{l_y = \frac{1}{E} H_2 l_l l_F = \frac{\ldots\ \mathrm{cm}}{1\ \mathrm{cm}} .} \tag{162}$$

Für die Durchführung ist es noch bequemer, anstatt der Größen $\int \frac{M}{J}\, d\xi$ die Vektoren $\mathfrak{f}_i$ durch Einführung des Maßstabes l_F zuzuordnen, unmittelbar den Flächenstücken Φ_i der „verzerrten Momentenfläche" die Vektoren $\mathfrak{f}_i$ zuzuordnen. Man greift hierzu ein Feld mit dem TM J_0 heraus, in welchem man die Momentenlinie unverzerrt läßt, und verzerrt sie in den anderen Feldern im umgekehrten Verhältnis der Trägheitsmomente. Der Maßstab für die Ordinaten der verzerrten Momentenlinie wäre dann

$$l_{M/J} = \frac{l_M}{J_0} = \frac{H_1 l_l l_P}{J_0} .$$

Diesen Flächenstücken werden jetzt unmittelbar durch den Maßstab

$$l_\Phi = \frac{\ldots \text{cm}^2}{1 \text{ cm}}$$

die Vektoren $\mathfrak{f}_i$ zugeordnet. Der früher eingeführte Maßstab l_F hängt mit den anderen Maßstäben in folgender Weise zusammen: es ist

$$\int \frac{M}{J}\, d\xi = l_{M/J}\, l_l\, \Phi = l_{M/J}\, l_l\, l_\Phi\, F = l_F\, F\,,$$

also wäre

$$l_F = l_{M/J}\, l_l\, l_\Phi = \frac{H_1}{J_0}\, l_l^2\, l_P\, l_\Phi\,.$$

Daher ergibt sich nach Gl. (162) der gesuchte Maßstab für die Durchbiegung in der Form

$$\boxed{l_y = \frac{H_1 H_2}{E\, J_0}\, l_l^3\, l_P\, l_\Phi\,.} \tag{162a}$$

Beispiel 50. Welle mit 6 Absätzen, mit einem Schwungrad vom Gewichte $P = 5000$ kg belastet; die Abmessungen sind in Abb. 92 eingetragen (nach Angaben von Winkel: Festigkeitslehre, S. 180). — Es wird gewählt:

$$l_l = \frac{20 \text{ cm}}{1 \text{ cm}}\,, \qquad l_P = \frac{2000 \text{ kg}}{1 \text{ cm}}\,, \qquad H_1 = 2 \text{ cm}\,,$$

dann folgt

$$l_M = H_1\, l_l\, l_P = \frac{80000 \text{ cmkg}}{1 \text{ cm}}\,.$$

Damit sind die im ersten Seileck enthaltenen Strecken als Momente auch maßstäblich festgelegt. Entsprechend den Abschnitten der Welle werden die Werte von M/J einzeln berechnet und in Abb. 92c als „verzerrte Momentenlinie" aufgetragen. Hierzu wird zweckmäßig die Größe $M_{\max} = 145500$ cmkg durch die Werte von J in den einzelnen Feldern dividiert, und es werden von den verschiedenen M/J-Linien nur jene Teile eingetragen, die den einzelnen Wellenstücken zugehören. Es ist

$$\begin{aligned}
J_1 &= 490{,}9 \text{ cm}^4, & M_{\max}/J_1 &= 296 \text{ kgcm}^{-3}\\
J_2 &= 1018 \text{ cm}^4, & M_{\max}/J_2 &= 143 \text{ kgcm}^{-3},\\
J_3 &= 1886 \text{ cm}^4, & M_{\max}/J_3 &= 77{,}2 \text{ kgcm}^{-3},\\
J_4 &= 3217 \text{ cm}^4, & M_{\max}/J_4 &= 45{,}3 \text{ kgcm}^{-3}.
\end{aligned}$$

Die Streckenlasten für die einzelnen Abschnitte, also die Größen $F \equiv \int \frac{M(\xi)}{J}\, d\xi$ werden als Trapeze berechnet und ergeben die Werte

$$F_1 = 296 \text{ kgcm}^{-2}, \quad F_2 = 868 \text{ kgcm}^{-2}, \quad F_3 = 578 \text{ kgcm}^{-2}, \quad F_4 = 777 \text{ kgcm}^{-2},$$
$$F_5 = 882 \text{ kgcm}^{-2}, \quad F_6 = 817 \text{ kgcm}^{-2}, \quad F_7 = 211{,}5 \text{ kgcm}^{-2}.$$

Für das Auftragen der Größen F im zweiten Kräfteplan d wird der Maßstab gewählt:

$$l_F = \frac{1000 \text{ kgcm}^{-2}}{1 \text{ cm}}\,,$$

und mit $H_2 = 3$ cm das zweite Seileck gezeichnet. Der Maßstab für dieses und damit für die Durchbiegung ergibt sich zu

$$l_y = \frac{1}{E}\, H_2\, l_l\, l_F = \frac{0{,}027 \text{ cm}}{1 \text{ cm}}\,.$$

Die größte Durchbiegung erhält man durch Zeichnung der zur Schlußlinie parallelen Tangente, und zwar ergibt sich

$$y_{\max} = 0{,}033 \text{ cm}.$$

72. Biegelinien durch Zusammensetzung von einfacheren Belastungsfällen. In 69 sind unter Verwendung des Mohrschen Satzes die Durchbiegungen für einfache typische Belastungsfälle ermittelt und in Tabelle 4 zusammengestellt worden. Der Wert einer solchen Tabelle beruht nun darauf, daß man mit ihrer Hilfe eine große Anzahl weiterer Belastungsfälle sofort angeben kann — etwa Belastungen von Trägern durch mehrere Kräfte oder Träger mit überhängenden Enden u. dgl. —, die auf direktem Wege nur durch umständlichere Rechnungen gelöst werden könnten. Wenn man den wirklichen Belastungsfall in solche typische Grundbelastungen zerlegt, so kann man oft die Werte der gesuchten Größen (Senkungen und Neigungen) unmittelbar hinschreiben.

Besonders wertvoll erweist sich dieses Verfahren der Überlagerung (Superposition) — das man auch als „Methode der Formänderungen" bezeichnet und das auf der Linearität der Grundgleichungen beruht — bei statisch-unbestimmten Aufgaben (Trägern, Rahmen u. dgl.), die sich in den Anwendungen in größter Mannigfaltigkeit darbieten. Es stellt wohl die einfachste und durchsichtigste Methode zur Lösung der hierher gehörigen statisch-unbestimmten Aufgaben dar. (Andere Methoden werden in Kapitel XI besprochen.)

Wir geben die Erläuterung des Verfahrens sogleich an einigen einfachen Beispielen, die das Wesentliche dieser Betrachtungsweise deutlich erkennen lassen und auch als Vorbereitung für spätere Aufgaben dienen können.

In Beispiel 48 (Abb. 90) — Träger mit überhängendem Ende BC, der in C mit P belastet ist — kann die Wirkung von P auf den Trägerteil AB zwischen den Stützen als Moment Pa aufgefaßt werden, das am Auflager B auf den Trägerteil AB einwirkt. Dieses Moment ergibt nach Tabelle 4 Nr. 2b in B eine Neigung

$$\psi_B = P\,a\,l/3\,E\,J,$$

und in C die Senkung $a\,\psi_B$. Durch P erfährt aber der Trägerteil BC selbst eine Durchbiegung und C eine weitere Senkung, die so berechnet wird, als ob der Träger bei B eingespannt wäre. Die tatsächliche Senkung in C ist daher

$$y_C = a\,\psi_B + \frac{P\,a^3}{3\,E\,J} = \frac{P\,a^2\,(l+a)}{3\,E\,J}.$$

Die Neigung in C ergibt sich, indem man zur Neigung ψ_B in B, die durch das Moment Pa entsteht, noch die durch P am freien Ende C entstehende addiert, also

$$\psi_C = \psi_B + \frac{P\,a^2}{2\,E\,J} = \frac{P\,a\,(2\,l+3\,a)}{6\,E\,J}.$$

Beispiel 51. Träger mit überhängendem Ende BC, über seine ganze Länge mit q gleichförmig belastet. Die Belastung zwischen den Stützen ergibt in B die Neigung (Tabelle 4 Nr. 3) $-ql^3/24EJ$. Das überhängende Ende BC wirkt in B mit dem Momente $qa^2/2$ auf den Träger ein und bewirkt dort eine weitere Neigung vom Betrage $qa^2l/6EJ$. Endlich wird das Trägerstück BC durch q selbst durchgebogen. Man erhält daher die Senkung in C

$$y_C = \left(-\frac{q\,l^3}{24\,E\,J} + \frac{q\,a^2\,l}{6\,E\,J}\right)a + \frac{q\,a^4}{8\,E\,J} = \frac{q\,a}{24\,E\,J}\,(3\,a^3 + 4\,a^2\,l - l^3),$$

und die Neigung in C

$$\psi_C = \left(-\frac{q\,l^3}{24\,E\,J} + \frac{q\,a^2\,l}{6\,E\,J}\right) + \frac{q\,a^3}{6\,E\,J} = \frac{q}{24\,E\,J}(4\,a^3 + 4\,a^2\,l - l^3)\,.$$

Beispiel 52. Frei aufliegender Träger mit beiderseits überhängenden, mit P belasteten Enden nach Abb. 93.

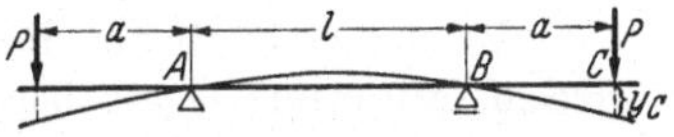

Abb. 93.

Die beiden Kräfte wirken auf den zwischen den Auflagern liegenden Trägerteil $A\,B$ als zwei gleiche und entgegengesetzt gerichtete Momente $P\,a$ ein und ergeben in B (und ähnlich in A) die Neigung $P\,a\,l/2\,E\,J$; daher ist die Senkung in C

$$y_C = \frac{P\,a^2\,l}{2\,E\,J} + \frac{P\,a^3}{3\,E\,J} = \frac{P\,a^2(3\,l + 2\,a)}{6\,E\,J}$$

und die Neigung in C

$$\psi_C = \frac{P\,a\,l}{2\,E\,J} + \frac{P\,a^2}{2\,E\,J} = \frac{P\,a\,(l + a)}{2\,E\,J}\,.$$

Die Durchbiegung in der Mitte findet man am einfachsten nach dem Mohrschen Satze für das Mittelfeld $A\,B$ in der Form

$$y_m = -\frac{P\,a\,l^2}{4\,E\,J} + \frac{P\,a\,l^2}{8\,E\,J} = -\frac{P\,a\,l^2}{8\,E\,J}\,.$$

73. Statisch-unbestimmte Träger. Die eben dargelegte Methode erweist ihre außerordentliche Leistungsfähigkeit insb. in ihrer Anwendbarkeit auf statisch-unbestimmte Träger und Rahmen und stellt, wie schon gesagt, zweifellos das einfachste und anschaulichste Verfahren zu deren Berechnung dar. Wir beschränken uns hier auf die Grundfälle, die systematische Ausführung ist Sache der Baustatik.

Aus der Statik der Körper ist bekannt, daß eine äußere statische Unbestimmtheit dann vorliegt, wenn die Anzahl der unbekannten Auflagerkräfte die der Gleichgewichtsbedingungen übersteigt. Für die ebene Kräftegruppe sind die Gleichgewichtsbedingungen in der Zahl drei. Für gerade Träger und Lasten, die zu deren Achse senkrecht stehen, fällt die eine Gleichgewichtsbedingung, u. zw. die für die Stabrichtung fort, da in dieser keine Kräfte wirken sollen. Stützungen in mehr als zwei Punkten (von denen auch zwei zusammenfallen können und dann eine feste Tangente geben) sind daher statisch-unbestimmt. Der an einem Ende eingespannte, am anderen frei aufliegende Träger und der Träger auf drei Stützen sind einfach statisch-unbestimmt, der an beiden Enden eingespannte und der Träger auf vier Stützen sind zweifach statisch-unbestimmt, usw.

Das hier darzulegende Verfahren besteht darin, diese statisch-unbestimmbaren und daher auch als „überzählig“ bezeichneten Größen aus geometrischen Bedingungen, u. zw. eben durch Betrachtung der Formänderung direkt zu bestimmen. Hierzu wird der Träger durch Entfernung jener „überzähligen“ Auflagerbedingungen zu einem statisch-bestimmten gemacht und die Formänderungen (Senkungen und Neigungen) durch die gegebenen Lasten an diesen „gelösten“ Auflagerpunkten berechnet. Sodann werden die als überzählig eingeführten Auflagerkräfte durch die Bedingungen bestimmt, daß jene

Formänderungen an den früher „gelösten" Auflagern gerade aufgehoben werden. Man erhält dadurch ebenso viele Gleichungen, wie überzählige (oder statisch-unbestimmbare) Größen eingeführt wurden, und durch deren Auflösung (die sich i. a. immer ausführen läßt) diese Größen selbst.

Welche Größen bei diesem Verfahren — und ähnlich ist es auch bei jedem anderen — als überzählig eingeführt werden, ist an sich völlig gleichgültig, doch kann durch zweckmäßige Wahl die Rechenarbeit erheblich vereinfacht werden, was insbesondere bei „hochgradig statisch-unbestimmten Systemen" (das sind solche mit vielen überzähligen Größen) sehr ins Gewicht fallen kann.

In den folgenden Beispielen ist das Verfahren sogleich an Hand der wichtigsten typischen Fälle erläutert. In den Beispielen ist die Rechnung nur bis zur Bestimmung der statisch-unbestimmbaren Größen selbst geführt; alles andere (Dimensionierung, Gleichung der elastischen Linie usw.) erledigt sich dann gerade so wie bei den statisch-bestimmten Aufgaben und ist daher hier nicht näher ausgeführt.

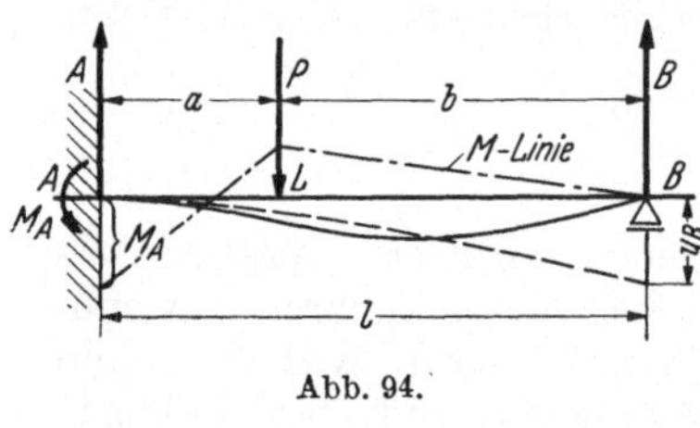

Abb. 94.

74. Beispiele und Anwendungen. Beispiel 53. An einem Ende eingespannter, am anderen frei aufliegender Träger.

a) Belastung durch eine Einzelkraft P nach Abb. 94. Als statisch-unbestimmbare Größe wähle man die Auflagerkraft B. Man denke sich das Auflager B entfernt oder gelöst, berechne nach Tabelle 4 Nr. 4 die in B unter der Wirkung von P entstehende Senkung und setze diese gleich der (bei weggenommener Belastung) von der unbekannten Stützkraft B in B selbst entstehenden Hebung. Dadurch erhält man die Gleichung

$$y_B = \frac{P a^3}{3 E J} + \frac{P a^2 b}{2 E J} = \frac{B l^3}{3 E J}$$

und daraus

$$B = \frac{P a^2 (2 a + 3 b)}{2 l^3} = \frac{P}{2} \left(\frac{a}{l}\right)^2 \left(3 - \frac{a}{l}\right),$$

ferner ist

$$A = P - B, \quad M_A = P a - B l.$$

Insb. erhält man für $a = b = l/2$, $B = 5 P/16$, $A = 11 P/16$, $M_A = 3 P l/16$.

Manchmal wird die unter der Wirkung von P in B entstehende Senkung mit einem Doppelzeiger als y_{PB} und die in B von B selbst herrührende Senkung demgemäß mit y_{BB} bezeichnet; dann lautet die vorhergehende Gleichung in leicht verständlicher Form

$$\boxed{y_{PB} = y_{BB}.} \tag{163}$$

Diese Gleichung kennzeichnet symbolisch das ganze Verfahren für einfach statisch-unbestimmte Systeme.

Für die Senkung unter der Last findet man nach Tabelle 4 Nr. 4

$$y_P = \frac{P a^3}{3 E J} - \frac{B (3 l a^2 - a^3)}{6 E J} = \frac{P a^3 b^2 (3 a + 4 b)}{12 E J l^3} = \frac{P a^3 b^2 (3 l + b)}{12 E J l^3}.$$

b) Für gleichförmige Streckenlast q (Abb. 95) findet man auf dieselbe Weise nach Tabelle 4 Nr. 6 und 4

$$y_B = \frac{q l^4}{8 E J} = \frac{B l^3}{3 E J}, \quad \text{und daraus} \quad B = \frac{3 q l}{8};$$

weiter ist

$$A = q\,l - B = \frac{5\,q\,l}{8}, \qquad M_A = \frac{q\,l^2}{2} - B\,l = \frac{q\,l^2}{8}.$$

Beispiel 54. Der beiderseits eingespannte Träger. a) Belastung durch eine Einzelkraft P nach Abb. 96. Dieser Fall ist zweifach statisch-unbestimmt. Man denke sich etwa die rechte Stütze B (u. zw. die Auflagerung und Einspannung) entfernt und die Senkung y_B wie auch die Neigung ψ_B in B, die durch P entstehen, berechnet. Sodann bringe man in B die unbekannte Kraft B und das unbekannte Moment M_B in solcher Größe an, daß y_B und ψ_B gerade aufgehoben werden. Man erhält so die Gleichungen

$$\begin{cases} y_B = \dfrac{P a^3}{3EJ} + \dfrac{P a^2 b}{2EJ} = \dfrac{B\,l^3}{3EJ} - \dfrac{M_B\,l^2}{2EJ}, \\[2ex] \psi_B = \qquad\qquad \dfrac{P a^2}{2EJ} = \dfrac{B\,l^2}{2EJ} - \dfrac{M_B\,l}{EJ}, \end{cases}$$

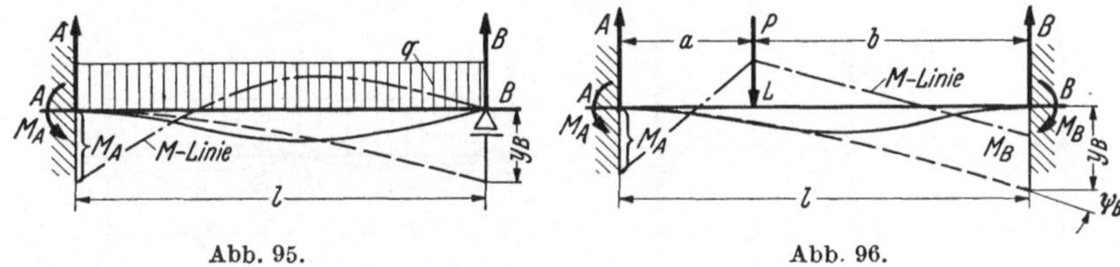

Abb. 95. Abb. 96.

und daraus durch Auflösung

$$B = \frac{P\,a^2(a + 3\,b)}{l^3}, \qquad M_B = \frac{P a^2 b}{l^2};$$

weiter folgt

$$A = P - B = \frac{P\,b^2(3\,a + b)}{l^3} \quad \text{und} \quad M_A = \frac{P a b^2}{l^2}.$$

Für die Senkung unter der Last findet man nach Tabelle 4 Nr. 1, 2a und 2b

$$y_P = \frac{P\,a^2 b^2}{3EJl} - M_A\frac{b(2\,l\,a - a^2)}{6EJl} - M_B\frac{a(l^2 - a^2)}{6EJl} = \frac{P\,a^3 b^3}{6EJl^3}.$$

b) Für gleichförmige Streckenlast q denke man sich (Abb. 97) die Einspannungen an beiden Enden gelöst, die Auflagerungen selbst aber beibehalten; die anzubringenden Momente M_A, M_B (die aus Symmetriegründen einander gleich sein müssen) werden dann so bestimmt, daß die Tangenten an die elastische Linie in A und B waagrecht bleiben. Man erhält nach Tabelle 4 Nr. 3 und 2c

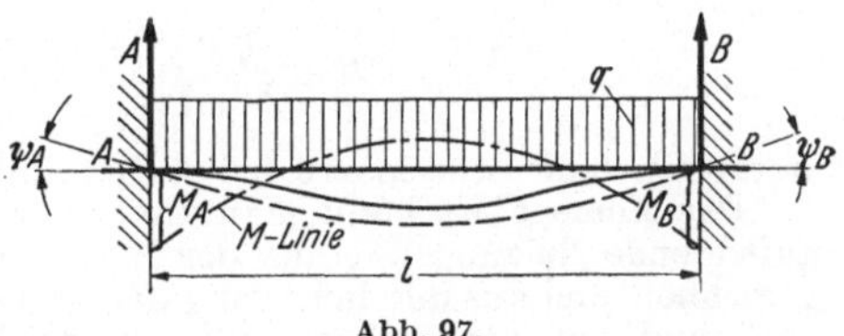

Abb. 97.

$$\psi_A = \psi_B = \frac{q\,l^3}{24EJ} = \frac{1}{3}\frac{M_A\,l}{EJ} + \frac{1}{6}\frac{M_A\,l}{EJ} = \frac{M_A\,l}{2EJ}, \quad \text{und daraus} \quad M_A = M_B = \frac{q\,l^2}{12}.$$

Die Auflagerkräfte sind

$$A = B = q\,l/2.$$

Für die Senkung in der Mitte findet man nach dem Mohrschen Satze, da die ideelle Belastungsfläche die aus der Abb. 97 ersichtliche Form hat,

$$y_m = -\frac{2}{3}\,\frac{q\,l^2}{8EJ}\,\frac{l}{2}\,\frac{3\,l}{8\cdot 2} + \frac{q\,l^2}{12EJ}\,\frac{l}{2}\,\frac{l}{4} = \frac{q\,l^4}{384\,EJ}.$$

Beispiel 55. Träger auf drei Stützen (durchlaufender oder kontinuierlicher Träger). a) Belastung durch eine Einzelkraft P (Abb. 98). Man denke sich die Mittelstütze B entfernt und berechne die durch P im Punkt B entstehende Senkung y_B; die Stützkraft B wird dann durch die Bedingung bestimmt, daß sie diese Senkung gerade aufhebt. Nach Tabelle 4 Nr. 1 erhält man

$$y_B = \frac{P a l_2}{6 E J l}(l^2 - a^2 - l_2^2) = \frac{B}{3 E J}\frac{l_1^2 l_2^2}{l},$$

und daraus

$$B = \frac{P a (l^2 - a^2 - l_2^2)}{2 l_1^2 l_2}.$$

Sobald B bekannt ist, folgt aus dem Momentensatze

$$\begin{cases} A = P(1 - a/l) - B l_2/l, \\ C = P a/l - B l_1/l. \end{cases}$$

Man beachte, daß $A + B + C = P$!

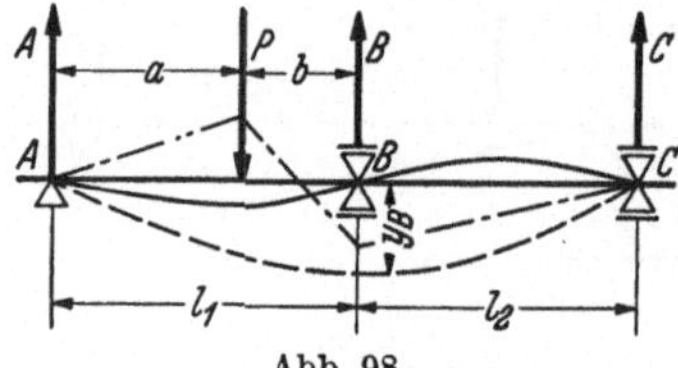

Abb. 98.

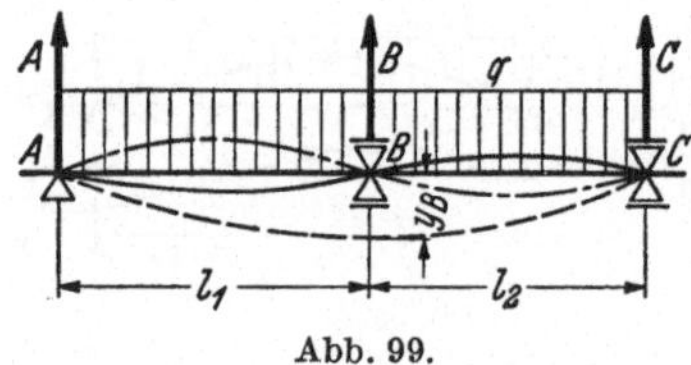

Abb. 99.

Das in B im Träger auftretende Moment ist vom Betrag

$$M_B = -C l_2 = \frac{P a (l_1^2 - a^2)}{2 l l_1}.$$

b) Gleichförmige Streckenlast q über den ganzen Träger (Abb. 99). Durch das gleiche Verfahren wie früher erhält man nach Tabelle 4 Nr. 3 und 1 die Gleichung

$$y_B = \frac{q l^4}{24 E J}\left[\frac{l_1}{l} - 2\left(\frac{l_1}{l}\right)^3 + \left(\frac{l_1}{l}\right)^4\right] = \frac{B}{3 E J}\frac{l_1^2 l_2^2}{l}$$

und daraus

$$B = \frac{q l^4}{8 l_1 l_2^2}\left[1 - 2\left(\frac{l_1}{l}\right)^2 + \left(\frac{l_1}{l}\right)^3\right],$$

woraus auch die Stützkräfte A, C und das in B auftretende Moment bestimmbar sind.

Das Moment M_B kann man direkt aus der Bedingung erhalten, daß die in B auftretende Neigung ψ_B, aus der Belastung des linken Feldes und aus M_B in B gerechnet, und aus der Belastung des rechten Feldes und aus M_B gerechnet, gleich groß und von entgegengesetztem Vorzeichen sein müssen. Man erhält so nach Tabelle 4 Nr. 2a und 3

$$\psi_B = \frac{q l_1^3}{24 E J} - \frac{M_B l_1}{3 E J} = -\frac{q l_2^3}{24 E J} + \frac{M_B l_2}{3 E J},$$

und daraus folgt

$$M_B = \frac{q}{8}\frac{l_1^3 + l_2^3}{l_1 + l_2}.$$

Die in A und C auftretenden Neigungen sind dann

$$\psi_A = \frac{q l_1^3}{24 E J} - \frac{M_B l_1}{6 E J}, \qquad \psi_C = -\frac{q l_2^3}{24 E J} + \frac{M_B l_2}{6 E J}.$$

Für $l_1 = l_2 = l/2$ erhält man insb.

$$B = 13\,q\,l/16, \quad A = C = 3\,q\,l/32, \quad M_{\bar{B}} = q\,l^2/32,$$
$$\psi_A = -\psi_C = q\,l^3/384\,E\,J, \qquad \psi_B = 0.$$

c) Belastung durch ein Moment M in der Entfernung a von A (Abb. 100). Dieselbe Überlegung wie früher liefert für die Durchbiegung in B nach Tabelle 4 Nr. 3 und 1 die Gleichung

$$y_B = \frac{M\,l_2}{6\,E\,J\,l}\,(l^2 - 3\,a^2 - l_2^2) = \frac{B}{3\,E\,J}\,\frac{l_1^2\,l_2^2}{l},$$

daraus folgt

$$B = M\,\frac{l^2 - 3\,a^2 - l_2^2}{2\,l_1^2\,l_2}$$

und

$$C = \frac{M}{l} - B\,\frac{l_1}{l}, \qquad A = -\frac{M}{l} - B\,\frac{l_2}{l}.$$

Man beachte, daß hier $A + B + C = 0$!

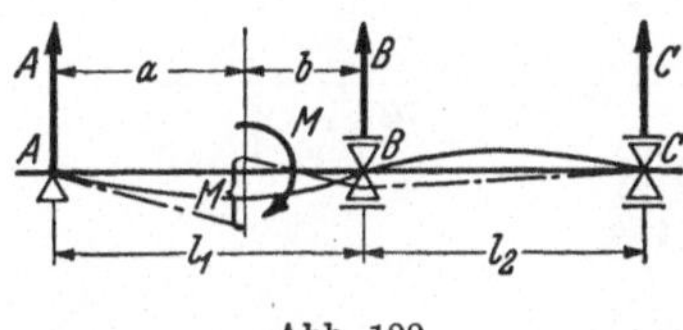

Abb. 100.

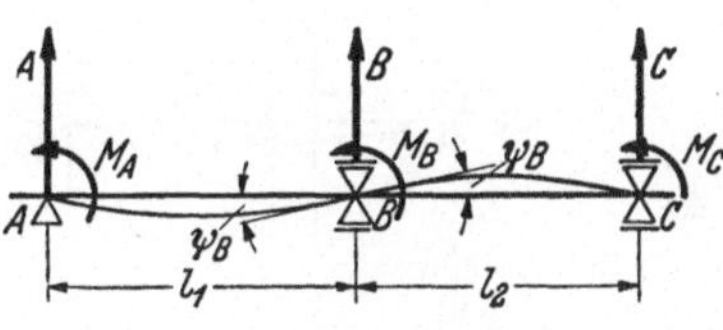

Abb. 101.

Damit sind auch die Sonderfälle erledigt, die eintreten, wenn M in A, B oder C selbst angreift.

Beispiel 56. Träger auf beliebig vielen in einer Geraden liegenden Stützen (Clapeyronsche Gleichungen oder Dreimomentengleichungen). Es seien (Abb. 101) die im Träger in drei aufeinander folgenden Stützpunkten A, B, C auftretenden Momente M_A, M_B, M_C, jedes positiv gerechnet, wenn es auf den rechten Trägerteil im Uhrzeigersinn (also auf den linken im Gegensinn) wirkt. Dann muß wegen der Stetigkeit der elastischen Linie an der mittleren Stütze (ähnlich wie im vorhergehenden Beispiel) die Gleichung gelten

$$\psi_B = \beta_1 - \frac{M_A\,l_1}{6\,E\,J} - \frac{M_B\,l_1}{3\,E\,J} = -\left[\beta_2 - \frac{M_B\,l_2}{3\,E\,J} - \frac{M_C\,l_2}{6\,E\,J}\right],$$

oder

$$\boxed{M_A\,l_1 + 2\,M_B\,(l_1 + l_2) + M_C\,l_2 = 6\,E\,J\,(\beta_1 + \beta_2).} \qquad (164)$$

In dieser Gleichung bedeuten β_1 und β_2 die von der eingeprägten Belastung der Felder l_1 und l_2 in B hervorgerufenen Neigungen der elastischen Linien in den beiden Feldern, jedes solche β ist null, wenn das betreffende Feld lastfrei ist. Die Glieder auf der rechten Seite dieser Gleichung, die mithin von der Belastung abhängen, nennt man die Belastungsglieder.

Zwischen den drei Momenten in je drei aufeinanderfolgenden Stützpunkten gilt eine solche Gleichung. Wenn der Träger an den äußersten Stützen frei aufliegt, sind die Momente an diesen gleich null, und man erhält für die zweite Stütze links und vorletzte Stütze rechts je eine ähnlich gebaute Gleichung mit nur zwei unbekannten Momenten.

Für $n + 2$ Stützen erhält man so n Gleichungen für die n an den inneren Stützen auftretenden Momente. Diese Gleichungen sind nach den Momenten auflösbar, und aus den Momenten sind dann auch die Stützkräfte selbst bestimmbar.

75. Einfache Rahmen. Das geschilderte Verfahren gewinnt seine besondere Bedeutung in seiner Anwendung auf Rahmen. Damit bezeichnet man solche Tragkonstruktionen, die durch eckensteife Verbindungen von geraden (oder auch gekrümmten) Trägern entstehen. Die Rahmen gehören zu den wichtigsten Bauformen der Gegenwart. In den einfachsten Ausführungsformen bestehen sie aus einem oder zwei (lotrechten) Stielen und einem (waagrechten) Querriegel. Ihre „Berechnung" erledigt sich durch den auch in **74** befolgten Vorgang mit ganz geringem Rechenaufwand und erfordert als Hilfsmittel nur die in der Tabelle 4 enthaltenen Beziehungen.

Der Vorgang stellt sich dann so dar: Es wird durch „Lösung" (Freimachung) gewisser Auflagerbedingungen ein geeignetes „statischbestimmtes Grundsystem" hergestellt, und für dieses werden die auftretenden Formänderungen (Verschiebungen und Neigungen) an den gelösten Auflagerpunkten berechnet; die unbekannten Auflagerkräfte

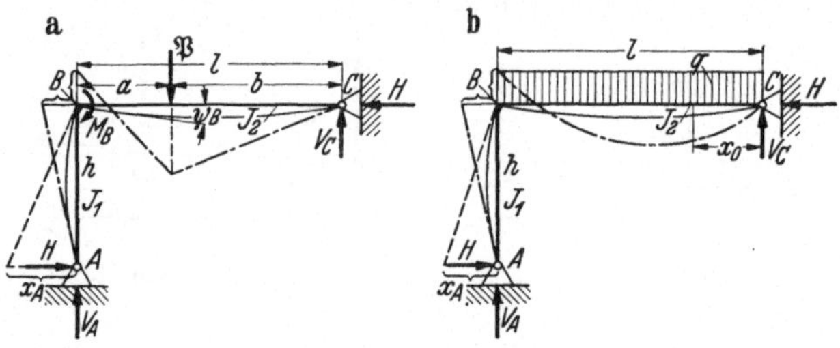

Abb. 102a und b.

(oder Momente) werden dann gemäß der Bedingung ermittelt, daß ihre Wirkung jene Formänderungen gerade aufhebt.

Die Berechnung ist in den folgenden Beispielen nur bis zur Ermittlung der statisch-unbestimmbaren Größen geführt, da alles weitere (Aufsuchen des größten Momentes, der größten auftretenden Spannung, Ermittlung der Formänderungen usw.) ganz so wie beim einzelnen Träger verläuft.

76. Beispiele zur Berechnung von Rahmen.

Beispiel 57. Einstieliger Rahmen ABC, in zwei Gelenken A, C gelagert (einfach statisch-unbestimmt).

a) Belastung durch eine Einzelkraft P nach Abb. 102a. Man denke sich etwa das Gelenk A gelöst, so daß eine Verschiebung von A in waagrechter Richtung möglich wird. Die Last P bringt dann eine Durchbiegung des Querriegels BC und wegen der steifen Ecke bei B ein seitliches Ausweichen von A um den Betrag $y_A = h\,\psi_B$ hervor, wenn ψ_B die Neigung des Querriegels in B darstellt. Die Seitenkraft H (Seitenschub) wird dann durch die Bedingung bestimmt, daß jenes y_A durch die Wirkung der in A angesetzten Kraft H gerade aufgehoben wird. Für die „Berechnung" ist zu beachten, daß die Kraft H den Stiel wie einen bei B einseitig eingespannten Träger und überdies den Querriegel wie einen freiaufliegenden Träger durch das in B angreifende Moment Hh belastet. Nach Tabelle 4 Nr. 1, 2a und 4 findet man mit Benutzung der in Abb. 102a eingetragenen Bezeichnungen die Gleichung

$$x_A = h\,\frac{P\,a\,b\,(l+b)}{6\,E\,J_2\,l} = \frac{H\,h^3}{3\,E\,J_1} + \frac{H\,h^2\,l}{3\,E\,J_2}\,.$$

Wenn man, wie dies in der Rahmenberechnung üblich ist (nach A. Kleinlogel: Rahmenformeln) die sog. „Rahmenkonstante" einführt

$$\boxed{k = \frac{J_2 h}{J_1 l},}$$

so findet man aus der vorhergehenden Gleichung für die Seitenkraft

$$\boxed{H = \frac{P a b (l + b)}{2 h l^2 (k + 1)}.} \qquad (165)$$

b) Für gleichförmige Belastung q (Abb. 102b) erhält man auf dieselbe Weise nach Tabelle 4 Nr. 3, 2a und 4 die Gleichung

$$x_A = h \frac{q l^3}{24 E J_2} = \frac{H h^3}{3 E J_1} + \frac{H h^2 l}{3 E J_2},$$

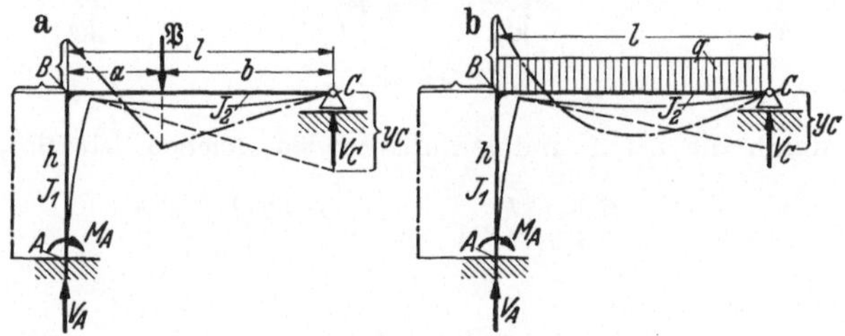

Abb. 103a und b.

und daraus

$$H = \frac{q l^2}{8 h (k + 1)}.$$

Beispiel 58. Einstieliger Rahmen ABC, in A eingespannt, in C waagrecht verschieblich gelagert (einfach statisch-unbestimmt).

a) Belastung durch eine Einzelkraft P (Abb. 103a). In diesem Falle empfiehlt es sich, das Auflager C zu lösen, so daß dort (außer der unbehinderten waagrechten Verschiebung) auch die lotrechte Verschiebung freigegeben wird. Die lotrechte Verschiebung (Senkung) y_C von C unter der Wirkung von P wird aufgehoben durch die von der lotrechten Auflagerkraft V_C herrührende Verschiebung, die als Kraft auf den Querriegel und als Moment $V_C l$ auf den Stiel wirkt. Durch Gleichsetzung erhält man nach Tabelle 4 Nr. 5 und 4

$$y_C = \frac{P a h l}{E J_1} + \frac{P a^3}{3 E J_2} + \frac{P a^2 b}{2 E J_2} = \frac{V_C l^3}{3 E J_2} + \frac{V_C l^2 h}{E J_1},$$

und daraus

$$V_C = P a \frac{a (3 l - a) + 6 k l^2}{2 l^3 (3 k + 1)}.$$

b) Für gleichförmige Belastung q (Abb. 103b) findet man ebenso nach Tabelle 4 Nr. 6 und 4

$$y_C = \frac{q l^4}{8 E J_2} + \frac{q l^3 h}{2 E J_1} = \frac{V_C l^3}{3 E J_2} + \frac{V_C l^2 h}{E J_1},$$

und daraus

$$V_C = \frac{3}{8} q l \frac{4 k + 1}{3 k + 1}.$$

Beispiel 59. Zweistieliger Rahmen $ABCD$, bei A und D gelenkig gelagert (einfach statisch-unbestimmt).

a) Einzellast P (Abb. 104a). Hier empfiehlt es sich, beide Gelenke A und D zu lösen und bei beiden die waagrechten Verschiebungen freizugeben. Unter der Wirkung von P mögen diese waagrechten Verschiebungen x_A und x_D betragen; sie können nach Tabelle 4 Nr. 1 berechnet werden und sind voneinander verschieden, sobald P nicht in der Mitte des Querriegels angreift. Man denke sich jetzt den ganzen Rahmen so in waagrechter Richtung verschoben, daß die neuen Lagen von A und D um die gleichen Beträge $(x_A + x_D)/2$ auswärts liegen, und diese Ver-

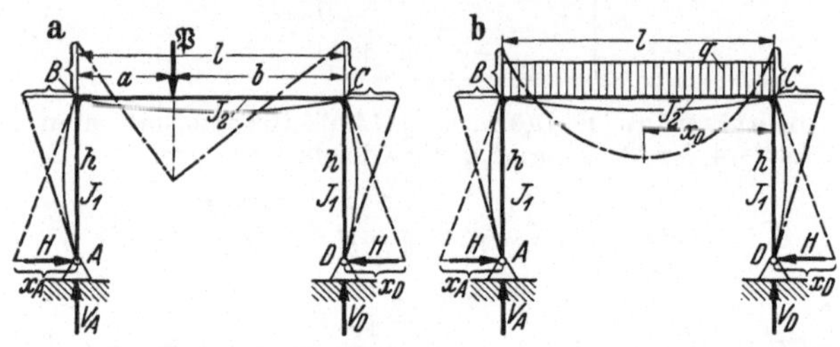

Abb. 104 a und b.

schiebungen durch die bei A und D auftretenden gleichen Seitenkräfte H aufgehoben. Da

$$x_A = \frac{P\,a\,b\,(l+b)\,h}{6\,E\,J_2\,l}, \qquad x_D = \frac{P\,a\,b\,(l+a)\,h}{6\,E\,J_2\,l},$$

so erhält man die Gleichung

$$\frac{x_A + x_D}{2} = \frac{P\,a\,b\,h}{4\,E\,J_2} = \frac{H\,h^2\,l}{2\,E\,J_2} + \frac{H\,h^3}{3\,E\,J_1},$$

und daraus

$$\boxed{H = \frac{3}{2}\,\frac{P\,a\,b}{h\,l\,(2\,k+3)}}. \tag{166}$$

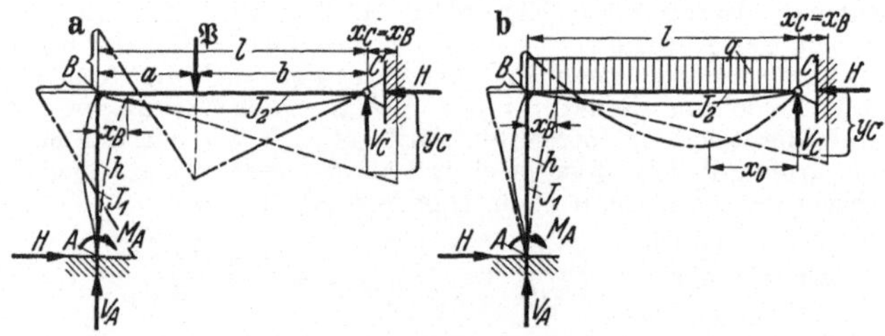

Abb. 105 a und b.

b) Für gleichförmige Belastung q (Abb. 104b) fällt die Verschiebung der beiden gelösten Gelenkpunkte A, D gleich groß aus, daher erhält man die Gleichung

$$x_A = x_D = \frac{q\,l^3}{24\,E\,J_2}\,h = \frac{H\,h^2\,l}{2\,E\,J_2} + \frac{H\,h^3}{3\,E\,J_1},$$

und aus dieser durch Auflösung

$$\boxed{H = \frac{q\,l^2}{4\,h\,(2\,k+3)}}. \tag{167}$$

Beispiel 60. Einstieliger Rahmen ABC, bei A eingespannt, bei C gelenkig gelagert (zweifach statisch-unbestimmt).

a) Einzellast P (Abb. 105a). Durch vollständige Lösung des Gelenkes C entsteht dasselbe statisch bestimmte Hauptsystem wie in Beispiel 58, a). Der Punkt C erfährt durch die Wirkung von P eine waagrechte Verschiebung x_C und eine lotrechte Verschiebung y_C, die durch die waagrechte Komponente H (Seitenkraft) und durch die lotrechte Komponente V_C der Gelenkkraft C aufgehoben werden. Nach Tabelle 4 Nr. 5 und 4 erhält man dann die beiden folgenden Gleichungen für die beiden statisch unbestimmbaren Größen H, V_C

$$\begin{cases} x_C = \dfrac{P a h^2}{2 E J_1} = \dfrac{V_C l h^2}{2 E J_1} + \dfrac{H h^3}{3 E J_1}, \\ y_C = \dfrac{P a h l}{E J_1} + \dfrac{P a^3}{3 E J_2} + \dfrac{P a^2 b}{2 E J_2} = \dfrac{V_C l^2 h}{E J_1} + \dfrac{V_C l^3}{3 E J_2} + \dfrac{H h^2 l}{2 E J_1}. \end{cases}$$

Aus ihnen folgt durch Auflösung

$$H = \frac{3 P a b (l + b)}{h l^2 (3k + 4)}, \qquad V_C = \frac{P a [3 l^2 k + 2a (3l - a)]}{l^3 (3k + 4)}. \tag{168}$$

b) Für gleichförmige Streckenlast q (Abb. 105b) erhält man bei demselben Hauptsystem die Gleichungen

$$\begin{cases} x_C = \dfrac{q l^2}{2} \dfrac{h^2}{2 E J_1} = \dfrac{V_C l h^2}{2 E J_1} + \dfrac{H h^3}{3 E J_1}, \\ y_C = \dfrac{q l^3}{2} \dfrac{h}{E J_1} + \dfrac{q l^4}{8 E J_2} = \dfrac{V_C l^2 h}{E J_1} + \dfrac{V_C l^3}{3 E J_2} + \dfrac{H h^2 l}{2 E J_1}, \end{cases}$$

und durch Auflösung

$$H = \frac{3 q l^2}{4 h (3k + 4)}, \qquad V_C = \frac{3 q l}{2} \frac{k + 1}{3k + 4}. \tag{169}$$

77. Zusammenhang zwischen Biegemomenten und Drehwinkeln an den Auflagern eines in zwei Punkten a, b gestützten Balkens. In der allgemeinen Theorie der statisch-unbestimmten Tragwerke (u. zw. bei der Deformationsmethode) bezeichnet man (nach Abb. 106) die an den Enden eines Balkens $\overline{ab}$ auftretenden Momente mit M_{ab} und M_{ba} und verwendet die Beziehung zwischen diesen Momenten M_{ab} und M_{ba}[1] und den „Stützendrehwinkeln" α_{ab} und α_{ba} an den Stützen des in a und b frei aufliegenden Balkens. Als Wirkung des Moments M_{ab} in a und des Moments M_{ba} in b erhält man nach Tabelle 4 Nr. 2a und 2b unmittelbar die Gleichungen

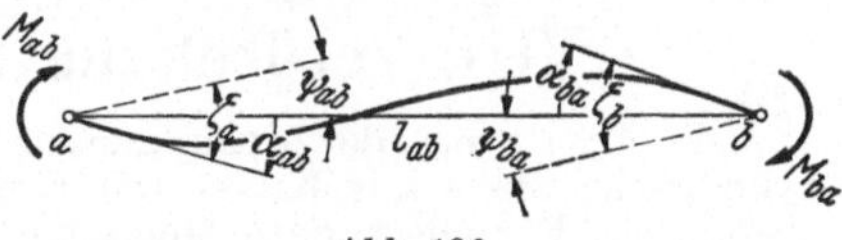
Abb. 106.

$$\begin{cases} \alpha_{ab} = \dfrac{l_{ab}}{6 E J_{ab}} (2 M_{ab} - M_{ba}), \\ \alpha_{ba} = \dfrac{l_{ab}}{6 E J_{ab}} (2 M_{ba} - M_{ab}), \end{cases}$$

[1] Bezeichnungen hier nach A. Ostenfeld: Die Deformationsmethode. Berlin: Julius Springer 1926.

und daraus durch Auflösung

$$\left\{\begin{aligned} M_{ab} &= \frac{2EJ_{ab}}{l_{ab}}(2\alpha_{ab}+\alpha_{ba}),\\ M_{ba} &= \frac{2EJ_{ab}}{l_{ab}}(\alpha_{ab}+2\alpha_{ba}).\end{aligned}\right.$$

In der allgemeinen Theorie werden außer den „Stützendrehwinkeln“ α_{ab}, α_{ba} auch der „Stabdrehwinkel“ $\psi_{ab}=\psi_{ba}$ und die „Knotendrehwinkel“ ζ_a, ζ_b eingeführt, die (nach der Abb. 106) durch die Gleichungen miteinander verbunden sind

$$\zeta_a=\psi_{ab}-\alpha_{ab}, \qquad \zeta_b=\psi_{ba}+\alpha_{ba}.$$

Wird ferner der „Steifigkeitskoeffizient“ μ_{ab} des Balkens $\overline{ab}$ definiert durch

$$\mu_{ab}=\frac{J_{ab}\,l_c}{J_c\,l_{ab}} \qquad (J_c, l_c \text{ feste Vergleichswerte})$$

und setzt man noch

$$\frac{EJ_c}{l_c}\zeta=\zeta', \qquad \frac{EJ_c}{l_c}\psi=\psi',$$

so erhält man schließlich (mit $\psi'_{ab}=\psi'_{ba}$) die Gleichungen

$$\left.\begin{aligned} M_{ab} &= M^0_{ab}+2\mu_{ab}(2\zeta'_a+\zeta'_b-3\psi'_{ab}),\\ M_{ba} &= M^0_{ba}+2\mu_{ab}(\zeta'_a+2\zeta'_b-3\psi'_{ab}).\end{aligned}\right\} \qquad (170)$$

Hierin sind die Beiträge M^0_{ab}, M^0_{ba} von einer auf den Balken unmittelbar wirkenden Belastung hinzugefügt worden. Da für $\zeta=\psi=0$, $M=M^0$ ist, so bedeuten M^0_{ab}, M^0_{ba} die Einspannungsmomente für vollkommene Einspannung in a und b.

VIII. Verdrehung zylindrischer Stäbe.

Die Ermittlung der Spannungsverteilung und Formänderung ist nur für zylindrische Stäbe mit Kreis- und Kreisringquerschnitt auf elementarem Wege ausführbar. Für alle andern Querschnitte müssen die vollständigen Gleichungen der Elastizitätstheorie herangezogen werden.

78. Kreiszylinder. Verdrehungswinkel, Spannungsverteilung, Torsionsmoment. Wir denken uns einen kreiszylindrischen Stab von der Länge l, der an einem Ende eingespannt und am andern Ende durch ein Drehmoment um seine Längsachse — das Verdrehungs- oder Torsionsmoment M_t — belastet ist oder durch den das Moment M_t durchgeleitet wird. Der zentrischen Symmetrie des Kreisquerschnittes entspricht die Annahme. daß die ebenen, kreisförmigen Querschnitte bei der auftretenden Formänderung eben bleiben und als Ganzes verdreht werden. Die Formänderung selbst besteht darin, daß die geraden Erzeugenden des Stabes in Schraubenlinien übergehen, die gegen die Achse des Zylinders um so stärker geneigt sind, je größer der Abstand von der Achse ist; die am Zylindermantel gelegenen Erzeugenden erfahren daher die stärkste Neigung gegen die Stabachse. Die rechten

Winkel zwischen den (als materielle Linien betrachteten) Erzeugenden und den Stabquerschnitten gehen in schiefe Winkel über, und zwar ist die Abweichung nach dem Gesagten proportional der Entfernung r des betrachteten Teilchens von der Achse. Das Maß dieser Abweichung gibt die „Gleitung". Bezeichnet man mit ϑ die Winkelverdrehung zweier Querschnitte in der Entfernung l voneinander, so ist die Gleitung in einer zylindrischen Schicht vom Halbmesser r durch den Ausdruck gegeben (Abb. 107)

$$\gamma = \frac{\overline{b\,b'}}{\overline{a\,b}} = \frac{r\,\vartheta}{l}. \tag{171}$$

Da der Stab zylindrisch ist, so ist die Verdrehung gleichmäßig über die ganze Stablänge verteilt, und der „auf die Längeneinheit bezogene Verdrehungswinkel" ϑ/l ist eine Konstante; man bezeichnet diesen als **Drallwinkel** oder **Drillung**; er hat die Dimension $[L^{-1}]$.

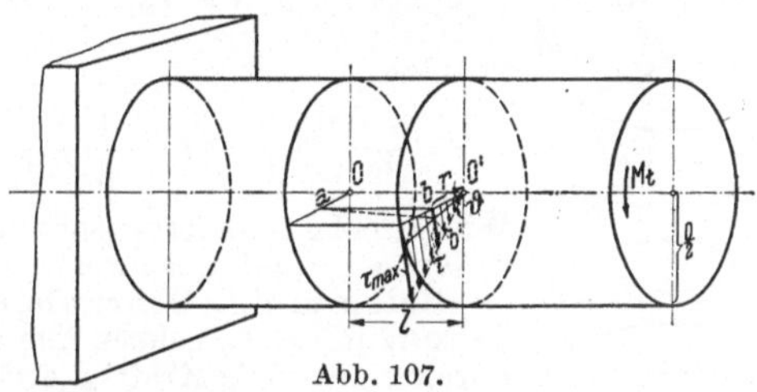

Abb. 107.

Der Gleitung γ entspricht eine Schubspannung vom Betrage

$$\tau = G\gamma = G\vartheta\, r/l; \tag{172}$$

an dem betrachteten Querschnitt werden daher von dem einen auf den andern Stabteil Schubspannungen übertragen, die in jedem Punkte berührend zu dem durch diesen Punkt gezogenen Kreis gerichtet und dem Abstand r von der Zylinderachse proportional sind; in der Abb. 107 ist diese Verteilung der auftretenden Schubspannungen angedeutet.

Die Summe der Momente der Schubkräfte, über den ganzen Querschnitt erstreckt, muß dem Torsionsmoment M_t gleich sein. Es ist daher

$$M_t = \int \tau f r = \frac{G\vartheta}{l} \int f r^2 = \frac{G\vartheta}{l} J_p;$$

in dieser Gleichung bedeutet $\int f r^2 = J_p = \pi D^4/32$ das „polare Flächenträgheitsmoment" des Kreisquerschnitts mit Bezug auf den Mittelpunkt. — Die größte Schubspannung $\tau_{\max}$ tritt offenbar am Rande (für $r = D/2$) auf und ist vom Betrage

$$\boxed{\tau_{\max} = \frac{G\vartheta}{l}\frac{D}{2} = \frac{M_t}{\pi D^3/16}}. \tag{173}$$

Umgekehrt erhalten wir die Beziehungen

$$\boxed{M_t = \frac{\pi D^4}{32}\frac{G\vartheta}{l} = \frac{\pi D^3}{16}\tau_{\max}} \quad \text{und} \quad \boxed{\frac{\vartheta}{l} = \frac{2\tau_{\max}}{GD} = \frac{32}{\pi D^4}\frac{M_t}{G}}. \tag{174}$$

Beispiel 61. Am freien Ende einer Welle mit Kreisquerschnitt sitzt ein Rad von 1,2 m Durchmesser, an dessen Umfang eine Kraft von 2 t wirkt. Der Durchmesser der Welle ist $D = 10$ cm, ihre Länge $l = 5$ m. Berechne $\tau_{\max}$ und den Verdrehungswinkel der Welle. Die Gleitzahl sei $G = 830000$ at.

Das Verdrehungsmoment ist $M_t = 2000 \cdot 60 = 120000$ cmkg, daher ist nach Gl. (173)

$$\tau_{\max} = \frac{M_t}{\pi D^3/16} = \frac{120000 \cdot 16}{\pi \cdot 1000} = 610 \text{ at}$$

und

$$\widehat{\vartheta} = 500 \cdot \frac{610}{830000 \cdot 5} = 0{,}0735\,, \qquad \vartheta^0 = \widehat{\vartheta}\,\frac{180}{\pi} = 0{,}0735 \cdot \frac{180}{\pi} = 4^0{,}2\,.$$

Beispiel 62. Formänderungsarbeit bei der Torsion eines zylindrischen Stabes. Die bei der Verdrehung durch die Schubspannungen geleistete Formänderungsarbeit ist

$$\mathsf{A}_i = \frac{1}{2}\int \tau\,\gamma\,dV = \frac{1}{2}\,G\int \gamma^2\,dV = \frac{1}{2G}\int \tau^2\,dV\,.$$

Setzt man nun $\tau : \tau_{\max} = r : D/2$, oder

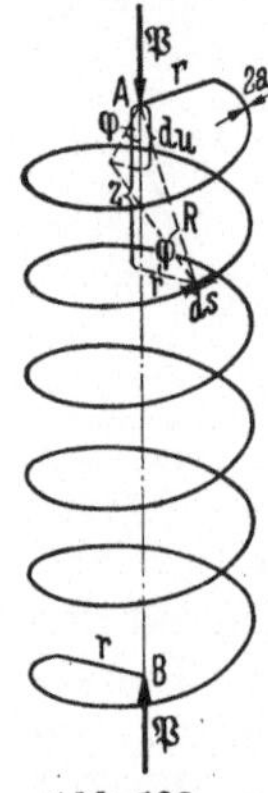

Abb. 108.

$$\tau = \tau_{\max}\,\frac{2r}{D} = \frac{M_t\,r}{J_p}\,, \qquad dV = l\,df\,,$$

so folgt

$$\mathsf{A}_i = \frac{l}{2G}\,\frac{M_t^2}{J_p^2}\int r^2\,df = \frac{1}{2}\,\frac{M_t^2\,l}{G\,J_p} = \frac{1}{2}\,G\,J_p\,\frac{\vartheta^2}{l} = \frac{1}{2}\,M_t\,\vartheta\,. \tag{175}$$

Wie jede Formänderungsarbeit kann auch die bei der Torsion auftretende in drei gleichwertigen Formen dargestellt werden.

Beispiel 63. Schraubenfedern. Um die Verlängerung oder Verkürzung zu berechnen, die eine flache Schraubenfeder (Abb. 108) durch eine axiale Kraft 𝔓 erfährt, denken wir uns etwa das untere Ende festgehalten und rechnen die Verschiebung des oberen Endes A. Auf jeden Querschnitt wirkt das Torsionsmoment $M_t = P r$, zwei um ds entfernte Querschnitte ergeben durch ihre Verdrehung gegeneinander eine achsiale Verschiebung von A vom Betrage

$$du = \frac{R\,\vartheta}{l}\,ds\cos\varphi = \frac{r\,\vartheta}{l}\,ds\,, \qquad \text{da } R\cos\varphi = r;$$

darin bedeutet wieder $\frac{\vartheta}{l} = \frac{2M_t}{\pi a^4 G}$ die Verdrehung zweier Querschnitte in der Entfernung l voneinander und a den Halbmesser des Drahtes. Wenn n die Windungszahl ist, so kann angenähert $\int ds = 2\,r\pi n$ gesetzt werden; daher ist

$$u = \int du = \frac{r\,\vartheta}{l}\int ds = \frac{r\,2M}{\pi a^4 G}\,2\,r\,\pi\,n = \frac{4\,n\,r^3}{a^4 G}\,P\,. \tag{176}$$

Die achsiale Verschiebung u ist daher mit P durch eine lineare Beziehung nach Art des Hookeschen Gesetzes verbunden.

Für den Kreisringquerschnitt (Durchmesser D, d) führen dieselben Annahmen wie beim Kreisquerschnitt zum Ziel: die Querschnitte bleiben eben und werden als Ganzes verdreht. Wie dort finden wir

$$\gamma = \frac{\vartheta\,r}{l} \quad \text{und} \quad \tau = \frac{G\,\vartheta\,r}{l}\,, \qquad \tau_{\max} = \frac{G\,\vartheta}{l}\,\frac{D}{2}\,.$$

Für das Drehmoment ergibt sich

$$M_t = S\,\tau\,f\,r = \frac{G\,\vartheta}{l}\,S\,f\,r^2 = \frac{G\,\vartheta}{l}\,J_p\,,$$

wobei jetzt zu setzen ist

$$J_p = \frac{\pi}{32}\,(D^4 - d^4)\,.$$

Daraus folgt

$$M_t = \frac{\pi}{32}\frac{G\vartheta}{l}(D^4 - d^4) = \frac{\pi}{16}\frac{D^4 - d^4}{D}\tau_{\max}. \tag{177}$$

79. Beliebige Querschnitte. Theorie von Saint-Venant. Die Beibehaltung der beim Kreiszylinder getroffenen Annahme des Ebenbleibens der Querschnitte bei der Verdrehung würde bei beliebigen Querschnitten zu Folgerungen führen, die die Erfahrung nicht bestätigt hat: vor allem würde sich ergeben, daß die größten Spannungen in jenen Punkten auftreten, die vom Schwerpunkt am weitesten entfernt sind; die Beobachtungen zeigen, daß gerade das Umgekehrte eintritt, daß nämlich die größten Spannungen in jenen Punkten herrschen, und insb. der Bruch bei der Verdrehung rechteckiger oder elliptischer Stäbe von jenen Stellen des Mantels seinen Ausgang nimmt, die dem Schwerpunkt am nächsten liegen.

Die Theorie von B. de Saint-Venant gelangt zu den richtigen Folgerungen, indem sie eine Verwölbung der Querschnitte zuläßt, aber die in den Querschnittsebenen liegenden Verschiebungen so ansetzt, als ob die Querschnitte als starres Ganzes verdreht würden. Wird die z-Achse in Richtung des Stabes und die x- und y-Achse zunächst beliebig in einen Stabquerschnitt gelegt, so werden die Verschiebungen eines Punktes $A\,(x, y, z)$ in der Form angesetzt (z = Richtung der Stabachse)

$$u = -\frac{\vartheta}{l}\,y z, \qquad v = \frac{\vartheta}{l}\,x z, \qquad w = \frac{\vartheta}{l}\,\varphi(x, y); \tag{178}$$

darin ist φ eine vorläufig unbekannte Funktion von x und y, die gerade die Verwölbung der Querschnitte angibt und für jede Querschnittsform besonders bestimmt werden muß. Zu dieser Bestimmung dienen die Gleichungen der Elastizitätslehre. Wir rechnen zunächst die Gleitungen und erhalten

$$\begin{cases} \gamma_{yz} \equiv \dfrac{\partial v}{\partial z} + \dfrac{\partial w}{\partial y} = \dfrac{\vartheta}{l}\left(x + \dfrac{\partial \varphi}{\partial y}\right), \\ \gamma_{zx} \equiv \dfrac{\partial w}{\partial x} + \dfrac{\partial u}{\partial z} = \dfrac{\vartheta}{l}\left(-y + \dfrac{\partial \varphi}{\partial x}\right), \\ \gamma_{xy} \equiv \dfrac{\partial u}{\partial y} + \dfrac{\partial v}{\partial x} = 0; \end{cases}$$

daraus ergeben sich die Schubspannungen

$$\begin{cases} \tau_{yz} = G\gamma_{yz} = \dfrac{G\vartheta}{l}\left(x + \dfrac{\partial \varphi}{\partial y}\right), \\ \tau_{zx} = G\gamma_{zx} = \dfrac{G\vartheta}{l}\left(-y + \dfrac{\partial \varphi}{\partial x}\right), \\ \tau_{xy} = G\gamma_{xy} = 0. \end{cases}$$

Alle Normalspannungen werden Null gesetzt. Geht man mit diesen Werten in die statischen Gleichgewichtsbedingungen [Gln. (36)] hinein, so verschwinden alle Glieder bis auf die beiden folgenden in der Gleichung für die z-Richtung

$$\frac{\partial \tau_{xz}}{\partial x} + \frac{\partial \tau_{yz}}{\partial y} = 0,$$

oder

$$\boxed{\frac{\partial^2 \varphi}{\partial x^2} + \frac{\partial^2 \varphi}{\partial y^2} \equiv \Delta \varphi = 0.} \tag{179}$$

Die Funktion φ genügt also der „Potentialgleichung" $\Delta \varphi = 0$; zu ihrer vollständigen Bestimmung ist die Angabe ihrer Werte auf dem Rande c des betreffenden Querschnitts erforderlich. Diese werden durch die Bedingung geliefert, daß der Mantel spannungsfrei ist, die Schubspannungen am Rande daher tangentiell zur Randlinie des Querschnitts verlaufen müssen. Es ist somit zu setzen (Abb. 109)

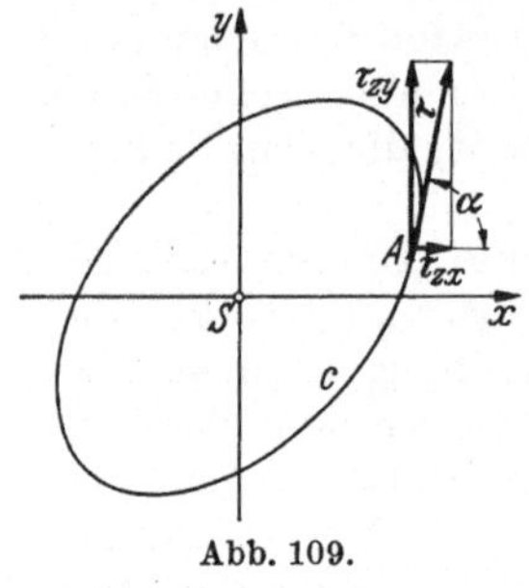

Abb. 109.

$$\operatorname{tg} \alpha \equiv \frac{dy}{dx} = \frac{\tau_{yz}}{\tau_{xz}} \quad \text{oder} \quad \tau_{yz} dx - \tau_{xz} dy = 0;$$

in dieser Gleichung bedeuten dx und dy die Komponenten eines Bogenelements längs des Randes c. Die weitere Rechnung wird nun wesentlich einfacher, wenn man an Stelle von φ das sogenannte „konjugierte Potential" ψ einführt, das mit φ durch die „Cauchy-Riemannschen Differentialgleichungen" verbunden ist; diese lauten

$$\frac{\partial \varphi}{\partial x} = \frac{\partial \psi}{\partial y}, \qquad \frac{\partial \varphi}{\partial y} = -\frac{\partial \psi}{\partial x}.$$

Diese Funktion ψ genügt ebenfalls der Gleichung $\Delta \psi = 0$. Durch Einführung von ψ erhalten wir

$$\left\{\begin{aligned} \tau_{yz} &= \frac{G\vartheta}{l}\left(x + \frac{\partial \varphi}{\partial y}\right) = \frac{G\vartheta}{l}\left(x - \frac{\partial \psi}{\partial x}\right), \\ \tau_{xz} &= \frac{G\vartheta}{l}\left(-y + \frac{\partial \varphi}{\partial x}\right) = \frac{G\vartheta}{l}\left(-y + \frac{\partial \psi}{\partial y}\right), \end{aligned}\right.$$

und die Randbedingung für τ nimmt die Form an

$$\frac{\partial \psi}{\partial x} dx + \frac{\partial \psi}{\partial y} dy - x\,dx - y\,dy = 0.$$

Diese Gleichung kann integriert werden und liefert auf dem Rande c den Wert

$$\boxed{\psi(x, y) = \frac{x^2 + y^2}{2};} \tag{180}$$

die hinzutretende additive Konstante, auf deren Wert es bei einfach zusammenhängenden Querschnittsflächen nicht ankommt, kann gleich Null gesetzt werden.

Das Torsionsproblem ist also gelöst, wenn für den gegebenen Querschnitt eine Funktion ψ bestimmt ist, die im Innern des Schnittes der Gleichung $\Delta \psi = 0$ genügt und auf dem Rande c die Werte $(x^2 + y^2)/2$

annimmt; das zu ψ konjugierte Potential φ gibt nach Gl. (178) die Verwölbung des gegebenen Querschnitts.

Das Integrationsproblem kann noch in eine etwas andere Form gebracht werden, indem man statt ψ eine „Spannungsfunktion" Ψ einführt durch den Ansatz

$$\Psi = \psi - \frac{x^2 + y^2}{2};$$

für Ψ erhält man dann die Differentialgleichung

$$\boxed{\Delta \Psi = -2} \quad \text{(im Innern)} \tag{181}$$

und auf dem Rande c die Randbedingung $\Psi = 0$.

Die Schubspannungskomponenten nach den Achsen x und y sind dann durch die Gleichungen gegeben

$$\boxed{\tau_{yz} = -\frac{G\vartheta}{l}\frac{\partial \Psi}{\partial x}, \quad \tau_{xz} = \frac{G\vartheta}{l}\frac{\partial \Psi}{\partial y}.} \tag{182}$$

Für das Torsionsmoment M_t erhält man

$$M_t = \iint (x\,\tau_{yz} - y\,\tau_{xz})\,dx\,dy = -\frac{G\vartheta}{l}\iint\left(x\frac{\partial \Psi}{\partial x} + y\frac{\partial \Psi}{\partial y}\right)dx\,dy$$

und nach zweimaliger Anwendung der Produktintegration und Berücksichtigung der für Ψ geltenden Randbedingung ($\Psi = 0$ auf c) den Wert

$$\boxed{M_t = \frac{2G\vartheta}{l}\iint \Psi\,dx\,dy.} \tag{183}$$

Diese Gleichung besagt, daß das Torsionsmoment durch den $2G\vartheta/l$-fachen Inhalt des durch die Fläche der Spannungsfunktion Ψ und die x-y-Ebene eingeschlossenen Raumes gegeben ist, der wegen der Randbedingung ($\Psi = 0$ auf c) unmittelbar auf der Randkurve c aufsitzt. Man nennt diese Fläche $\Psi(x, y)$ die zu dem gegebenen Querschnitt gehörige „Spannungsfläche" (auch „Spannungshügel" genannt). Gemäß den Gln. (182) ist die Schubspannung an jeder Stelle dem Gefälle dieser Spannungsfläche proportional.

Wir setzen in der letzten Gleichung $2G\iint \Psi\,dx\,dy = C$, erhalten

$$M_t = \frac{C\vartheta}{l} \quad \text{oder} \quad \boxed{C = \frac{l\,M_t}{\vartheta}} \tag{184}$$

und bezeichnen C als Verdrehungssteifheit des Stabes.

80. Ausführung für einige Querschnitte. Für einfache Querschnitte können die Form der Funktionen ψ und Ψ, sowie die daraus ableitbaren Ausdrücke für M_t und $\tau_{\max}$ fast unmittelbar angegeben werden. Wir beschränken uns auf die einfachsten Beispiele und geben dort, wo die exakte Rechnung verwickelter ausfallen würde (Rechteck), brauchbare Näherungslösungen.

a) Kreis.

$$\psi = \text{konst.} = \frac{D^2}{8}, \qquad \Psi = \psi - \frac{x^2+y^2}{2} = \frac{D^2}{8} - \frac{x^2+y^2}{2}.$$

Man erkennt unmittelbar, daß am Rande $r = D/2$ tatsächlich $\Psi = 0$ ist. Für das Verdrehungsmoment findet man in diesem Falle (da $\partial\psi/\partial x = \partial\psi/\partial y = 0$) wie oben

$$M_t = \frac{G\vartheta}{l}\iint (x^2 + y^2)\,dx\,dy = \frac{G\vartheta}{l} J_p = \frac{\pi D^4}{32}\frac{G\vartheta}{l} \tag{185}$$

und für die größte Schubspannung

$$\tau_{\max} = \frac{G\vartheta}{l}\frac{D}{2} = \frac{M_t}{J_p}\frac{D}{2} = \frac{16\,M_t}{\pi D^3}. \tag{186}$$

b) Kreisring.

$$M_t = \frac{G\vartheta}{l}\frac{(D^4 - d^4)\pi}{32}, \quad \tau_{\max} = \frac{G\vartheta}{l}\frac{D}{2}. \tag{187}$$

Man erhält somit die früher gefundenen Ausdrücke wieder.

c) Ellipse mit den Halbachsen a, b. Das in Betracht kommende Potential ψ ist $x^2 - y^2$; wir setzen

$$\psi = A(x^2 - y^2) + B,$$

und bestimmen die Konstanten A, B so, daß längs der Randellipse der Wert $\psi = (x^2 + y^2)/2$ herauskommt. Wir setzen also

$$\Psi \equiv \psi - \frac{x^2+y^2}{2} = \left(A - \frac{1}{2}\right)x^2 - \left(A + \frac{1}{2}\right)y^2 + B$$

und erhalten durch Vergleich mit der Ellipsengleichung, die (aus Dimensionsgründen) in der Form geschrieben wird

$$\frac{a^2 b^2 - b^2 x^2 - a^2 y^2}{a^2 + b^2} = 0,$$

für A und B die folgenden Werte

$$A = \frac{a^2 - b^2}{2(a^2 + b^2)}, \qquad B = \frac{a^2 b^2}{a^2 + b^2}.$$

Am Rande der Ellipse ist $\Psi = 0$. Das Torsionsmoment ergibt sich in der Form (da $J_x = \pi a b^3/4$, $J_y = \pi a^3 b/4$)

$$M_t = \frac{2G\vartheta}{l(a^2 + b^2)}\iint (a^2 b^2 - b^2 x^2 - a^2 y^2)\,dx\,dy$$

$$= \frac{2G\vartheta}{l(a^2 + b^2)}(a^3 b^3 \pi - a^2 J_x - b^2 J_y) = \frac{G\vartheta\,\pi a^3 b^3}{l(a^2 + b^2)}. \tag{188}$$

Schreibt man diese Gleichung unter Einführung eines „ideellen Trägheitsmomentes“ J^* in der Form

$$M_t = \frac{G\vartheta J^*}{l}, \tag{189}$$

so ist

$$J^* = \frac{\pi a^3 b^3}{a^2 + b^2}, \qquad \frac{1}{J^*} = \frac{1}{4}\left(\frac{1}{J_x} + \frac{1}{J_y}\right).$$

Für die Komponenten der Schubspannung erhält man

$$\left.\begin{aligned} \tau_{xz} &= \frac{G\vartheta}{l}\left(-y+\frac{\partial\psi}{\partial y}\right) = -\frac{G\vartheta}{l}\frac{2a^2}{a^2+b^2}y = -\frac{2M_t}{\pi a b^3}y, \\ \tau_{yz} &= \frac{G\vartheta}{l}\left(x-\frac{\partial\psi}{\partial x}\right) = \frac{G\vartheta}{l}\frac{2b^2}{a^2+b^2}x = \frac{2M_t}{\pi a^3 b}x. \end{aligned}\right\} \tag{190}$$

Für $a > b$ tritt der größte Wert der Schubspannungen in den **Endpunkten der kleinen Achse**, d. i. für $y = \pm b$, auf und ist vom Betrage

$$\tau_{\max} = \frac{2M_t}{\pi a b^2} = \frac{2G\vartheta J^*}{\pi a b^2 l}, \quad \text{und daraus} \quad \frac{\vartheta}{l} = \frac{\pi a b^2}{2J^*}\frac{1}{G}\tau_{\max} = \frac{M_t}{GJ^*}. \tag{191}$$

d) Für das **Rechteck** läßt sich eine exakte Lösung in geschlossener Form nicht angeben. Für praktische Rechnungen genügen Näherungslösungen, welche die in Betracht kommenden Größen M_t, ϑ, $\tau_{\max}$ in Abhängigkeit vom Seitenverhältnis $n = h/b$ (> 1) des Rechtecks zu bestimmen gestatten.

Die gebräuchlichste dieser Näherungslösungen hat die Form

$$M_t = \eta_2 b^2 h\, \tau_{\max} = \eta_3 b^3 h \frac{G\vartheta}{l}, \tag{192}$$

und demgemäß ist

$$\frac{\vartheta}{l} = \frac{\eta_2}{\eta_3}\frac{\tau_{\max}}{bG}. \tag{193}$$

Die Beiwerte können entweder aus den Näherungsformeln

$$\eta_3 \approx \frac{1}{3}\left[1 - \frac{0{,}630}{n} + \frac{0{,}052}{n^5}\right], \qquad \frac{\eta_2}{\eta_3} \approx \frac{1+n^2}{0{,}35+n^2} \tag{194}$$

berechnet oder unmittelbar entnommen werden aus der

Tabelle 5. **Verdrehung von Rechteckquerschnitten.**

$n = h/b =$	1	1,5	2	3	4	6	8	10	∞
η_1	1,000	0,858	0,796	0,753	0,745	0,743	0,743	0,743	0,743
η_2	0,208	0,231	0,246	0,267	0,282	0,299	0,307	0,313	0,313
η_3	0,140	0,196	0,229	0,263	0,281	0,299	0,307	0,313	0,313

Die darin aufgenommenen Werte η_1 haben die folgende Bedeutung (Abb. 110): Der größte Wert der Schubspannungen tritt immer in den Mittelpunkten der **Langseiten** auf; in den Mittelpunkten der Schmalseiten hat die Schubspannung einen Wert τ_1, der nur einen Bruchteil davon beträgt, und zwar ist

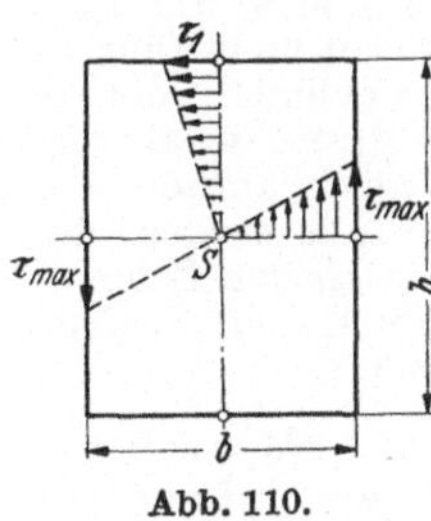

Abb. 110.

$$\tau_1 = \eta_1 \tau_{\max}.$$

e) Für **schmale rechteckige Streifen** (Abb. 111) kann man annehmen, daß die Spannungslinien über die ganze Länge parallel zu den Langseiten verlaufen, und den Einfluß der Schmalseiten vernachlässigen. Wir setzen dann einfach

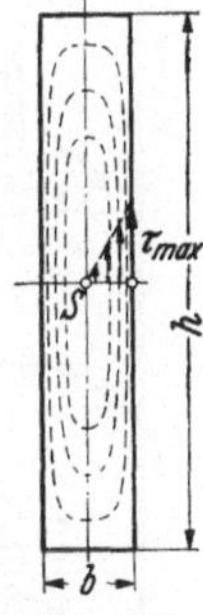

Abb. 111.

$$\Psi = \tfrac{1}{4}b^2 - x^2$$

Tabelle 6. Verdrehung von Walzeisenquerschnitten.

Walzeisenquerschnitte	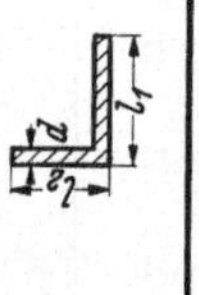	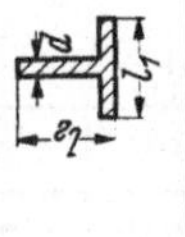	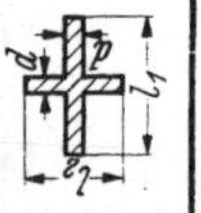	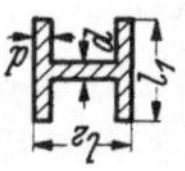	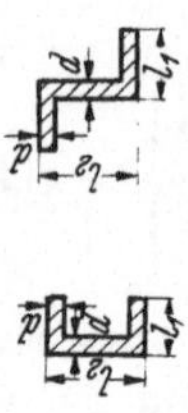
Nach C. Weber: Forsch.-Arb. Heft 249	$J^* = \frac{d^3}{3}[l_1 + l_2 - 1{,}6d]$	$J^* = \frac{d^3}{3}[l_1 + l_2 - 0{,}9d]$	$J^* = \frac{d^3}{3}[l_1 + l_2 - 0{,}15d]$	$J^* = \frac{d^3}{3}[2l_1 + l_2 - 1{,}2d]$	$J^* = \frac{d^3}{3}[2l_1 + l_2 - 2{,}6d]$
Nach D. Schmieden: Z. angew. Math. Mech. Bd. 10 (1930)	$J^* = \frac{d^3}{3}\Sigma l_1 - 0{,}1444 d^4$	—	—	—	$J^* = \frac{d^3}{3}\Sigma l_1 - 0{,}0788 d^4$

und erhalten nach Gl. (182)

$$\tau_{xz} = \frac{G\vartheta}{l}\frac{\partial\Psi}{\partial y} = 0,$$

$$\tau_{yz} = -\frac{G\vartheta}{l}\frac{\partial\Psi}{\partial x} = \frac{2G\vartheta}{l}x.$$

Daraus folgt zunächst

$$\tau_{\max} = G\vartheta b/l, \tag{195}$$

und diese größte Schubspannung tritt wieder in den Mitten der Langseiten auf. Das Moment der Schubspannungen um den Schwerpunkt wird aus dem Inhalt des Spannungshügels berechnet; man erhält

$$\left.\begin{aligned} M_t &= \frac{2G\vartheta}{l}\iint \Psi\,dx\,dy \\ &= \frac{2G\vartheta h}{l}\int_{-b/2}^{+b/2}\left(\frac{b^2}{4} - x^2\right)dx = \frac{1}{3}\frac{G\vartheta b^3 h}{l}. \end{aligned}\right\} \tag{196}$$

Durch Verbindung der Gln. (195) und (196) findet man auch

$$M_t = \tfrac{1}{3} b^2 h\,\tau_{\max}. \tag{197}$$

Anmerkung. Man beachte, daß es nicht richtig wäre, M_t aus dem Ausdruck

$$M_t = \iint (x\,\tau_{yz} - y\,\tau_{xz})\,dx\,dy$$

mit

$$\tau_{yz} = \frac{2G\vartheta}{l}x \quad \text{und} \quad \tau_{xz} = 0$$

zu berechnen, da der Anteil, der von den Schubspannungen an den Schmalseiten herrührt, dabei außer Betracht bliebe. Dagegen kann M_t mit guter Annäherung aus dem Rauminhalt des Spannungshügels berechnet werden, obwohl die partielle Integration, die zu dieser Berechnung führt, für $\tau_{xz} = 0$ unausführbar ist. Man kann den parabolischen Zylinder, der in diesem Falle den Spannungshügel darstellt, an den Enden der Schmalseiten irgendwie abgeschlossen denken, so daß die Randbedingungen erfüllt werden; dadurch werden die Schubspannungen an den Schmalseiten eingeführt, jedoch die Größe von M_t nur um einen zu vernachlässigenden Betrag geändert.

f) Walzeisenquerschnitte. Da auch für diese die genaueren Lösungen zu unhandlich sind, um praktisch verwendet werden zu können, ist man gleichfalls auf Näherungslösungen angewiesen. Man betrachtet hierzu diese Querschnitte als schmale Rechtecke, die miteinander verbunden sind, und setzt das Drehmoment in der Form an

$$M_t = G\vartheta J^*/l. \tag{198}$$

Das J^* hat nach e) die Form $\frac{1}{3}\sum d^3 h$, die Verbindung der Rechtecke zu den Walzeisenquerschnitten bringt es aber mit sich, daß die Höhen h nicht in ihren ganzen Beträgen zur Geltung kommen. Die Korrekturen, die diesen Einfluß in angenäherter Weise zur Geltung bringen, sind in der Tabelle 6 (s. S. 136) enthalten.

Der größte Wert der Schubspannung tritt bei verschiedenen Dicken der einzelnen Rechtecke an den Langseiten der breitesten (d_{max}!) Rechtecke auf, so daß wir allgemein schreiben können

$$\tau_{max} = \frac{G\vartheta}{l} d_{max}. \tag{199}$$

Entnimmt man daraus $G\vartheta/l$, so findet man auch für M_t die Form

$$M_t = J^* \frac{\tau_{max}}{d_{max}}. \tag{200}$$

IX. Zusammengesetzte Beanspruchungen.

Den Ausgangspunkt der elementaren Festigkeitslehre bilden die einfachen Beanspruchungen: Zug und Druck, Schub, Verdrehung und Biegung. Aus diesen lassen sich durch Überlagerung (Superposition) gewisse zusammengesetzte Beanspruchungen ableiten, die für technische Berechnungen von Bedeutung sind. Zu diesen gehören: a) Biegung und Schub, die in der technischen Biegelehre auftreten und in **64** behandelt wurden; b) Zug (oder Druck) und Biegung, auch als „exzentrische Zug- oder Druckbeanspruchung" bezeichnet; c) Biegung und Verdrehung (z. B. bei Maschinenwellen); d) Biegung und Knickung (im folgenden nicht näher behandelt). — Die Überlagerung ist nur zulässig, wenn die bei jeder der einfachen Beanspruchungen auftretenden Formänderungen klein sind (im Sinne der in der allgemeinen Theorie der nichtstarren Körper als klein bezeichneten Größen).

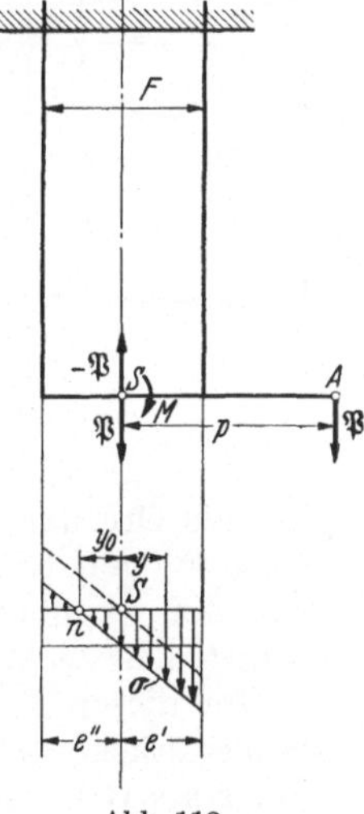

Abb. 112.

81. Zug und Biegung. Die Belastung eines Stabes bestehe aus einer Einzelkraft $\mathfrak{P}$, die in einer Hauptebene des Stabes parallel zur Stabachse in einer Entfernung p von dieser wirkt (Abb. 112). Diese Kraft $\mathfrak{P}$ in A ersetzen wir durch eine Kraft $\mathfrak{P}$ im Schwerpunkt S des Stabquerschnittes und ein Moment $M = Pp$, dessen Achse senkrecht zur Zeichenfläche steht. Die Spannung in einem Flächenteilchen in der Entfernung y von der Querachse ist

$$\sigma = \frac{P}{F} + \frac{My}{J} = \frac{P}{F} + \frac{Ppy}{F i^2}; \tag{201}$$

darin bedeutet i den Trägheitshalbmesser des Querschnittes bez. der Querachse durch S. Das Spannungsbild zeigt eine geneigte Gerade, die aber nicht durch S hindurchgeht, sondern die Waagrechte durch S in einem Punkte n in einer Entfernung

$$y_0 \equiv \overline{S\,n} = -\,i^2/p$$

von S schneidet.

Für die „Dimensionierung" ist die Bedingung maßgebend, daß die „größte Zugspannung", die für $y = e'$ am rechten Rande des Querschnitts auftritt, kleiner als die „zulässige" sein muß, also

$$\sigma_{\max} = \frac{P}{F} + \frac{P\,p\,e'}{J} \leqq \sigma_{zul}\,. \tag{202}$$

Die größte Druckspannung tritt am linken Rande (für $y = -\,e''$) auf mit dem Betrage

$$\sigma_{\min} = \frac{P}{F} - \frac{P\,p\,e''}{J}$$

und ist in den meisten praktischen Fällen belanglos.

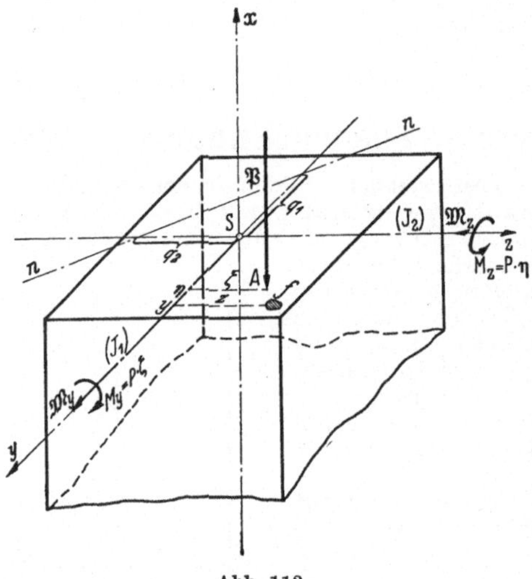

Abb. 113.

82. Druck und Biegung. Kern. Die volle Bedeutung einer solchen „exzentrischen" Beanspruchung tritt erst hervor, wenn es sich um einen Baustoff handelt, der nur gegen Spannungen e i n e r Art widerstandsfähig ist, wie z. B. Mauerwerk und Beton nur Druckspannungen (nur geringfügige Zugspannungen) aufzunehmen vermögen. Diese Eigenschaft gibt Anlaß zu der Forderung, nur solche Kraftangriffspunkte zuzulassen, für welche die zugehörige Nullachse, die dem auftretenden, in den Querschnittskoordinaten linearen Spannungszustand angehört, den Querschnitt nicht schneidet, sondern höchstens berührt. Diese Bedingung gibt als Ort der zulässigen Angriffspunkte A der Druckkraft 𝔓 einen gewissen, den Schwerpunkt S des Querschnitts enthaltenden und umgebenden (konvexen) Bereich, den man als den K e r n des Querschnittes bezeichnet.

Um diesen Kern zu ermitteln, denken wir uns den prismatischen Mauerwerkskörper, dessen Querschnitt in Abb. 113 der Einfachheit halber als Rechteck angenommen ist, mit einer den Erzeugenden (d. h. der x-Achse) parallelen Druckkraft 𝔓 belastet. Die Koordinaten des Angriffspunktes A von 𝔓 in bezug auf die Hauptachsen des Querschnitts seien η und ζ. Dann tritt um die y-Achse das Moment $M_y = P\zeta$, um die z-Achse das Moment $M_z = P\eta$ auf, und die Spannung in einem Flächenteilchen f des Querschnitts, dessen Koordinaten y und z sind, ist gegeben durch

$$\sigma_x = -\frac{P}{F} - \frac{P\zeta z}{J_1} - \frac{P\eta y}{J_2} \tag{203}$$

(Druckspannungen sind mit —, Zugspannungen mit + bezeichnet). Werden mittels der Gleichungen $J_1 = F i_1^2$ und $J_2 = F i_2^2$ die Hauptträgheitshalbmesser i_1 und i_2 eingeführt, so lautet die Gleichung der Nullachse ($\sigma_x = 0$) in den laufenden Koordinaten y, z

$$\boxed{\frac{\eta y}{i_2^2} + \frac{\zeta z}{i_1^2} = -1.} \tag{204}$$

Durch diese Gleichung wird jedem Angriffspunkte A (η, ζ) als Nullachse eine Gerade n–n zugeordnet, deren Abschnitte auf den Achsen gegeben sind durch

$$\text{und} \quad \left\{ \begin{array}{ll} z = 0, & y = -\dfrac{i_2^2}{\eta} \equiv q_1, \\ y = 0, & z = -\dfrac{i_1^2}{\zeta} \equiv q_2. \end{array} \right.$$

Die Lage der Nullachse n–n ist von der Größe von $\mathfrak{P}$ ganz unabhängig (nur $P = 0$ ist ausgeschlossen) und hängt nur ab von den Hauptträgheitsmomenten des Querschnitts und der Lage von A (η, ζ). Der durch die Gl. (204) definierte geometrische Zusammenhang zwischen den Punkten $A(\eta, \zeta)$ und den Geraden n–n (laufende Koordinaten y, z) wird als Antipolarität bezeichnet; er tritt noch klarer zutage, wenn man die Ellipse mit der Gleichung

$$\frac{y^2}{i_2^2} + \frac{z^2}{i_1^2} = 1 \tag{205}$$

betrachtet, die in der Schar der in **54** eingeführten Trägheitsellipsen für $c^2 = F i_1^2 i_2^2$ enthalten ist. Die Gesamtheit der durch die Gl. (204) definierten Zuordnungen zwischen den Punkten A und Geraden n–n nennt man das zur Ellipse (205) gehörige Antipolarsystem.

Anmerkung. Bezeichnen nach Abb. 114 y_0, z_0 die Koordinaten eines Punktes der Ellipse (205), so ist die Gleichung der Tangente in diesem Punkte

$$\frac{y_0 y}{i_2^2} + \frac{z_0 z}{i_1^2} = 1;$$

wenn diese durch A (η, ζ) hindurchgehen soll, so muß die Gleichung erfüllt sein

$$\frac{y_0 \eta}{i_2^2} + \frac{z_0 \zeta}{i_1^2} = 1. \tag{206}$$

Die Gleichung der zweiten Tangente von A an die Ellipse hat dieselbe Form. Hält man daher η, ζ fest und betrachtet y_0, z_0 als laufende Koordinaten, so erhält man die Gleichung einer Geraden, die durch die Berührungspunkte beider Tangenten hindurchgeht, und die man als die zu A gehörige Polare bezeichnet. Die Antipolare (rechts -1 statt $+1$), die also die Gleichung hat

$$\frac{y_0 \eta}{i_2^2} + \frac{z_0 \zeta}{i_1^2} = -1,$$

liegt jenseits S im gleichen Abstand von S wie die Polare und ist ihr parallel, stellt also die Spiegelung der Polaren an S dar. Diese Beziehungen lassen sich unmittelbar auf den Fall übertragen, daß A im Innern der Ellipse (205) liegt, und führen dann formal zu gleichlautenden Aussagen.

Ferner bestätigt man leicht durch direkte Ausrechnung die Richtigkeit der die Polarität kennzeichnenden Beziehung (Abb. 114)

$$\boxed{k\,m = l^2.} \tag{207}$$

Die eingangs gekennzeichnete Aufgabe der Festigkeitslehre besteht darin, jenen Bereich des Querschnitts anzugeben, innerhalb dessen der Angriffspunkt A der Belastung $\mathfrak{P}$ liegen muß, damit die zugehörigen Nullachsen n–n den Querschnitt gerade berühren und vollständig auf einer Seite lassen. Da die Polarität (und Antipolarität) eine reziproke Beziehung darstellt, geht man praktisch so vor, daß man den Querschnitt durch eine Schar von Nullgeraden umgibt, die diesen berühren und die man in der Geometrie als **Hüllgeraden** oder **Stützgeraden** zu bezeichnen pflegt. Zu

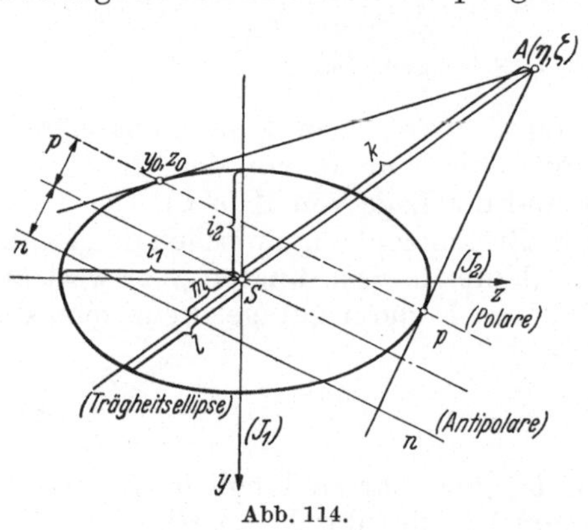

Abb. 114.

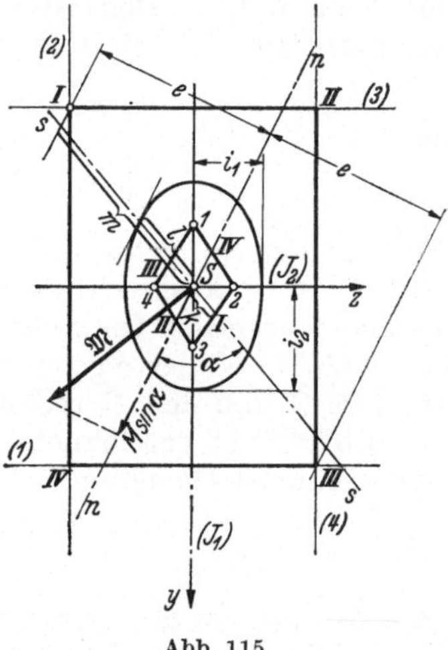

Abb. 115.

jeder Lage dieser Geraden zeichne man den zugehörigen Pol; diese Pole beschreiben dann in ihrer Gesamtheit den Umfang des Kernes. Einem Eckpunkt des Querschnittes entspricht das Stück einer Geraden der Kernfigur (und i. a. auch umgekehrt).

Da die Umhüllungsfigur des Querschnitts (gemäß ihrer Definition) konvex ist, so ist der **Kern selbst immer eine konvexe Figur** (d. i. eine solche ohne einspringende Ecken), die den Schwerpunkt S in ihrem Innern enthält. Die Entfernung des Kernes von S in irgendeiner Richtung bezeichnet man als die zu dieser Richtung gehörige **Kernweite**.

Beispiel 64. **Rechteckquerschnitt.** In Abb. 115 ist der Kern für einen Rechteckquerschnitt gezeichnet. Legt man die Nullachse in die untere (oder obere) Kante (*1*, *3*), so sind ihre Abschnitte auf den Achsen

$$z = \infty\,, \qquad y = \pm\, h/2\,,$$

daher die Koordinaten der Antipole

$$\eta = -\frac{i_2^2}{y} = 0\,, \qquad \zeta = -\frac{i_1^2}{z} = -\frac{h^2/12}{\pm\, h/2} = \mp\,\frac{h}{6}\,.$$

Ebenso findet man für die seitlichen Kanten (*2, 4*), deren Achsenabschnitte

$$y = \pm b/2\,, \qquad z = \infty$$

sind, als Koordinaten der Antipole

$$\eta = -\frac{i_2^2}{y} = -\frac{b^2/12}{\pm b/2} = \mp\frac{b}{6}\,, \qquad \zeta = 0\,.$$

Für das Rechteck muß daher der Angriffspunkt der eine Hauptachse schneidenden Kraft P im inneren Drittel der betreffenden Seitenlängen liegen, damit die zugehörigen Nullachsen den Querschnitt nicht schneiden — eine für die praktische Ausführung exzentrisch belasteter rechteckiger Mauerwerkskörper immer angewendete Regel.

83. Ermittlung des Kerns mit Hilfe des Trägheitskreises. Zur Darstellung der geometrischen Beziehungen, die zwischen der Lage des Kraftangriffspunktes A und der zugehörigen Nullinie bestehen, kann mit Vorteil auch der Trägheitskreis dienen. In Abb. 116 sind y, z die Hauptträgheitsachsen des Querschnitts, und der Kreis über $\overline{SB} = J_2 + J_1$ ist der Trägheitskreis. Die Kraftlinie s–s und die Nullinie n–n sind konjugierte Richtungen, die Schnittpunkte P, N (von n_0–n_0) mit dem Trägheitskreis liegen mit T auf einer Geraden. Um die wirkliche Lage der Nullinie zu finden, setzen wir die Projektionsgleichung für die Richtung x und die Momentengleichung für die Nullinie n–n an und erhalten mit den aus der Abb. 116 ersichtlichen Bezeichnungen, da $\sigma_x = c\,(s + u)$, (c = konst.) und $\int u\,df = 0$ ist,

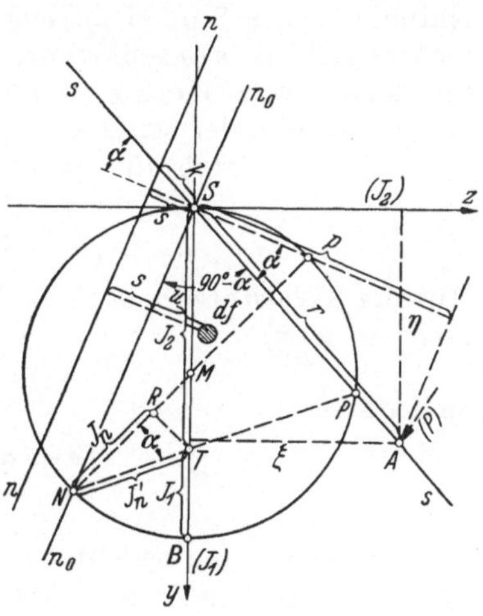

Abb. 116.

$$\left\{\begin{aligned} P &= \int \sigma_x\,df = c\int (s + u)\,df = c\,s\,F\,, \\ P\,p &= \int \sigma_x\,u\,df = c\left\{s\int u\,df + \int u^2\,df\right\} = c\,J_n = c\,F\,i_n^2\,. \end{aligned}\right.$$

Darin bedeutet jetzt J_n das Trägheitsmoment des Querschnittes in bezug auf die zu n–n durch S gehende Parallele n_0–n_0. Aus diesen Gleichungen folgt

$$s = \frac{J_n}{F\,p} = \frac{i_n^2}{p}\,,$$

oder, wenn statt p der Abstand $\overline{AS} = r = p/\cos\alpha$ und statt $F\,i_n^2 = J_n$ die Größe $J_n' = \overline{NT} = F\,i_n'^2 = J_n/\cos\alpha = F\,i_n^2/\cos\alpha$, also $i_n^2/\cos\alpha = i_n'^2$ eingeführt wird,

$$\boxed{s = \frac{i_n^2}{r\cos\alpha} = \frac{i_n'^2}{r}\,.} \tag{208}$$

Es sei ausdrücklich bemerkt, daß s den senkrechten Abstand der

Nullinie n–n von S und r den in Richtung der Spur s–s der Kraftebene gemessenen Abstand $\overline{SA}$ bedeutet.

84. Berechnung der Randspannungen mit Hilfe des Kerns. A. Bei schiefer Biegung. Die Beziehungen, die zur Definition des Kerns eines Querschnittes geführt haben, gestatten die unmittelbare Berechnung der Spannungen (d. h. ohne Zerlegung des Momentenvektors $\mathfrak{M}$ in Komponenten nach den Hauptachsen des Querschnitts) in jedem Punkte bei beliebiger Lage der Spur der Kraftebene, also bei der sog. „schiefen Biegung". Für die folgenden Betrachtungen ist ein rechteckiger Querschnitt nach Abb. 115 vorausgesetzt, doch gilt alles auch für beliebige Querschnitte.

Es sei s–s die Spur der Kraftebene und n–n die zu dieser gehörige Nullinie, α der Winkel zwischen beiden. Der Vektor $\mathfrak{M}$ des Biegemomentes steht zu s–s senkrecht, wir zerlegen ihn in die beiden Komponenten $M \sin\alpha$ und $M \cos\alpha$; wenn J_n das TM des Querschnittes in bezug auf n–n und e der senkrechte Abstand des Eckpunktes I von n–n ist, so ist nach Gl. (125) die Spannung in I gegeben durch

$$\sigma_I = \frac{M e \sin\alpha}{J_n}.$$

Aus der Polaritätseigenschaft des Kernes folgt (für die Richtung senkrecht zu n–n)

$$e k \sin\alpha = i_n^2 = J_n/F,$$

und daher ist

$$\sigma_I = \frac{M e \sin\alpha}{F k e \sin\alpha}, \quad \text{oder} \quad \boxed{\sigma_I = \frac{M}{F k}}; \tag{209}$$

in dieser Gleichung bedeutet k die längs der Richtung s–s bis zur Grenzlinie des Kerns gemessene Strecke oder die „Kernweite". Bei unsymmetrischen Kernen ist jene Kernweite zu nehmen, die jenseits von S liegt.

Man bestätigt unmittelbar, daß diese Beziehung in die für die gewöhnliche Biegung gültige Gleichung $\sigma_I = Me'/J_2$ übergeht, wenn die Spur s–s der Kraftebene in die lotrechte Hauptachse fällt (Abb. 115); denn es ist dann

$$k' e' = i_2^2 = J_2/F, \quad \text{also} \quad F k' = J_2/e',$$

und für die Spannung an der Zugseite findet man den bekannten Ausdruck

$$\sigma_I = \frac{M}{F k'} = \frac{M e'}{J_2}.$$

B. Bei exzentrischem Druck ergibt sich der Spannungszustand durch Überlagerung eines konstanten Anteils $(-P/F)$ und eines linear veränderlichen Anteils, der genau so wie in A. berechnet wird. Man erhält demgemäß die folgenden Aussagen:

a) Für Querschnitte, die bezüglich S zentrisch symmetrisch sind, und bei denen daher auch der Kern zentrisch symmetrisch ist, gilt

$$\sigma_x = -\frac{P}{F} \pm \frac{M}{F k} = -\frac{P}{F} \pm \frac{P r}{F k} = -\frac{P}{F}\,\frac{k \mp r}{k}. \tag{210}$$

b) Für nicht-zentrisch-symmetrische Querschnitte — in Abb. **117** ist als ein einfaches Beispiel hierfür ein Profileisen dargestellt — folgt

$$\sigma_x' = -\frac{P}{F}\,\frac{k'-r}{k'}, \qquad \sigma_x'' = -\frac{P}{F}\,\frac{k''+r}{k''}\,; \tag{211}$$

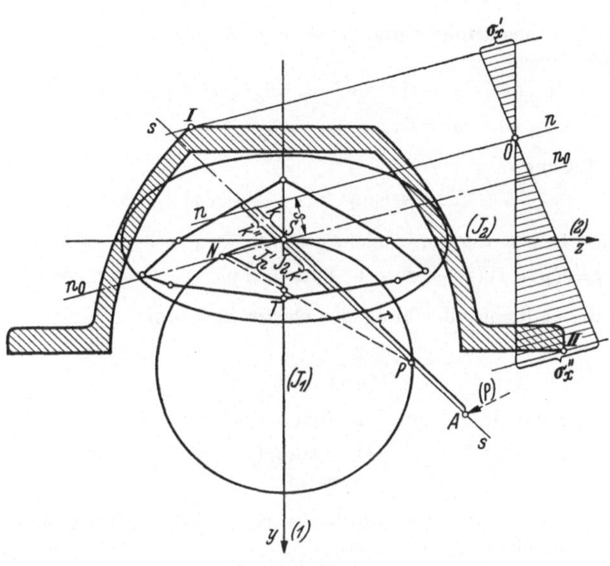

Abb. 117.

darin bedeuten k' die „Kernweite für die Zugseite" (k' liegt auf derselben Seite von s–s wie A) und k'' die „Kernweite für die Druckseite". Die Momente $P\,(r-k')$ und $P\,(r+k'')$ werden als Kernmomente bezeichnet. Die Lage der Nullinie ergibt sich aus der Gleichung $s = i_n'^2/r$.

85. Ermittlung der Formänderungen bei exzentrischem Druck (oder Zug). Die Formänderungen bei exzentrischem Druck (oder Zug) ergeben sich durch Integration der Differentialgleichung der elastischen Linie. Der einfachste Fall, der sich hier darbietet, ist im folgenden Beispiel ausgeführt; er ist in zwei Formen (Abb. 118a, b) angegeben, die bez. der Rechnung miteinander identisch sind.

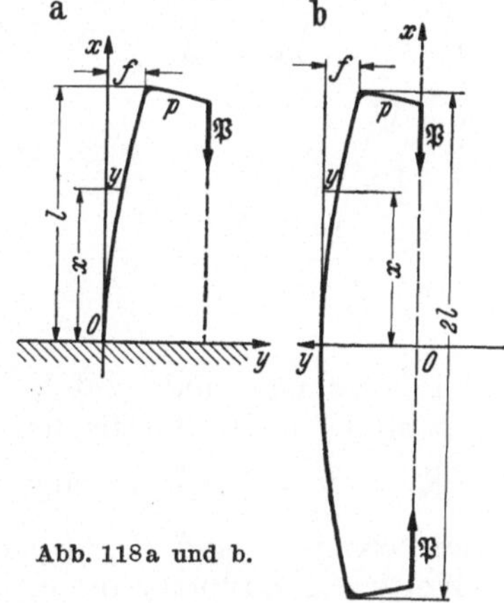

Abb. 118a und b.

Beispiel 65. Stab, an einem Ende eingespannt, am andern exzentrisch belastet (Abb. 118). Die Größe des Kraftarms sei p, die (unbekannte) Ausbiegung am freien Ende f; dann hat das Moment an der Stelle x den Betrag $M = -\,P(p+f-y)$, und die Gleichung der elastischen Linie wird

$$y'' = -\frac{M}{EJ} = \frac{P(p+f-y)}{EJ}, \tag{212}$$

oder, wenn $P/EJ = \varkappa^2$ gesetzt wird,

$$y'' + \varkappa^2 y = \varkappa^2(p + f).$$

Die Lösung lautet

$$y = p + f + A\cos\varkappa x + B\sin\varkappa x.$$

Die Integrationskonstanten A und B werden durch die Randbedingungen bestimmt; diese lauten

$$x = 0,\quad y = 0,\quad \text{daraus folgt}\quad p + f + A = 0,$$
$$x = 0,\quad y' = 0,\quad \text{,,}\quad \text{,,}\quad B = 0,$$

also ist die Lösung

$$y = (p + f)(1 - \cos\varkappa x).$$

Wird noch die Bedingung berücksichtigt, daß für $x = l$, $y = f$ sein muß, so folgt

$$f = (p + f)(1 - \cos\varkappa l) \quad \text{und daraus} \quad p + f = p/\cos\varkappa l.$$

Also lautet die endliche Gleichung der elastischen Linie

$$y = \frac{p}{\cos\varkappa l}(1 - \cos\varkappa x). \tag{213}$$

Insbesondere ist die Ausbiegung am freien Ende ($x = l$)

$$f = \frac{p(1 - \cos\varkappa l)}{\cos\varkappa l}.$$

Für $\cos\varkappa l = 0$, also $\varkappa l = \pi/2$, würde $f = \infty$ folgen, wodurch eine andere Ableitung der „Knicklast“ gegeben ist.

86. Biegung und Verdrehung. Von einer Beanspruchung auf Biegung und Verdrehung sprechen wir dann, wenn auf einen prismatischen Körper (Welle) sowohl Biegemomente (als Vektoren $\mathfrak{M}$ senkrecht zur Achse des Körpers aufzutragen) als auch Torsionsmomente ($\mathfrak{M}_t$ parallel zur Drehachse) einwirken. Durch die Biegemomente entstehen in jedem Punkt des Querschnittes Normalspannungen, die für einfache Biegung nach der Gleichung

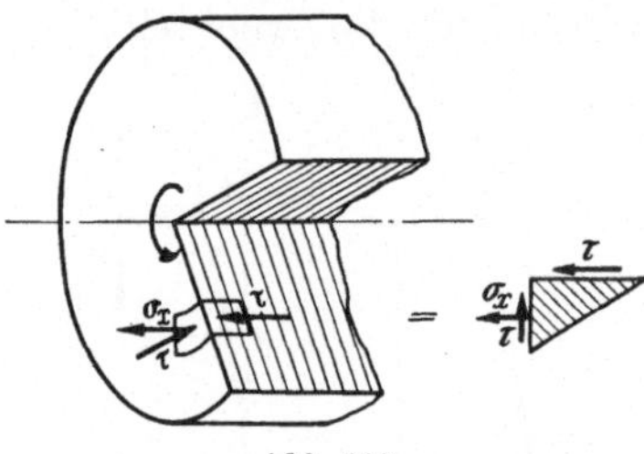

Abb. 119.

$$\sigma_x = M\,y/J, \quad \text{also}$$

$$\sigma_{x\,\max} = M\,e/J \quad \text{(an der äußersten Faser)}$$

zu berechnen sind; zufolge der Verdrehungsmomente treten Schubspannungen auf, die für den Kreisquerschnitt nach der Gleichung

$$\tau = M_t\,r/J_p, \quad \text{also} \quad \tau_{\max} = M_t\,a/J_p \quad \text{(am Umfange)}$$

zu berechnen sind. Die Spannungen sind in Abb. 119 angedeutet. Die Werte der Hauptspannungen sind (nach **10**)

$$\sigma_{1,2} = \frac{\sigma_x}{2} \pm \frac{1}{2}\sqrt{\sigma_x^2 + 4\tau^2};$$

die Richtungen der Hauptspannungen können nach dem Mohrschen oder Landschen Kreis ermittelt werden.

Die technische Berechnung erfolgt gemäß der Bedingung, daß die zu dieser zusammengesetzten Beanspruchung gehörige „Vergleichsspannung" σ_V einen „zulässigen Wert" nicht überschreiten darf. Für die Wahl dieser Vergleichsspannungen sind in **88** die nötigen Angaben enthalten.

Für den elliptischen oder rechteckigen Querschnitt kommt es auf die Lage der Biegungsachse an. Erfolgt die Biegung um eine zur großen Achse der Ellipse oder zur längeren Rechtecksseite parallele Achse, dann treten die größten Werte der Normal- und Schubspannungen (für Biegung und Verdrehung) in denselben Punkten, den Endpunkten der Langseiten oder der kleinen Achse auf. Für andere Lagen der Biegungsachse sind die Werte von $\sigma_{\max}$ nach den für die schiefe Biegung angegebenen Methoden zu ermitteln.

Die Frage der bei Biegung und Verdrehung auftretenden Formänderungen hat insbesondere für Kurbelwellen Bedeutung; es werden hierzu die Verformungen ermittelt, die in den einzelnen Stücken (Lager- und Kurbelzapfen, Wangen) entstehen, und zusammengesetzt. Auch die Berechnung statisch-unbestimmt gelagerter Wellen kann auf diese Weise erfolgen. Eine Anwendung auf eine besondere damit zusammenhängende Aufgabe ist in **87** gegeben.

87. Torsion zweiter Art. Bei den meisten Untersuchungen über die Verdrehung elastischer Wellen (u. zw. sowohl der statischen als auch der dynamischen bezüglich der Drehschwingungen) wird die Welle als ein einheitlich durchlaufendes Ganzes betrachtet; die Einwirkung der Antriebsmaschinen wird dabei nur als Drehmoment — oder als eine Anzahl von Drehmomenten —, die um die Mittelachse der Welle drehen, angenommen. R. Grammel[1] ist die bedeutungsvolle Erkenntnis zu verdanken, daß bei Kolbenmaschinen durch die Art des Angriffs der Kolbenkräfte andere Beanspruchungen der Welle auftreten können, welche die unter jener Auffassung ermittelten (insb. bei vorhandenem Lagerspiel) erheblich übersteigen können. Diese Beanspruchung der Wellen durch die seitlich angreifenden Schubstangenkräfte wird als Torsion zweiter Art bezeichnet. In der folgenden Darstellung, die nur das Grundsätzliche erläutern will, wird vom Lagerspiel abgesehen.

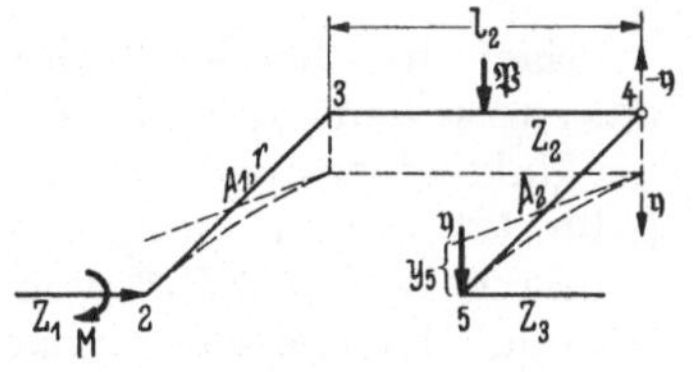

Abb. 120.

Bei der Ableitung der hierfür geltenden Beziehungen kann man sich auf eine „einfache Kröpfung" nach Abb. 120 beschränken. Wir geben hier ein etwas vereinfachtes Verfahren, das sich enge an das bei den einfachen Rahmen benutzte anschließt. Es wird dabei vorausgesetzt, daß die Kurbelzapfen vollständig biegesteif, aber (um ihre Achsen) verdrehbar, dagegen die Wangen der Kröpfung vollständig drehsteif, aber (senkrecht zur Kröpfungsebene) verbiegbar sind. Die auftretenden Formänderungen sind dann so beschaffen, daß die Achsen der Kurbel-

[1] Grammel, R.: Über die Torsion von Kurbelwellen. Ing.-Arch. Bd. 4 (1933) S. 287—299; die hier verwendeten Bezeichnungen sind zum größten Teil im Anschluß an diese Abhandlung gewählt.

zapfen parallel bleiben; die Verdrehung der Wangen braucht eben deshalb nicht berücksichtigt zu werden. Die mit einer Kröpfung versehene Welle ist dann als ein (äußerlich) einfach statisch-unbestimmtes System anzusehen.

Wir denken uns (Abb. 120) den linken Zapfen Z_1 eingespannt und die Mitte des Kurbelzapfens Z_2 mit $\mathfrak{P}$ belastet; das Einspannmoment ist daher $M = Pr$. (Bei der sonst üblichen Betrachtung wird dieses allein als verdrehendes Moment berücksichtigt.) Wenn das Lager des rechten Zapfens Z_3 nicht vorhanden wäre, so würde dieser entgegen der Kraft $\mathfrak{P}$ — also nach oben zu — ausweichen; er muß daher durch eine (zunächst unbekannte) Lagerkraft $\mathfrak{Y}$ in seine achsrechte Lage zurückgebracht werden. Die Kraft $\mathfrak{Y}$ bewirkt ein rückdrehendes Moment $M_1 = Yr$ auf den Kurbelzapfen Z_2 und eine erhöhte Drehkraft X auf die linke Kurbelwange A_1. Es ist

$$X = P + Y = (M + M_1)/r. \tag{214}$$

Wir führen noch die folgenden Bezeichnungen ein:

EJ_3' = Biegesteifheit der Wange ($\perp$ zur Kröpfungsebene),
GJ_2 = Verdrehungssteifheit des Kurbelzapfens Z_2,
GJ_1 = Verdrehungssteifheit des Wellenzapfens Z_1,
GF_3 = Schubsteifheit der Kurbelwangen.

Nach dem bei den Rahmen (75) verwendeten Verfahren denken wir uns zuerst den Zapfen Z_3 aus seinem Lager gelöst und die Formänderung der links eingespannten mit $\mathfrak{P}$ belasteten Welle bestimmt. Es ist dann (Abb. 120) die Hebung des Punktes *5* lotrecht nach oben gleich der Senkung $-Pr^3/3\,EJ_3'$ von *3* (und auch *4*) zufolge $\mathfrak{P}$ (die Wange A_1 wird dabei als einseitig eingespannter Träger betrachtet) vermindert um die Hebung $Pr^3/2\,EJ_3'$ von *5* vermöge der in *3* (und *4*) auftretenden Neigung. Es ist also

$$y_5 = -\frac{Pr^3}{3\,EJ_3'} + \frac{Pr^3}{2\,EJ_3'} = \frac{Pr^3}{6\,EJ_3'}. \tag{215}$$

Diese Hebung y_5 muß aufgehoben werden durch die Formänderung zufolge $\mathfrak{Y}$ bei fortgenommenem $\mathfrak{P}$. Dieses $\mathfrak{Y}$ bewirkt die folgenden Formänderungen der Kröpfung:

Senkung von *5* wegen Verdrehung von Z_2 durch Yr	$Yr^2 l_2/GJ_2$
Senkung von *3* (und *4*) durch $\mathfrak{Y}$ (Wange A_1)	$Yr^3/3EJ_3'$ }
Senkung von *5* durch $\mathfrak{Y}$ (Wange A_2)	$Yr^3/3EJ_3'$ }
Hebung von *3* (und *4*) durch Moment Yr	$-Yr^3/2EJ_3'$ }
Hebung von *5* wegen Neigung in *3* durch $\mathfrak{Y}$	$-Yr^3/2EJ_3'$ }
Senkung von *3* (und *4*) wegen Neigung in *3* durch Moment Yr	Yr^3/EJ_3'. }

Die letzten drei Anteile heben sich weg, und man erhält durch Gleichsetzung der Summen

$$y_5 = \frac{Pr^3}{6EJ_3'} = \frac{2Yr^3}{3EJ_3'} + \frac{Yr^2 l_2}{GJ_2}. \tag{215a}$$

Führt man noch die abkürzende Bezeichnung ein

$$k_2 = \frac{l_2}{r}\,\frac{E J_3'}{G J_2},$$

so erhält man aus der letzten Gleichung

$$\boxed{Y = \frac{P}{2(2+3k_2)}} \quad \text{und} \quad \boxed{X = P + Y = \frac{5+6k_2}{2(2+3k_2)}P.} \tag{216}$$

Wenn auch die durch die Schubkräfte bewirkte Formänderung berücksichtigt wird, die bei kurzen Wangen nicht vernachlässigt werden darf, so ist auf der rechten Seite der Gl. (215a) noch das Glied $\varkappa Y r/GF_3$ hinzuzufügen; hierin ist $\varkappa$ ein Berichtigungsfaktor, der für rechteckige

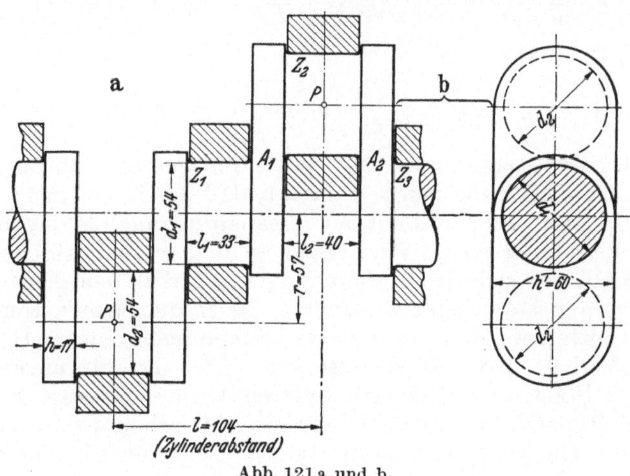

Abb. 121a und b.

Querschnitte etwa den Wert 1,2 hat. Führt man noch die Bezeichnung $\varrho = EJ_3'/GF_3 r^2$ ein, so nimmt die Gleichung für Y die Form an

$$\boxed{Y = \frac{P}{2(2+3k_2+3\varkappa\varrho)}.} \tag{217}$$

Der gesamte Verdrehungswinkel ϑ zufolge der Torsion zweiter Art von Mitte Kurbel zu Mitte Kurbel, der durch zwei gleiche und gleichgerichtete Kräfte $\mathfrak{P}$ an nebeneinanderliegenden Kröpfungen hervorgerufen wird, ist daher, wenn f_2 die Durchbiegung von *3* gegenüber *2* bedeutet,

$$\vartheta = \frac{M l_1}{G J_1} + \frac{2 f_2}{r} = \frac{M l_1}{G J_1} + \frac{2}{r}\left[\frac{X r^3}{2 E J_3'} - \frac{Y r^3}{2 E J_3'}\right],$$

oder nach Einsetzen von X und Y

$$\vartheta = \frac{M l_1}{G J_1}\left[1 + \frac{r}{l_1}\,\frac{G J_1}{E J_3'}\,\frac{7+12k_2}{6(2+3k_2)}\right]. \tag{218}$$

Bei Berücksichtigung der Schubspannungen kommt rechter Hand noch das Glied $\varkappa X r/G F_3$ hinzu, und der Ausdruck für ϑ wird etwas verwickelter.

Die erhaltenen Formeln unterscheiden sich von denen für glatte Wellen durch die Berücksichtigung der Biegbarkeit der Wangen senkrecht zur Kröpfung und der Schubspannungen in diesen. Für $E J_3' \to \infty$ würde man die gewöhnliche Formel $\vartheta = M l_1/G J_1$ wiederfinden.

Beispiel 66. Kurbelwelle eines 4-Zylinder-Simson-Motors der Berlin-Suhler Waffen- und Fahrzeug-Werke mit den in Abb. 121 gegebenen Abmessungen. — Man erhält durch Einsetzen der Werte

$$k_2 = \frac{l_2}{r}\frac{E J_3'}{G J_2} = \frac{l_2}{r}\frac{E h h'^3/12}{G \pi d_2^4/32} = 0{,}394,$$

$$\varrho = \frac{E J_3'}{G F_3 r^2} = \frac{E h h'^3/12}{G h h' r^2} = \frac{E h'^2/12}{G r^2} = 0{,}24, \quad \varkappa = 1{,}2;$$

somit nach Gl. (217)

$$\frac{M_1}{M} = \frac{Y}{P} = \frac{1}{2(2 + 3 k_2 + 3 \varkappa \varrho)} = 0{,}124. \quad Y = 0{,}124\,P, \quad X = 1{,}124\,P.$$

88. Vergleichsspannungen für zusammengesetzte Beanspruchung. Schon in der Einleitung wurde bemerkt, daß der in einem Punkte auftretende Spannungszustand mit der „Beanspruchung“ in diesem Punkte in enger Beziehung steht. Wie gerade in den letzten Abschnitten gezeigt wurde, setzt sich dieser Spannungszustand in den meisten Fällen aus mehreren Bestandteilen zusammen, die in der elementaren Theorie für sich ermittelt wurden. Andrerseits können nach den im III. Kapitel über das Verhalten der Werkstoffe gemachten Erläuterungen für den Beginn des Fließens und dessen weiteren Verlauf bis zum Bruch verschiedene Hypothesen gemacht werden, die schon in **34** angegeben worden sind. Um jetzt ein Maß für die Beanspruchung in einem Punkte zu erhalten, führt man „reduzierte“ oder „Vergleichsspannungen“ ein; darunter versteht man jene Werte[1] σ_V (bei Zug) oder σ_{dV} (bei Druck) eines einachsigen Spannungszustandes, die gemäß diesen Hypothesen dieselbe Beanspruchung ergeben wie der gegebene (i. a. mehrachsige) Spannungszustand. Die Vergleichsspannung ist daher von der zugrunde gelegten Festigkeitshypothese abhängig.

Für den einachsigen Spannungszustand ist die vorhandene größte Zug- oder Druckspannung selbst die Vergleichsspannung. Erst für zwei- oder dreiachsige Spannungszustände gewinnen wir durch diese Hypothesen neue Aussagen.

In Tabelle 7 sind diese Vergleichsspannungen zusammengestellt für folgende Fälle: a) zweiachsiger Spannungszustand, der aus einer Normalspannung und einem Paar von Schubspannungen besteht; dieser Spannungszustand kommt bei Biegung und Schub und bei Biegung und Verdrehung vor und wurde schon im I. Kapitel besprochen. a_1) zweiachsiger Spannungszustand, aus einem Paar von Schubspannungen allein bestehend — ein Sonderfall von a) —; ferner b) dreiachsiger Spannungszustand, auf die drei Hauptspannungen bezogen.

[1] Bezeichnungen nach Hütte Bd. 1.

Tabelle 7. Vergleichsspannungen.

Maßgebend für die Beanspruchung	Vergleichsspannung bei reinem Zug (bzw. Druck)	a) Zweiachs. Spannungszustand: Eine Normalspannung σ mit Schubspannung τ	a_1) Reiner Schub τ	b) Dreiachsiger Spannungszustand (auf die Hauptspannungen $\sigma_1, \sigma_2, \sigma_3$ bezogen)
I. Größte Zugsp. (wenn pos.) Größte Drucksp. (wenn neg.)	$\left.\begin{matrix}\sigma_V\\ \sigma_{dV}\end{matrix}\right\}=$	$\frac{\sigma}{2} \pm \frac{1}{2}\sqrt{\sigma^2 + 4\tau^2}$	$\pm\tau$	σ_1 (falls pos.) σ_3 (falls neg.)
II. Größte Dehnung (wenn pos.) Größte Kürzung (wenn neg.)	$\left.\begin{matrix}\sigma_V\\ \sigma_{dV}\end{matrix}\right\}=$	$\left(1 - \frac{1}{m}\right)\frac{\sigma}{2} \pm \frac{1}{2}\left(1 + \frac{1}{m}\right)\sqrt{\sigma^2 + 4\tau^2}$	$\pm\left(1 + \frac{1}{m}\right)\tau$	$\sigma_1 - (\sigma_2 + \sigma_3)/m$ (falls pos.) $\sigma_3 - (\sigma_1 + \sigma_2)/m$ (falls neg.)
III. Größte Schubspannung	σ_V bzw. $\sigma_{dV} =$	$\pm\sqrt{\sigma^2 + 4\tau^2}$	$\pm 2\tau$	$\sigma_1 - \sigma_3$
IV. Größte Gestaltänderungsarbeit	$\left.\begin{matrix}\sigma_V\\ \sigma_{dV}\end{matrix}\right\}=$	$\pm\sqrt{\sigma^2 + 3\tau^2}$	$\pm\tau\sqrt{3}$	$\pm\sqrt{\tfrac{1}{2}\{(\sigma_1 - \sigma_2)^2 + (\sigma_1 - \sigma_3)^2 + (\sigma_2 - \sigma_3)^2}$

Den verschiedenen Festigkeitshypothesen entsprechend erhält man für die Vergleichsspannungen die eingetragenen Werte, wozu auch noch die folgenden Bemerkungen dienen mögen.

I. Hypothese der größten Normalspannung. Im Fall a) wird gesetzt

$$\left.\begin{matrix}\sigma_V\\ \sigma_{dV}\end{matrix}\right\} = \left.\begin{matrix}\max\sigma\\ \min\sigma\end{matrix}\right\} = \frac{\sigma}{2} \pm \frac{1}{2}\sqrt{\sigma^2 + 4\tau^2}\left\{\begin{matrix}\leqq \sigma_{zul}\\ \geqq \sigma_{d\,zul}\end{matrix}\right. . \tag{219}$$

Für einfachen Schub (a_1) ist insbesondere

$$\left.\begin{matrix}\sigma_V\\ \sigma_{dV}\end{matrix}\right\} = \pm\tau\left\{\begin{matrix}\leqq \sigma_{zul}\\ \geqq \sigma_{d\,zul}\end{matrix}\right. . \tag{220}$$

II. Hypothese der größten Dehnung. Für einen einachsigen Spannungszustand ist die Dehnung durch die einzige vorhandene Spannung bestimmt; für einen solchen fällt daher die Bedingung der größten Dehnung mit der der größten Spannung zusammen. Für einen mehrachsigen Spannungszustand denkt man sich je einen einachsigen Spannungszustand zugeordnet, der in jeder Hauptachsenrichtung dieselbe Dehnung ε ergibt wie der gegebene zwei- oder dreiachsige: die Größe dieser zugeordneten Spannung, die dem zwei- oder dreiachsigen Zustand hinsichtlich der Dehnung als gleichwertig entspricht, bezeichnen wir jetzt als die Vergleichsspannung σ_V, und es ist klar, daß (unter der getroffenen Annahme) der absolut größte der Werte ε_1, ε_2, ε_3 für den Eintritt des Fließzustandes und darauf des Bruches maßgebend ist.

Im Falle a) ist zu setzen

$$\left.\begin{matrix}\sigma_V\\ \sigma_{dV}\end{matrix}\right\} = \left.\begin{matrix}\max\varepsilon\\ \min\varepsilon\end{matrix}\right\}\cdot E = \frac{m-1}{2m}\sigma \pm \frac{m+1}{2m}\sqrt{\sigma^2 + 4\tau^2}\left\{\begin{matrix}\leqq \sigma_{zul}\\ \geqq \sigma_{d\,zul}\end{matrix}\right. ; \tag{221}$$

insb. folgt für $m = 10/3$

$$\left.\begin{matrix}\sigma_V\\ \sigma_{dV}\end{matrix}\right\} = 0{,}35\,\sigma \pm 0{,}65\sqrt{\sigma^2 + 4\tau^2}\left\{\begin{matrix}\leqq \sigma_{zul}\\ \geqq \sigma_{d\,zul}\end{matrix}\right. .$$

Für einfachen Schub (a_1) ist (für $m = 10/3$)

$$\left.\begin{matrix}\sigma_V\\ \sigma_{dV}\end{matrix}\right\} = \frac{m+1}{m}\tau = 1{,}3\,\tau\left\{\begin{matrix}\leqq \sigma_{zul}\\ \geqq \sigma_{d\,zul}\end{matrix}\right. , \tag{222}$$

also $\qquad \tau \leqq \sigma_{zul}/1{,}3\,.$

Nach dieser Gleichung wird auch der zulässige Wert für die größte auftretende Schubspannung nach Festlegung der zulässigen größten Zugspannung bestimmt, d. h. es wird gesetzt

$$\tau_{zul} = \sigma_{zul}/1{,}3\,, \quad \text{bzw.} \quad \tau = \sigma_{d\,zul}/1{,}3\,.$$

Bei den Anwendungen der Gl. (221) auf die Berechnung von Wellen, die auf Biegung und Verdrehung beansprucht sind, wird noch ein Faktor α_0 eingeführt, indem man schreibt

$$\left.\begin{matrix}\sigma_V\\ \sigma_{dV}\end{matrix}\right\} = 0{,}35\,\sigma \pm 0{,}65\sqrt{\sigma^2 + 4\,\alpha_0^2\,\tau^2}\left\{\begin{matrix}\leqq \sigma_{zul}\\ \geqq \sigma_{d\,zul}\end{matrix}\right. , \tag{223}$$

und
$$\alpha_0 = \frac{\sigma_{zul}}{1,3\,\tau_{zul}}$$
gesetzt. Durch diese Einführung wird erwirkt, daß man für Normalspannungen allein ($\tau = 0$) $\sigma_V = \sigma$, für Schubspannungen allein $\sigma_V = \tau$ erhält, wie es nach der Hypothese der größten Dehnung sein muß.

III. Hypothese der größten Schubspannung. Im Falle a) ist $\max \tau = \frac{1}{2}\sqrt{\sigma^2 + 4\,\tau^2}$, daher ist
$$\left.\begin{matrix}\sigma_V\\ \sigma_{dV}\end{matrix}\right\} = \pm\sqrt{\sigma^2 + 4\,\tau^2}\left\{\begin{matrix}\leqq \sigma_{zul}\\ \geqq \sigma_{dzul}\end{matrix}\right. ; \tag{224}$$
für reinen Schub und reine Torsion ($\sigma = 0$) ist
$$\left.\begin{matrix}\sigma_V\\ \sigma_{dV}\end{matrix}\right\} = \pm 2\,\tau\left\{\begin{matrix}\leqq \sigma_{zul}\\ \geqq \sigma_{dzul}\end{matrix}\right. , \tag{225}$$
und die größte auftretende Schubspannung ist durch die Bedingung zu bestimmen
$$\tau = \sigma_{zul}/2 \quad \text{bzw.} \quad \sigma_{dzul}/2\,. \tag{226}$$

IV. Hypothese der größten Gestaltänderungsarbeit. Für den Fall a) ist
$$\sigma_{1,2} = \frac{\sigma}{2} \pm \frac{1}{2}\sqrt{\sigma^2 + 4\,\tau^2}\,,$$
daher (da $\sigma_3 = 0$) nach **34** Gl. (54)
$$A^{(g)} = \frac{1}{12\,G}\left\{(\sigma_1 - \sigma_2)^2 + \sigma_1^2 + \sigma_2^2\right\}$$
$$= \frac{1}{12\,G}\left\{\sigma^2 + 4\,\tau^2 + \frac{1}{2}\,\sigma^2 + \frac{1}{2}(\sigma^2 + 4\,\tau^2)\right\} = \frac{1}{6\,G}(\sigma^2 + 3\,\tau^2) = \frac{\sigma_V^2}{6G}\,.$$
Es ist also
$$\left.\begin{matrix}\sigma_V\\ \sigma_{dV}\end{matrix}\right\} = \pm\sqrt{\sigma^2 + 3\,\tau^2}\left\{\begin{matrix}\leqq \sigma_{zul}\\ \geqq \sigma_{dzul}\end{matrix}\right. . \tag{227}$$

Eine übersichtliche Darstellung der Vergleichsspannungen bei den Hypothesen *I* bis *IV* (bei *II* für $m = 10/3$) für den zweiachsigen, durch σ und τ gegebenen Spannungszustand ist in Abb. 122 angegeben; und zwar ist für die vier in Betracht kommenden Ausdrücke jeweils σ_V/σ als Funktion von τ/σ angetragen. Man erkennt aus dieser Abbildung, daß bei gegebenen Werten von σ und τ die Vergleichsspannungen für die verschiedenen Hypothesen in der Reihenfolge *I*, *II*, *IV*, *III* erscheinen, so daß die Vergleichsspannungen bei *I* am kleinsten und bei *III* am größten ausfallen, dazwischen liegen die Kurve *II* und die modernste Hypothese *IV*.

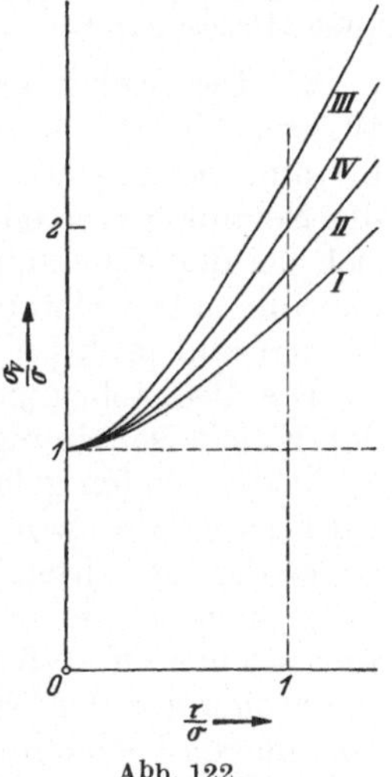

Abb. 122.

In Tabelle 7 sind ferner unter b) die Vergleichsspannungen für einen dreiachsigen Spannungszustand eingetragen, der auf die Hauptspannungen $\sigma_1, \sigma_2, \sigma_3$ bezogen ist.

Beispiel 67. Biegung und Verdrehung. Für eine auf Biegung und Verdrehung beanspruchte Welle mit Kreisquerschnitt vom Halbmesser r (TM in bezug auf die Biegungsachse J_z, polares TM in bezug auf den Mittelpunkt $J_p = 2J_z$) erhält man durch Einführung des Biegungsmomentes M_b und des Verdrehungsmomentes M_t für die Spannungen in einem Punkte der y-Achse in einer Entfernung r von der Wellenmitte die Werte

$$\sigma_x = \frac{M_b r}{J_z}, \qquad \tau = \frac{M_t r}{2 J_z};$$

damit findet man als Vergleichsspannungen nach der Hypothese der größten Dehnung

$$\left.\begin{matrix}\sigma_V \\ \sigma_{dV}\end{matrix}\right\} = \frac{m-1}{2m}\frac{M_b r}{J_z} \pm \frac{m+1}{2m}\frac{r}{J_z}\sqrt{M_b^2 + M_t^2} = \frac{M_{red}\, r}{J_z}\left\{\begin{matrix}\leqq \sigma_{zul} \\ \geqq \sigma_{d\,zul}\end{matrix}\right.;$$

der Ausdruck

$$M_{red} = \frac{m-1}{2m} M_b \pm \frac{m+1}{2m}\sqrt{M_b^2 + M_t^2} \tag{228}$$

wird manchmal als das „reduzierte" oder „ideelle Biegungsmoment" bezeichnet.

Nach der Annahme der größten Schubspannungen hätten wir zu setzen

$$\left.\begin{matrix}\sigma_V \\ \sigma_{dV}\end{matrix}\right\} = \pm\sqrt{\sigma_x^2 + 4\tau^2} = \pm\frac{r}{J_z}\sqrt{M_b^2 + M_t^2} = \frac{M'_{red}\, r}{J_z}\left\{\begin{matrix}\leqq \sigma_{zul} \\ \geqq \sigma_{d\,zul}\end{matrix}\right.$$

mit

$$M'_{red} = \sqrt{M_b^2 + M_t^2}.$$

X. Knickung gerader Stäbe.

Theorie der elastischen und unelastischen Knickung. Unterscheidung zwischen der Theorie des als „Knickung" bezeichneten Vorgangs und der technischen Berechnung insbesondere im Hinblick auf die Dimensionierung eines auf Knikkung (Druck mit Knickgefahr) beanspruchten Konstruktionsgliedes.

89. Die Knickung als Instabilität des elastischen Gleichgewichts. Während bei den bisher behandelten Fragestellungen die Aufgabe darin bestand, bei gegebener Form und Belastung des beanspruchten Körpers die Spannungsverteilung und Formänderung zu ermitteln, handelt es sich bei der Knickung um ein Problem der elastischen Stabilität, das von ganz anderer Beschaffenheit, aber von nicht geringerem theoretischen und praktischen Interesse ist.

Die Beobachtungen, die den Ausgangspunkt für die Untersuchung der Knickerscheinung bilden, sind von folgender Art: Wenn ein Stab an beiden Enden gelagert und in der Längsrichtung auf Druck belastet wird, so gibt es, von einem bestimmten Werte dieser Last angefangen, außer der lotrechten geraden, auch eine gekrümmte Gleichgewichtslage (oder mehrere, je nach der Querschnittsform). Besonders bemerkenswert ist hierbei, daß diese Erscheinung bei Spannungen eintreten kann, die weit unter der Fließgrenze σ_{-S} liegen, ja sogar unterhalb der sonst als zulässig betrachteten einfachen Druckspannung $\sigma_{d\,zul}$. Die Last, bei der diese Erscheinung eintritt, nennt man Knicklast oder kritische Last, die Erscheinung selbst Knickung; man sagt, der Stab „knickt aus". Das Verdienst, diese Last in den einfachsten Fällen zuerst bestimmt zu haben, gebührt L. Euler (1757).

Die Bestimmung der Knicklast kann auf verschiedenen Wegen erfolgen. Gemäß der oben erwähnten Erfahrungstatsache geht man am einfachsten von der Frage aus, unter welchen Umständen, d. h. bei welchen Werten der Last eine von der Geraden verschiedene Gleichgewichtsform des Stabes möglich ist (oder deren mehrere). Die Ausrechnung lehrt, daß für solche Werte der Last, die die Knicklast übersteigen, die Formänderungsarbeit des durchgebogenen Stabes kleiner ist als die zur reinen Zusammendrückung erforderliche, die gerade Form daher labil und die gekrümmte stabil ist. Durch die Bedingung, daß die Formänderungsarbeiten des gedrückten und durchgebogenen Stabes einander gleich sind, erhält man ein Energiekriterium der Stabilität, das ebenfalls zur Ermittlung der Knicklasten (auch in verwickelteren Fällen) herangezogen werden kann.

Auf die sich von selbst einstellende Frage, wieso es kommt, daß der Stab bei Erreichen kritischer Last die gerade Form verläßt und eine gekrümmte Form annimmt, ist zu sagen, daß hierfür — wie in allen Fällen, in denen labile Gleichgewichtslagen vorkommen — die stets vorhandenen kleinen Unsymmetrien und Störungen in der Lagerung und sonstigen Beschaffenheit des Materials, kleine Exzentrizitäten des Kraftangriffs, kleine vorhandene Krümmungen u. dgl. verantwortlich zu machen sind.

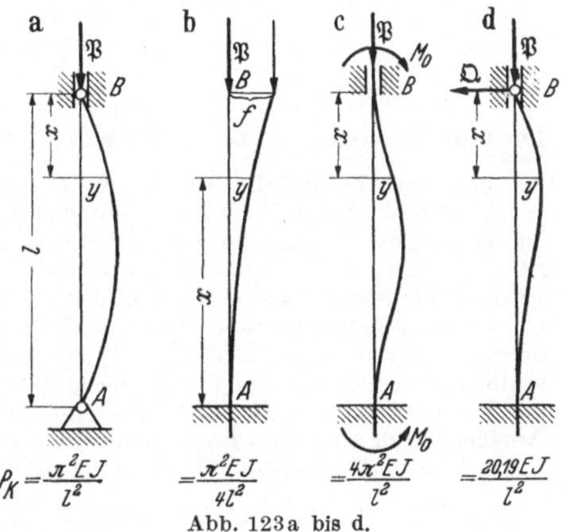

Abb. 123a bis d.

90. Elastische Knickung. Eulersche Theorie. Gemäß dem oben Gesagten besteht der Gedanke, der der Eulerschen Theorie zugrunde liegt, darin, die Bedingungen aufzustellen, unter denen eine von der geraden verschiedene, gekrümmte Gleichgewichtsform möglich ist. Die Voraussetzungen der Rechnung sind dabei dieselben wie bei der gewöhnlichen Theorie der Biegung gerader Stäbe.

Je nach der Lagerung der Enden ergeben sich für gerade Stäbe die folgenden vier typischen Fälle (Abb. 123a bis d).

a) Beide Enden gelenkig gelagert und eines in der Längsrichtung verschieblich. Die Last sei 𝔓. Die Differentialgleichung des gebogenen Stabes lautet wie in der Biegungslehre allgemein

$$\frac{d^2y}{dx^2} = -\frac{M}{EJ},$$

also mit $M = Py$

$$\frac{d^2y}{dx^2} = -\frac{P}{EJ}\,y\,.$$

Setzt man $P/EJ = \varkappa^2$, so erhält man die Differentialgleichung

$$y'' + \varkappa^2 y = 0\,, \tag{229}$$

deren allgemeine Lösung sofort angegeben werden kann; sie lautet

$$y = C \cos \varkappa x + D \sin \varkappa x\,, \tag{230}$$

wenn C, D die beiden Integrationskonstanten bedeuten.

Die Randbedingung $x = 0$, $y = 0$ für das obere Ende B liefert $C = 0$, und die für das untere Ende A, $x = l$, $y = 0$ führt auf die Gleichung

$$D \sin \varkappa l = 0\,,$$

aus der (da $D \neq 0$ sein muß) als „Knickbedingung" die Gleichung

$$\sin \varkappa l = 0\,, \quad \text{also} \quad \varkappa l = \pi, 2\pi, \ldots \tag{231}$$

folgt. Setzt man für $\varkappa = \sqrt{P/EJ}$ ein, so ist der kleinste Wert von P, für den eine von $y \equiv 0$ verschiedene Gleichgewichtslage möglich ist, gegeben durch

$$\boxed{P_\varkappa = \frac{\pi^2 E J}{l^2}\,.} \tag{232}$$

Dies ist die sogenannte „Eulersche Knicklast".

Man beachte, daß die Ausbiegung selbst (d. i. die Größe D) unbestimmt bleibt, es gibt also für diesen Wert von P einen ganzen Bereich von Gleichgewichtslagen. — Die Gleichgewichtsformen und Knicklasten, die den höheren Werten von $\varkappa l$, also $\varkappa l = 2\pi, 3\pi, \ldots$ entsprechen, lassen sich nur durch besondere Zwischenstützen verwirklichen und kommen praktisch nicht in Betracht.

Ferner ist zu bemerken, daß die hier entwickelte Theorie lediglich die Aussage liefert, daß nur bei den Werten $P_\varkappa$ von null verschiedene Ausbiegungen (also Instabilitäten) möglich sind. Daß überhaupt bei allen Werten von P, die größer als das kleinste $P_\varkappa$ [nach Gl. (232)] sind, auch wenn $\sin \varkappa l \neq 0$ ist, von null verschiedene Ausbiegungen auftreten können, liefert erst eine genauere Theorie, die jedoch verwickeltere mathematische Hilfsmittel erfordert.

b) Ein Ende eingespannt, das andere frei. Bezeichnet man die (unbekannte) waagrechte Verschiebung des belasteten Stabendes B mit f, so hat man zu setzen $M = -P(f - y)$, und die Differentialgleichung der Biegelinie lautet (mit $P/EJ = \varkappa^2$)

$$\frac{d^2 y}{dx^2} = \frac{P}{EJ}(f - y) = \varkappa^2 (f - y)\,,$$

oder

$$y'' + \varkappa^2 y = \varkappa^2 f\,. \tag{233}$$

Die Lösung ist

$$y = f + C \cos \varkappa x + D \sin \varkappa x\,. \tag{234}$$

Die eine Einspannungsbedingung für das Ende A, $x = 0$, $y' = 0$ führt auf $D = 0$; die andere $x = 0$, $y = 0$ auf $C = -f$, daher ist

$$y = f(1 - \cos \varkappa x)\,.$$

Da für das freie Ende $x = l$, $y = f$ gelten muß, so folgt als „Knickbedingung"

$$\cos \varkappa l = 0\,, \quad \text{also} \quad \varkappa l = \pi/2, 3\pi/2, \ldots \tag{235}$$

Die kleinste Knicklast ergibt sich aus $\varkappa l = \pi/2$ in der Form

$$\boxed{P_\varkappa = \frac{\pi^2 E J}{4 l^2}\,.} \tag{236}$$

c) Beide Enden eingespannt (eines in der Längsrichtung verschieblich). In diesem Falle sind für die gekrümmte Gleichgewichtslage an beiden Enden Einspannungsmomente M_0 einzuführen, und das Biegungsmoment an der Stelle x ist in der Form $M = - M_0 + P y$ anzusetzen; daher

$$\frac{d^2 y}{d x^2} = \frac{M_0}{E J} - \frac{P y}{E J}$$

mit der Lösung

$$y = \frac{M_0}{P} + C \cos \varkappa x + D \sin \varkappa x\,.$$

Die Bedingung $x = 0$, $y' = 0$ führt auf $D = 0$, die zweite $x = 0$, $y = 0$ auf $C = - M_0/P$; also ist die Lösung

$$y = \frac{M_0}{P} (1 - \cos \varkappa x)\,.$$

Sollen auch die Bedingungen $x = l$, $y' = 0$ und $x = l$, $y = 0$ erfüllt sein, so muß

$$\cos \varkappa l = 1\,, \quad \text{also} \quad \varkappa l = 2\pi, 4\pi, \ldots$$

gesetzt werden. In diesem Falle ist die kleinste Knicklast gegeben durch

$$\boxed{P_\varkappa = \frac{4 \pi^2 E J}{l^2}\,.} \tag{237}$$

d) Ein Ende eingespannt, das andere gelenkig und verschieblich gelagert. Am gelenkigen Ende ist jetzt (wegen der statisch-unbestimmten Lagerung) eine waagrechte Auflagerkraft Q anzunehmen und $M = P y + Q x$ zu setzen; die Differentialgleichung der elastischen Linie

$$\frac{d^2 y}{d x^2} = - \frac{P y}{E J} - \frac{Q x}{E J}$$

hat die Lösung

$$y = - \frac{Q x}{P} + C \cos \varkappa x + D \sin \varkappa x\,.$$

Die Bedingung $x = 0$, $y = 0$ für das obere Ende B gibt $C = 0$. Für das untere Ende A, $x = l$ hat man zunächst $y = 0$, also folgt

$$0 = - \frac{Q l}{P} + D \sin \varkappa l\,, \quad \text{daraus} \quad D = \frac{Q l}{P \sin \varkappa l}\,,$$

und

$$y = \frac{Q}{P} \left[\frac{l \sin \varkappa x}{\sin \varkappa l} - x \right].$$

Nimmt man hierzu noch die zweite Bedingung für die Einspannung am unteren Ende A, nämlich $x = l$, $y' = 0$, so erhält man

$$\frac{\varkappa l \cos \varkappa l}{\sin \varkappa l} - 1 = 0\,,$$

und daher als „Knickbedingung" die Gleichung

$$\operatorname{tg} \varkappa l = \varkappa l\,. \tag{238}$$

Die kleinste Wurzel dieser Gleichung, die praktisch mit Benützung von Tabellen oder durch Zeichnung gefunden wird, hat den Wert $\varkappa l = 4{,}49$, und damit folgt für die kleinste Knicklast

$$\boxed{P_\varkappa = \frac{20{,}19\,E J}{l^2}\,.} \tag{239}$$

Man beachte, daß die Knicklasten in den drei Fällen b) bis d) aus a) hervorgehen, wenn statt l in der Gl. (232) $2\,l$ im Falle b), $l/2$ im Falle c) oder $0{,}7\,l$ im Falle d) eingesetzt wird. Demgemäß können die weiteren Betrachtungen auf den Fall a) beschränkt werden, wenn statt l im Nenner der Gl. (232) jeweils die sog. „reduzierte Stablänge", d. i. $2\,l$, $l/2$ oder $0{,}7\,l$ eingesetzt wird.

Über die Knickung einer Säule unter ihrem eigenen Gewicht s. **103.**

91. Gültigkeitsbereich der Eulerschen Gleichung. An der Eulerschen Gl. (232) ist vor allem auffallend, daß in ihr die Spannung nicht vorkommt; die Form des Querschnittes geht nur durch das TM in die Gleichung ein. Um die Spannung ersichtlich zu machen, dividieren wir beide Seiten der Gleichung durch den Querschnitt F und schreiben

$$\frac{P_\varkappa}{F} = \pi^2 E\,\frac{J/F}{l^2}\,.$$

Durch Einführung von

$$P_\varkappa/F = \sigma_\varkappa\,, \quad \text{der „Knickspannung"},$$

von

$$J/F = i^2\,, \quad i = \text{Trägheitshalbmesser},$$

und von

$$l/i = \lambda\,, \quad \text{der „Schlankheit"},$$

erhält die Eulerformel die Gestalt

$$\boxed{\sigma_\varkappa = \pi^2 E/\lambda^2\,.} \tag{240}$$

Soweit E für ein bestimmtes Material als konstant aufgefaßt werden kann, ist der Zähler $\pi^2 E$ der rechten Seite dieser Gleichung konstant. Trägt man in einem Achsenkreuz λ als Abszissen und $\sigma_\varkappa$ als Ordinaten ein, so stellt diese Gleichung eine kubische Hyperbel dar, die sog. Eulerhyperbel. Für jedes λ gibt die zugehörige Ordinate jenen Wert von $\sigma_\varkappa$, bei dem das Knicken eintreten kann (aber nicht eintreten muß). Bei schlanken Stäben, d. s. solche mit großen Werten von l/i, stimmen die nach der Eulerschen Gleichung gerechneten Werte der Knicklast auch sehr gut mit den Beobachtungen überein.

Wenn die Spannung $\sigma_\varkappa$ die Proportionalitätsgrenze σ_{-P} (oder Elastizitätsgrenze, die ihr meist sehr nahe liegt) des Materials erreicht oder überschreitet, was bei

$$\lambda = \lambda_P \equiv \pi \sqrt{E/\sigma_{-P}} \tag{241}$$

eintreten wird, so kann von einer konstanten „Elastizitätszahl" nicht mehr gesprochen werden; es ist daher von vornherein zu erwarten, daß für alle $\lambda < \lambda_P$ die Knickspannungen, d. s. jene Werte von $P_\varkappa/F$, bei denen ein Ausknicken erfolgen kann, nicht durch die Ordinaten der Eulerhyperbel, sondern durch kleinere Werte gegeben sein werden. Dies wurde auch durch Versuche bestätigt, die zur Untersuchung der Knickerscheinungen angestellt wurden, und von denen die sehr genauen Versuche von v. Tetmajer die bekanntesten geworden sind. In der folgenden Tabelle 8 sind für verschiedene Stoffe (außer den Werten von E, σ_{-P}, σ_{-B} und des üblichen Sicherheitsgrades n) die nach Gl. (241) gerechneten und die beobachteten Werte für die Grenze der Schlankheit λ_P einander gegenübergestellt. Aus den Versuchen ergibt sich auch, daß für alle $\lambda > \lambda_P$ die zugehörigen Knickspannungen sehr genau durch die Punkte der Eulerhyperbel gegeben sind. Diese Ergebnisse werden allerdings nur dann in einwandfreier Form erhalten, wenn die Lagerung besonders sorgfältig in Form einer „Schneidenlagerung" erfolgt, welche die ideale Form der Gelenklagerung darstellt.

Tabelle 8. Grenzen der Schlankheit λ_P und $J_{\min}$.

Werkstoff	E t/cm²	σ_{-P} t/cm²	σ_{-B} t/cm²	n	λ_P gerechnet	λ_P nach Versuchen	$J_{\min} = \frac{n}{\pi^2 E} P l^2$ (P in t, l in m, $J_{\min}$ in cm⁴)
Holz........	100	0,100	0,28	3,5	99	100	~ 35 Pl^2
Gußeisen ...	1000	1,5	8,0	6	81	80	~ 6 Pl^2
Schweißeisen	2000	1,6	3,50	3,5	111	112	~ 1,75 Pl^2
Flußeisen ...	2150	2,0	3,8	3,5	103	105	~ 1,65 Pl^2
Flußstahl ...	2150	3,0	6,00	5	85	90	~ 2,4 Pl^2

92. Unelastische Knickung. Die Engesser-v. Kármánsche Theorie. Läßt man (etwa bei festem i) die Länge l des Stabes, also die Schlankheit l/i abnehmen, so kommt man — gemäß der Eulerschen Gleichung oder ihrem Bilde, der Eulerhyperbel — zu einer Grenze λ_P, bei der die Knickspannung die Proportionalitätsgrenze σ_{-P} erreicht; als „Knickspannung" ist immer jener Wert der gleichmäßig über den Querschnitt verteilten Druckspannung anzusehen, bei der das Gleichgewicht labil wird. Bei Stäben, für welche $\lambda < \lambda_P$ ist, verhält sich der Stoff nicht mehr rein elastisch, die Knickspannungen kommen in das Gebiet derjenigen Spannungen, die mit bleibenden Formänderungen verbunden sind, so daß man in diesem Fall von unelastischer oder plastischer Knikkung sprechen kann.

Auch in diesem Falle ist es möglich, eine theoretische Ermittlung der Größe der Knickspannung zu geben. Man geht hierzu von demselben Gedanken aus wie früher: es werden die Bedingungen aufgestellt, unter denen eine von der geraden verschiedene Gleichgewichtsform des Stabes möglich ist. Im durchgebogenen Zustand kann Gleichgewicht nur eintreten, wenn die über den Querschnitt verteilten Spannungen die Resultante $\mathfrak{P}$ und ein Biegemoment Py ergeben. Wir denken uns demgemäß den Stab durch die Kraft $P = F\sigma_m$ gleichmäßig zusammengedrückt und dann leicht ausgebogen. Für die Dehnungen und Spannungen im plastischen Gebiete werden die folgenden Annahmen eingeführt:

a) Den Dehnungen der einzelnen Fasern sollen — auch über die Elastizitätsgrenze hinaus — dieselben Spannungen entsprechen wie beim reinen Druckversuch bei Belastung und Entlastung, wobei für kleine Zuwächse die σ-ε-Linie nach Abb. 124 durch ihre Tangente ersetzt wird.

b) Die Dehnungen (Verkürzungen) der Fasern des ausgebogenen Stabes lassen sich — auch über die Elastizitätsgrenze hinaus — durch die Annahme berechnen, daß ebene Querschnitte eben bleiben. Aus dieser Annahme folgt einerseits die lineare Verteilung der Dehnungen und — in Verbindung mit a) — auch der Biegespannungen, andererseits die Möglichkeit, die Biegungsgleichung in der gewöhnlichen Form beizubehalten.

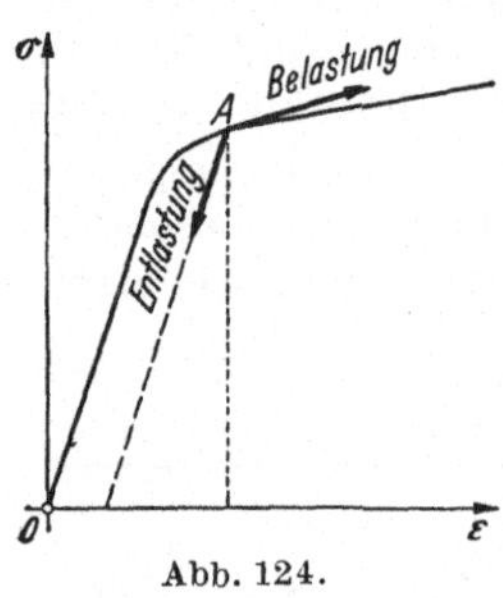

Abb. 124.

Auf Grund dieser Annahmen gelangt man zu folgenden Aussagen über die Spannungsverteilung: In jedem Querschnitt gibt es eine Gerade — die „Nullachse“ (bez. der Biegungsspannungen!) —, längs der die Spannung σ_m unverändert bleibt. Auf der Zugseite tritt bei der Biegung eine Entlastung der Fasern ein, und da bei dieser Entlastung nur die elastischen Formänderungen rückgängig werden, so gilt hier das Proportionalitätsgesetz zwischen den zusätzlichen Biegespannungen $\Delta\sigma$ und den zugehörigen Dehnungen $\Delta\varepsilon$ in der Form $\Delta\sigma = E\Delta\varepsilon$. Auf der Druckseite werden die Spannungen σ_m durch die Biegung vermehrt, wobei (nach Annahme a) oberhalb der Fließgrenze das durch die Druckversuche für diesen Bereich ermittelte Formänderungsgesetz gilt; wir erhalten daher eine Zunahme der Spannungen über σ_m hinaus, die wir (wegen der Kleinheit der Zuwächse nach a) in der Form

$$\Delta\sigma = E_1\Delta\varepsilon$$

ansetzen; E_1 bedeutet einen „Ersatzmodul“, der der Neigung der σ-ε-Linie an der Stelle A entspricht, also den Wert $(d\sigma/d\varepsilon)_A$ hat.

Die so entstehende Spannungsverteilung ist in Abb. 125 dargestellt. Die Bedingungen des elastischen Gleichgewichtes ergeben die Gleichungen

$$\int \sigma\, dF = P \quad \text{(Kräfte in der Längsrichtung)},$$

$$\int \sigma\, v\, dF = Py \quad \text{(Momente um die „Nullachse“)}.$$

Darin bedeutet v den Abstand einer Faser von der eingeführten „Nullachse“, y den Abstand dieser „Nullachse“ von der geraden Gleichgewichtsform des Stabes und $\sigma = \sigma_m + \Delta\sigma$.

In dem so entstehenden Spannungsbilde (Abb. 125) mögen σ_1', σ_2' die Randspannungen an der Druck- und Zugseite und h_1, h_2 die Entfernungen der „Nullachse" von den Rändern bezeichnen. Gemäß den Gleichungen der Biegungslehre

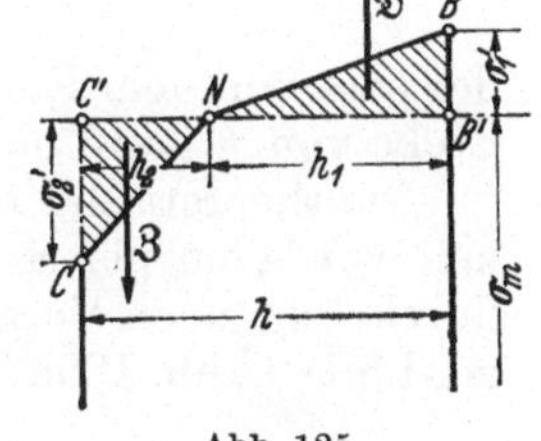

Abb. 125.

$$\frac{1}{\varrho} = \frac{M}{EJ}, \qquad \sigma = \frac{My}{J} = \frac{Ey}{\varrho}$$

erhält man daher

$$\sigma_1' = \frac{E_1 h_1}{\varrho}, \qquad \sigma_2' = \frac{E h_2}{\varrho}.$$

Die Bedingung $\int \sigma dF = P$ besagt dann für Rechteckquerschnitte unmittelbar die Gleichheit der in Abb. 125 schraffierten Dreiecke; d. h. es muß sein

$$E_1 h_1^2 = E h_2^2,$$

und mit $h = h_1 + h_2$ erhält man

$$h_1 = \frac{\sqrt{E}}{\sqrt{E_1} + \sqrt{E}} h, \qquad h_2 = \frac{\sqrt{E_1}}{\sqrt{E_1} + \sqrt{E}} h, \qquad \frac{h_1}{h_2} = \sqrt{\frac{E}{E_1}}.$$

Das Moment der Spannungen (ihre Summen sind in der Abb. 125 durch 𝔇, ℨ versinnbildlicht) ist sodann

$$M = \frac{b}{3}(h_1^2 \sigma_1' + h_2^2 \sigma_2') = \frac{b h^3}{3} \frac{E_1 E}{(\sqrt{E_1} + \sqrt{E})^2} \frac{1}{\varrho}.$$

Dieses Ergebnis läßt erkennen, daß die allgemeine Form der Biegungsgleichung

$$M = EJ/\varrho$$

auch für die plastische Knickung beibehalten werden kann; man hat hierzu nur für $bh^3/12$ das Trägheitsmoment J des Rechteckquerschnittes und statt E einen neuen „Knickmodul" E^* einzuführen, der durch die Gleichung gegeben ist

$$\boxed{E^* = \frac{4 E_1 E}{(\sqrt{E_1} + \sqrt{E})^2}} \quad \text{oder} \quad \frac{1}{\sqrt{E^*}} = \frac{1}{2}\left(\frac{1}{\sqrt{E}} + \frac{1}{\sqrt{E_1}}\right). \tag{242}$$

Die Differentialgleichung der durchgebogenen Mittellinie lautet dann (in der üblichen Annäherung)

$$E^* J y'' + P y = 0;$$

für die „Knicklast" erhält man den Wert

$$\boxed{P_\varkappa = \frac{\pi^2 E^* J}{l^2}.} \tag{243}$$

Auch für die Knickspannung $\sigma_\varkappa = P_\varkappa/F$ ergibt sich ein ganz ähnlicher

Ausdruck wie bei der Eulerschen Knickung

$$\boxed{\sigma_\varkappa = \frac{\pi^2 E^*}{\lambda^2},} \tag{244}$$

der sich von dem Eulerschen nur dadurch unterscheidet, daß E^* an die Stelle von E getreten ist.

Die theoretische Berechnung der Knickspannungen $\sigma_\varkappa$ in Abhängigkeit von λ im plastischen Bereich, d. h. für $\lambda < \lambda_P$ erfolgt demgemäß durch folgenden Vorgang: Man gehe von irgend einem Punkte A der σ-ε-Linie (Abb. 126a) mit der Ordinate $\sigma_\varkappa$ (die oberhalb σ_{-P} liegt) aus

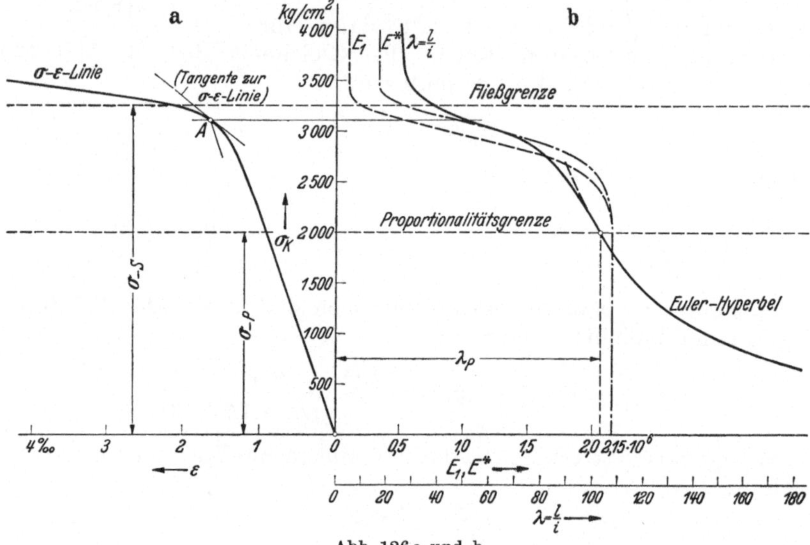

Abb. 126a und b.

und bestimme den dort geltenden Elastizitätsmodul E_1 durch die Neigung der Tangente, also durch $(d\sigma/d\varepsilon)_A = E_1$. Mit diesem Werte E_1 für das Druckgebiet und mit E für das entlastete Zuggebiet wird der „Knickmodul" E^* nach der Gl. (242) berechnet und in Abhängigkeit von $\sigma_\varkappa$ aufgetragen (Abb. 126b). Dadurch erhält man eine Kurve $E^* = E^*(\sigma_\varkappa)$. Dann rechne man mit diesem Werte die Größe λ aus der Gl. (244) aus, also

$$\lambda = \frac{l}{i} = \pi \sqrt{\frac{E^*}{\sigma_\varkappa}}, \tag{245}$$

und trage $\sigma_\varkappa$ in Abhängigkeit von λ auf. Dadurch erhält man die im plastischen Gebiet geltenden Werte für die Knickspannung in Abhängigkeit von λ. Das Ergebnis ist in Abb. 126b dargestellt. Die Übereinstimmung mit den von v. Kármán selbst, aber auch mit den von v. Tetmajer angestellten Versuchen ist außerordentlich befriedigend, doch hat dieser den Anstieg der $\sigma_\varkappa$-Linie in der Gegend von $\lambda \sim 25$ nicht gefunden.

Selbstverständlich gilt auch diese Theorie nur, solange die zugrunde gelegten Annahmen Geltung haben, d. h. nur so lange wie die einfache technische Biegungslehre. Die Vorgänge, die sich für noch kürzere Stäbe (etwa $\lambda < 25$) einstellen, insb. die Frage, ob dann überhaupt noch von Knickung gesprochen werden kann, bleiben auch bei dieser Theorie unerörtert.

Anmerkung. Man beachte, daß die ganze Theorie der Knickung auf der genauen Unterscheidung der Begriffe Proportionalitätsgrenze σ_P und Elatizitätsgrenze σ_E beruht. Es ist sehr gut denkbar, eine Knicktheorie zu entwickeln, die für den Bereich zwischen σ_P und σ_E gilt. Es ist dabei der Modul E durch einen anderen (ähnlich wie E_1) zu ersetzen, der der Tangente an die σ-ε-Linie entspricht und sowohl für die Zug- als auch für die Druckseite denselben Wert hätte. Dies ist im wesentlichen der Inhalt der Knicktheorie von F. Engesser aus den Jahren 1889 und 1895 (der allerdings leider von „Elastizitätsgrenze" spricht, wo er „Proportionalitätsgrenze" meint). Über der Elastizitätsgrenze muß die Theorie dem besonderen Verhalten des Materials im plastischen Gebiete Rechnung tragen und deshalb verschiedene Moduln (E und E_1) für das Zug- und Druckgebiet der Biegespannungen einführen; man gelangt so zu der vorstehenden durch F. Engesser und eine Bemerkung von F. Jansinsky 1895 angeregten und von v. Kármán 1909 entwickelten Knicktheorie.

93. Die Versuche von v. Tetmajer sind mit — für die damalige Zeit — recht genauen Hilfsmitteln ausgeführt worden und bilden in vielen Fällen auch heute noch die Grundlage für die Berechnung auf Knickung im plastischen Bereich; auf eine theoretische Begründung wird von vornherein vollständig verzichtet. Die Ergebnisse lieferten die Werte der Knickspannungen $\sigma_\varkappa$ in Abhängigkeit von λ im plastischen Bereiche für Holz, Schweißeisen, Flußeisen und Stahl als gerade Linien, für Gußeisen als Parabel, deren Gleichungen durch Ausgleich aus ziemlich stark streuenden Beobachtungen abgeleitet wurden und durch die folgende Tabelle 9 gegeben sind; in diese sind rechts auch die Gleichungen der bei λ_P anzuschließenden „Eulerhyperbel" eingetragen, wie sie sich aus der in **90** erhaltenen Gl. (240) unter den angegebenen Verhältnissen ergeben.

Tabelle 9. Knickspannungen $\sigma_\varkappa$ in t/cm².

	unelastischer Bereich (v. Tetmajer)		elastischer Bereich (Euler)	
Holz	$l/i < 100$	$\sigma_\varkappa = 0{,}293 - 0{,}00194\, l/i$	$l/i > 100$	$\sigma_\varkappa = 987\,(i/l)^2$
Gußeisen	$l/i < 80$	$\sigma_\varkappa = 7{,}76 - 0{,}12 l/i + 0{,}00053\,(l/i)^2$	$l/i > 80$	$\sigma_\varkappa = 9870\,(i/l)^2$
Schweißeisen	$l/i < 112$	$\sigma_\varkappa = 3{,}03 - 0{,}013\, l/i$	$l/i > 112$	$\sigma_\varkappa = 19740\,(i/l)^2$
Flußeisen	$l/i < 105$	$\sigma_\varkappa = 3{,}1 - 0{,}0114\, l/i$	$l/i > 105$	$\sigma_\varkappa = 21220\,(i/l)^2$
Flußstahl	$l/i < 89$	$\sigma_\varkappa = 3{,}35 - 0{,}0062\, l/i$	$l/i > 89$	$\sigma_\varkappa = 22210\,(i/l)^2$

Der Wert der Versuche von v. Tetmajer wird jedoch durch den Umstand vermindert, daß sie sich auf Werkstoffe von ganz bestimmter Beschaffenheit beziehen und auf Werkstoffe mit anderen Kennwerten (Streckgrenze usw.) nicht unmittelbar übertragen werden können.

94. Die technische Berechnung auf Knickung. Für die Technik erhebt sich die Frage, wie diese theoretisch gewonnenen und durch Versuche bestätigten, teils nur aus Versuchen erschlossenen Ergebnisse für die „Berechnung auf Knickung", d. h. vor allem für die Frage der „Dimensionierung" zu verwerten sind. Dazu ist zunächst erforderlich, zweckmäßige Festsetzungen über die „zulässige Knickspannung“ und über die dabei einzuführende „Sicherheit“ zu treffen.

Bei der Berechnung nach v. Tetmajer wird als „zulässige Knickspannung $\sigma_{\varkappa\,zul}$“ ein bestimmter Bruchteil der „tatsächlichen Knickspannung $\sigma_\varkappa$“ genommen; und zwar nimmt man (Abb. 127) für alle λ denselben Bruchteil, den die zulässige Druckspannung $\sigma_{d\,zul}$ gegenüber der Bruchspannung σ_{-B} ausmacht. (Für Stoffe mit gut ausgebildeter Streckgrenze σ_{-S} wird diese manchmal an Stelle von σ_{-B} genommen.) Unter Einführung der „Sicherheit n“ setzt man daher

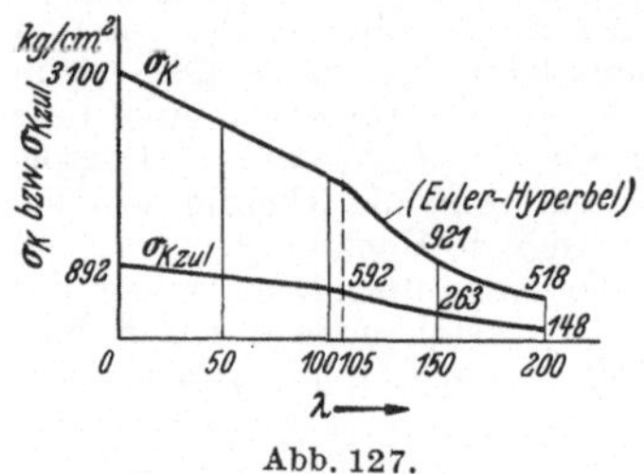

Abb. 127.

$$\frac{\sigma_\varkappa}{\sigma_{\varkappa\,zul}} = \frac{\sigma_{-B}}{\sigma_{d\,zul}} = n \quad (> 1!) \qquad (246)$$

und führt als „Vermittlungszahl“ α das Verhältnis ein

$$\boxed{\frac{\sigma_{\varkappa\,zul}}{\sigma_{d\,zul}} = \frac{\sigma_\varkappa}{\sigma_{-B}} = \alpha,} \quad (< 1!), \qquad (247)$$

das für jedes λ und für jedes Material aus dem beobachteten $\sigma_\varkappa$ und dem bekannten σ_{-B} (oder σ_{-S}) berechnet werden kann. Diese „Vermittlungszahlen α“ sind in der folgenden Tabelle 10 angegeben und gestatten für einen gegebenen oder vorgeschriebenen Wert von $\sigma_{d\,zul}$ die zulässige Knickspannung $\sigma_{\varkappa\,zul}$ zu berechnen.

Tabelle 10. Vermittlungszahlen α nach v. Tetmajer.

$\lambda = l/i =$	10	20	40	60	80	100	110
Holz	0,976	0,908	0,769	0,630	0,482	0,385	0,291
Gußeisen	0,827	0,696	0,476	0,308	0,193	—	—
Schweißeisen..	0,829	0,792	0,718	0,644	0,570	0,496	0,459
Flußeisen.....	0,786	0,756	0,696	0,636	0,576	0,516	0,462

Um einen auf Druck (mit Knickgefahr!) beanspruchten Konstruktionsteil zu berechnen, wird aus der Eulerschen Gl. (232) (s. auch Tabelle 8) nach Wahl einer bestimmten Sicherheit n das erforderliche TM ermittelt und der Querschnitt so festgelegt, daß er dieses berechnete TM aufweist. (Bei Walzprofilen benütze man hierzu stets die Tabellen für die normalisierten Profile!). Da erst jetzt i und l/i berechnet werden können, muß man sich überzeugen, ob der so gefundene Wert von l/i in den Eulerbereich fällt; trifft dies nicht zu, so hat man die Berechnung nach v. Tetmajer auszuführen. Demgemäß ergibt sich das folgende

Schema für die Berechnung auf Knickung:

A. Nach Euler: Gegeben P, E, n, l (bzw. $l_r = \gamma l$, $0{,}5 \leqq \gamma \leqq 2$); Gesucht: F.

Vorgang: Aus der Gleichung

$$J = n\,P\,l^2/\pi^2 E$$

berechne man J und findet daraus nach Wahl der Querschnittsform F und $\sqrt{J/F} = i$. Sodann prüfe man, ob $l/i > \lambda_P$. Ist dies der Fall, so hat man, da in der Eulerschen Gleichung die zulässige Spannung nicht vorkommt, nur noch zu prüfen, ob $P/F \leqq \sigma_{d\,zul}$.

Wenn aber $l/i < \lambda_P$, so hat man die Rechnung

B. nach v. Tetmajer auszuführen:

Gegeben: P, n, σ_{-B} (bzw. σ_{-S}), l (bzw. $l_r = \gamma l$, $0{,}5 \leqq \gamma \leqq 2$).

Gesucht: F.

Vorgang: Es wird $\sigma_{d\,zul} = \sigma_{-B}/n$ berechnet und für $\lambda = l/i$ ein Wert schätzungsweise angenommen; für diesen wird α aus der Tabelle 10 entnommen und

$$\sigma_{\varkappa\,zul} = \alpha\,\sigma_{d\,zul}, \qquad F = P/\sigma_{\varkappa\,zul}$$

berechnet. Nach Wahl der Querschnittsform (wieder unter Verwendung der Normalien!) ist damit auch i und l/i gefunden. Stimmt der so erhaltene Wert von l/i mit dem zuvor angenommenen nahe überein, so ist die Rechnung abzubrechen und der erhaltene Querschnitt als zutreffend zu erachten. Bei merklicher Abweichung ist die Rechnung mit einem neugewählten Wert von l/i zu wiederholen, u. zw. so oft, bis Übereinstimmung erzielt ist.

95. Anwendungen. Beispiel 68. Man berechne die Abmessungen eines in zwei Gelenken gelagerten Druckstabes aus Flußstahl mit Kreisquerschnitt für folgende Angaben: $P = 8{,}5$ t, $l = 1{,}35$ m, $E = 2{,}1 \cdot 10^6$ kg/cm², $n = 3{,}5$, $\sigma_{d\,zul} = 700$ kg/cm².

Aus der Eulerschen Gleichung (oder Tabelle 8) findet man

$$J = \frac{n P l^2}{\pi^2 E} = 26{,}2 \text{ cm}^4 = \frac{r^4 \pi}{4}, \quad \text{daraus } r^4 = 33{,}4 \text{ cm}^4, \quad r = 2{,}4 \text{ cm},$$

und daher

$$i = r/2 = 1{,}2 \text{ cm}, \quad \text{mithin } \lambda = l/i = 135/1{,}2 = 112.$$

Der Wert $\lambda = 112$ liegt noch im Eulerbereich (> 105!). Man hat noch zu überprüfen, ob der Querschnitt bezüglich der reinen Druckbeanspruchung ausreicht; es ist

$$\sigma = \frac{P}{F} = \frac{8500}{\pi \cdot 2{,}4^2} = 475 \text{ at} < \sigma_{d\,zul}.$$

Beispiel 69. Schubstange einer Dampfmaschine. Gegeben ist die größte Druckkraft (in der äußeren Totlage) $P = 20$ t, die Länge $l = 150$ cm, Kreisquerschnitt, $n = 7$. Bestimme den erforderlichen Durchmesser für weichen Flußstahl, $\sigma_{-S} = 3100$ at.

Nach Tabelle 8 (mit $n = 7$) ist bei Berechnung nach Euler

$$J = 3{,}3\,P l^2 = 148 \text{ cm}^4, \quad \text{daraus } r = 3{,}70, \quad i = r/2 = 1{,}85, \quad \lambda = 81.$$

Die Anwendung der Eulergleichung ist daher unzulässig. — Nach v. Tetmajer findet man aus Tabelle 10 für $\lambda = 65$, $\alpha = 0{,}621$, $\sigma_{\varkappa\,zul} = \alpha\,\sigma_{d\,zul} = 0{,}621 \cdot 3100/7 = 275$ at, daher

$$F = P/\sigma_{\varkappa\,zul} = 72{,}7 \text{ cm}^2 = \pi r^2, \quad r = 4{,}81 \text{ cm}, \quad i = r/2 = 2{,}40 \text{ cm}, \quad \lambda = l/i = 63.$$

Man wird daher $r = 4{,}8$ oder rund 5 cm wählen, um die angegebenen Bedingungen zu erfüllen.

Beispiel 70. Man ermittle das Profil eines I-Breitflanschträgers unter folgenden Bedingungen: $P = 60$ t, $l = 5$ m, $n = 3{,}5$, $\sigma_{-S} = 3100$ kg/cm².

Nach der Eulerschen Gleichung (s. Tabelle 8) ist das erforderliche TM

$$J = 1{,}65\,P\,l^2 = 2480\ \text{cm}^4.$$

Nach den Profiltabellen hätte man das NP 22 zu wählen; für dieses ist

$$J = 2840\ \text{cm}^4, \qquad i = 5{,}59\ \text{cm}, \qquad \lambda = l/i = 89\,. \quad (< 105!)$$

Die Anwendung der Eulergleichung ist daher unzulässig.

Für die Berechnung nach v. Tetmajer bilde man zunächst

$$\sigma_{d\,zul} = \sigma_{-s}/n = 885\ \text{at}\,.$$

Macht man die Annahme $\lambda = 80$ und entnimmt der Tabelle 10 $\alpha = 0{,}576$, so erhält man

$$\sigma_{\varkappa\,zul} = \alpha\,\sigma_{d\,zul} = 510\ \text{kg/cm}^2 \quad \text{und} \quad F = P/\sigma_{\varkappa\,zul} = 118\ \text{cm}^2\,.$$

Aus den Profiltabellen findet man für diese Fläche das NP 26, für das $F = 121$ cm² und $i = 6{,}61$ cm ist, und damit wird $\lambda = l/i = 76$. Man wiederhole daher die Rechnung mit $\lambda = 76$, findet $\alpha = 0{,}588$ und damit

$$\sigma_{\varkappa\,zul} = \alpha\,\sigma_{d\,zul} = 520\ \text{at}\,, \quad \text{also} \quad F = P/\sigma_{\varkappa\,zul} = 115\ \text{cm}^2,$$

kommt somit auf dasselbe Profil NP 26 wie zuvor.

96. Verfahren der Deutschen Reichsbahn (ω-Verfahren). Die Bedeutung der Versuche von v. Tetmajer für die Berechnung auf Knikkung ist durch den Umstand beeinträchtigt, daß die heute erzeugten Stahlsorten ganz andere Festigkeitseigenschaften zeigen als die damals untersuchten; dazu kommt noch, daß die Bedingung gleicher Sicherheit für alle Schlankheiten λ für kleine λ zu bedeutender Überdimensionierung führt. Diese Umstände haben zusammen mit der Forderung auf Vereinfachung der praktischen Rechnung zu dem ω-Verfahren geführt, das auf folgenden Festsetzungen beruht:

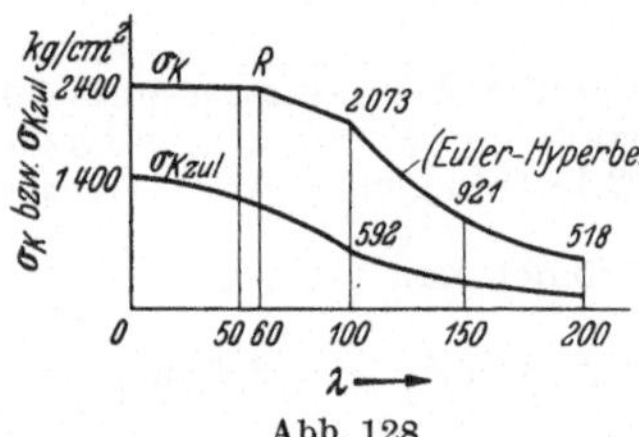

Abb. 128.

Im Anschluß an die Versuchsergebnisse wird im unelastischen Bereich ein bestimmter Verlauf sowohl der tatsächlichen als auch der zulässigen Knickspannung angenommen. Als tatsächliche Knickspannung wird (nach Abb. 128) für $0 < \lambda < 60$ die Streckgrenze des Materials angesehen, die für St 37 den Wert $\sigma_{-s} = 2400$ kg/cm² hat. Von dem so erhaltenen Punkte (R) ab wird eine geneigte Gerade gezogen, die bei $\lambda = 100$, $\sigma_\varkappa = 2073$ kg/cm² die Eulerhyperbel erreicht. Als zulässige Knickspannung wird zunächst im Eulerbereich der Teilbetrag

$$\sigma_{\varkappa\,zul} = \sigma_\varkappa/n \quad \text{für} \quad n = 3{,}5$$

gewählt; der Verlauf ist in Abb. 128 eingetragen. Im unelastischen Bereich wird für die zulässige Knickspannung eine Parabel angenommen, die für $\lambda = 0$ bei der zulässigen Druckspannung von $\sigma_{d\,zul} = 1400$ kg/cm² beginnt und bei $\lambda = 100$ den für den betreffenden Punkt der Eulerhyperbel zu berechnenden Wert $2073/3{,}5 = 592$ kg/cm² erreicht. Die Gleichung dieser Parabel ist von der Form

$$\sigma_{\varkappa\,zul} = \alpha' - \beta'\,\lambda^2\,,$$

in der die Konstanten α', β' durch die angegebenen Bedingungen festzulegen sind.

Aus dieser bis zu einem erheblichen Grade willkürlich angenommenen Kurve für $\sigma_{\varkappa\, zul}$ wird nun für jedes λ das Verhältnis

$$\boxed{\frac{\sigma_{d\,zul}}{\sigma_{\varkappa\, zul}} = \omega} \quad (> 1!) \tag{248}$$

ausgerechnet und in die Tabelle 11 eingetragen.

Den gesuchten Querschnitt findet man sodann aus der Gleichung

$$\boxed{F = \frac{P}{\sigma_{\varkappa\, zul}} = \frac{\omega P}{\sigma_{d\,zul}}.} \tag{249}$$

Bei diesem Verfahren wird eine zulässige Knickspannung passend gewählt, mit deren Hilfe sodann nach Gl. (249) die Knickstäbe ganz ähnlich berechnet werden, als ob sie einer reinen Druckkraft unterworfen wären.

Für die Berechnung nach diesem Verfahren ergibt sich also das folgende Schema:

Gegeben: $P, \sigma_{d\,zul}, l$ (bzw. $l_r = \gamma l$, $0{,}5 \leqq \gamma \leqq 2$). (Statt des $\sigma_{d\,zul}$ kann auch σ_{-S} und n vorgegeben werden.)

Gesucht: F.

Vorgang: Es wird $\lambda = l/i$ angenommen, ω aus der Tabelle 11 abgelesen und F nach der Gleichung

$$F = \omega P/\sigma_{d\,zul}$$

berechnet. Daraus folgt dann i und l/i. Bei merklicher Abweichung gegen den angenommenen Wert von l/i ist die Rechnung zu wiederholen.

Beispiel 71. (Fortsetzung des Beispiels 70). Für die Angaben dieses Beispieles wird zunächst $\lambda = 80$ angenommen und $\omega = 1{,}59$ aus der Tabelle 11 der Knickzahlen abgelesen. Sodann ergibt sich mit $\sigma_{d\,zul} = 885$ kg/cm² die gesuchte Querschnittsfläche aus der Gl. (249)

$$F = \omega P/\sigma_{d\,zul} = 108 \text{ cm}^2.$$

Nach den Profiltabellen hat man daher das NP 24 zu wählen. Für dieses ist

$$F = 111 \text{ cm}^2 \quad \text{und} \quad i = 6{,}11 \text{ cm}, \quad \lambda = l/i = 81{,}5.$$

Die Wiederholung der Rechnung mit $\lambda = 81{,}5$ führt gerade noch auf dasselbe NP 24, während sich nach v. Tetmajer NP 26 ergab. Es bestätigt sich bei diesem Beispiel, was auch aus den Abb. 127 und 128 folgt, daß das Verfahren von v. Tetmajer mit größerem Sicherheitsgrad rechnet als das ω-Verfahren.

Tabelle 11. Knickzahlen ω.

Schlankheitsgrad λ =	0	10	20	30	40	50	60	70	80	90	100	110	120	130	140	150
Schweißeisen . . .	1,00	1,01	1,02	1,06	1,11	1,18	1,27	1,41	1,62	1,94	2,48	3,00	3,57	4,19	4,86	5,58
Flußeisen St 37 .	1,00	1,01	1,02	1,05	1,10	1,17	1,26	1,39	1,59	1,88	2,36	2,86	3,41	4,00	4,64	5,32
Hochwertiger Baustahl St 48	1,00	1,01	1,03	1,06	1,12	1,20	1,32	1,49	1,76	2,21	3,07	3,72	4,47	5,20	6,03	6,92
Silizium-Stahl . .	1,00	1,01	1,03	1,07	1,13	1,22	1,35	1,54	1,85	2,39	3,55	4,29	5,11	6,00	6,95	7,98

97. Berechnung der Durchbiegung bei der Knickung. Bei dem bisher verwendeten Verfahren zur Bestimmung der Eulerschen Knicklast bleibt die Größe der Ausbiegung, die sich nach Überschreiten der Knicklast einstellt, unbestimmt. Um einen Ansatz für diese Größe zu erhalten, ist es nötig, statt der linearen Gleichung $EJy'' + Py = 0$, die durch Integration die Knicklast ergeben hat, einen genaueren Ansatz zu verwenden; man gelangt zu einem brauchbaren Ausdruck, wenn man in der Formel für die Krümmung $1/\varrho$, für die bisher einfach y'' gesetzt wurde, auch die Glieder nächsthöherer Ordnung berücksichtigt und als unabhängige Veränderliche nicht x, sondern die Bogenlänge s nimmt, da doch die Länge des Stabes gegeben ist. Man setze also

$$\frac{1}{\varrho} \equiv \frac{d\varphi}{ds} = -\frac{Py}{EJ} = -\varkappa^2 y, \quad \text{wobei wieder} \quad \frac{P}{EJ} = \varkappa^2.$$

Aus der Gleichung $dy/ds \equiv \dot{y} = \sin\varphi$ erhält man durch Ableitung nach s

$$\ddot{y} = \cos\varphi\,\dot{\varphi} = \sqrt{1-\dot{y}^2}\,(-\varkappa^2 y) \approx -\varkappa^2 y\,[1 - \tfrac{1}{2}\dot{y}^2]. \tag{250}$$

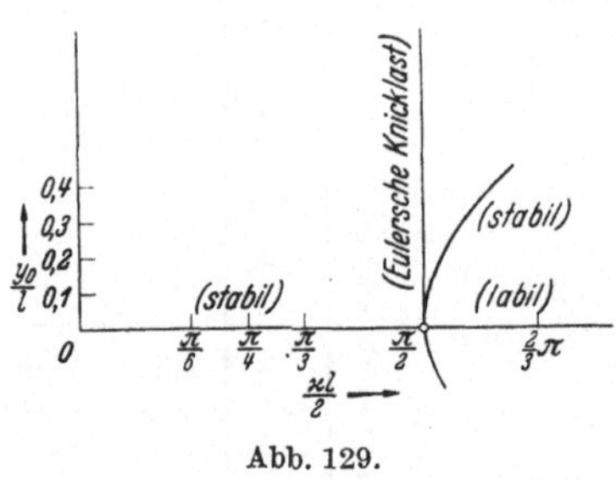

Abb. 129.

Um den gewünschten angenäherten Ausdruck für $y = y(s)$ zu erhalten, vernachlässigt man zunächst rechts $\dot{y}^2$ und erhält in 1. Annäherung wie früher

$$\ddot{y}_1 + \varkappa^2 y_1 = 0, \quad \text{also} \quad y_1 = y_0 \cos\varkappa s,$$

wenn jetzt s von der Stabmitte aus gerechnet wird; nach diesem Ansatz ist für $s = \pm l/2$, $\varkappa l/2 = \pi/2$, $y_1 = 0$, und für $s = 0$, $\dot{y}_1 = 0$. Setzt man in der obigen Gl. (250) in den rechtsstehenden Gliedern $y = y_1$, so erhält man als Gleichung für die 2. Annäherung

$$\ddot{y}_2 = \ddot{y}_1 - \tfrac{1}{2}\dot{y}_1^2\ddot{y}_1, \quad \text{also integriert} \quad \dot{y}_2 = \dot{y}_1 - \tfrac{1}{6}\dot{y}_1^3.$$

Die Integrationskonstante ist null, da für $\dot{y}_1 = 0$ auch $\dot{y}_2 = 0$ sein soll. Nochmalige Integration liefert nach Einsetzen von y_1

$$y_2 = y_1 - \tfrac{1}{6}\int_0^s \dot{y}_1^3\,ds = y_0\cos\varkappa s + \frac{\varkappa^2 y_0^3}{18}\,[2 - 3\cos\varkappa s + \cos^3\varkappa s].$$

Die Bedingung $y_2 = 0$ für $s = l/2$ liefert daher $y_0 = 0$ und außerdem

$$\left(\frac{y_0}{l}\right)^2 = -\frac{9}{2}\,\frac{\cos\varkappa l/2}{\varkappa^2 l^2/4\cdot[2 - 3\cos\varkappa l/2 + \cos^3\varkappa l/2]}. \tag{251}$$

Wenn P kleiner als die Eulersche Knicklast ist, ist $\varkappa l/2 < \pi/2$ und y_0^2 nach der letzten Gleichung negativ, also y_0 imaginär; in diesem Falle gibt es nur die Lösung $y_0 = 0$. Wenn dagegen $\varkappa l/2 > \pi/2$, wird die rechte Seite positiv; $(y_0/l)^2$ in Abhängigkeit von $\varkappa l/2$ ist durch Abb. 129 dargestellt. Man sieht, daß nach Überschreiten der Knicklast die Formänderungen sehr stark zunehmen (mit lotrechter Tangente im Punkte $\pi/2$). Gegenüber den genauen Werten der Durchbiegung gibt diese Näherung bei $y_0/l = 0{,}4$ (!) nur einen Fehler von 6 vH.

XI. Die Arbeitssätze der Festigkeitslehre (Energiemethoden).

98. Der Satz vom Minimum der potentiellen Energie. Wie in der Statik gezeigt wird, können die Gleichgewichtslagen für ein System von starren Körpern durch die Bedingung erhalten werden, daß für sie die potentielle Energie einen extremen u. zw. für die stabilen Lagen einen kleinsten Wert annimmt[1]. Ganz entsprechend kann man in der Festigkeitslehre die Gleichungen für das elastische Gleichgewicht mit einer Minimumsforderung in Zusammenhang bringen, wobei die Größe, die jetzt in Betracht kommt, die Formänderungsarbeit A_i oder die Arbeit der inneren Spannungen ist. Der tatsächlich auftretende Spannungs- (oder Verschiebungs-)zustand ist dann durch die Bedingung gekennzeichnet, daß für ihn A_i ein Minimum wird. In dieser allgemeinen Form wäre die Aussage jedoch praktisch unbrauchbar, da noch nicht zum Ausdruck kommt, wie die wirklich auftretenden Spannungen oder Verschiebungen von den angreifenden äußeren Kräften abhängen. Man gelangt zu praktisch verwendbaren Aussagen, wenn man zu der Forderung $\mathsf{A}_i =$ Extr. noch die für jedes Tragwerk gültige grundlegende Beziehung

$$\boxed{\mathsf{A}_a = \mathsf{A}_i} \tag{252}$$

als „Nebenbedingung" hinzunimmt, die nichts anderes aussagt als die verlustfreie Umsetzung der Arbeit der äußeren Kräfte in die innere Arbeit des entstehenden Spannungszustandes.

Wie bei jeder derartigen Minimalforderung hat man auch hier hinzuzufügen, wie das Minimum zu verstehen ist, oder welche Bedingungen die zum Vergleich zuzulassenden Spannungen (oder Verschiebungen) zu erfüllen haben; hier handelt es sich um Spannungs- (oder Verschiebungs-) Systeme, die die gegebenen Randbedingungen (Auflagerungen und Stützungen) und die Bedingungen des inneren Zusammenhanges erfüllen. Je nachdem, wie diese Bedingungen verwendet werden, erhält man das Minimalprinzip in verschiedenen Formen, von denen die wichtigsten hier angegeben werden sollen.

Aus dem Satz, daß die potentielle Energie für Gleichgewicht ein Minimum ist, lassen sich auch die Gleichgewichtsbedingungen [15; Gl. (36)] für den kontinuierlichen Körper gewinnen; hierzu sind jedoch verwickeltere Betrachtungen erforderlich, die der Variationsrechnung angehören und hier nicht ausgeführt werden können.

Beispiel 72. Zeige, daß für eine beliebige Belastung $q = q(x)$ und für „natürliche Randbedingungen" die Formänderungsarbeit der Biegung gleich ist der Senkungsarbeit der Last.

Aus den Gleichungen

$$y'' = -\frac{M}{EJ}, \qquad \frac{dM}{dx} = Q, \qquad \frac{dQ}{dx} = -q$$

erhält man zunächst die Differentialgleichung des mit der Streckenlast q belasteten Stabes

$$\boxed{\frac{d^4 y}{dx^4} \equiv y^{IV} = \frac{q(x)}{EJ}.} \tag{253}$$

[1] Siehe Pöschl: TM I, 2. Aufl. S. 248.

Wendet man auf den Ausdruck Gl. (133) für die Formänderungsarbeit zweimal Produktintegration an, so kommt

$$\mathsf{A}_i = \tfrac{1}{2} E J \int_0^l y''^2 dx = \tfrac{1}{2} E J \left\{ [y' y'']_0^l - \int_0^l y' y''' dx \right\}$$

$$= \tfrac{1}{2} E J \left\{ [y' y'']_0^l - [y y''']_0^l + \int_0^l y\, y^{IV} dx \right\} = \tfrac{1}{2} \int_0^l y\, q(x)\, dx, \qquad (254)$$

und dies ist die Senkungsarbeit der Belastung.

99. Der Satz von der „Gegenseitigkeit der Verschiebungen". Als Ausgangspunkt für die folgenden Betrachtungen benutzen wir die Tatsache, daß die Formänderungsarbeit A_i, wie dies schon die in **40** gegebenen Gln. (75) bis (77) erkennen lassen, eine homogene quadratische Funktion der Spannungs- oder Verzerrungsgrößen ist. Eine ähnliche Aussage kann man auch für die äußere Arbeit A_a, d. i. für die Arbeit der Einzellasten bei den Verschiebungen ihrer Angriffspunkte machen.

Wenn auf einen Körper mehrere Kräfte $P_1, P_2, \ldots P_n$ einwirken, so erhält man die elastische Verschiebung irgend eines Punktes dadurch, daß man einzeln die Verschiebungen ermittelt, die von jeder Kraft für sich an diesem Punkte herrühren, und diese Einzelverschiebungen vektoriell addiert; wegen der linearen Beziehungen zwischen Spannungen und Verzerrungen ist jede einzelne Verschiebung verhältnisgleich der Kraft, die sie hervorruft. Um die Ausdrücke für diese Verschiebungen zu erhalten, verwenden wir den Begriff der Einflußzahl. Wir denken uns zunächst zwei Einheitskräfte (1 kg) in zwei Punkten C_1 und C_2 des Tragwerkes in beliebigen Richtungen g_1 und g_2 wirken (Abb. 130). Durch die Kraft 1 kg in C_2 entstehe im Punkte C_1 eine Verschiebung, die in der Richtung g_1 die Komponente a_{12} haben möge; a_{12} ist offenbar von den beiden Richtungen g_1 und g_2 abhängig, wir nennen es die Einflußzahl der Einheitskraft in Richtung g_2 auf die Richtung g_1.

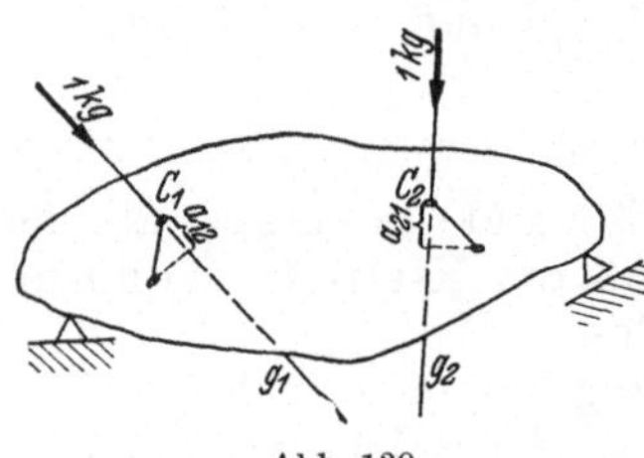

Abb. 130.

Für jedes Paar solcher Richtungen g_1 und g_2 gilt dann der Satz der Gleichheit der Einflußzahlen, oder der Gleichheit der Verschiebungen, die durch Einheitskräfte hervorgerufen werden; in Zeichen

$$\boxed{a_{12} = a_{21}\,.} \qquad (255)$$

Zum Beweise dieses Satzes benutzen wir die Aussage, daß die Formänderungsarbeit von der Reihenfolge, in der die Kräfte auf das Tragwerk einwirken, unabhängig sein muß; diese Aussage steht mit den Ansätzen der linearen Elastizitätstheorie und mit der Tatsache der verlustfreien Umsetzung von Lastarbeit in Formänderungsarbeit in engstem Zusammenhang. Bringen wir zuerst P_1, dann P_2 auf, dann ist zu beachten, daß bei der durch P_2 hervorgerufenen Verschiebung die Kraft P_1 eine Arbeit leistet, die $a_{12} P_1 P_2$ beträgt (ohne den Faktor $\frac{1}{2}$!), weil bei der Belastung mit P_2 die Last P_1 bereits vorhanden ist und ihr Angriffspunkt bei unveränderlicher Größe von P_1 verschoben wird. Läßt man daher zuerst P_1 und dann P_2 einwirken, so erhält man die Arbeit

$$\mathsf{A}_a' = \tfrac{1}{2} a_{11} P_1^2 + a_{12} P_1 P_2 + \tfrac{1}{2} a_{22} P_2^2 \,;$$

und wenn man umgekehrt zuerst P_2 und dann P_1 aufbringt, dann folgt ebenso

$$\mathsf{A}_a'' = \tfrac{1}{2} a_{22} P_2^2 + a_{21} P_1 P_2 + \tfrac{1}{2} a_{11} P_1^2 \,.$$

Die Gleichsetzung $\mathsf{A}_a' = \mathsf{A}_a'' = \mathsf{A}_a$ liefert unmittelbar $a_{12} = a_{21}$, und dies ist der Maxwellsche Satz von der Gegenseitigkeit der Verschiebungen: Die Verschiebung a_{12}, die ein Punkt C_1 durch eine im Punkte C_2 in einer Richtung g_2 wirkende Kraft 1 kg erfährt, ist gleich der Verschiebung a_{21} des Punktes C_2 vermöge der Kraft 1 kg in C_1 in Richtung g_1.

Was hier für zwei Kräfte P_1, P_2 gesagt wurde, gilt ebenso für beliebig viele. Bezeichnet man die Durchsenkungen der Angriffspunkte der Lasten $P_1, P_2, \ldots P_n$ in den Lastrichtungen mit $p_1, p_2, \ldots p_n$, so können diese gemäß der eben gegebenen Definition der Einflußzahlen a_{kl} in der Form geschrieben werden

$$\left.\begin{aligned} p_1 &= a_{11} P_1 + a_{12} P_2 + a_{13} P_3 + \cdots, \\ p_2 &= a_{21} P_1 + a_{22} P_2 + \cdots, \\ &\cdots\cdots\cdots\cdots\cdots\cdots \end{aligned}\right\} \tag{256}$$

und diese Einflußzahlen erfüllen (wegen des eben bewiesenen Maxwellschen Satzes) für alle Zeigerpaare k und l die Symmetriebedingung $a_{kl} = a_{lk}$. Eine Folge dieses Ansatzes ist, daß die Arbeit der äußeren Kräfte

$$\mathsf{A}_a = \tfrac{1}{2} P_1 p_1 + \tfrac{1}{2} P_2 p_2 + \cdots + \tfrac{1}{2} P_n p_n = \tfrac{1}{2} \sum_{k=1}^{n} P_k p_k$$

als homogene quadratische Form der Kräfte erscheint,

$$\begin{aligned} \mathsf{A}_a &= \tfrac{1}{2} (a_{11} P_1^2 + 2 a_{12} P_1 P_2 + a_{22} P_2^2 + 2 a_{13} P_1 P_3 + \cdots) \\ &= \tfrac{1}{2} \sum_{k=1}^{n} \sum_{l=1}^{n} a_{kl} P_k P_l \,. \end{aligned} \tag{256'}$$

Wenn man die Gln. (256) für die Verschiebungen p_k nach den Kräften P_l auflöst, so erhält man ebenfalls lineare Ausdrücke von der Form

$$\left.\begin{aligned} P_1 &= b_{11} p_1 + b_{12} p_2 + b_{13} p_3 + \cdots, \\ P_2 &= b_{21} p_1 + b_{22} p_2 + \cdots, \\ &\cdots\cdots\cdots\cdots\cdots\cdots \end{aligned}\right\} \tag{257}$$

in denen die Größen b_{kl} wieder symmetrisch ($b_{kl} = b_{lk}$) und durch die a_{kl} ausdrückbar sind. Mit Benützung dieser Gleichungen erhält man A_a

als homogene quadratische Funktion der Verschiebungen p_k in der Form

$$\mathsf{A}_a = \tfrac{1}{2}[b_{11} p_1^2 + 2\, b_{12} p_1 p_2 + b_{22} p_2^2 + 2\, b_{13} p_1 p_3 + \cdots]$$
$$= \tfrac{1}{2} \sum_{k=1}^{n} \sum_{l=1}^{n} b_{kl}\, p_k\, p_l\,. \tag{258}$$

100. Die Sätze Castiglianos. Aus den eben erhaltenen Beziehungen lassen sich unmittelbar die zwei ersten dieser berühmt gewordenen und für die Anwendung wichtigen Lehrsätze ablesen. Aus den Gln. (256′) für die p_k und dem Ausdruck (256′) für A_a ergeben sich zunächst die folgenden Beziehungen

$$\boxed{p_1 = \frac{\partial \mathsf{A}_a}{\partial P_1}, \quad p_2 = \frac{\partial \mathsf{A}_a}{\partial P_2}, \quad \ldots, \quad p_n = \frac{\partial \mathsf{A}_a}{\partial P_n}.} \tag{259}$$

Ebenso findet man aus den Gln. (257) in Verbindung mit den Gln. (258)

$$\boxed{P_1 = \frac{\partial \mathsf{A}_a}{\partial p_1}, \quad P_2 = \frac{\partial \mathsf{A}_a}{\partial p_2}, \quad \ldots, \quad P_n = \frac{\partial \mathsf{A}_a}{\partial p_n},} \tag{260}$$

wobei im ersten Falle A_a durch die Kräfte P_k allein, im zweiten durch die Verschiebungen p_k allein ausgedrückt ist. Diese zunächst rein formal erscheinenden Beziehungen erhalten ihre eigentliche Bedeutung erst dadurch, daß auch in ihnen von der Gl. $\mathsf{A}_a = \mathsf{A}_i$ Gebrauch gemacht wird; die Arbeit A_a wird nämlich aus den inneren Kräften (Spannungen, Biegungsmomenten) ausgerechnet, bei dieser Ausrechnung werden aber die statischen Gleichungen (die Gleichgewichtsbedingungen) berücksichtigt.

Die Gln. (259) und (260) stellen den 1. und 2. Satz von Castigliano dar, die in folgender Form ausgesprochen werden können:

1. Satz: Wird ein elastischer Körper durch die Kräfte $P_1, P_2, \ldots P_n$ belastet und die Formänderungsarbeit A_i durch diese Kräfte ausgedrückt, so ergeben sich die Verschiebungen p_k der Angriffspunkte durch die partiellen Ableitungen von A_i nach den Kräften P_k.

2. Satz: Wird A_a durch die Verschiebungen p_k der Angriffspunkte der Kräfte P_k ausgedrückt, so ergeben sich die Kräfte, die die Verschiebungen p_k hervorrufen, durch die partiellen Ableitungen von A_a nach den p_k.

Beispiel 73. a) Für den freiaufliegenden Träger, der nach Abb. 87 mit $\mathfrak{P}$ in den Entfernungen a, b von den Auflagern belastet ist, erhält man [nach dem 1. Satz und nach Gl. (133)]

$$\mathsf{A}_i = \frac{1}{2EJ}\left[\frac{1}{2}\left(\frac{P\,a\,b}{l}\right)^2 \frac{2\,a}{3} + \frac{1}{2}\left(\frac{P\,a\,b}{l}\right)^2 \frac{2\,b}{3}\right] = \frac{P^2 a^2 b^2}{6\,E\,J\,l} = \frac{1}{2}\,P\,p\,;$$

mithin die Durchsenkung unter der Last (wie früher)

$$p = \frac{\partial \mathsf{A}_i}{\partial P} = \frac{P\,a^2 b^2}{3\,E\,J\,l}.$$

b) Für den einseitig eingespannten, am freien Ende mit der Einzellast $\mathfrak{P}$ belasteten Träger ist $M = Px$ und

$$\mathsf{A}_i = \frac{1}{2EJ}\int_0^l M^2 dx = \frac{P^2}{2EJ}\int_0^l x^2 dx = \frac{P^2 l^3}{6EJ} = \frac{1}{2} P p, \text{ daher } p = \frac{\partial \mathsf{A}_i}{\partial P} = \frac{P l^3}{3EJ}.$$

Beispiel 74. Wenn ein Träger durch eine endliche Anzahl von eingeprägten Kräftepaaren (Biegemomenten) $M_1, M_2, \ldots$ belastet ist, so ergeben sich die Neigungen der elastischen Linie an den Laststellen durch die entsprechenden Gleichungen

$$\frac{\partial \mathsf{A}_i}{\partial M_1} = \psi_1, \quad \frac{\partial \mathsf{A}_i}{\partial M_2} = \psi_2, \quad \ldots \tag{261}$$

Dieser Satz ist das für Biegemomente ausgesprochene Gegenstück zum 1. Satz von Castigliano. — Man drücke A_i durch die gegebenen Biegemomente aus und erhält die angeschriebenen Gleichungen ganz ähnlich wie die früheren Gln. (259) aus **99**. Die Bedingung dafür, daß an der Stelle des Biegemoments M_k die Neigung verschwindet, lautet entsprechend

$$\boxed{\frac{\partial \mathsf{A}_i}{\partial M_k} = 0\,.} \tag{262}$$

Anmerkung. Bei einer Streckenlast hat man zunächst keine Möglichkeit, die Durchsenkung an einer beliebigen Stelle nach dieser Methode zu bestimmen, ebensowenig wie bei Einzellasten die Durchsenkungen an einem beliebigen, von einem Lastangriffspunkte verschiedenen Punkte. In diesen Fällen hat man den folgenden Kunstgriff zu benutzen: Man denke sich an der Stelle K, an der die Drucksenkung p_K ermittelt werden soll, eine „Hilfslast“ K von beliebiger Größe eingeführt, bilde für die gegebene und diese zusätzliche Belastung die Ausdrücke für M und A_i und erhält sodann die Durchbiegung aus der Gleichung

$$\boxed{\left[\frac{\partial \mathsf{A}_i}{\partial K}\right]_{K=0} = p_K\,.} \tag{263}$$

Läßt sich dieser Kunstgriff für Streckenlasten vermeiden?

101. Anwendung auf statisch-unbestimmte Tragwerke. Der 1. Satz von Castigliano kann unmittelbar auf statisch-unbestimmte Systeme angewendet werden, bei denen die Unbestimmtheit in „überzähligen Auflagerbedingungen“ besteht. Man denke sich hierzu die überzähligen Stützungen entfernt, an ihrer Stelle die unbekannten Auflagerkräfte $X, Y, \ldots$ eingeführt, die natürlich mit den eingeprägten Kräften P_k eine Gleichgewichtsgruppe bilden müssen; sodann drücke man die Formänderungsarbeit A_i durch die Lasten und diese unbekannten Stützkräfte $X, Y, \ldots$ aus. Wenn die Auflager, die diesen entsprechen, fest sind, so müssen nach dem 1. Satz die partiellen Ableitungen von A_i nach den $X, Y, \ldots$ verschwinden, da für feste Auflager die Verschiebungen null sind; d. h. es müssen die Gleichungen bestehen

$$\boxed{\frac{\partial \mathsf{A}_i}{\partial X} = 0, \quad \frac{\partial \mathsf{A}_i}{\partial Y} = 0, \ldots} \tag{264}$$

Dies sind ebensoviele lineare Gleichungen wie Unbekannte $X, Y, \ldots$, so daß diese aus ihnen berechnet werden können.

Zu Beispiel 25. Für den in zwei Gelenken A, B gestützten Stab (Abb. 49), der in C mit P axial belastet ist, denke man sich das Gelenk B gelöst und eine unbekannte Gelenkkraft $-X$ eingeführt. Das Stück b ist dann mit $-X$ und das Stück a mit $P-X$ belastet; daher ist die Formänderungsarbeit

$$\mathsf{A}_i = \frac{(P-X)^2 a}{2EF} + \frac{X^2 b}{2EF}.$$

Aus der Gleichung

$$\frac{\partial \mathsf{A}_i}{\partial X} = -\frac{(P-X)\,a}{EF} + \frac{X\,b}{EF} = 0$$

folgt unmittelbar (wie früher)

$$X = P\,a/l = B \quad \text{und ebenso} \quad A = P\,b/l.$$

In ganz ähnlicher Weise können auch für innerlich statisch-unbestimmte Systeme, etwa Fachwerke, die Stabkräfte ermittelt werden. Zur Erklärung des Sachverhaltes nehmen wir als einfachsten Fall eines statisch-unbestimmten Fachwerks ein Viereck mit beiden Diagonalen nach Abb. 131 an. Um die Stabkräfte zu bestimmen, mache man das Fachwerk durch Herausnahme eines beliebigen Stabes, etwa 6, zu einem statisch-bestimmten und füge die Kräfte S_6, $-S_6$, die diesen Stab ersetzen, vorläufig als Unbekannte den eingeprägten Kräften P_k hinzu. Für das so veränderte Fachwerk gilt Satz 1, d. h. die Formänderungsarbeit A_i' gibt, nach S_6 abgeleitet, die Verschiebung der Angriffspunkte der Stabkraft S_6 in Richtung des Stabes *6* an. Diese muß aber gleich der Längenänderung Δl_6 sein, die der Stab *6* unter dem Einfluß der unbekannten Stabkraft S_6 erleidet, und die an die Stelle der Verschiebung p_k des Angriffspunktes einer eingeprägten Kraft tritt; d. h. es muß sein (da eine positive Kraft S_6, also Zug, im Stabe Verkleinerung von l_6 bedeutet),

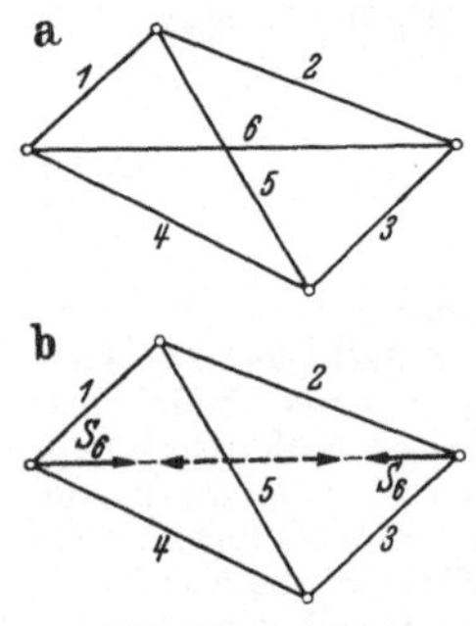

Abb. 131 a und b.

$$\frac{\partial \mathsf{A}_i'}{\partial S_6} = -\Delta l_6 = -\frac{S_6\,l_6}{E_6\,F_6} = -\frac{1}{2}\,\frac{\partial}{\partial S_6}\left(\frac{S_6^2\,l_6}{E_6\,F_6}\right),$$

oder

$$\frac{\partial}{\partial S_6}\left(\mathsf{A}_i' + \frac{S_6^2\,l_6}{E_6\,F_6}\right) \equiv \frac{\partial \mathsf{A}_i}{\partial S_6} = 0.$$

Der in der Klammer stehende Ausdruck bedeutet die Formänderungsarbeit A_i des gegebenen, statisch-unbestimmten Fachwerks. Um die Stabkräfte eines einfach statisch-unbestimmten Fachwerks zu bestimmen, hat man demnach so vorzugehen: man denke sich einen Stab herausgenommen, die unbekannte Stabkraft X (früher S_6) als Belastung den äußeren Kräften hinzugefügt und die Formänderungsarbeit A_i des so veränderten Fachwerks bestimmt. Die Bedingung

$$\boxed{\frac{\partial \mathsf{A}_i}{\partial X} = 0} \qquad (265)$$

gibt dann eine Gleichung, die zu den statischen Gleichgewichtsbedingungen für die Knotenpunkte des Fachwerks hinzuzufügen ist, wodurch die Kräfte in allen Stäben ermittelt werden können. (Für das eben betrachtete Fachwerk erhält man $2 \times 4 - 3 = 5$ Gleichgewichtsbedingungen, zu denen die Gl. (265) als sechste hinzutritt; diese reichen dann aus, um alle Stabkräfte $S_1, \ldots S_6$ zu berechnen). — Eine ähnliche Betrachtung läßt sich auch für zwei- oder mehrfach unbestimmte Systeme anstellen. Man erhält so einen dritten Satz, der in folgender Form ausgesprochen werden kann:

3. Satz: Zur Berechnung eines m-fach statisch-unbestimmten Systems werden m Auflager- oder Zusammenhangsbedingungen des Systems gelöst und an ihre Stelle m unbekannte Ersatzkräfte $X_1, X_2, \ldots X_m$ eingeführt; sodann wird die Formänderungsarbeit A_i berechnet, die unter dem Einfluß der gegebenen Lasten P und der unbekannten Ersatzkräfte $X_1, X_2, \ldots X_m$ auftritt. Die m Gleichungen

$$\boxed{\frac{\partial \mathsf{A}_i}{\partial X_k} = 0,} \qquad (\text{für } k = 1, 2, \ldots m) \tag{266}$$

geben dann zusammen mit den statischen Gleichgewichtsbedingungen die nötige Zahl von Gleichungen zur Bestimmung aller Stabkräfte.

Da das Verschwinden der ersten Ableitungen einer Funktion nach den unabhängigen Veränderlichen die notwendige Bedingung für einen extremen Wert der Funktion darstellt, und die Formänderungsarbeit eine positiv-definite Funktion der Variablen ist (d. h. nur positive Werte annehmen kann), so ist hierdurch die Bezeichnung „Prinzip der kleinsten Formänderungsarbeit" gerechtfertigt.

Beispiel 75. Berechnung statisch-unbestimmter Fachwerke nach dem Prinzip der kleinsten Formänderungsarbeit. Die Gl. (94) in **47** (V. Kap.), die zur Berechnung der statisch-unbestimmten Größe X diente, kann unmittelbar aus dem 3. Satz hergeleitet werden. Wenn das Fachwerk durch die eingeprägten Kräfte $\mathfrak{P}$ und durch die statisch-unbestimmbare Kraft X in dem herausgenommenen Stabe k belastet ist, so hat die Kraft im Stabe i den Wert $S_i = T_i + X u_i$, und daher ist die Formänderungsarbeit des ganzen Fachwerks (mit $r_i = l_i/E_i F_i$)

$$\mathsf{A}_i = \frac{1}{2} \sum_i \frac{S_i^2 l_i}{E_i F_i} = \frac{1}{2} \sum r_i (T_i + X u_i)^2 .$$

Bildet man die partielle Ableitung von A_i nach X und setzt diese gleich null, so erhält man

$$\frac{\partial \mathsf{A}_i}{\partial X} = \sum_i r_i u_i (T_i + X u_i) = \sum r_i u_i T_i + X \sum r_i u_i^2 = 0 , \tag{267}$$

und diese entspricht genau der in **47** für X erhaltenen Gl. (94).

102. Zweite Form des Prinzips der kleinsten Formänderungsarbeit[1]. Das eben angegebene Verfahren der Berechnung statisch-unbestimmter Systeme hat den Nachteil, daß einzelne überzählige Bedingungen besonders herausgegriffen werden, und daß mit den Kräften selbst operiert wird und nicht mit den Verschiebungen.

[1] Pöschl, Th.: Bauing. Jg. 17 (1936).

Ein einfaches Beispiel, bei dem sich dieser Nachteil geltend macht, ist in Abb. 132 dargestellt: Ein Gelenk A ist durch 5 Stäbe mit festen Punkten verbunden und mit $\mathfrak{P}$ belastet. Dies ist ein dreifach statisch-unbestimmtes System und würde nach der bisher erklärten Methode die Einführung von drei statisch-unbestimmten Stabkräften erfordern. Die auftretende Formänderung und damit alle Stabkräfte sind jedoch schon durch die zwei Komponenten u, v der Verschiebung des Punktes A gegeben. Durch Einführung der Verschiebungen statt der Spannungen wird also die Anzahl der statisch-unbestimmten Größen herabgesetzt. In diesen Fällen ist es daher zweckmäßig, die Verschiebungen als statisch-unbestimmbare Größen einzuführen.

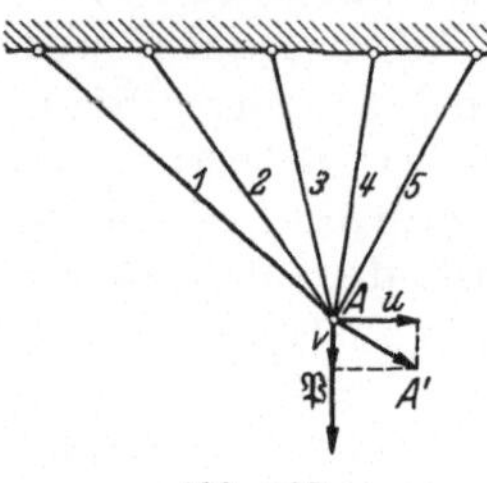

Abb. 132.

Drückt man A_i durch die Längenänderungen $\lambda_1, \ldots \lambda_n$ der Stäbe eines Fachwerkes aus, so erhält man nach Gl. (83)

$$\mathsf{A}_i = \frac{1}{2} \sum_{k=1}^{n} E_k F_k \frac{\lambda_k^2}{l_k}; \qquad (268)$$

da die λ_k linear von den Verschiebungen der Knoten abhängen — sie werden aus den Verschiebungen einfach durch den Projektionssatz erhalten —, ist A_i eine homogene quadratische Funktion dieser Verschiebungen, die allgemein mit $u_1, u_2, \ldots u_m$ bezeichnet werden mögen.

Um jetzt die äußeren Kräfte einzuführen, stellt man die Forderung:

$$\boxed{\mathsf{A}_i = \text{Extr.}, \text{ mit der Nebenbedingung } \mathsf{A}_i = \mathsf{A}_a,} \qquad (269)$$

und denkt sich A_a ebenfalls durch die Verschiebungen $u_1, u_2, \ldots u_m$ ausgedrückt, wobei die „Lasten“ P_k fest gegebene, also konstante Werte haben sollen[1].

Auf diese Weise erhalten wir eine Aufgabe der „relativen Extrema“ und können diese in bekannter Weise in eine andere ohne Nebenbedingung überführen. Hierzu bilden wir mit Hilfe eines „Lagrangeschen Faktors“ λ die Funktion

$$\mathsf{A}^* = \mathsf{A}_i + \lambda(\mathsf{A}_i - \mathsf{A}_a) = (1 + \lambda)\,\mathsf{A}_i - \lambda\,\mathsf{A}_a \qquad (270)$$

und stellen die Forderung $\mathsf{A}^* = \text{Extr.}$ Man hat dann zur Bestimmung der m Verschiebungen $u_1, \ldots u_m$ und von λ die m Gleichungen

$$\frac{\partial \mathsf{A}^*}{\partial u_1} = 0, \ldots, \frac{\partial \mathsf{A}^*}{\partial u_m} = 0,$$

und die Nebenbedingung $\mathsf{A}_i = \mathsf{A}_a$.

Es ist nun bemerkenswert, daß man den Faktor λ unmittelbar bestimmen kann. Hierzu denken wir uns die letzten Gleichungen ausführlicher angeschrieben, und zwar

$$\left.\begin{aligned} (1+\lambda)\frac{\partial \mathsf{A}_i}{\partial u_1} - \lambda\frac{\partial \mathsf{A}_a}{\partial u_1} &= 0, \\ (1+\lambda)\frac{\partial \mathsf{A}_i}{\partial u_2} - \lambda\frac{\partial \mathsf{A}_a}{\partial u_2} &= 0, \\ \cdots\cdots\cdots\cdots \end{aligned}\right\}$$

[1] Man könnte hier das Prinzip ebensogut auch in der Form: $\mathsf{A}_a = \text{Min.}$ mit der Nebenbedingung $\mathsf{A}_a = \mathsf{A}_i$ aussprechen.

Darin ist A_i eine homogene Funktion zweiten Grades und nach der oben eingeführten Annahme (P_k = konst.) A_a eine solche ersten Grades in den Verschiebungen u_k. (Es ist $\mathsf{A}_a = \frac{1}{2} P_1 u_1 + \cdots$). Multipliziert man daher die Reihe dieser Gleichungen mit $u_1, u_2, \ldots u_m$ und addiert, so erhält man (nach dem Eulerschen Lehrsatz über homogene Funktionen)

$$u_1 \frac{\partial \mathsf{A}_i}{\partial u_1} + \cdots + u_m \frac{\partial \mathsf{A}_i}{\partial u_m} = 2\,\mathsf{A}_i \quad \text{und} \quad u_1 \frac{\partial \mathsf{A}_a}{\partial u_1} + \cdots + u_m \frac{\partial \mathsf{A}_a}{\partial u_m} = \mathsf{A}_a\,;$$

daher ist

$$(1+\lambda)\,2\,\mathsf{A}_i - \lambda\,\mathsf{A}_a = 0\,, \tag{271}$$

und wegen der Nebenbedingung $\mathsf{A}_i = \mathsf{A}_a$ ergibt sich

$$2\,(1+\lambda) - \lambda = 0 \quad \text{oder} \quad \boxed{\lambda = -2}\,. \tag{272}$$

Wir erhalten daher für das Prinzip die Form:

$$\mathsf{A}_i - 2\,(\mathsf{A}_i - \mathsf{A}_a) = -\,\mathsf{A}_i + 2\,\mathsf{A}_a = \text{Max.}$$

oder

$$\boxed{\mathsf{A}_i - 2\,\mathsf{A}_a = \text{Min.}} \tag{273}$$

ohne Nebenbedingung! Diese Form des Prinzips ist immer dann besonders brauchbar, wenn die Lasten gegeben und die Verschiebungen gesucht sind (z. B. bei Fachwerken, Flüssigkeitsbehältern unter Innendruck u. dgl.); die Verschiebungen $u_1, u_2, \ldots$ werden dann aus den Gln.

$$\boxed{\frac{\partial\,(\mathsf{A}_i - 2\,\mathsf{A}_a)}{\partial u_k} = 0\,, \qquad (k = 1, 2, \ldots)} \tag{273'}$$

durch Auflösung nach den $u_1, u_2, \ldots$ gefunden.

Beispiel 25a. Bezeichnet man in Beispiel 25 (Abb. 49) die unbekannte Verschiebung des Angriffspunktes C der Kraft P mit p, so nimmt Gl. (273) die Form an

$$\mathsf{A}_i - 2\,\mathsf{A}_a \equiv \tfrac{1}{2} EF \frac{p^2}{a} + \tfrac{1}{2} EF \frac{p^2}{b} - Pp = \text{Min.}$$

Differentiation nach p liefert

$$EF\left(\frac{1}{a} + \frac{1}{b}\right) p = P, \quad \text{daraus} \quad p = \frac{a\,b}{l}\,\frac{P}{EF}\,,$$

wie früher. — Die Auflagerkräfte sind

$$A = EF\,p/a = P\,b/l, \quad B = EF\,p/b = P\,a/l.$$

Beispiel 27a. Bezeichnet man in Beispiel 27 (Abb. 51) die Senkung des Punktes C in der Lotrechten mit p, so sind die Längenänderungen der schrägen Stäbe $p \cos\alpha$, und daher nimmt Gl. (273) jetzt die Form an

$$\mathsf{A}_i - 2\,\mathsf{A}_a \equiv \frac{1}{2}\,E_1 F_1 \frac{p^2}{l} + \frac{1}{2}\,2 E_2 F_2 \frac{p^2 \cos^2\alpha}{l/\cos\alpha} - P\,p = \text{Min}\,.$$

Differentiation nach p liefert

$$(E_1 F_1 + 2 E_2 F_2 \cos^3\alpha)\,\frac{p}{l} = P, \quad \text{oder} \quad \frac{p}{l} = \frac{P}{E_1 F_1 + 2 E_2 F_2 \cos^3\alpha}\,.$$

Die Kräfte in den Stäben sind

$$S_1 = E_1 F_1 p/l, \qquad S_2 = E_2 F_2 p \cos^2 \alpha / l.$$

Geometrische Deutung. Zur Veranschaulichung der Art, wie die obige Umformung das Minimum liefert, diene die Abb. 133a, die für den Fall einer Unbekannten p gilt, auf den sich auch die beiden letzten Beispiele beziehen. Die Funktion A_i wird dann durch eine Parabel, A_a durch eine gerade Linie dargestellt, die beide durch den Nullpunkt O gehen; die Funktion $\mathsf{A}_i - 2(\mathsf{A}_i - \mathsf{A}_a)$ stellt eine nach unten offene Parabel dar, die an der gesuchten Stelle p ein Maximum, und $\mathsf{A}_i - 2\,\mathsf{A}_a$ eine nach oben

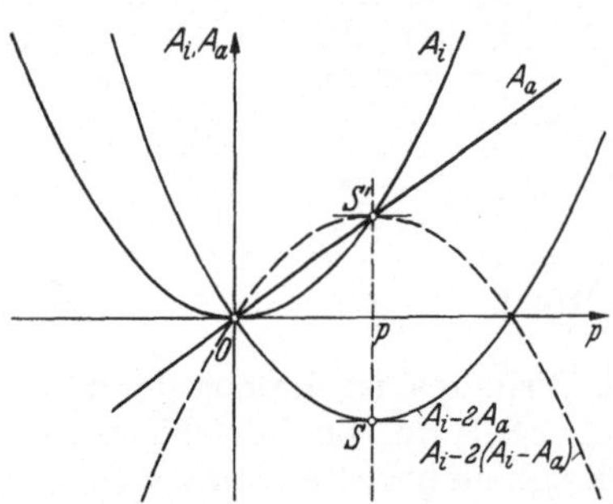

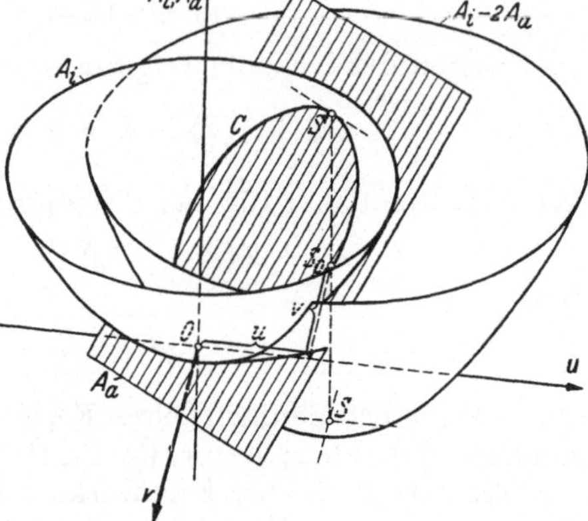

Abb. 133a und b.

offene Parabel dar, die an dieser Stelle S ein Minimum hat. Dieses Minimum und jenes Maximum liegen bei demselben Wert p, der sich im Falle einer einzigen Veränderlichen p auch einfach durch die Gleichung $\mathsf{A}_i = \mathsf{A}_a$ ergibt. — Der Fall zweier Veränderlicher u und v ist in Abb. 133b dargestellt. Trägt man A_i in Abhängigkeit von u, v auf, so erhält man ein Paraboloid mit lotrechter Achse, das die u-v-Ebene im Punkte O berührt; und für A_a erhält man eine Ebene durch O. Die gesuchten Werte von u und v sind durch die Koordinaten des tiefsten Punktes S des Paraboloids $\mathsf{A}_i - 2\,\mathsf{A}_a$ gegeben, das zu jenem kongruent ist und wieder durch O hindurchgeht.

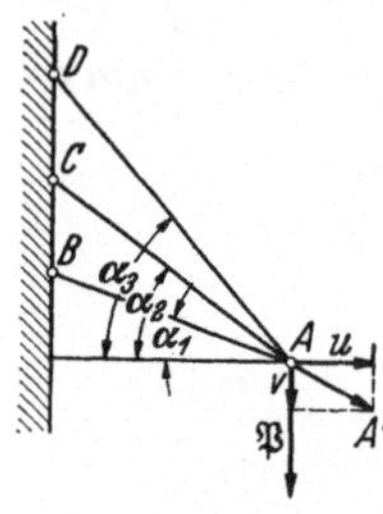

Abb. 134.

Beispiel 76. Ein Gelenk A ist nach Abb. 134 durch drei Stäbe mit drei festen Gelenken B, C, D verbunden und mit $\mathfrak{P}$ belastet. Man ermittle die Lage von A nach der Formänderung und die Stabkräfte. — Bezeichnet man die waagerechte und die lotrechte Komponente der Verschiebung von A mit u und v, so sind die Verlängerungen der drei Stäbe

$$\lambda_1 = u \cos \alpha_1 + v \sin \alpha_1, \qquad \lambda_2 = u \cos \alpha_2 + v \sin \alpha_2, \qquad \lambda_3 = u \cos \alpha_3 + v \sin \alpha_3,$$

und die Gl. (273) nimmt die Form an

$$\mathsf{A}_i - 2\,\mathsf{A}_a \equiv \frac{1}{2} E_1 F_1 \frac{\lambda_1^2}{l_1} + \frac{1}{2} E_2 F_2 \frac{\lambda_2^2}{l_2} + \frac{1}{2} E_3 F_3 \frac{\lambda_3^2}{l_3} - P v = \text{Min.}$$

Nach Einsetzen von λ_1, λ_2, λ_3, und wenn der Einfachheit halber $E_1F_1/l_1 = E_2F_2/l_2 = E_3F_3/l_3 = r$ gesetzt wird, erhält man

$$\mathsf{A}_i - 2\,\mathsf{A}_a \equiv \tfrac{1}{2}\,r\,(c_{11}\,u^2 + 2\,c_{12}\,u\,v + c_{22}\,v^2) - P\,v = \text{Min.}\,,$$

worin

$$\left.\begin{aligned} c_{11} &= \cos^2\alpha_1 + \cos^2\alpha_2 + \cos^2\alpha_3\,,\\ c_{12} &= \cos\alpha_1\sin\alpha_1 + \cos\alpha_2\sin\alpha_2 + \cos\alpha_3\sin\alpha_3\,,\\ c_{22} &= \sin^2\alpha_1 + \sin^2\alpha_2 + \sin^2\alpha_3 \end{aligned}\right\}$$

bedeuten. Setzt man die Ableitungen nach u und v gleich null, so erhält man die Gleichungen

$$\left.\begin{aligned} c_{11}\,u + c_{12}\,v &= 0\,,\\ c_{12}\,u + c_{22}\,v &= P/r\,, \end{aligned}\right\}$$

aus denen u und v berechnet werden können.

Die Kräfte in den Stäben sind

$$S_1 = E_1F_1\lambda_1/l_1\,,\qquad S_2 = E_2F_2\lambda_2/l_2\,,\qquad S_3 = E_3F_3\lambda_3/l_3\,.$$

103. Das Prinzip der kleinsten Formänderungsarbeit für Knickaufgaben. In **102** wurde vorausgesetzt, daß A_i eine homogene Funktion zweiten Grades, A_a eine solche ersten Grades ist. Die Knickaufgaben, die zu den Eigenwertproblemen gehören, sind Aufgaben anderer Art; bei ihnen sind sowohl A_i als auch A_a Integrale über Ausdrücke, die in y und ihren Ableitungen homogen und quadratisch sind. Die unmittelbare Übertragung der in **102** angegebenen Schlußweise ist dann nicht mehr möglich, weil der Eulersche Lehrsatz nicht mehr verwendbar ist. Daher ist für das Prinzip unmittelbar die in Gl. (269) angegebene Form beizubehalten. Wir geben die Form des Prinzips an, wie sie bei den Knickaufgaben vorliegt.

Ein Stab werde durch eine Axialkraft P zusammengedrückt, und wir fragen nach dem kleinsten Wert von P, von dem an eine von der Geraden verschiedene Gleichgewichtsform möglich ist Für eine solche ist dann

$$\mathsf{A}_a = P\int_0^l (ds - dx) = P\int_0^l \left\{\sqrt{1 + y'^2} - 1\right\}dx \approx \frac{P}{2}\int_0^l y'^2\,dx\,, \tag{274}$$

also quadratisch in den „Verschiebungen" y'. Der Faktor $\frac{1}{2}$ kommt hier durch die Entwicklung der Quadratwurzel, nicht durch die Bildung einer elastischen Arbeit aus dem spannungslosen Zustand hinein; die Arbeit ist in der hier angegebenen Form anzusetzen, weil P für diese Auffassung des Knickvorganges bereits vorhanden und für die zusätzlich betrachtete Ausbiegung in voller Stärke wirksam ist. Die Nebenbedingung $\mathsf{A}_i = \mathsf{A}_a$ nimmt dann die Form an

$$\mathsf{A}_i - \mathsf{A}_a \equiv \frac{1}{2}\int_0^l E\,J\,y''^2\,dx - \frac{P}{2}\int_0^l y'^2\,dx = 0\,, \tag{275}$$

und das Prinzip verlangt $\mathsf{A}_i = \text{Min.}$ Um die Nebenbedingung zu deuten, ist es erforderlich, die Mannigfaltigkeit der zum Vergleich zuzulassenden

Funktionen y einzuschränken durch eine „Normierungsbedingung“ von der Form

$$\int_0^l y'^2 \, dx = 1, \tag{276}$$

die eine geometrische Nebenbedingung darstellt; es werden also nur solche Vergleichskurven zugelassen, für die die Längenänderung gegenüber der geradlinigen Verbindung der Endpunkte einen festen Wert hat; von all diesen Vergleichskurven wird diejenige gesucht, für die A_i = Min. ist. Diese Forderung ist gleichwertig mit der Bedingung

$$\boxed{A_i - A_a \equiv \frac{1}{2}\int_0^l E J y''^2 \, dx - \frac{P}{2}\int_0^l y'^2 \, dx = \text{Min.},} \tag{277}$$

wobei nach Gl. (275) der Wert des Minimums Null ist. Die gesuchte Knicklast ist daher durch die Gleichung gegeben

$$\boxed{P = \frac{\int_0^l E J y''^2 \, dx}{\int_0^l y'^2 \, dx}.} \tag{278}$$

Wegen der Minimaleigenschaft genügt es, für y irgend eine Funktion einzusetzen, die den Randbedingungen genügt und auch nur einigermaßen den erwarteten Verlauf zeigt (also z. B. für die kleinste Knicklast im Innern des Intervalls keine Nullstelle zeigt), um für P einen angenäherten Wert zu erhalten.

Dieses Verfahren ist für die „angenäherte Lösung“ derartiger Aufgaben von großer praktischer Wichtigkeit und ist als die „Methode von Rayleigh-Ritz“ bekannt.

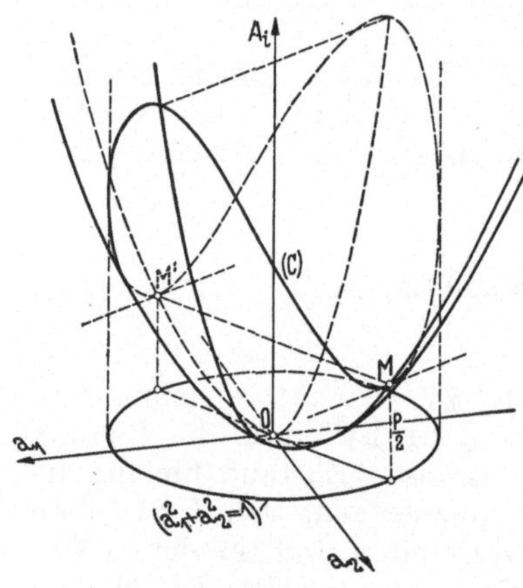

Abb. 135.

Zur Veranschaulichung[1], wie dieses Minimum zustande kommt, diene die Abb. 135, in der an Stelle der Gesamtheit der Funktionen y' nur eine zweiparametrige Schar von der Form

$$y' = a_1 y_1'(x) + a_2 y_2'(x) \tag{279}$$

angenommen wird, worin y_1' und y_2' zwei feste Funktionen sind.

Bei entsprechenden Festsetzungen über diese gewählten Funktionen y_1' und y_2' nimmt die geometrische Nebenbedingung (276) die Form

$$a_1^2 + a_2^2 = 1 \tag{280}$$

und das Prinzip die Form

$$A_i = \tfrac{1}{2}(\alpha a_1^2 + 2\beta a_1 a_2 + \gamma a_2^2) = \text{Min.} \tag{281}$$

[1] Es gibt auch andere Darstellungsweisen hierfür.

an. Diese letzte Gleichung stellt nach Abb. 135 ein elliptisches Paraboloid dar, und auf diesem werden wegen der Nebenbedingung nur jene Punkte betrachtet, die im Schnitt (C) mit dem Kreiszylinder über $a_1^2 + a_2^2 = 1$ liegen. Der kleinste Wert von A_i, der mit der Nebenbedingung verträglich ist, ist durch den tiefsten Punkt M der Schnittkurve C bestimmt (bzw. durch die zwei in gleicher Höhe liegenden), und seine Höhe über der Grundrißebene stellt gerade $P/2$ dar. — Es wird bemerkt, daß diese Darstellung nur zur einfachen geometrischen Veranschaulichung der in Wirklichkeit viel verwickelteren Beziehungen dienen soll.

Beispiel 77. Für den einseitig eingespannten und am freien Ende achsial mit $\mathfrak{P}$ belasteten Stab setze man einfach

$$y = A\,(x^2 - x^3/3\,l)\,,$$

dann ist $y = 0$, $y' = 0$ für $x = 0$, und $y'' = 0$ für $x = l$.

Man erhält durch Einsetzen in die Gl. (278)

$$P = \frac{4\,E\,J\int\limits_0^l (1 - x/l)^2\,d\,x}{\int\limits_0^l (2\,x - x^2/l)^2\,d\,x} = \frac{10}{4}\,\frac{E\,J}{l^2}\,, \tag{282}$$

also den Wert 10 statt des genauen Wertes $\pi^2 = 9{,}86960\ldots$

Beispiel 78. Knickung einer Säule unter Eigengewicht. Wenn die Druckbelastung eines Stabes nicht aus einer am Ende angreifenden Einzelkraft, sondern aus verteilten Lasten in der Längsrichtung des Stabes besteht, so kann gleichfalls Knickung eintreten. Hierher gehört als wichtigster Fall die Knickung einer unten eingespannten Säule unter dem Einfluß ihres Eigengewichtes.

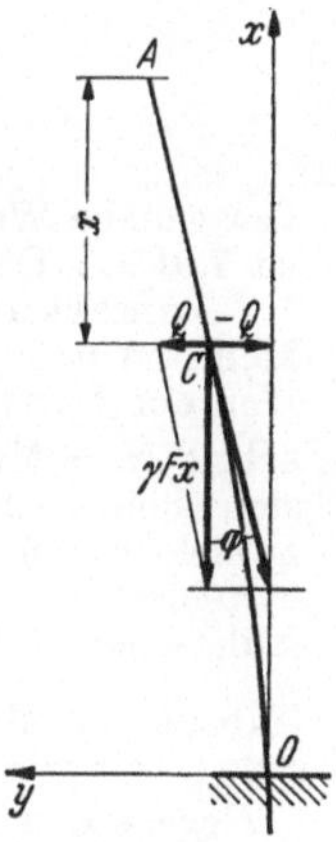

Wir stellen auch hier die Bedingung dafür auf, daß die Gleichung für die Gleichgewichtsform des Stabes eine von null ($y \equiv 0$) verschiedene Lösung haben kann. Hierzu beachten wir, daß in einem Punkte C im Abstande x vom oberen Ende die lotrechte Last $\gamma\,F\,x$ und daher die Querkraft (Abb. 136)

$$Q = -\,\gamma\,F\,x\,\mathrm{tg}\,\varphi = -\,\gamma\,F\,x\,y'$$

vorhanden ist. Andrerseits bestehen zwischen y, Q und dem Moment M die Beziehungen

$$M = -\,E\,J\,y'', \qquad Q = -\,M' = E\,J\,y'''.$$

Diese Gleichungen liefern als Differentialgleichung für die unbekannte Funktion $y = y(x)$

$$E\,J\,y''' + \gamma\,F\,x\,y' = 0\,.$$

Da y selbst nicht vorkommt, setzt man $y' = p$, ferner $\gamma\,F = q$ (die Last je Längeneinheit); dann erhält man

Abb. 136.

$$\boxed{E\,J\,p'' + q\,x\,p = 0.} \tag{283}$$

Diese Gleichung ist zu integrieren mit den Randbedingungen

$$x = l\,, \quad p = 0 \quad \text{(Einspannung in 0)},$$
$$x = 0\,, \quad p' \equiv y'' = 0 \quad \text{(in } A\text{: Moment null)}.$$

Die Lösung dieser Gleichung ist durch elementare Funktionen nicht ausdrückbar. Um einen angenäherten Wert für die Knicklast zu erhalten, verwenden wir die oben erwähnte Rayleigh-Ritzsche Methode. Für den vorliegenden Fall ist zu setzen

$$\mathsf{A}_i = \tfrac{1}{2}\int\limits_0^l E\,J\,y''^2\,d\,x$$

und

$$\mathsf{A}_a = \int\limits_0^l q\,x\left\{\sqrt{1 + y'^2} - 1\right\}d\,x \approx \tfrac{1}{2}\int\limits_0^l q\,x\,y'^2\,d\,x\,.$$

(Man beachte wieder, daß die durch Entlastung des Stabes gewonnene Arbeit A_a von der Form Pp und nicht $Pp/2$ ist. Der Faktor $\frac{1}{2}$ im letzten Ausdruck kommt nur von der Entwicklung der Quadratwurzel her!)

Also erhält man für $q =$ konst., $EJ =$ konst., gemäß der Gl. $A_i - A_a = \text{Min.} = 0$ (mithin angenähert $A_i/A_a \approx 1$)

$$\varkappa^2 \equiv \frac{q\,l^3}{EJ} = \frac{l^3 \int\limits_0^l y''^2\,dx}{\int\limits_0^l x\,y'^2\,dx} = \frac{l^3 \int\limits_0^l p'^2\,dx}{\int\limits_0^l x\,p^2\,dx}. \tag{284}$$

Setzte man hierin rechts für y oder p die richtige Lösung der Gl. (283) ein, so würde man für $\varkappa^2$ den exakten Wert erhalten, durch den dann die Knicklast q bzw. die Knicklänge l bestimmt ist. Wenn man die richtige Lösung nicht kennt, erhält man einen angenäherten Wert, wenn man für p eine Funktion einsetzt, die ungefähr den erwarteten Verlauf zeigt und die Randbedingungen befriedigt; die einfachste derartige Funktion ist

$$p = l^2 - x^2,$$

denn es ist gemäß den Randbedingungen $p(l) = 0$, $p'(0) = 0$. Durch Einsetzen von p in den obigen Ausdruck erhält man

$$\varkappa^2 \equiv \frac{q\,l^3}{EJ} = \frac{4\,l^3 \int\limits_0^l x^2\,dx}{\int\limits_0^l x\,(l^2 - x^2)^2\,dx} = 8\,. \tag{285}$$

Der genaue Wert, der sich durch exakte Integration der Gl. (283) ergeben würde, ist 7,91 ... Der Fehler beträgt also nur 1 vH.

Anmerkung. Die Bedeutung der verschiedenen Formen des Prinzips der kleinsten potentiellen Energie wird noch klarer, wenn wir sie den Minimalprinzipien der Dynamik gegenüberstellen. Dem Prinzip der kleinsten Formänderungsarbeit $A_i = \text{Min.}$ entspricht das „Eulersche Prinzip" $\int 2\,T\,dt = \text{Min.}$, das aber für sich allein ebensowenig ausreicht, die Bewegung zu bestimmen, wie in der Elastizitätslehre das Prinzip $A_i = \text{Min.}$ zur Bestimmung der Gleichgewichtsgleichungen: es fehlen in beiden Fällen die Beziehungen zu den eingeprägten Kräften. Beim Eulerschen Prinzip hat man die „Energiegleichung" $T + U = h$ als Neben-

Tabelle 12. Minimalprinzipe der Elastizitätstheorie und Dynamik.

Gegenstand	Prinzip	Nebenbedingung	Prinzip (ohne Nebenbedingung)	
a) Elastizitätstheorie	$A_i = \text{Min.}$	$A_i = A_a$ (Energiesatz)	Gleichgewichtsaufgaben: $A_i - 2A_a = \text{Max.}$ (A_i vom 2. Grade, A_a vom 1. Grade)	Knickaufgaben: $A_i - A_a = \text{Min.} = 0$ (A_i und A_a vom 2. Grade)
b) Dynamik	$\int 2\,T\,dt = \text{Min.}$ (Eulersches Prinzip)	$T + U = h$ (Energiesatz)	$\int (T - U)\,dt = \text{Min.}$ (Hamiltonsches Prinzip)	
			Allgemeine Bewegungsaufgaben	für Schwingungsaufgaben: $\omega^2\,\overline{T} - \overline{U} = \text{Min.} = 0$ (Integration nach t ausführbar)

bedingung hinzuzunehmen, in der Elastizitätslehre die „Energiegleichung“ $A_i = A_a$. Die besondere Form des Prinzips für Knickaufgaben findet ihr vollständiges Analogon in dem bezüglichen Ansatz für Schwingungsaufgaben. Man erhält demnach die vorstehende Gegenüberstellung (s. Tabelle 12. S. 180).

XII. Biegung von Stäben mit gekrümmter Mittellinie.

Je nachdem die Abmessungen des Stabes in der Biegungsebene gegen die Krümmungshalbmesser klein (rund 1/30) oder nicht klein (rund 1/3) sind, unterscheidet man Stäbe mit schwacher und starker Krümmung; die beiden Fälle erfordern verschiedene Ansätze. Wir beschränken uns hier auf ebene Biegung (d. h. Biegung in der Stabebene) und auf kleine Formänderungen.

104. Für **Stäbe mit schwacher Krümmung** gelten dieselben Annahmen wie für gerade Stäbe: die Querschnitte bleiben eben, und (damit im Zusammenhang stehend) die Spannungen sind über die Querschnitte linear verteilt. Unter diesen Voraussetzungen gilt offenbar für die Spannungsverteilung dieselbe Gleichung wie für den geraden Stab

$$\sigma = M y / J .$$

Um die statischen Gleichungen zu erhalten, betrachten wir zunächst einen Stab von beliebiger gekrümmter Form, die zweckmäßig durch eine Beziehung zwischen dem Krümmungshalbmesser R und dem Winkel ϑ der Normalen gegen eine feste Richtung gekennzeichnet wird: $R = R(\vartheta)$. Auf ein Stabelement von der Länge $R\,d\vartheta$ der Mittelfaser wirken dann die in Abb. 137 eingetragenen Kräfte und Momente: die Normalkräfte S und $S + dS$, die Querkräfte Q und $Q + dQ$ und die Biegungsmomente M und $M + dM$, die wir alle als Funktionen von ϑ betrachten. Die Lasten je Längeneinheit in Richtung der Tangenten und Normalen zur Mittelfaser seien durch X und Z gegeben. Die Gleichgewichtsbedingungen für die Richtungen der Tangenten x und der Normalen z und die Momentengleichung für den Punkt P liefern daher die Gleichungen

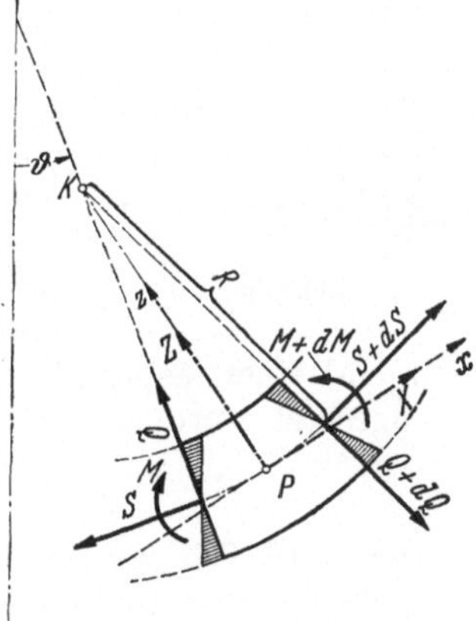

Abb. 137.

$$\left.\begin{aligned} S + dS - S + Q\sin(d\vartheta/2) + (Q + dQ)\sin(d\vartheta/2) + XR\,d\vartheta &= 0, \\ Q - (Q + dQ) + S\sin(d\vartheta/2) + (S + dS)\sin(d\vartheta/2) + ZR\,d\vartheta &= 0, \\ M - (M + dM) + QR\,d\vartheta &= 0. \end{aligned}\right\} \quad (286)$$

Diese ergeben nach einigen Kürzungen und Streichungen der Glieder von höherer als erster Ordnung, wenn durch Striche (′) die Ableitungen nach ϑ bezeichnet werden,

$$\boxed{S' + Q + XR = 0, \quad Q' - S - ZR = 0, \quad M' - QR = 0.} \quad (287)$$

Für $R \to \infty$, $R d\vartheta \to dx$, $S \to 0$, $X \to 0$ erhält man die für den geraden Stab ohne Längsbelastung geltenden Gleichungen wieder.

105. Um die **Formänderung** des Stabes infolge der Belastung zu finden, setzen wir der Einfachheit halber einen ursprünglich kreisförmig gekrümmten Stab vom Halbmesser r voraus und beachten, daß die Verschiebung irgend eines Punktes P des Stabes zu ihrer Festlegung jetzt nicht nur eine, sondern zwei Komponenten verlangt. Es seien u und w (Abb. 138) die Verschiebungen des Punktes P der Mittelfaser in Richtung der Tangenten und Normalen, wobei u im Sinne wachsender Zentriwinkel ϑ und w im Sinne der nach dem Krümmungsmittelpunkt K weisenden Richtung positiv gezählt wird. Sowohl u als auch w sind i. a. längs des Stabes veränderlich, also etwa als Funktionen des Zentriwinkels ϑ anzusehen; das Bogenelement der Mittelfaser ist hier $ds = r d\vartheta$.

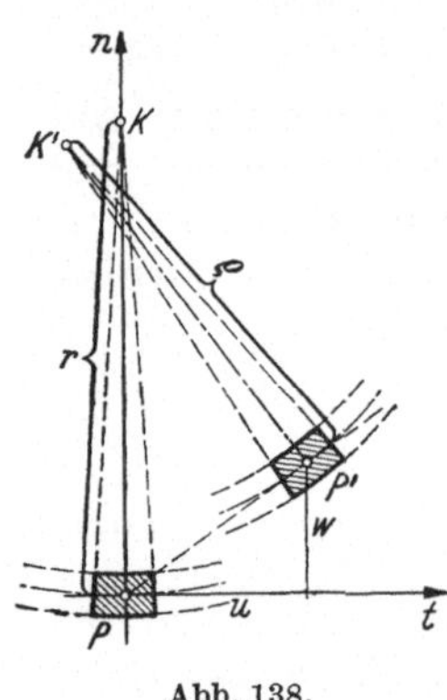

Abb. 138.

Wegen der oben erwähnten Annahmen kann auch für den Stab mit gekrümmter Mittellinie die Krümmungsänderung dem Biegemomente M an der betreffenden Stelle proportional gesetzt werden. Die Krümmungsänderung ist die Änderung des Winkels zwischen den Normalen in zwei entsprechenden Punkten P und P' vermöge der Formänderung (Abb. 138). Um sie durch u und w auszudrücken, berechnen wir den Neigungswinkel eines Elements der Stabmittellinie gegenüber irgend einer festen Richtung; dieser Neigungswinkel kann in der Form angesetzt werden

$$\psi = \frac{u + w'}{r}. \tag{288}$$

Der erste Teil u/r rührt daher, daß der Punkt P um den Betrag u in Richtung der Tangente verschoben wird, was einem Zuwachs u/r des Zentriwinkels entspricht; außerdem wird das Linienelement ds der Mittelfaser dadurch verdreht, daß i. a. w nicht konstant ist, so daß für w an der Nachbarstelle P' der Betrag $w + dw$ anzusetzen ist, was einer Winkeländerung $\frac{dw}{r\,d\vartheta} = \frac{w'}{r}$ entspricht.

Die Änderung $\varkappa$ der Krümmung ist der Unterschied der Neigungen benachbarter Linienelemente, ist also die Ableitung von ψ nach dem Bogenelement

$$\varkappa \equiv \frac{d\psi}{ds} = \frac{d\psi}{r\,d\vartheta} = \frac{u' + w''}{r^2}. \tag{289}$$

Zur Bestimmung der beiden Komponenten u und w sind zwei Gleichungen erforderlich; es sind dies die elastische Gleichung für die Richtung der Tangente und die Biegegleichung. Wir vereinfachen die Betrachtung, indem wir weiterhin eine dehnungslose Verformung der Mittelfaser, also reine Biegung (ohne Längenänderung der Mittelfaser) voraussetzen; es kommt dies darauf hinaus, E als sehr groß anzunehmen. Diese Annahme liefert eine Beziehung zwischen u

und w, die die eingangs gestellte Aufgabe auf eine gewöhnliche Differentialgleichung zurückführt.

Für die Dehnung ε_0 des Bogenelementes der Mittelfaser gilt allgemein der Ausdruck

$$\varepsilon_0 = \frac{u' - w}{r}. \tag{290}$$

Der erste Teil u'/r entspricht der Dehnung in tangentialer Richtung zufolge der Veränderlichkeit von u; der zweite w/r rührt daher, daß einer Verschiebung w in Richtung der Normalen eine Dehnung vom Betrage $-w/r$ (Zusammendrückung) entspricht. Für dehnungslose Verformung der Mittelfaser erhält man daher

$$\varepsilon_0 = 0 \quad \text{oder} \quad u' = w,$$

und daher ist die Krümmungsänderung $(1/\varrho - 1/r)$ in diesem Falle

$$\frac{d\psi}{ds} = \frac{w'' + w}{r^2}. \tag{291}$$

Demnach erhält man die Differentialgleichung der elastischen Linie in der Form

$$\boxed{\frac{d\psi}{ds} = \frac{w'' + w}{r^2} = \frac{M}{EJ}}. \tag{292}$$

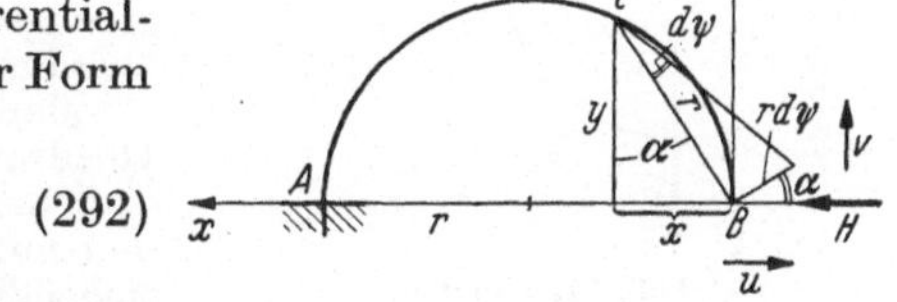

Abb. 139.

Bei den getroffenen Festsetzungen ist durch das positive Zeichen ein positives Moment (im Uhrzeigersinn drehend) einer positiven Krümmungsänderung (also einer Vergrößerung von $\varkappa$) zugeordnet.

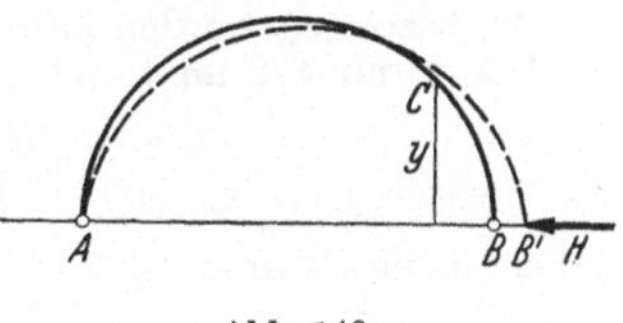

Abb. 140.

Mit Hilfe dieser Gleichung kann die Verschiebung irgend eines Punktes des Stabes ermittelt werden, wenn das Biegemoment an jeder Stelle des Stabes bekannt ist. Für einen nach einem Kreisbogen gekrümmten Stab ACB (Abb. 139), dessen Ende A eingespannt ist, sind die (waagrechten und senkrechten) Komponenten der Verschiebung des Endpunktes B gegeben durch

$$\boxed{\begin{aligned} u &= \int r\,d\psi \cos\alpha = \int \frac{M}{EJ}\,y\,ds, \\ v &= \int r\,d\psi \sin\alpha = \int \frac{M}{EJ}\,x\,ds. \end{aligned}} \tag{293}$$

Die Verschiebungen u, v des freien Endes P sind demnach die statischen Momente der auf den kreisförmigen Stab aufgebrachten „Belegung" $M ds/EJ$ mit Bezug auf die Richtungen x und y durch P.

Beispiel 79. Bogenträger, beiderseits gelenkig gelagert (Abb. 140). Um die Horizontalkraft H zu berechnen, die zufolge einer beliebigen Belastung in den Gelenken auftritt, denken wir uns das eine der beiden Gelenke, etwa B gelöst und die waagrechte Verschiebung $u = \overline{BB'}$ von B zufolge der Belastung berechnet. Da das Biegemoment M infolge der gegebenen Belastung an jeder Stelle als bekannt zu betrachten ist, erhält man nach Gl. (293)

$$u = \int \frac{M y}{E J} ds.$$

Nun denken wir uns denselben Bogenträger durch eine bei B' in waagrechter Richtung angreifende Einzelkraft H belastet, dann ist die Verschiebung u_1 von B, da das Biegemoment in irgend einem Punkte C jetzt $M_1 = H y$ ist,

$$u_1 = \int \frac{M_1 y}{E J} ds = H \int \frac{y^2 ds}{E J}.$$

Diese beiden Gleichungen gestatten die Horizontalkraft H des gelenkig gelagerten Bogenträgers (einfach statisch-unbestimmt!) zu berechnen; denn die Gleichsetzung $u = u_1$ liefert unmittelbar (EJ = konstant gesetzt) die Gleichung

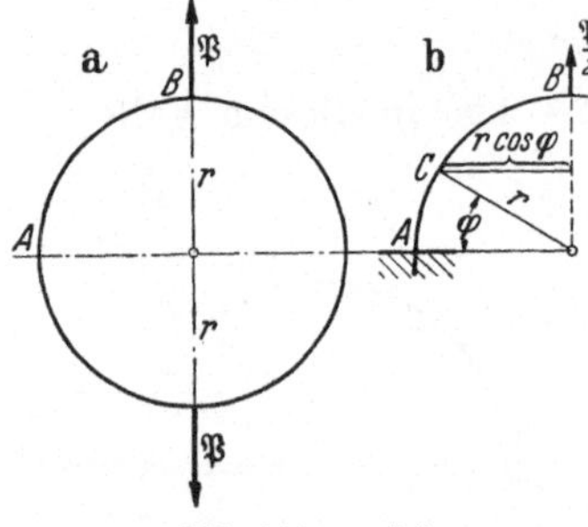

Abb. 141 a und b.

$$\boxed{H = \frac{\int M y \, ds}{\int y^2 ds}.} \qquad (294)$$

Beispiel 80. Kreisring, durch zwei entgegengesetzt gerichtete Kräfte 𝔓 in einem Durchmesser beansprucht (Abb. 141).

Man denke sich nach Abb. 141 b einen Quadranten des Ringes für sich betrachtet, das eine Ende A eingespannt, das andere B frei und mit $P/2$ belastet. Die dadurch bei B entstehende Neigung der Biegelinie muß durch die Wirkung des bei B im Ringe auftretenden Momentes M_0 auf Null gebracht werden; dies gibt eine Bedingungsgleichung, aus der M_0 bestimmt werden kann.

Die durch $P/2$ im Punkte C auftretende Krümmungsänderung ist

$$\frac{d\psi_1}{ds} = \frac{M}{EJ} = \frac{P r \cos\varphi}{2 E J},$$

daher ist die Krümmungsänderung des ganzen Quadranten ($ds = r\,d\varphi$)

$$\psi_1 = \int d\psi_1 = \frac{P r^2}{2 E J} \int_0^{\pi/2} \cos\varphi \, d\varphi = \frac{P r^2}{2 E J}.$$

Andrerseits ist die Krümmungsänderung, die durch das Moment M_0 entsteht,

$$\frac{d\psi_2}{ds} = \frac{M_0}{E J},$$

und daher für den ganzen Quadranten

$$\psi_2 = \int d\psi_2 = \frac{M_0 r}{E J} \int_0^{\pi/2} d\varphi = \frac{M_0 r \pi}{2 E J}.$$

Die Gleichsetzung $\psi_1 = \psi_2$ ergibt eine Gleichung für M_0, und aus dieser folgt

$$\boxed{M_0 = P r/\pi.} \qquad (295)$$

106. Knickung eines Kreisringes unter konstantem Außendruck. Wird ein kreisförmiger Stab (Abb. 142) mit konstantem Außendruck $X = 0$, $Z = p$ je Längeneinheit belastet, so kann der Fall eintreten, daß von einem bestimmten Wert von p an der Ring nicht mehr gleichförmig über den ganzen Umfang zusammengedrückt wird, sondern unsymmetrisch ausweicht oder eingebeult wird. Ähnlich verhält sich ein dünnwandiges Rohr, das Gehäuse eines Unterseeboots u. dgl. Um jenen Wert des Außendruckes zu erhalten, für den eine dieser Erscheinungen eintreten kann, geht man ebenso vor wie bei der Knickung eines geraden Stabes unter Druckkräften in der Längsrichtung: Man ermittelt den kleinsten Wert des Druckes p, für den der Ringstab eine von der Kreisform verschiedene Gleichgewichtsform annehmen kann.

Zunächst berechnen wir den Betrag der über den ganzen Umfang gleichförmig verteilten Zusammendrückung, für die in der Gl. (290) aus Symmetriegründen $u = \text{konst.}$, also $u' = 0$ sein muß. Man erhält, wenn die für diese gleichförmige Zusammendrückung geltenden Größen mit dem Zeiger o versehen werden, $S_0 = pr$, $M_0' = 0$, $M_0 = \text{konst.}$, und es folgt (vgl. Beispiel 18)

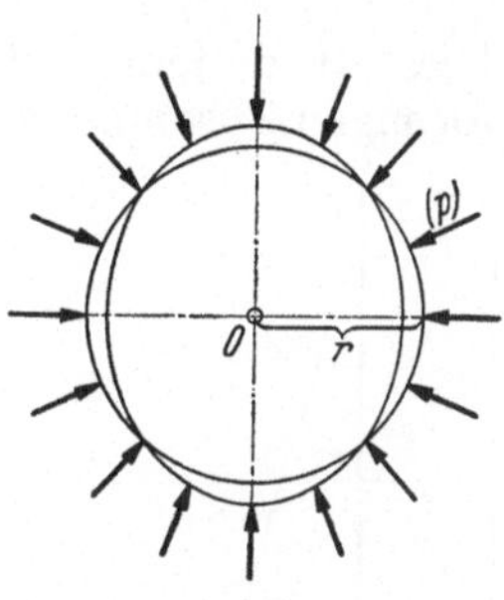

Abb. 142.

$$\varepsilon_0 = -\frac{w_0}{r} = \frac{S_0}{EF} = \frac{p\,r}{EF} \quad \text{oder} \quad w_0 = -\frac{p\,r^2}{EF}.$$

Um auf die Knickung zu kommen, denken wir uns diese Zusammendrückung w_0 abgetrennt und fragen nach den Bedingungen, unter denen eine dehnungslose, also nicht gleichförmig über den Umfang verteilte Verformung möglich ist. Da die Krümmungsänderung

$$\frac{d\psi}{ds} = \frac{1}{R} - \frac{1}{r} = \frac{w'' + w}{r^2}$$

ist, erhält man für den Krümmungshalbmesser im verformten Zustande (angenähert)

$$R \approx r\left(1 - \frac{w'' + w}{r}\right).$$

Die Biegungsgleichung (292) lautet

$$\frac{1}{R} - \frac{1}{r} = \frac{w'' + w}{r^2} = \frac{M}{EJ},$$

und daher nehmen die statischen Gleichungen nach Einsetzen von R — (wobei in der Gleichung $M' = Q\,R$ für $R \approx r$ gesetzt werden kann, da das sonst auftretende Korrektionsglied E^2 im Nenner enthält) —, die Form an

$$S' + Q = 0\,, \qquad Q' - S + p\,(w'' + w - r) = 0\,, \qquad M' - Q\,r = 0\,,$$

oder

$$S' = -Q\,, \qquad Q' - S + p\left(\frac{M\,r^2}{EJ} - r\right) = 0\,, \qquad M' = Q\,r\,.$$

Eliminiert man aus diesen Gleichungen S und M, indem man die mittlere Gleichung nach ϑ ableitet, so findet man

$$Q'' + \left(1 + \frac{p\,r^3}{EJ}\right) Q = 0\,. \qquad (296)$$

Eine von Null verschiedene Lösung dieser Gleichung, die für den Ringstab in Betracht kommt, muß die Form $Q = Q_0 \cos n\vartheta$ haben. Für $n = 1$ würde $p = 0$ folgen, diese Lösung scheidet von selbst aus. Für $n = 2$, also $Q = Q_0 \cos 2\vartheta$ erhält man

$$1 + \frac{p\,r^3}{E\,J} = 4\,, \quad \text{also} \quad \frac{p\,r^3}{E\,J} = 3\,,$$

oder

$$\boxed{p = \frac{3\,E\,J}{r^3}.} \tag{297}$$

Dies ist derjenige Wert des Außendruckes, für den eine der gleichförmigen Zusammendrückung überlagerte, nicht mehr gleichförmig über den Umfang verteilte Verformung möglich ist, und den man deshalb als den „kritischen Außendruck“ bezeichnet; die diesem entsprechende Gleichgewichtsform ist in Abb. 142 angedeutet.

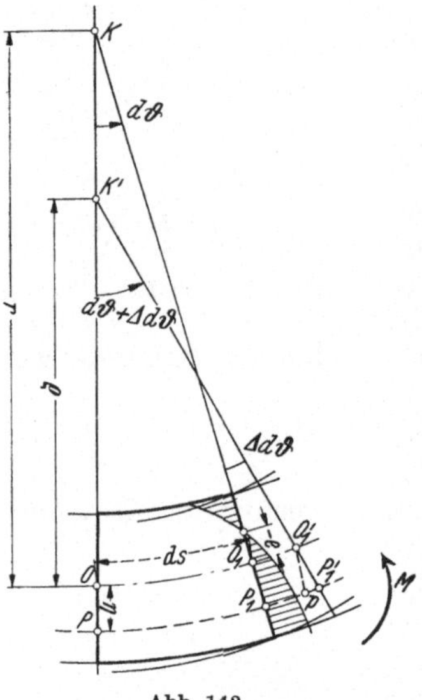

Abb. 143.

107. Stäbe mit starker Krümmung. Bei geraden und schwach gekrümmten Stäben führt die Annahme der linearen Spannungsverteilung unmittelbar zu der Folgerung, daß die Querschnitte eben und zur Mittelfaser senkrecht bleiben. Für Stäbe mit starker Krümmung gelangt man zu einer für praktische Berechnungen brauchbaren Theorie, indem man ebenfalls die Annahme macht, daß ebene Querschnitte eben und zur Mittelachse (im verformten Zustande) senkrecht bleiben; da aber jetzt zwei zur Mittelfaser senkrechte Querschnitte nicht gleich lange Fasern enthalten, so führt diese Annahme auf eine Spannungsverteilung, die von der linearen verschieden ist und, wie sich zeigen wird, von der Querschnitts*form* selbst abhängt; diese Verteilung wollen wir ausrechnen. Es möge bedeuten:

P die in Richtung der Tangente zur Mittelfaser, also senkrecht zum Querschnitt wirkende Kraft,

M das Biegemoment, positiv gerechnet, wenn es die Krümmung des Stabes vergrößert, seinen Krümmungshalbmesser also verkleinert,

f den Querschnitt des Stabes,

r den Krümmungshalbmesser der Mittelfaser *vor* der Verformung,

ϱ den Krümmungshalbmesser der Mittelfaser *nach* der Verformung,

$d\vartheta$ den Zentriwinkel zwischen zwei benachbarten Querschnitten und

$\Delta\,d\vartheta$ die Änderung dieses Zentriwinkels bei der Belastung.

Unter der Annahme des Ebenbleibens der Querschnitte nehmen benachbarte Querschnitte die in der Abb. 143 angegebene Lage an.

Die Dehnung der Mittelfaser ist

$$\varepsilon_0 = \frac{\overline{O_1 O_1'}}{\overline{O O_1}} = \frac{\varrho\,(d\vartheta + \Delta d\vartheta) - r\,d\vartheta}{r\,d\vartheta} = \frac{\varrho - r}{r} + \frac{\varrho}{r}\,\frac{\Delta d\vartheta}{d\vartheta},$$

und die Dehnung einer Schicht im Abstande η von der Mittelschicht

$$\varepsilon = \frac{\overline{P_1 P_1'}}{\overline{P P_1}} = \frac{\overline{P_1 p} + \overline{p P_1'}}{\overline{P P_1}} = \frac{\varepsilon_0 r\,d\vartheta + \eta\,\Delta d\vartheta}{(r+\eta)\,d\vartheta} = \frac{\varepsilon_0 + \dfrac{\eta}{r}\,\dfrac{\Delta d\vartheta}{d\vartheta}}{1 + \eta/r}$$

Rechnet man aus der Gleichung für ε_0 die Größe

$$\frac{\Delta d\vartheta}{d\vartheta} = \frac{r}{\varrho}\,\varepsilon_0 + \frac{r - \varrho}{\varrho}$$

und setzt diese in den Ausdruck für ε ein, so folgt nach leichter Umformung

$$\varepsilon = \frac{\varepsilon_0 + \dfrac{\eta}{r}\left(\dfrac{r}{\varrho}\,\varepsilon_0 + \dfrac{r-\varrho}{\varrho}\right)}{1 + \eta/r} = \varepsilon_0 + (1 + \varepsilon_0)\,\frac{r - \varrho}{\varrho}\,\frac{\eta}{r + \eta}\,.$$

Bildet man $\sigma = E\,\varepsilon$ und die Summe der Spannungen σ sowie ihrer Momente um O über den Querschnitt, so erhält man

$$\left.\begin{aligned} P &= \int \sigma\,df = E\,\varepsilon_0 f + (1 + \varepsilon_0)\,E\,\frac{r - \varrho}{\varrho} \int \frac{\eta}{r + \eta}\,df,\\ M &= \int \sigma\,\eta\,df = E\,\varepsilon_0 \int \eta\,df + (1 + \varepsilon_0)\,E\,\frac{r - \varrho}{\varrho} \int \frac{\eta^2}{r + \eta}\,df\,. \end{aligned}\right\} \qquad (298)$$

Wir denken uns nun nachträglich die Mittelschicht, in der auch O liegen soll, durch die Schwerpunkte der Querschnitte gelegt, dann ist $\int \eta\,df = 0$. Ferner führen wir zur Abkürzung ein

$$\varkappa = -\frac{1}{f}\int \frac{\eta}{r + \eta}\,df = -1 + \frac{r}{f}\int \frac{df}{r + \eta}\,;$$

man beachte, daß $\varkappa$ nur von der Form des Querschnittes abhängt. Dann wird

$$\int \frac{\eta^2}{r + \eta}\,df = \int \left(\eta - r\,\frac{\eta}{r + \eta}\right) df = \varkappa f r\,. \qquad (299)$$

Setzt man dies in die Gleichungen für P und M ein, so folgt

$$\left.\begin{aligned} P &= E\,\varepsilon_0 f - E\,(1 + \varepsilon_0)\,\frac{r - \varrho}{\varrho}\,\varkappa f,\\ \frac{M}{r} &= \qquad\quad\;\; E\,(1 + \varepsilon_0)\,\frac{r - \varrho}{\varrho}\,\varkappa f\,. \end{aligned}\right\} \qquad (300)$$

Daraus erhält man durch Addition

$$E\,\varepsilon_0 = \frac{P}{f} + \frac{M}{f r},$$

und schließlich die Spannung in jeder Schicht

$$\boxed{\sigma = E\,\varepsilon = \frac{P}{f} + \frac{M}{f r} + \frac{M}{\varkappa f r}\,\frac{\eta}{r + \eta}\,.} \qquad (301)$$

Die Verteilung der Spannungen über den Querschnitt wird gemäß dieser Gleichung durch eine Hyperbel dargestellt.

Wird der Einfluß der Achsialkräfte P außer Betracht gelassen, so nimmt diese Gleichung die einfachere Form an

$$\sigma = \frac{M}{f r}\left[1 + \frac{\eta}{\varkappa (r + \eta)}\right],$$

und der Abstand der Nullschicht ($\sigma = 0$) von der Mittelachse hat die Größe

$$e = -\frac{\varkappa}{1 + \varkappa} r .$$

Dieser Abstand hängt nur von der Form des Querschnittes, nicht aber von der Größe des Biegemomentes ab, ist also für alle Größen und Vorzeichen von M derselbe.

Die Formänderung ist in erster Annäherung gegeben durch den Krümmungshalbmesser nach der Verformung, der sich aus der Gl. (300) berechnen läßt; setzt man $\varrho = r - w$, $1 + \varepsilon_0 \approx 1$ und schreibt im Nenner r statt ϱ, so erhält man angenähert

$$\frac{w}{r} \approx \frac{M}{\varkappa E f r (1 + \varepsilon_0)} \approx \frac{M}{\varkappa E f r} .$$

Genauer kann man die Verformung dadurch erhalten, daß man sie aus der Gl. (300)

$$\frac{1}{\varrho} - \frac{1}{r} = \frac{M}{E \varkappa f r^2 (1 + \varepsilon_0)}$$

ausrechnet und für die Krümmungsänderung den Wert $1/\varrho - 1/r = (w'' + w) r^2$ nach Gl. (292) einführt. Es folgt dann (mit $\varepsilon_0 \approx 0$) für w die Differentialgleichung

$$\boxed{w'' + w = M/\varkappa f E .} \tag{302}$$

Die Integration dieser Gleichung liefert w, und durch eine weitere Integration wird aus der Gleichung $u' = w$ auch u gefunden.

Beispiel 81. Zeige, daß die für σ erhaltene Gl. (301) für $r \to \infty$ in die betreffende Gleichung für gerade oder schwach gekrümmte Stäbe übergeht. — Für große Werte von r folgt aus der Gl. (299)

$$\varkappa f r = \int \frac{\eta^2}{r + \eta}\, df = \frac{1}{r}\int \frac{\eta^2}{1 + \eta/r}\, df = \frac{J}{r} \quad \text{oder} \quad \lim_{r \to \infty} \varkappa f r^2 = J,$$

also geht die Gl. (301) für σ für $r \to \infty$ über in

$$\sigma = \frac{P}{f} + \frac{M \eta}{J} .$$

Beispiel 82. Für ein Rechteck mit der Breite b und der Höhe h findet man

$$\varkappa = -1 + \frac{r}{f}\int \frac{df}{r + y} = -1 + \frac{r}{h}\int_{-h/2}^{+h/2} \frac{dy}{r + y} = -1 + \frac{r}{h} \ln \frac{2r + h}{2r - h}$$

$$= -1 - \frac{r}{h} \ln \frac{2r - h}{2r + h} .$$

Wenn man vom äußerst möglichen Fall $r = h/2$ einigermaßen entfernt ist, so kann $\varkappa$ mit hinreichender Annäherung durch die ersten Glieder der Reihenentwicklung ersetzt werden; man schreibt hierzu $\varkappa$ in der Form

$$\varkappa = -1 - \frac{r}{h} \ln\left(1 - \frac{2h}{2r+h}\right)$$

und erhält

$$\varkappa = -1 + \frac{2r}{2r+h} + \frac{2rh}{(2r+h)^2} + \frac{8}{3}\,\frac{rh^2}{(2r+h)^3} + \cdots$$

XIII. Träger auf nachgiebiger Bettung.

108. Kennzeichnung der Fragestellung und Annahmen über die Beschaffenheit des Baugrundes. Die Aufgabe, die Biegung eines Balkens zu bestimmen, der zwischen den Stützen oder Einspannungen nicht frei ist, sondern auf einem elastischen Untergrund aufruht, stellt ein kombiniertes Problem dar; maßgebend für die Biegung sind dann sowohl die Steifigkeit des Balkens wie die elastischen Eigenschaften des Untergrundes.

Für eine analytische Behandlung dieser Aufgabe ist vor allem eine Annahme über das Verhalten des Baugrundes erforderlich. In der Baumechanik pflegt man das Verhalten des Baugrundes dadurch zu kennzeichnen, daß der Druck (Kraft auf die Flächeneinheit) an einer Stelle A proportional zu der an dieser Stelle bewirkten Einsenkung y angenommen wird; in Zeichen

$$\boxed{p(A) = K\,y(A)\,.} \tag{303}$$

Den Proportionalitätsfaktor K nennt man Bettungszahl oder Baugrundzahl; ihre Dimension ist KL^{-3}, sie wird also in kgcm^{-3} gemessen.

In dieser Form der Beziehung zwischen p und y steckt eine Reihe von Annahmen, die deutlich ausgesprochen werden müssen.

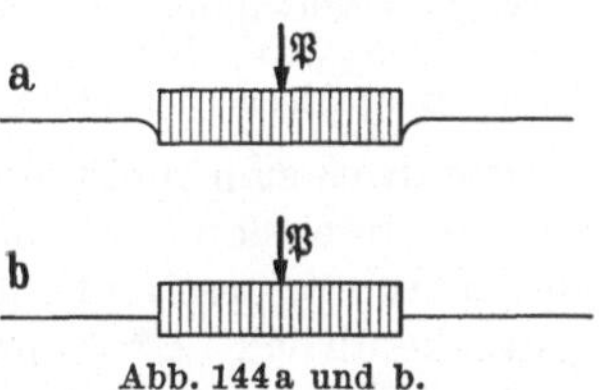

Abb. 144a und b.

1. Es wird angenommen, daß für die Einsenkung an einer Stelle nur der an dieser Stelle vorhandene Druck, oder umgekehrt für den Druck an einer Stelle nur die an der gleichen Stelle vorhandene Einsenkung maßgebend ist. Diese Annahme ist bestimmt nicht zutreffend; denn man überzeugt sich schon durch den allereinfachsten Versuch, daß etwa durch einen gleichmäßig belasteten Balken auf nachgiebiger Unterlage nach Abb. 144 eine Durchsenkung von der Art *a* und nicht von der Art *b* bewirkt wird; d. h. es treten in Wirklichkeit auch an solchen Stellen Einsenkungen des Grundes auf, die nicht mehr unter einer Last liegen.

Mit anderen Beziehungen zwischen p und y kann man das wirkliche Verhalten einer Unterlage besser beschreiben[1]. Die mit Hilfe solcher genauerer Ansätze durchzuführenden Rechnungen werden jedoch so

[1] Siehe K. Wieghardt: Z. angew. Math. Mech. Bd. 2 (1922) S. 165.

verwickelt, daß man sich bewußt auf den nicht vollständig zutreffenden, aber einfacheren Ansatz (303) beschränkt.

2. Die Bettungszahl K wird als Konstante betrachtet; und zwar wird sie nicht nur von der Größe der Einsenkung, sondern auch von der Größe und Gestalt der belasteten Fläche als unabhängig angenommen.

Inwieweit der erste Teil dieser Annahme 2. in Wahrheit zutrifft, müßte durch sehr genaue Versuche erwiesen werden. Für kleine Durchsenkungen wird sie immerhin sehr nahe gültig sein, denn wie immer auch die genaue Funktion $K = K(y)$ lauten mag, so lange y klein bleibt, wird man sich mit dem ersten konstanten Glied der Potenzreihenentwicklung begnügen dürfen.

Das ist auch der Sinn der von H. Zimmermann und K. Hayashi[1] ausgesprochenen Sätze: „Bei kleinen Formänderungen aber, wie sie gewöhnlich in der Praxis vorkommen, ist diese Annahme zulässig, wie auch das die Beziehungen zwischen Senkung und Bettungsdruck regelnde Gesetz in Wirklichkeit lauten möge." Diese Sätze betreffen nur die Unabhängigkeit des K von y, nicht aber die von der Größe und der Form der Fläche; sie sagen auch nichts aus über die etwaigen Einsenkungen außerhalb der belasteten Fläche.

Was die Abhängigkeit der Bettungszahl von der Größe und Gestalt der belasteten Fläche angeht, so ist man auch in diesem Punkte auf Versuche angewiesen, die bisher nur in sehr geringem Ausmaß vorliegen[2].

Obwohl also aus den genannten Gründen der Ansatz (303) anfechtbar ist, bedient man sich seiner wegen der Einfachheit der Rechnung doch fast ausschließlich in allen Fällen, wo Platten oder Balken, die irgendwie belastet sind, auf einer nachgiebigen Unterlage — dem Baugrund — ruhen.

Erwähnung verdient noch, daß es einen Fall gibt, in dem der Ansatz (303) tatsächlich vollkommen zu Recht besteht, nämlich für eine auf einer schweren Flüssigkeit schwimmende Platte, z. B. eine Eisplatte auf Wasser[3]. Es wird dann $K = \gamma =$ dem spezifischen Gewicht der Flüssigkeit, p ist dann nichts anderes als der hydrostatische Druck $p = \gamma y$.

Wenn es sich nicht um ein zweidimensionales Problem, sondern um ein eindimensionales handelt, wie den Balken auf elastischer Bettung, so rechnet man an Stelle des Flächendruckes p mit dem „Streckendruck" $p^* = pb$, indem man die Gl. (303) mit der konstanten Breite b des Balkens multipliziert

$$\boxed{p^*(A) = K\,b\,y\,(A) = k\,y\,(A)\,.} \tag{304}$$

$Kb = k$ kann dann als „Balkenbettungszahl" bezeichnet werden. Ihre Dimension ist KL^{-2}; sie wird also in kgcm^{-2} gemessen.

109. Differentialgleichung der elastischen Linie eines elastisch gebetteten Balkens. Ein Balken vom Querschnitts-Trägheitsmoment J und der Elastizitätszahl E — diese Größen seien längs des ganzen Balkens

[1] Hayashi, K.: Theorie des Trägers auf elastischer Unterlage. Berlin 1921 oder 1930.

[2] Über eine vorläufige Zusammenstellung vgl. F. Schleicher: Zur Theorie des Baugrundes. Bauingenieur Bd. 7 (1926) S. 931—935, 949—952.

[3] Hertz, H.: Ann. Physik Bd. 22 (1884) S. 449 oder Werke Bd. I S. 288.

konstant — ruhe auf einem elastischen Untergrunde von der Balkenbettungszahl k und sei mit irgend welchen Einzelkräften P und Streckenlasten q belastet. (Bei allen derartigen Betrachtungen wird der Unterschied zwischen der Durchsenkung der neutralen Schicht und der untersten Schicht des Balkens vernachlässigt.)

Die Querkraft in einem Querschnitt des Balkens im Abstande x vom linken Ende ist

$$Q = -\sum_{(0)}^{(x)} P_i - \int_0^x q\,dx + \int_0^x p^*\,dx = -\sum_{(0)}^{(x)} P_i + \int_0^x (p^* - q)\,dx\,,$$

und ihre Ableitung nach x wegen Gl. (304)

$$\frac{dQ}{dx} = k\,y - q\,.$$

Da stets $Q = dM/dx$ ist, so haben wir

$$\frac{d^2 M}{d x^2} = k\,y - q\,.$$

Die Differentialgleichung der Biegelinie lautet allgemein

$$\frac{d^2 y}{d x^2} = -\frac{M}{EJ}\,,$$

also in unserem Falle

$$\frac{d^4 y}{d x^4} = -\frac{1}{EJ}\frac{d^2 M}{d x^2} = -\frac{1}{EJ}(k\,y - q)\,,$$

oder

$$\frac{EJ}{k}\frac{d^4 y}{d x^4} + y = \frac{q}{k}\,.$$

Der Faktor EJ/k hat die Dimension $[\mathrm{L}]^4$; setzt man zur Abkürzung $4\,EJ/k = L^4$, so nimmt die Differentialgleichung die Form an

$$L^4 \frac{d^4 y}{d x^4} + 4\,y = \frac{4\,q}{k}\,.$$

Durch Einführung der neuen dimensionslosen Veränderlichen $\xi = x/L$ geht sie über in

$$\boxed{\frac{d^4 y}{d \xi^4} + 4 y = \frac{4 q}{k}\,.} \tag{305}$$

Die Konstante L, die die Dimension einer Länge hat, enthält alle für die Biegung maßgebenden Größen. Für die homogene Differentialgleichung ist demnach nur das Verhältnis von Biegesteifigkeit des Balkens und Balkenbettungszahl k, nicht die absoluten Werte dieser Größen maßgebend. Je größer die Balkensteifheit oder je kleiner die Bettungszahl, um so größer wird die „Vergleichslänge“ L.

Bevor wir die Integration der Differentialgleichung ausführen, wollen wir noch anmerken, wie sich Neigung, Moment und Querkraft in der dimensionslosen Veränderlichen ξ ausdrücken. Es ist

$$\psi \approx \operatorname{tg} \psi = \frac{dy}{dx} = \frac{1}{L} \frac{dy}{d\xi},$$

$$M = -EJ \frac{d^2 y}{dx^2} = -\frac{EJ}{L^2} \frac{d^2 y}{d\xi^2} = -\frac{kL^2}{4} \frac{d^2 y}{d\xi^2},$$

$$Q = -EJ \frac{d^3 y}{dx^3} = -\frac{EJ}{L^3} \frac{d^3 y}{d\xi^3} = -\frac{kL}{4} \frac{d^3 y}{d\xi^3}.$$

Zwischen der elastischen Linie und der Momentenlinie besteht noch folgender Zusammenhang: Aus der Differentialgleichung der elastischen Linie eines gebogenen Balkens folgt allgemein, da

$$\frac{d^2 y}{dx^2} = -\frac{M}{EJ}$$

ist, daß die elastische Linie dort einen Wendepunkt hat, wo die Momentenlinie eine Nullstelle besitzt. Ferner gilt für den elastisch gebetteten Balken auch die umgekehrte Beziehung

$$\frac{d^2 M}{dx^2} = k y - q,$$

so daß die Momentenlinie dort einen Wendepunkt hat, wo $y = q/k$ ist, insb. für $q = 0$ also dort, wo $y = 0$ ist.

110. Integration der Differentialgleichung. Ist die Streckenlast q als irgend eine Funktion von x oder ξ gegeben, so hat man die Aufgabe, die Gleichung

$$\frac{d^4 y}{d\xi^4} + 4y = \frac{4q}{k} \tag{305}$$

zu lösen. Sie ist eine lineare Differentialgleichung vierter Ordnung mit Störungsfunktion, für deren Lösung allgemeine Verfahren bekannt sind.

Wir beschränken uns darauf, die Lösung in zwei besonderen Fällen anzugeben:

I. Es sei $q \equiv 0$; d. h. es sind nur Einzelkräfte vorhanden.

II. Es sei $q =$ konst., d. h. die Streckenlast ist konstant.

Die Lösung enthält vier willkürliche Integrationskonstanten, die aus den Randbedingungen zu bestimmen sind. Solche Bedingungen können für y und für y', y'', y''' (die den ψ, M, Q proportional sind) vorgegeben sein; genauer gesagt: für y und dessen drei erste Ableitungen in ganz bestimmten Zusammenstellungen, die man als „natürliche Randbedingungen" bezeichnet. Insbesondere sind folgende drei Fälle von Wichtigkeit.

$$\left.\begin{array}{l} \text{1. freies Ende: } M = 0,\ Q = 0, \\ \text{2. eingespanntes Ende: } y = 0,\ y' = 0, \\ \text{3. gelenkig gelagertes Ende: } y = 0,\ M = 0. \end{array}\right\} \tag{306}$$

I. Wenn nur Einzelkräfte vorhanden sind, also $q = 0$ ist, lautet die Differentialgleichung

$$\frac{d^4 y}{d\xi^4} + 4y = 0. \tag{307}$$

Die Lösung schreiben wir in der Form

$$y \equiv y_0 = a_1 \mathfrak{Cof}\,\xi \cos\xi + a_2 \mathfrak{Sin}\,\xi \sin\xi + a_3 \mathfrak{Cof}\,\xi \sin\xi + a_4 \mathfrak{Sin}\,\xi \cos\xi, \quad (308)$$

worin $a_1, \ldots a_4$ Integrationskonstante bedeuten. Man bestätigt durch Ausrechnung der Ableitungen, daß dieser Ansatz der Differentialgleichung genügt.

II. Wenn die Streckenlast $q = \text{konst.} = q_0$ ist, haben wir die Gleichung

$$\frac{d^4 y}{d\xi^4} + 4y = \frac{4q_0}{k}. \quad (309)$$

Ihre Lösung schreiben wir in der Form

$$y = y_0 + q_0/k,$$

und es ist

$$p^* \equiv k\,y = k\,y_0 + q_0,$$

wobei y_0 wieder die in Gl. (308) angegebene Form hat.

In dem genannten Buche von K. Hayashi ist die Integration nach diesem Schema für eine große Zahl von verschiedenen Belastungen und Stützungen durchgeführt und durch Tabellen auf eine praktisch brauchbare Form gebracht. Die zahlenmäßige Ausrechnung ist aber schon in verhältnismäßig einfachen Fällen, vor allem wegen der Festlegung der Konstanten, eine recht umständliche Aufgabe, so daß man gerade hier mit Vorteil angenäherte Methoden der Berechnung heranziehen wird. Diese sind hier um so mehr am Platze, als wegen der Unsicherheit der Grundannahmen an die Genauigkeit von vornherein nur geringe Anforderungen gestellt werden dürfen.

111. Angenäherte Lösung. Verfahren von Rayleigh-Ritz. Zur Gewinnung angenäherter Lösungen empfiehlt sich hier wie in allen ähnlichen Fällen das Verfahren von Rayleigh-Ritz. Der diesem zugrunde liegende Gedanke ist der, statt der Differentialgleichung (305) das zugehörige Prinzip der kleinsten Formänderungsarbeit zu betrachten; die Bedingung für das Extremum ergibt dann, wie man zeigen kann, gerade die zu integrierende Differentialgleichung. Für Gleichgewichtsaufgaben hat dieses Prinzip, wie in **102** dargelegt wurde, die Form

$$\mathsf{A}^* \equiv \mathsf{A}_i - 2\,\mathsf{A}_a = \text{Min}. \quad (310)$$

Für den querbelasteten Träger erscheint A^* als bestimmtes Integral. Die Lösung des Problems kann dann in der Weise erfolgen, daß man für die unbekannte Funktion, hier für die Durchsenkung $y = y(x)$, einen Ausdruck von der Form

$$y = a\,y_1(x) + b\,y_2(x) + \ldots$$

wählt, der die Randbedingungen befriedigt, und in dem noch zunächst unbekannte „Parameter" $a, b, \ldots$ auftreten — etwa die Koeffizienten eines Polynoms (d. s. endliche Potenzreihen); die $y_1(x), y_2(x), \ldots$ sind dabei so gewählt, daß sie ungefähr den zu erwartenden Verlauf der gesuchten Funktion $y = y(x)$ zeigen und die Randbedingungen erfüllen, aber nicht der Differentialgleichung zu genügen brauchen. — Der Ausdruck A^* wird dann eine Funktion dieser Parameter

$$A^* = A^*(a, b, \dots),$$

und die Werte dieser Parameter, die die Rolle von statisch-unbestimmten Größen spielen, werden durch die Bedingungen bestimmt

$$\frac{\partial A^*}{\partial a} = 0, \quad \frac{\partial A^*}{\partial b} = 0, \dots \tag{311}$$

In den meisten Fällen erhält man schon brauchbare Ergebnisse, wenn man als Näherung die einfachsten Polynome wählt, die die gegebenen Randbedingungen erfüllen.

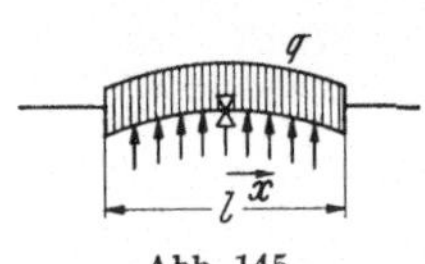

Abb. 145.

Aus der großen Zahl von Belastungsfällen, für welche genaue Lösungen vorliegen, so daß man die Näherungslösungen mit ihnen vergleichen kann, wählen wir zwei aus, um an ihnen das Verfahren zu erläutern.

Beispiel 83. Träger von der Länge l, der in der Mitte auf einer festen Stütze ruht und die Streckenlast q trägt (Abb. 145). In diesem Falle lautet die DGl.

$$L^4 y^{IV} + 4y = 4q/k.$$

Das Prinzip der kleinsten Formänderungsarbeit nimmt hier die Form an (da für die Berechnung von A^* die Bettungskraft als innere Kraft anzusehen ist)

$$A^* \equiv A_i - 2A_a = \int_0^{l/2} \left\{ \frac{1}{2}(EJ y''^2 + k y^2) - q y \right\} dx$$

$$= \frac{k}{4} \int_0^{l/2} \left\{ \frac{1}{2}(L^4 y''^2 + 4y^2) - \frac{4q}{k} y \right\} dx. \tag{312}$$

Für y wählen wir ein Polynom, das die Randbedingungen erfüllt; die Funktion

$$y = a x^2 + b x^3 \tag{313}$$

soll für die rechte Trägerhälfte gelten und für die linke symmetrisch ergänzt werden. Sie erfüllt die Bedingungen $y(0) = y'(0) = 0$. Wir fordern noch $y''(l/2) = 0$; dies führt auf die Gleichung

$$2a + 3bl = 0, \qquad b = -2a/3l,$$

also wird

$$y = a\left(x^2 - \frac{2}{3}\frac{x^3}{l}\right). \tag{314}$$

Der eine noch verfügbare Parameter a wird nun so bestimmt, daß A^* ein Minimum wird.

Wir bilden der Reihe nach y'', y''^2, y^2, setzen in Gl. (312) ein und integrieren. So ergibt sich (unter Weglassung des Faktors $k/4$)

$$A^* = \frac{1}{3} a^2 l L^4 + a^2 l^5 \frac{11}{16 \cdot 105} - \frac{q}{k} a l^3 \frac{1}{8} = \text{Min}. \tag{315}$$

Die Forderung, daß A^* als Funktion von a ein Extremum sein soll, liefert $\partial A^*/\partial a = 0$, und dies ist die Bestimmungsgleichung für a.

Mit Benutzung der Abkürzung $\alpha = l/2\,L$ ergibt sich

$$a = \frac{1}{l^2}\,\frac{q}{k}\,\frac{3\,\alpha^4}{1 + 11\,\alpha^4/35}\,. \tag{316}$$

Gl. (314) mit diesem Wert für a gibt also eine angenäherte Form für die Biegelinie.

Wir vergleichen dieses Ergebnis mit der strengen Lösung dadurch, daß wir die Werte y am äußeren Rande, also an der Stelle $l/2$, miteinander vergleichen.

Es ist hier

mit $\alpha = 1$, $\quad y\left(\frac{l}{2}\right) = \frac{q}{k}\cdot 0{,}38\,,$ (genauer Wert 0,372 statt 0,38, Fehler 2,2 vH)

$\alpha = 0{,}1\,,\; y\left(\frac{l}{2}\right) = \frac{q}{k}\cdot 0{,}499\cdot 10^{-4}\,,$ (genauer Wert $0{,}5\cdot 10^{-4}$!)

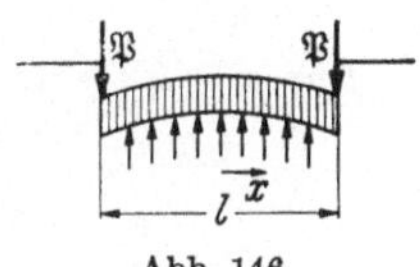

Abb. 146.

Die Übereinstimmung ist also befriedigend, so daß es — in Anbetracht der unsicheren Grundlagen der Theorie — völlig ausreicht, die rasch zu ermittelnden Werte aus der Näherungsrechnung zu benutzen. Es muß jedoch betont werden, daß die Übereinstimmung erheblich schlechter wird, wenn man nicht y-Werte, sondern Ableitungen y' und y'' oder diesen proportionale Neigungen und Momente vergleicht.

Beispiel 84. Träger, der nach Abb. 146 an seinen Enden durch je eine Einzelkraft $\mathfrak{P}$ belastet ist. Der Ausdruck für A^* lautet jetzt

$$\mathsf{A}^* \equiv \frac{k}{4}\left\{\int\limits_0^{l/2}\left(\frac{1}{2}\,L^4\,y''^2 + 2\,y^2\right)dx - \frac{4\,P}{k}\,y_P\right\} = \text{Min}\,. \tag{317}$$

Man kann ihn sich dadurch entstanden denken, daß in Gl. (312) das letzte Glied des Integrals $\int 4\,q\,y\,d\,x/k$, das mit $k/4$ multipliziert die doppelte Arbeit der verteilten Last q darstellt, ersetzt wird durch den entsprechenden, die Arbeit der Kraft P darstellenden Ausdruck $4\,P\,y_P/k$.

Wir setzen an (für eine Trägerhälfte)

$$y = y_0 + a\,x^2 + b\,x^3$$

und haben dadurch schon $y'(0) = 0$ berücksichtigt. Die Randbedingung $y''(l/2) = 0$ liefert

$$y = y_0 + a\left(x^2 - \frac{2}{3}\,\frac{x^3}{l}\right). \tag{318}$$

Das Absolutglied y_0 bestimmt sich aus der Bedingung, daß die Summe der Lasten gleich der Summe der Gegenkräfte sein muß, also

$$P = k\int\limits_0^{l/2}\left[y_0 + a\left(x^2 - \frac{2}{3}\,\frac{x^3}{l}\right)\right]dx;$$

daraus folgt

$$y_0 = \frac{2\,P}{k\,l} - \frac{1}{16}\,a\,l^2,$$

so daß der Ansatz, der jetzt nur noch einen Parameter a enthält, lautet

$$y = \frac{2\,P}{k\,l} + a\left[x^2 - \frac{2}{3}\,\frac{x^3}{l} - \frac{1}{16}\,l^2\right]. \tag{319}$$

Ebenso wie im vorigen Beispiel bildet man nun y^2, y''^2, y_P, setzt in A^* ein und integriert. Mit der Abkürzung $\lambda = l/L$ erhält man

$$\mathsf{A}^* = l^5\,a^2\left[\frac{1}{3}\,\frac{1}{\lambda^4} + \frac{1}{16}\,\frac{71}{1680}\right] - a\,\frac{P\,l^2}{k}\,\frac{5}{12} - \frac{2\,P^2}{k^2\,l} = \text{Min.}\,, \tag{320}$$

und aus $\partial A^*/\partial a = 0$

$$a = \frac{P}{k\,l^3}\,\frac{5\,\lambda^4/24}{\frac{1}{8} + 71\,\lambda^4/26800} \approx \frac{5\,P}{8\,k\,l^3}\,\lambda^4$$

(und zwar für $\lambda \leqq 1$). Damit findet man

$$y = \frac{2\,P}{k\,l} + \frac{5\,P}{8\,k\,l^3}\,\lambda^4\left[x^2 - \frac{2}{3}\,\frac{x^3}{l} - \frac{1}{16}\,l^2\right]$$

und

$$y_0 = \frac{2\,P}{k\,l}\left[1 - \frac{5}{256}\,\lambda^4\right],$$

schließlich

$$y - y_0 = \frac{5\,P}{8\,k\,l}\,\lambda^4\left[\frac{x^2}{l^2} - \frac{2}{3}\,\frac{x^3}{l^3}\right].$$

Für $x = l/2$ wird

$$y_P - y_0 = \frac{5\,P}{48\,k\,l}\,\lambda^4. \tag{321}$$

Um ein Urteil über die Genauigkeit der Ergebnisse zu gewinnen, vergleichen wir sie mit den aus den Formeln der strengen Theorie gewonnenen Werten:

	Näherungswerte	strengere Theorie
$\lambda = 1$,	$y_0 = 0{,}981\ \ 2\,P/k\,l$,	0,985
	$y_P - y_0 = 0{,}0518\ 2\,P/k\,l$,	0,0521
$\lambda \ll 1$	$y_0 = 2\,P/k\,l$,	dass.
	$y_P - y_0 = 5\,P\,\lambda^4/48\,k\,l$,	dass.

XIV. Elastische Schwingungen. Dynamische Belastung.

Für die einzelnen Belastungsfälle sind die Lasten mit den Verformungen durch lineare Ansätze in Verbindung gebracht worden. Diese Ansätze können unmittelbar dazu dienen, die Gleichungen für die elastischen Schwingungen aufzustellen. Voraussetzung für das Auftreten von elastischen Schwingungen ist eine bewegte Masse (oder Drehmasse) als Wuchtspeicher und ein elastisches System als Speicher für potentielle Energie. Der Schwingungsvorgang ist nichts anderes als ein Umsatz zwischen beiden Energiearten von bestimmter Gesetzmäßigkeit.

112. Eingliedrige elastische Schwinger. Man denke sich die Masse m (oder Drehmasse) durch irgend eine „Störung" um die Strecke x aus der stabilen Gleichgewichtslage herausgebracht und sich selbst überlassen. Wird die zurückführende elastische Kraft mit $-\,c\,x$ bezeichnet, so lautet die Bewegungsgleichung

$$m\,\ddot{x} = -\,c\,x \qquad \text{oder} \qquad m\,\ddot{x} + c\,x = 0\,. \tag{322}$$

Die Vorzahlen c sind jeweils durch die Beziehungen gegeben, die die Größe der elastischen Kraft mit der Größe der Ausweichung verbinden. So hatten wir z. B. bei einem auf Zug beanspruchten Stab für die Verlängerung x

$$P = E\,F\,x/l\,, \qquad \text{also ist hierfür} \qquad c = E\,F/l\,.$$

Für eine am Ende einer Welle sitzende Drehmasse J hat die Bewegungsgleichung die Form (J_p = polares Flächenträgheitsmoment)

$$J\ddot{\varphi} + c\varphi = 0 \quad \text{mit} \quad c = G J_p/l\,. \tag{323}$$

Dies folgt aus der Bewegungsgleichung für Drehungen um feste Achsen, die die Form hat: Drehmasse (J) $\times$ Winkelbeschleunigung ($\ddot{\varphi}$) = Rückführungsmoment, das dem Verdrehungswinkel proportional, also in der Form $-c\varphi$ anzusetzen ist.

Die wichtigste Größe, die bei mechanischen Schwingungen meist allein verlangt wird, ist die Schwingdauer T. Da die Lösung der Bewegungsgleichung für die einfachen harmonischen Schwingungen allgemein die Form hat

$$x = A\sin\omega t + B\cos\omega t\,, \quad \text{wobei} \quad \boxed{\omega^2 = c/m}\,, \tag{324}$$

wie man sich durch Einsetzen in die Bewegungsgleichung leicht überzeugt, so ist die Schwingdauer

$$\boxed{T = \frac{2\pi}{\omega} = 2\pi\sqrt{\frac{m}{c}}\,.} \tag{325}$$

ω nennt man die Kreisfrequenz, d. i. die Anzahl der Schwingungen in 2π sec. Als Frequenz f schlechthin bezeichnet man die Schwingzahl in 1 sec, so daß man die allgemein gültigen Gleichungen erhält

$$\boxed{f = \frac{1}{T}\,,\ \omega = \frac{2\pi}{T} = 2\pi f\,.} \tag{326}$$

Aus den Vorzahlen c und m (bzw. J) läßt sich daher die Kreisfrequenz und die Schwingdauer ohne weiteres angeben, ohne daß jedesmal die Integration selbst ausgeführt werden müßte. Für eine Anzahl von einfachen Fällen sind in Tabelle 13 die Werte dieser Größen enthalten, die alle auf die angegebene Art berechnet sind.

In der Tabelle 13 sind zum Vergleich unter 4a bis 4d auch die Werte für T unter der Voraussetzung eingetragen, daß die Masse (m) des Stabes nicht punktförmig, sondern über die ganze Länge gleichförmig verteilt ist; wie man sieht, wird dadurch ω erhöht und T erniedrigt. Aus der Tabelle entnimmt man auch eine Bestätigung der allgemeinen Regel, daß — unter sonst gleichen Bedingungen — jede Verschärfung der Auflagerbedingungen eine Erhöhung der Frequenz und jede Vergrößerung der Masse des schwingenden Systems eine Erniedrigung der Frequenz im Gefolge hat.

113. Zweigliedrige Schwinger. Aus dem für eingliedrige Schwinger erläuterten Verfahren erkennt man auch unmittelbar, wie man vorzugehen hat, wenn man die möglichen Schwingungen eines Systems von zwei oder mehreren Freiheitsgraden zu bestimmen hat. Immer muß eine stabile Gleichgewichtslage vorhanden sein, aus der das System durch irgend eine Störung herausgebracht und sich dann selbst überlassen wird. Um die Bewegung des Systems zu untersuchen, die auf diese Störung hin erfolgt, hat man für jeden Massenpunkt (oder für jede Drehmasse) des Systems die Kräfte aufzusuchen, die auf ihn wirken,

Tabelle 13. Einfache Schwinger.

	Beispiele	Kennzeichnung	a	c	ω^2	T
1	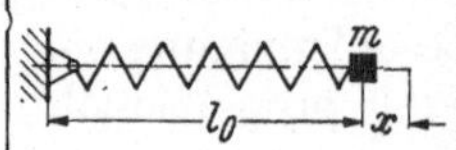 m, l_0, x	Längsschwingungen Punktmasse m an Feder	m	c	$\frac{c}{m}$	$2\pi\sqrt{\frac{m}{c}}$
1a	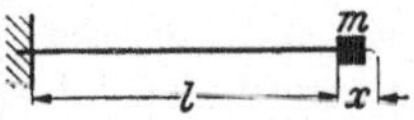 m, l, x	Punktmasse m an elastischem Stab	m	$\frac{EF}{l}$	$\frac{EF}{ml}$	$2\pi\sqrt{\frac{ml}{EF}}$
2	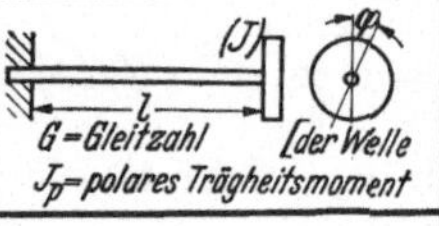 (J), φ, l G = Gleitzahl der Welle J_p = polares Trägheitsmoment	Verdrehungsschwingungen Drehmasse J auf Welle	J	$\frac{GJ_p}{l}$	$\frac{GJ_p}{Jl}$	$2\pi\sqrt{\frac{Jl}{GJ_p}}$
3a	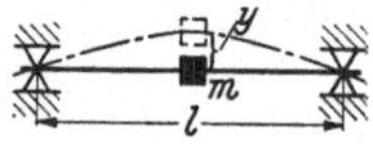 y, m, l	Biegungsschwingungen Stäbe mit Punktmasse m a) beiderseits gelenkig gelagert	m	$\frac{48EJ}{l^3}$	$\frac{48EJ}{ml^3}$	$\frac{\pi}{2}\sqrt{\frac{ml^3}{3EJ}}$
3b	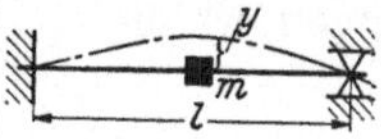 y, m, l	b) ein Ende eingespannt, das andere gelenkig gelagert	m	$\frac{768EJ}{7l^3} \approx \frac{110EJ}{l^3}$	$\approx \frac{110EJ}{ml^3}$	$2\pi\sqrt{\frac{ml^3}{110EJ}}$
3c	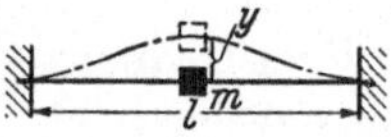 y, m, l	c) beiderseits eingespannt	m	$\frac{192EJ}{l^3}$	$\frac{192EJ}{ml^3}$	$\frac{\pi}{4}\sqrt{\frac{ml^3}{3EJ}}$
3d	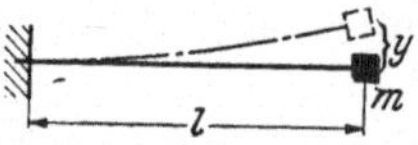 y, m, l	d) einseitig eingespannt	m	$\frac{3EJ}{l^3}$	$\frac{3EJ}{ml^3}$	$2\pi\sqrt{\frac{ml^3}{3EJ}}$
4a	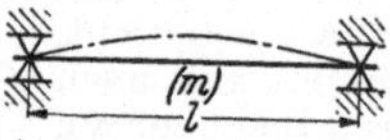 (m), l	Stäbe mit gleichförmig verteilter Masse m a) beiderseits gelenkig gelagert	—	—	$\approx \frac{100EJ}{ml^3}$	$\approx \frac{\pi}{5}\sqrt{\frac{ml^3}{EJ}}$
4b	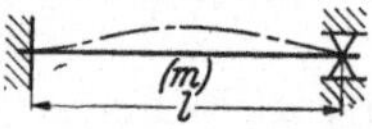 (m), l	b) ein Ende eingespannt, das andere gelenkig gelagert	—	—	$\approx \frac{240EJ}{ml^3}$	$\approx \frac{2\pi}{15}\sqrt{\frac{ml^3}{EJ}}$
4c	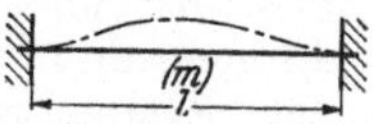 (m), l	c) beiderseits eingespannt	—	—	$\approx \frac{500EJ}{ml^3}$	$\approx \frac{\pi}{5}\sqrt{\frac{ml^3}{5EJ}}$
4d	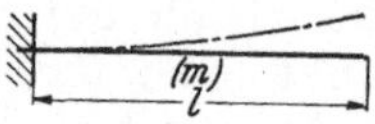 (m), l	c) einseitig eingespannt	—	—	$\approx \frac{12EJ}{ml^3}$	$\approx \pi\sqrt{\frac{ml^3}{3EJ}}$

und sie in die Bewegungsgleichungen einzutragen. Zur Kennzeichnung der Lagen der einzelnen Massen muß man geeignete Koordinaten (Strecken oder Winkel) annehmen und die Kräfte (oder bei Drehmassen: Momente) in diesen Koordinaten ausdrücken. Nach dem für elastische Systeme geltenden Ansatz sind diese Kräfte stets als lineare Funktionen der Koordinaten anzusetzen. Für zweigliedrige Systeme nehmen dann die Newtonschen Bewegungsgleichungen „Masse × Beschleunigung = Summe der einwirkenden Kräfte" für m_1 und m_2 die Formen an:

$$\left.\begin{aligned} m_1 \ddot{x}_1 &= -a_{11} x_1 - a_{12} x_2 \\ m_2 \ddot{x}_2 &= -a_{21} x_1 - a_{22} x_2 \end{aligned}\right\} \quad (a_{21} = a_{12}). \tag{327}$$

Damit die Gleichgewichtslage, aus der heraus die Störung erfolgte, tatsächlich eine stabile ist, müssen die folgenden (von einander nicht unabhängigen) Bedingungen erfüllt sein[1]

$$a_{11} > 0\,, \qquad a_{22} > 0\,, \qquad a_{11} a_{22} - a_{12}^2 > 0\,. \tag{328}$$

Über das Vorzeichen des Gliedes a_{12} ist nichts ausgesagt, es kann daher sowohl positiv als auch negativ sein. Durch die Glieder mit a_{12} sind die beiden „Freiheitsgrade" x_1, x_2 miteinander in Verbindung gebracht oder „gekoppelt" worden; die entstehenden Schwingungen in den Koordinaten x_1, x_2 bezeichnet man daher auch als „gekoppelte Schwingungen".

Zu ihrer Bestimmung hat man die beiden Bewegungsgleichungen aufzulösen, zu integrieren. Nach dem bei Systemen von homogenen, linearen Differentialgleichungen üblichen Verfahren hat man die Lösung in der Form anzusetzen

$$x_1 = A_1 \sin(\omega t + \alpha)\,, \qquad x_2 = A_2 \sin(\omega t + \alpha)\,.$$

Durch diesen Ansatz sind solche Bewegungen gekennzeichnet, bei denen die beiden Freiheitsgrade mit derselben Frequenz und Phase schwingen. Geht man mit diesem Ansatz in die Bewegungsgleichungen, so erhält man [nach Streichung des „Zeitfaktors" $\sin(\omega t + \alpha)$]

$$\left.\begin{aligned} A_1(\omega^2 - a_{11}/m_1) - A_2 a_{12}/m_2 &= 0\,, \\ -A_1 a_{12}/m_2 + A_2(\omega^2 - a_{22}/m_2) &= 0\,; \end{aligned}\right\} \tag{329}$$

man erkennt, daß Bewegungen der angegebenen Art tatsächlich möglich sind, sofern diese beiden Gleichungen miteinander verträglich, d. h. die für A_1/A_2 aus beiden Gleichungen gerechneten Werte dieselben sind. Dies gibt die „Frequenzengleichung", die wir in der Form schreiben

$$\begin{vmatrix} \omega^2 - a_{11}/m_1\,, & -a_{12}/m_2 \\ -a_{12}/m_1\,, & \omega^2 - a_{22}/m_2 \end{vmatrix} \equiv \omega^4 - \left(\frac{a_{11}}{m_1} + \frac{a_{22}}{m_2}\right)\omega^2 + \frac{a_{11} a_{22} a_{12}^2}{m_1 m_2} = 0\,; \tag{330}$$

ihre Wurzeln sind

$$\boxed{\omega_{1,2}^2 = \frac{1}{2}\left(\frac{a_{11}}{m_1} + \frac{a_{22}}{m_2}\right) \mp \sqrt{\frac{1}{4}\left(\frac{a_{11}}{m_1} - \frac{a_{22}}{m_2}\right)^2 + \left(\frac{a_{12}}{\sqrt{m_1 m_2}}\right)^2}\,.} \tag{331}$$

---

[1] Siehe Pöschl: TM I, 2. Aufl. S. 249.

Die durch diese Gleichung gegebenen Kreisfrequenzen nennt man die **Eigenfrequenzen** der auftretenden Schwingungen; sie sind nur dann einander gleich, wenn $a_{12} = 0$, die Koordinaten x_1 und x_2 also ungekoppelt sind, und $a_{11}/m_1 = a_{22}/m_2$ ist.

Aus diesen Ausdrücken für ω_1, ω_2 ersieht man, daß die Eigenfrequenzen von irgend welchen Anfangswerten der Ausschläge oder Geschwindigkeiten unabhängig sind. Von Bedeutung ist ferner, daß die beiden Eigenschwingungen, die mit den Kreisfrequenzen ω_1 und ω_2 erfolgen, auch bezüglich ihrer Formen voneinander verschieden sind; für die kleinere, ω_1, schwingen die beiden Massen (oder Drehmassen) in demselben Sinn, also miteinander, für die größere, ω_2, schwingen sie gegeneinander, so daß in dem zwischen ihnen liegenden Feder- oder Wellenstück ein echter „Knotenpunkt" auftritt (s. die folgenden Beispiele).

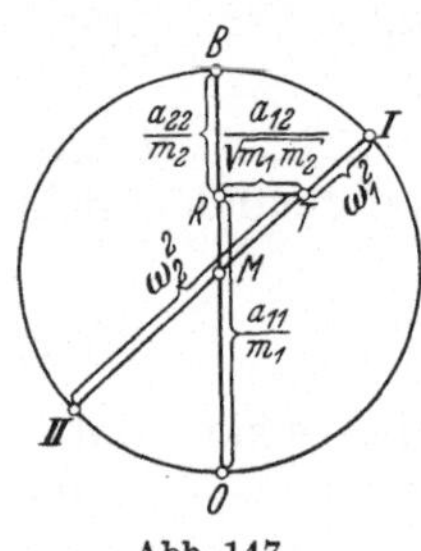

Abb. 147.

114. Der Frequenzenkreis. Die Frequenzengleichung (330) gestattet auch eine einfache zeichnerische Auflösung mittels des Frequenzenkreises[1], der nichts anderes ist als der auch sonst in der Festigkeitslehre benutzte Mohr-Landsche Kreis (Abb. 147). Man mache in einem passenden Maßstabe

$$\overline{OR} = \frac{a_{11}}{m_1}, \qquad \overline{RB} = \frac{a_{22}}{m_2}, \qquad \overline{RT} = \frac{a_{12}}{\sqrt{m_1 m_2}}$$

und verbinde T mit dem Mittelpunkte des über $\overline{OB}$ als Durchmesser geschlagenen Kreises. Die Schnittpunkte der Geraden $\overline{TM}$ mit dem Kreis seien I und II, dann ist

$$\boxed{\overline{TI} = \omega_1^2, \quad \overline{TII} = \omega_2^2.} \tag{332}$$

Der Beweis dafür, daß diese beiden Strecken tatsächlich die durch Gl. (331) gegebenen Werte haben, ergibt sich unmittelbar aus der Geometrie der Figur.

Beispiel 85. Zwei Massen mit zwei Federn, nach Abb. 148. Führt man als Koordinaten die Entfernungen von den Gleichgewichtslagen ein und sind die Federkonstanten c_1 und c_2, dann lauten die Bewegungsgleichungen

$$\left.\begin{aligned} m_1 \ddot{x}_1 &= -c_1 x_1 + c_2(x_2 - x_1) = -(c_1 + c_2)\,x_1 + c_2 x_2, \\ m_1 \ddot{x}_2 &= \qquad\qquad -c_2(x_2 - x_1) = \quad c_2 x_1 \qquad\quad - c_2 x_2 \end{aligned}\right\}$$

und die Frequenzengleichung

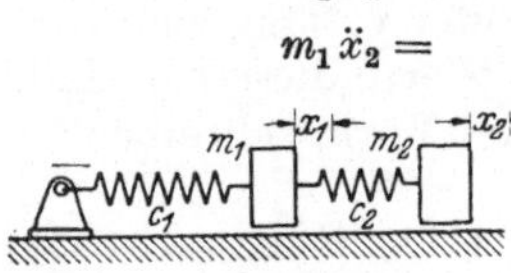

$$\omega^4 - \left[\frac{c_1}{m_1} + c_2\left(\frac{1}{m_1} + \frac{1}{m_2}\right)\right]\omega^2 + \frac{c_1 c_2}{m_1 m_2} = 0\,. \tag{333}$$

Abb. 148.

Beispiel 86. Zwei Drehmassen mit zwei Wellenstücken nach Abb. 149 Als Koordinaten führt man die von der Gleichgewichtslage gemessenen Drehwinkel φ_1, φ_2 ein, die Wellenkonstanten seien c_1, c_2 $(c_i = G_i J_{p\,i}/l_i)$, dann lauten die Bewegungsgleichungen

$$\left.\begin{aligned} J_1 \ddot{\varphi}_1 &= -c_1 \varphi_1 + c_2(\varphi_2 - \varphi_1) = -(c_1 + c_2)\,\varphi_1 + c_2 \varphi_2, \\ J_2 \ddot{\varphi}_2 &= \qquad\qquad -c_2(\varphi_2 - \varphi_1) = \quad c_2 \varphi_1 \qquad\quad - c_2 \varphi_2 \end{aligned}\right\}$$

[1] Pöschl, Th.: Z. techn. Physik Bd. 14 (1933) S. 565.

und die Frequenzengleichung

$$\omega^4 - \left[\frac{c_1}{J_1} + c_2\left(\frac{1}{J_1} + \frac{1}{J_2}\right)\right]\omega^2 + \frac{c_1 c_2}{J_1 J_2} = 0\,. \tag{334}$$

Zur zeichnerischen Auflösung der Frequenzengleichungen für zweigliedrige Systeme kann in allen Fällen der Frequenzenkreis dienen.

Abb. 149a und b.

115. Für die **Biegungsschwingungen** eines mit zwei Punktmassen besetzten Stabes (dessen Masse dabei außer Betracht bleibt) ist es praktisch, die Bewegungsgleichungen in einer etwas anderen Form anzusetzen, u. zw. unter Verwendung der sog. Einflußzahlen α_{ik} (vgl. **99**). Hat man zwei statische Lasten $\mathfrak{P}_1$, $\mathfrak{P}_2$, die auf dem Träger stehen, dann ergibt sich die Durchbiegung y_1 an der Stelle der Last $\mathfrak{P}_1$ vermöge der linearen Überlagerung der „Einzeleinflüsse" unmittelbar in der Form

$$\left.\begin{aligned} y_1 &= \alpha_{11} P_1 + \alpha_{12} P_2\,, \\ y_2 &= \alpha_{21} P_1 + \alpha_{22} P_2\,, \end{aligned}\right\} \tag{335}$$

wobei α_{ik} die Durchbiegung an der Stelle i vermöge der Last 1 an der Stelle k ist, oder umgekehrt (nach dem Maxwellschen Satz von der Gegenseitigkeit der Verschiebungen ist $\alpha_{ki} = \alpha_{ik}$). Will man die Bewegungsgleichungen für die Eigenschwingungen der Massen m_1, m_2 erhalten, die an den Laststellen sitzen, so hat man statt der Kräfte P_1, P_2 die Trägheitskräfte $-m_1\ddot{y}_1$, $-m_2\ddot{y}_2$ einzusetzen und findet die Bewegungsgleichungen in der Form

$$\left.\begin{aligned} y_1 &= -\alpha_{11} m_1 \ddot{y}_1 - \alpha_{12} m_2 \ddot{y}_2\,, \\ y_2 &= -\alpha_{21} m_1 \ddot{y}_1 - \alpha_{22} m_2 \ddot{y}_2\,, \end{aligned}\right\} \tag{336}$$

Will man die Eigenschwingungen erhalten, so hat man ähnlich wie früher zu setzen

$$y_1 = A_1 \sin(\omega t + \alpha)\,, \qquad y_2 = A_2 \sin(\omega t + \alpha)$$

und erhält nach Streichung des Zeitfaktors $\sin(\omega t + \alpha)$ die folgenden Gleichungen

$$\left.\begin{aligned} (\alpha_{11} m_1 \omega^2 - 1) A_1 + \alpha_{12} m_2 \omega^2 A_2 &= 0\,, \\ \alpha_{12} m_1 \omega^2 A_1 + (\alpha_{22} m_2 \omega^2 - 1) A_2 &= 0\,. \end{aligned}\right\} \tag{337}$$

Diese Gleichungen kann man genau auf die frühere Form bringen, wenn man jede durch ω^2 dividiert. Als Frequenzengleichung findet man

$$\begin{vmatrix} \frac{1}{\omega^2} - \alpha_{11} m_1\,, & -\alpha_{12} m_2 \\ -\alpha_{12} m_1\,, & \frac{1}{\omega^2} - \alpha_{22} m_2 \end{vmatrix} \equiv \frac{1}{\omega^4} - (\alpha_{11} m_1 + \alpha_{22} m_2)\frac{1}{\omega^2} + (\alpha_{11}\alpha_{22} - \alpha_{12}^2) m_1 m_2 = 0 \tag{338}$$

mit den Wurzeln

$$\boxed{\frac{1}{\omega_{1,2}^2}=\frac{1}{2}(\alpha_{11}m_1+\alpha_{22}m_2)\pm\sqrt{\frac{1}{4}(\alpha_{11}m_1-\alpha_{22}m_2)^2+(\alpha_{12}\sqrt{m_1m_2})^2}.} \quad (339)$$

Die Zeichnung des Frequenzenkreises ist in diesem Falle ganz ähnlich wie zuvor ausführbar, er ergibt unmittelbar die Größen $1/\omega_1^2$ und $1/\omega_2^2$.

Die Übertragung der Rechnung auf beliebig viele Freiheitsgrade ist ohne weiteres möglich, das geometrische Hilfsmittel des Frequenzenkreises ist jedoch auf zweigliedrige Schwinger beschränkt.

116. Eigenschwingungen von Fachwerken[1]. Die angegebenen Methoden können auch dazu benutzt werden, die Eigenschwingungen eines Fachwerks zu ermitteln, von dem ein Punkt mit einer Masse besetzt ist, die die Massen der Fachwerkstäbe erheblich überwiegt, so daß diese außer Betracht bleiben können.

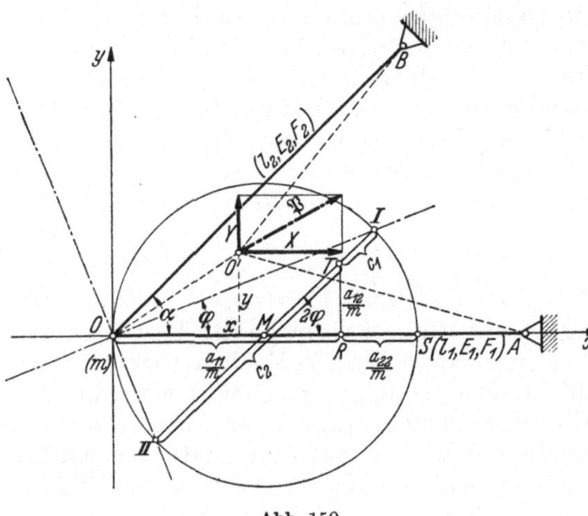

Abb. 150.

Um mit dem einfachsten Fall zu beginnen, denken wir uns nach Abb. 150 eine Punktmasse m durch zwei elastische Stäbe $\overline{OA} = l_1$, $\overline{OB} = l_2$, die den Winkel α miteinander einschließen, mit den zwei festen Punkten A, B durch Gelenke verbunden. Die Richtung des Stabes $\overline{OA}$ wird als x-Achse, senkrecht dazu die y-Achse angenommen. Die Steifheiten der beiden Stäbe seien E_1F_1 und E_2F_2, ferner seien die Bezeichnungen $l_1/E_1F_1 = r_1$, $l_2/E_2F_2 = r_2$ eingeführt. Die im Ruhezustand in O befindliche Masse m wird durch irgend eine kleine Störung nach O' (Koordinaten x, y) gebracht und losgelassen. Die Komponenten der elastischen Kraft, die in O' auf m wirken, seien $-X$ und $-Y$, so daß die Bewegungsgleichungen die Form erhalten

$$\left\{\begin{aligned} m\ddot{x} &= -X = -\frac{E_1F_1}{l_1}x - \frac{E_2F_2}{l_2}(x\cos\alpha + y\sin\alpha)\cos\alpha \\ &= -\left(\frac{1}{r_1}+\frac{\cos^2\alpha}{r_2}\right)x - \frac{\sin\alpha\cos\alpha}{r_2}y, \\ m\ddot{y} &= -Y = -\frac{E_2F_2}{l_2}(x\cos\alpha + y\sin\alpha)\sin\alpha \\ &= -\frac{\sin\alpha\cos\alpha}{r_2}x - \frac{\sin^2\alpha}{r_2}y, \end{aligned}\right.$$

[1] Pöschl, Th.: Stahlbau Bd. 8 (1935) S. 41—43.

oder mit leicht erkennbaren Abkürzungen

$$\begin{cases} m\ddot{x} = -a_{11}x - a_{12}y\,, \\ m\ddot{y} = -a_{21}x - a_{22}y\,. \end{cases} \qquad (a_{12} = a_{21}) \tag{340}$$

Diese Gleichungen haben genau dieselbe Form wie die in **113** erhaltenen und ergeben für die Größen der Eigenfrequenzen ähnlich wie dort die Ausdrücke

$$\omega_{1,2}^2 = \frac{a_{11}+a_{22}}{2m} \mp \sqrt{\left(\frac{a_{11}-a_{22}}{2m}\right)^2 + \left(\frac{a_{12}}{m}\right)^2}\,. \tag{341}$$

Ganz ebenso wie dort können die Werte von ω_1^2 und ω_2^2 mit Hilfe des Frequenzenkreises erhalten werden, der in Abb. 150 eingezeichnet ist; u. zw. ist $\overline{TI} = \omega_1^2$, $\overline{TII} = \omega_2^2$.

Die Eigenschwingungen haben die Eigenschaft, daß für sie in einer gestörten Lage O' von m die auf m wirkende Kraft in die Richtung der Verbindungsstrecke $\overline{O'O}$ fällt. Wenn nämlich φ der Winkel einer solchen Schwingungsrichtung mit der x-Achse ist, so muß die Gleichung gelten

$$\frac{\ddot{y}}{\ddot{x}} = \frac{y}{x} = \operatorname{tg}\varphi\,,$$

und daraus ergibt sich für tg φ die quadratische Gleichung

$$\operatorname{tg}\varphi = \frac{a_{21}+a_{22}\operatorname{tg}\varphi}{a_{11}+a_{12}\operatorname{tg}\varphi} \quad \text{oder} \quad \operatorname{tg}^2\varphi + \frac{a_{11}-a_{22}}{a_{12}}\operatorname{tg}\varphi - 1 = 0\,; \tag{342}$$

aus ihr erhält man

$$\operatorname{tg}2\varphi = \frac{2\operatorname{tg}\varphi}{1-\operatorname{tg}^2\varphi} = \frac{2a_{12}}{a_{11}-a_{22}}\,.$$

Demnach ist (Abb. 150)

$$\sphericalangle IMS = 2\varphi \quad \text{und} \quad \sphericalangle IOS = \varphi\,,$$

und folglich geben die Linien $\overline{OI}$ und $\overline{OII}$ im Frequenzenkreis unmittelbar die Richtungen der beiden Schwingungen an. Man kann demnach den Satz aussprechen:

Für eine an zwei elastischen Stäben gelenkig angeschlossene Punktmasse gibt es zwei ausgezeichnete aufeinander senkrecht stehende Geraden, die die Eigenschaft haben, daß die elastische Kraft in sie hineinfällt, wenn durch eine Störung die Punktmasse längs dieser Geraden verschoben wird. Die in dieser Geraden auftretenden Schwingungen nennt man auch Hauptschwingungen und die zugehörigen Frequenzen die Eigenfrequenzen des Systems.

Dieses Ergebnis bietet die Möglichkeit, die Eigenschwingungen auf zeichnerischem Wege zu ermitteln, wenn ihre Berechnung zu umständlich ausfallen würde. Das Hilfsmittel hierzu liefern die Verschiebungspläne nach Williotscher Art (**45**). Hierzu lassen wir an der Masse m eine Kraft von einem festen Betrag $P = \sqrt{X^2 + Y^2}$ (also mit den Komponenten X und Y) in beliebiger Richtung angreifen und ermitteln die statische Verschiebung, die diesen sämtlichen Richtungen entspricht. Die Komponenten x, y dieser Verschiebung sind dann durch die Gleichungen gegeben

$$\begin{cases} X = a_{11}\,x + a_{12}\,y\,, \\ Y = a_{21}\,x + a_{22}\,y\,. \end{cases} \qquad (a_{12} = a_{21})$$

Den ∞^1 möglichen Kräften P entspricht als geometrischer Ort der Punkte x, y eine Ellipse mit der Gleichung

$$(a_{11}^2 + a_{12}^2)\,x^2 + 2\,a_{12}\,(a_{11} + a_{22})\,x\,y + (a_{22}^2 + a_{12}^2)\,y^2 = P^2, \tag{343}$$

die als Verschiebungsellipse des Punktes O bezeichnet wird.

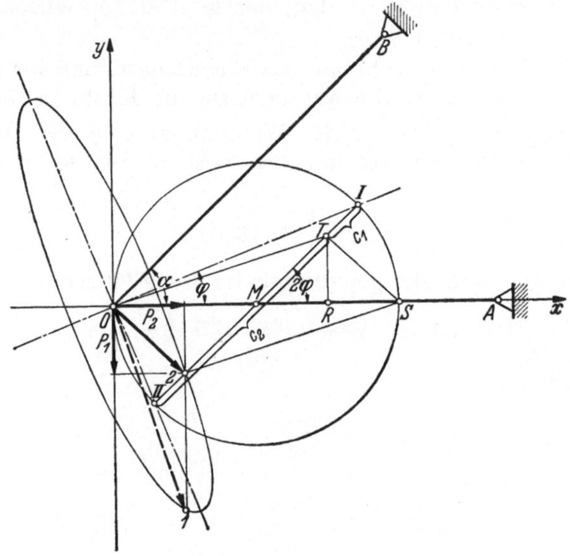

Abb. 151.

Wird diese Ellipse durch Drehung des Koordinatensystems auf die Hauptachsen bezogen, so nimmt ihre Gleichung, wenn man die neuen Koordinaten mit ξ, η bezeichnet, (nach kurzer Rechnung) die Form an

$$\omega_2^4\,\xi^2 + \omega_1^4\,\eta^2 = \frac{P^2}{m^2}\,. \tag{344}$$

Werden daher die Halbachsen der Verschiebungsellipse c_1, c_2 genannt, so ist

$$c_1 = \frac{P}{m\,\omega_2^2}\,, \qquad c_2 = \frac{P}{m\,\omega_1^2}\,,$$

und daher sind die gesuchten Eigenschwingungen durch die Ausdrücke gegeben

$$\boxed{\omega_1^2 = \frac{P}{m\,c_2}\,, \quad \omega_2^2 = \frac{P}{m\,c_1}\,.} \tag{345}$$

Um die Verschiebungsellipse auf zeichnerischem Wege zu erhalten, beachte man, daß die Verschiebungen, die zwei zueinander senkrechten Richtungen P_1 und P_2 von P entsprechen, konjugierte Durchmesser der Verschiebungsellipse darstellen; sie sind in Abb. 151 mit $\overline{O1}$ und $\overline{O2}$ bezeichnet. Aus diesen konjugierten Durchmessern können die

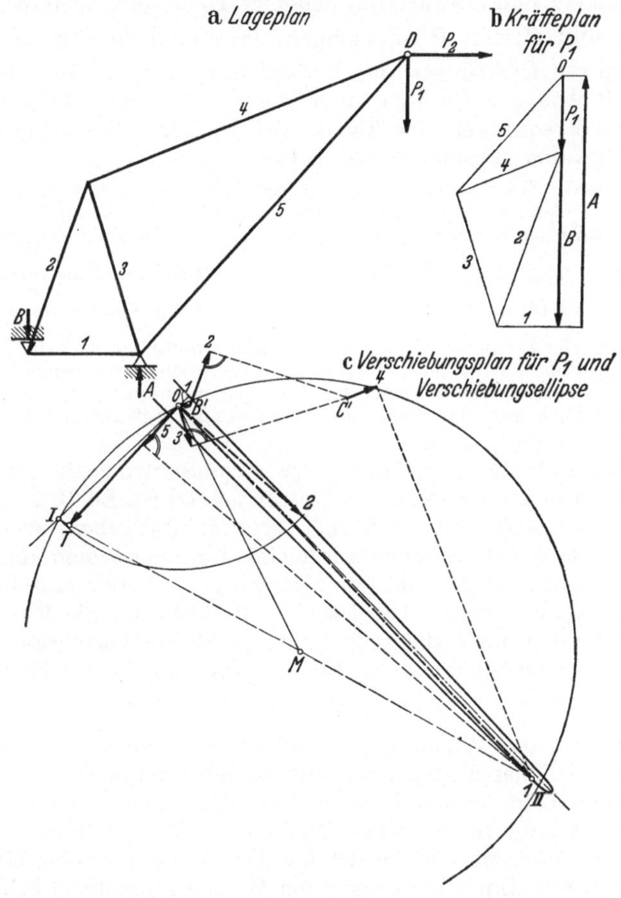

Abb. 152a bis c.

Richtungen und Größen der Hauptachsen durch eine bekannte Konstruktion[1] erhalten werden, die in der Abb. 151 angegeben und mit den Eigenschaften des Mohr-Landschen Kreises enge verwandt ist: Man dreht einen der konjugierten Durchmesser $\overline{O2}$ um 90^0 nach $\overline{OT}$, erhält dadurch einen Punkt T und schlägt um den Mittelpunkt M der Strecke $\overline{1T}$ mit dem Halbmesser $\overline{OM}$ einen Kreis. Verbindet man dann T mit dem Mittelpunkt M des Kreises, dann sind die auf dieser Geraden

[1] Z. B. Hütte, Bd. 1, 26. Aufl. S. 120.

abgeschnittenen Stücke $\overline{TI}$ und $\overline{TII}$ die halben Hauptachsen der Verschiebungsellipse.

Auf Grund dieser Bemerkungen ist es nun möglich, auch für ein beliebiges Fachwerk, von dem ein Knotenpunkt O die Masse m trägt, die Hauptschwingungen zu erhalten. Man hat dazu nur nötig, die Verschiebungen $\overline{O1}$ und $\overline{O2}$ für zwei beliebige zueinander senkrechte Richtungen P_1 und P_2 von P zu zeichnen, dann sind die Strecken $\overline{O1}$ und $\overline{O2}$ konjugierte Richtungen der Verschiebungsellipse. Aus diesen konjugierten Richtungen findet man in der angegebenen Weise die Richtungen und Frequenzen der Eigenschwingungen. Dieses Verfahren ist in dem folgenden Beispiel ausgeführt.

Beispiel 87. Ein Krangerüst nach Abb. 152a ist mit $P = 4$ t belastet. Man ermittle die Größen der Eigenschwingzahlen und die zugehörigen Richtungen.

In Abb. 152b ist der Kräfteplan für die Lage P_1, in c) der zugehörige Verschiebungsplan dargestellt. Die Verschiebung von O ist durch die Strecke $\overrightarrow{O1}$ gegeben. Ebenso ist für die waagrechte Richtung von P die Verschiebung $\overrightarrow{O2}$. Durch $\overrightarrow{O1}$ und $\overrightarrow{O2}$ ist der Frequenzenkreis gegeben, und aus diesem sind die Richtungen und Schwingzahlen der Hauptschwingungen in der oben angegebenen Weise zu erhalten. Aus der Form dieser Verschiebungsellipse ist unmittelbar zu entnehmen, nach welcher Richtung das Fachwerk besonders nachgiebig und nach welcher es besonders steif ist.

117. Angenäherte Berechnung der Grundschwingzahl eines Fachwerks, das nur in den Gelenken mit Massen besetzt ist. Bei Brücken, Funktürmen, Gittermasten läßt sich von vornherein angeben, nach welcher Richtung diese Konstruktionen am leichtesten ausweichen können, und welche Richtungen daher die Grundschwingungen der einzelnen Knotenpunkte haben müssen. In diesem Fall läßt sich die Frequenz der Grundschwingung durch das folgende angenäherte Verfahren ermitteln. Als Hilfsmittel hierzu dient die Energiegleichung in der Form

$$\mathsf{T}_0 = \mathsf{A}_1 ,$$

die besagt, daß die Wucht der Punktmassen beim Durchgang durch die Gleichgewichtslagen gleich der potentiellen Energie (Formänderungsarbeit) in den Lagen der äußersten Ausweichungen sein muß.

Die Berechnung dieser beiden Werte T_0 und A_1 erfolgt angenähert auf folgende Weise. Man denke sich das Fachwerk durch die Gewichte G_i der in den Gelenkpunkten sitzenden Massen m_i statisch belastet und lasse diese Gewichte in der Richtung der zu erwartenden „Grundschwingung" wirken. Sodann bestimme man die Verschiebungen W_i der einzelnen Gelenkpunkte mittels eines Verschiebungsplanes nach **45**. Setzt man dann für die Verschiebungen $w_i = W_i \sin \omega t$, so wird die Wucht

$$\mathsf{T} = \frac{1}{2} \sum \frac{G_i}{g} \dot{w}_i^2 = \frac{1}{2} \sum \frac{G_i}{g} W_i^2 \omega^2 \cos^2 \omega t , \tag{346}$$

wobei die Summen stets über alle vorkommenden Massen G_i/g zu erstrecken sind; es ergibt sich also für $t = 0$ (Durchgang durch die Gleichgewichtslagen)

$$\mathsf{T}_0 = \frac{1}{2} \omega^2 \sum \frac{G_i}{g} W_i^2 . \tag{347}$$

Entsprechend kann man die potentielle Energie (Formänderungsarbeit) angenähert in der Form ansetzen

$$\mathsf{A} = \tfrac{1}{2}\sum G_i w_i = \tfrac{1}{2}\sum G_i W_i \sin\omega t, \text{ also für } \omega t = \pi/2 \text{ wird: } \mathsf{A}_1 = \tfrac{1}{2}\sum G_i W_i. \quad (348)$$

Die Gleichung $\mathsf{T}_0 = \mathsf{A}_1$ liefert sodann unmittelbar für die Kreisfrequenz der Grundschwingung den Ausdruck

$$\boxed{\omega^2 = g\,\frac{\sum G_i W_i}{\sum G_i W_i^2}.} \quad (349)$$

Hat man (wie in Beispiel 86) nur eine Masse G/g, deren Bewegung in Betracht kommt, so vereinfacht sich die letzte Gleichung zu

$$\boxed{\omega^2 = g/W.} \quad (350)$$

In dieser bedeutet W die Verschiebung der allein vorhandenen Masse m unter der Wirkung ihres Gewichtes, das man in der vorausgesetzten Richtung wirken läßt.

118. Bestimmung der Knicklast aus Schwingungsbeobachtungen. Der Knickerscheinung eines lotrecht stehenden, am unteren Ende eingespannten und am oberen Ende belasteten Stabes kann man folgende unmittelbar anschauliche Deutung geben. Wenn der mit $P = m g$ belastete Stab aus der Gleichgewichtslage gebracht und losgelassen wird, so entsteht bei kleinem P eine elastische Gegenkraft, die den Stab in die lotrechte Lage zurückzuführen strebt. Erreicht die aufgebrachte Masse m einen gewissen Betrag, so reicht die elastische Gegenkraft nicht mehr aus, den Stab in die lotrechte Lage zurückzuführen, der Stab biegt sich bis zur Erreichung der nächsten Gleichgewichtslage in der gegebenen Form durch. Der Ausdruck $\mathsf{A}_a - \mathsf{A}_i$ ist direkt ein Maß für den Grad der Stabilität, und für $\mathsf{A}_a - \mathsf{A}_i = 0$ ist die Grenze der Stabilität erreicht.

Diese Deutung legt den Gedanken nahe, Knicklasten durch Schwingungsbeobachtungen zu bestimmen, was sich in manchen Fällen, z. B. bei Gittermasten und Funktürmen, als sehr brauchbares Hilfsmittel herausstellt. Es handelt sich dabei um Konstruktionen, bei denen sich zwar die Gewichtsverteilung recht genau angeben läßt, aber die Steifheit der ganzen Konstruktion — d. i. die Größe, die dem EJ beim gleichförmigen Stab entspricht — durch Rechnung schwer zu erfassen ist. Gerade diese Größe ist es, deren Ermittlung durch eine Schwingungsbeobachtung ersetzt wird.

Wir nehmen an, daß am oberen Ende des Turmes oder Mastes eine zusätzliche Einzelkraft P in Richtung der Turmachse wirkt (Antennenzug oder dgl.). Ähnlich wie in **103** für die Knicklast kann hier gezeigt werden, daß die Frequenz eines schwingenden Stabes mit der Steifheit $EJ(x)$ und Belastung $q(x)$ durch die Gleichung gegeben ist

$$\frac{\omega^2}{g} = \frac{\int_0^l E J\, y''^2\, dx}{\int_0^l q\, y^2\, dx}, \quad (351)$$

und daß es zur Ermittlung eines angenäherten Wertes für ω^2 ausreicht, für y irgend eine passende Funktion einzusetzen, die den Randbedingungen genügt. Andrerseits folgt aus der Gleichung $\mathsf{A}_i - \mathsf{A}_a = \text{Min.}$ die Knickbedingung, die wir in der Form schreiben

$$\tfrac{1}{2}\int_0^l E J y''^2 dx = \tfrac{1}{2} P \int_0^l y'^2 dx + \tfrac{1}{2}\int_0^l y'^2 \int_x^l q(\eta)\, d\eta\, dx = \tfrac{1}{2} P^* \int_0^l y'^2\, dx\,, \tag{352}$$

indem wir eine an das obere Ende „reduzierte“ oder „Ersatzkraft“ P^* einführen, deren Größe für den Knickvorgang maßgebend ist. Durch Einsetzen in die vorhergehende Gleichung erhält man daher

$$\boxed{P^* = \frac{\omega^2}{g} \frac{\int_0^l q\, y^2\, dx}{\int_0^l y'^2\, dx}\,.} \tag{353}$$

Beispiel 88. Funkturm des Mühlacker-Senders. Gegeben ist $l = 100$ m; aus den Konstruktionsdaten ergibt sich für den Ansatz $y = y_0\,(1 - \cos \pi x/2l)$, wobei x von der unteren Einspannung aus gezählt wird,

$$\int_0^l q\, y^2\, dx = y_0^2 \int_0^l q\left(1 - \cos\frac{\pi x}{2l}\right)^2 dx = y_0^2 \cdot 6{,}8\ \text{t} \quad \text{und} \quad \int_0^l y'^2\, dx = y_0^2\, \frac{\pi^2}{8l}\,,$$

und durch Beobachtung $\omega = 5{,}75/\text{sec}$. Daraus rechnet sich die rechte Seite der Gl. (353)

$$\frac{5{,}75^2 \cdot 6{,}8 \cdot 8 \cdot 100}{9{,}81 \cdot \pi^2} = 1870\ \text{t}\,.$$

Der rechte Teil der Gl. (352) würde für $P = 1$ t (Antennenzug) und nach Ausrechnung des Integrals $\frac{1}{2}\int y'^2 \left(\int q\, d\eta\right) dx$ aus der bekannten Gewichtsverteilung des Funkturms ergeben

$$P^* = 1 + 10 = 11\ \text{t}\,.$$

Daraus erkennt man die außerordentlich hohe Knicksicherheit des Turms.

[L. Föppl: Z. angew. Math. Mech. Bd. 13 (1933).]

119. Schwingungen eines Trägers mit bewegter Last. Wir denken uns eine Punktmasse m mit gleichbleibender Geschwindigkeit V über den Träger bewegt, die außer durch ihr Gewicht $m\,g$ auch durch die Trägheitskraft (Abb. 153)

$$-m\,\frac{d^2 y}{dt^2} = -m V^2\,\frac{d^2 y}{dx^2} \qquad (\text{da } dx = V dt)$$

auf den Träger einwirkt. Der Träger selbst wird als masselos und an beiden Enden frei aufliegend angenommen. Man bestimme die Bahnkurve der Punktmasse m bei ihrer Bewegung über den Träger.

(Der Titel „Schwingungen ...“ ist nur aus geschichtlichen Gründen beibehalten worden, obwohl derartige Vorgänge bei der angegebenen vereinfachten Aufgabe nicht auftreten.)

Diese Aufgabe wurde bisher so gelöst, daß zunächst die statische Durchsenkung des Trägers unter einer Last P im Abstande x vom linken Auflager berechnet

$$y = \frac{P x^2 (l - x)^2}{3 E J l}, \tag{353}$$

darin statt P die Größe

$$P \to m(g - \ddot{y}) = m\left(g - V^2 \frac{d^2 y}{d x^2}\right) = m(g - V^2 y'')$$

eingeführt und die so entstehende Differentialgleichung für y

$$y = \frac{m}{3 E J l} x^2 (l - x)^2 (g - V^2 y'') \tag{354}$$

mit den Randbedingungen $y = 0$, $y' = 0$ für $x = 0$ integriert wurde. Die Integration ist nur durch eine Reihenentwicklung möglich und gibt am rechten Trägerende stark schwankende Ordinaten für die Bahnkurve, die gegen das rechte Auflager immer größer werden, wodurch die Gültigkeit der Grundannahme (kleine Durchsenkungen, Neigungen und Krümmungen) durchbrochen wird.

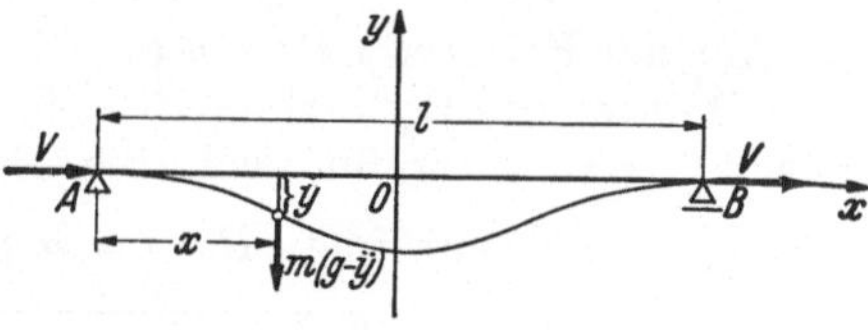

Abb.153.

Um eine **angenäherte** Lösung zu erhalten, gehen wir nicht von der **endlichen** Gleichung der Durchbiegung y, sondern von der Differentialgleichung 4. Ordnung aus, die man aus ihr durch viermalige Ableitung der Gl. (353) nach x in der Form erhält

$$y^{IV} = \frac{8}{E J l} P.$$

Man beachte, daß diese Gl. nicht die „Differentialgleichung der Balkenbiegung" ist, sondern die „Differentialgleichung der Einflußlinie für die Durchbiegung"; damit wird eine Kurve bezeichnet, die an jeder Stelle x die dort auftretende Durchbiegung angibt, wenn die Last P an dieser Stelle steht.

In **diese** Gleichung führen wir für $P \to m(g - V^2 y'')$ ein und erhalten die Gleichung

$$\eta^{IV} + \alpha^2 \eta'' = \beta, \tag{355}$$

wenn $\alpha^2 = 8 m V^2 l / E J$, $\beta = 8 m g l^2 / E J$, $x = l\xi$, $y = l\eta$ gesetzt ist, und die Ableitungen nach ξ zu nehmen sind. Diese Gleichung integrieren wir mit den Randbedingungen

$$\eta = 0, \quad \eta' = 0 \quad \text{für} \quad \xi = 0 \quad \text{und} \quad \xi = 1.$$

Das allgemeine Integral lautet

$$\eta = \frac{\beta}{2\alpha^2} \xi^2 + C\xi + D + A \cos \alpha\xi + B \sin \alpha\xi,$$

und mit Berücksichtigung der Randbedingungen

$$\eta = \frac{\beta}{2\alpha^2}\left[\xi^2 - \frac{\alpha\xi - \sin\alpha\xi}{\alpha} - \frac{1 - \cos\alpha\xi}{\alpha} \operatorname{ctg}\frac{\alpha}{2}\right],$$

oder

$$\eta = \frac{\beta}{2\alpha^2}\left[\xi^2 - \xi + \frac{\cos[\alpha(\xi - \frac{1}{2})]}{\alpha \sin \alpha/2} - \frac{\operatorname{ctg}\alpha/2}{\alpha}\right]. \tag{356}$$

Aus Abb. 153 ist die Form der Bahnkurve, die dieser Gleichung entspricht, zu entnehmen. — Aus Gl. (356) ergibt sich, daß für $\sin\alpha/2 \approx 0$, also für

$$\alpha/2 \approx n\pi, \qquad (n = 1, 2, 3, \ldots),$$

oder

$$\frac{2mV^2 l}{EJ} \approx n^2\pi^2$$

die Durchsenkung η sehr große Werte annimmt. Die daraus zu entnehmenden Werte von V hat man als eine Art von „kritischen Geschwindigkeiten" zu betrachten. Für $n = 1$ erhält man die kleinste dieser kritischen Geschwindigkeiten in der Form

$$\boxed{V^2 = \frac{\pi^2 EJ}{2ml}.} \tag{357}$$

Aus der Form von $P = m(g - V^2\eta''/l)$ findet man die größten Werte von P durch die Bedingung $P' = 0$, d. i. $\eta''' = 0$. Durch dreimalige Ableitung von η ergibt sich die Bedingung $\sin[\alpha(\xi - \frac{1}{2})] = 0$ d. h. $\xi = \frac{1}{2}$, und damit folgt $P_{\max} = mg\frac{\alpha/2}{\sin\alpha/2}$, und für kleine α

$$\boxed{P_{\max} \approx mg\left[1 + \frac{V^2}{g}\frac{mgl}{3EJ}\right];} \tag{358}$$

dies ist der Ausdruck, aus dem praktisch meist die größte dynamische Last berechnet wird.

120. Dynamische Belastung. Bei allen bisherigen Betrachtungen wurde die Belastung als rein statisch angenommen; dies besagt, daß man sie sich langsam bis zu ihrem Endwert zunehmend zu denken hat. Anders ausgedrückt bedeutet dies, daß für jede Verformung — bis zur Vollast — Gleichgewicht besteht zwischen der Last und der elastischen Gegenkraft, wie dies in Abb. 154a zum Ausdruck gebracht ist. (Bei allen Betrachtungen wird das lineare Formänderungsgesetz als gültig angenommen.) Wenn diese Voraussetzung nicht erfüllt ist, so können einfache Abschätzungen für die auftretenden Beanspruchungen angegeben werden, wenn eine punktförmige Last P ohne oder mit einer bestimmten Anfangsgeschwindigkeit plötzlich auf den tragenden Körper aufgebracht wird. In diesen Fällen spricht man von dynamischen Beanspruchungen.

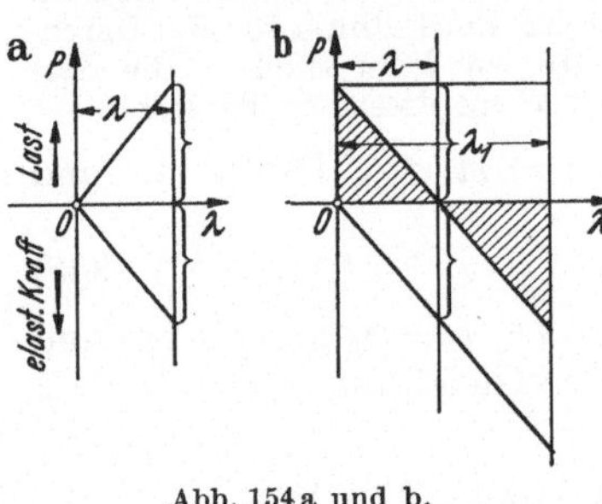

Abb. 154a und b.

a) Wenn die Last P ohne Anfangsgeschwindigkeit mit dem Körper verbunden wird, so läßt sich zeigen, daß die auftretende größte Formänderung doppelt so groß ist wie die durch dieselbe Last erzeugte statische Durchbiegung. Man schließt daraus, daß in diesem Falle auch die Spannungen — unter sonst gleichen Umständen — doppelt so groß sind wie die statischen Beanspruchungen.

Der Beweis hierfür ergibt sich am einfachsten im Anschluß an die aus der Schwingungslehre bekannten Vorgänge. Wenn die Last P (Abb. 154b) sofort in ihrer vollen Größe mit dem tragenden Körper verbunden wird, so ist in diesem Augenblick kein Gleichgewicht zwischen der Last und der elastischen Kraft vorhanden, die Lastmasse gelangt in Bewegung; nach der Formänderung λ — die sich für die Mittellage der einsetzenden Schwingungen ergibt — sind die Last und elastische Gegenkraft gleich groß, die Last hat in diesem Augenblick ihre größte Geschwindigkeit erreicht; nach einer weiteren Formänderung λ also — vom Anfang an gerechnet — nach einer Formänderung $\lambda_1 = 2\,\lambda$ kommt sie zur Ruhe und würde — wenn auch weiterhin von der Dämpfung abgesehen wird — Schwingungen mit der Amplitude λ um die Mittellage ausführen. Dieser Formänderung $\lambda_1 = 2\,\lambda$ entspricht auch eine doppelt so große Beanspruchung wie im statischen Falle.

b) Wenn die Last Q mit einer Anfangsgeschwindigkeit v_0 auftrifft, so kommt sie mit ihrer kinetischen Energie (Wucht) zur Wirkung, und der Vorgang ist als unelastischer Stoß aufzufassen. Die Energiegleichung in der Form

Wucht vor dem Stoß = Wucht nach dem Stoß + Stoßverlust

liefert dann einen Ausdruck für den (hier nicht weiter interessierenden) Energieverlust beim Stoß. Läßt man die Masse Q/g lotrecht auf den tragenden Körper auffallen, so hat man zu beachten, daß nach dem Stoß das Gewicht Q die Senkung mitmacht und dabei auch eine gewisse Arbeit leistet. Die Gleichung

Wucht nach dem Stoß + Arbeit von Q = Formänderungsarbeit des Balkens

gibt dann die Möglichkeit, die auftretende Formänderung (Zusammendrückung oder Dehnung bei Normalstoß, Durchbiegung bei Querstoß) zu berechnen; aus dieser kann dann in bekannter Weise die Spannung, die dieser Formänderung entspricht, ermittelt werden. Da es sich um den Stoß einer Punktmasse gegen einen ausgedehnten Körper handelt, und durch den Stoß alle Teile des Körpers in Bewegung gesetzt werden, so muß für diesen eine reduzierte Masse P'/g eingeführt werden; diese ist durch die Bedingung definiert, daß sie, an der Stoßstelle in einem Punkte vereinigt, die gleiche Wucht besitzt wie der gegebene ausgedehnte Körper mit der Masse P/g. Wir geben die Ausführung an zwei bekannten Beispielen.

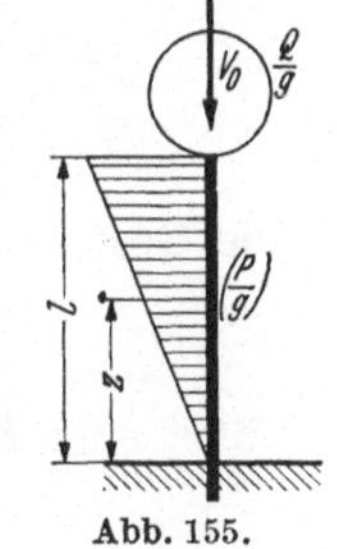

Abb. 155.

α) Längsstoß auf das freie Ende eines Stabes, dessen anderes Ende festgehalten ist, Abb. 155. Die Energiegleichung in der angegebenen Form liefert, wenn λ die gesuchte Zusammendrückung bedeutet,

$$\frac{1}{2}\,\frac{Q+P'}{g}\,v'^2 + Q\,\lambda = \frac{1}{2}\,\alpha\,\lambda^2, \quad \text{wobei} \quad \alpha = EF/l.$$

Für die Berechnung der reduzierten Masse P'/g kann wegen der linearen Abnahme der Verschiebungen auch eine lineare Verteilung der Geschwindigkeit bis zum festen Ende vorausgesetzt werden. Die Gleichheit der Wucht liefert (nach Streichung des gemeinsamen Faktors $v'^2/2$)

$$\frac{P'}{g} = \frac{\gamma}{g} F \frac{1}{l^2} \int_0^l z^2 \, dz = \frac{1}{3} \frac{\gamma}{g} F l = \frac{1}{3} \frac{P}{g}.$$

Die Geschwindigkeit v' nach dem Stoß erhält man aus der Impulsgleichung

$$v' = \frac{Q}{Q + P'} v_0. \tag{359}$$

Führt man P' und v' in die Energiegleichung ein, so erhält man nach kurzer Zwischenrechnung

$$\boxed{\lambda = \frac{Q}{\alpha} + \sqrt{\left(\frac{Q}{\alpha}\right)^2 + \frac{v_0^2}{\alpha g} \frac{Q^2}{Q + P/3}}.} \tag{360}$$

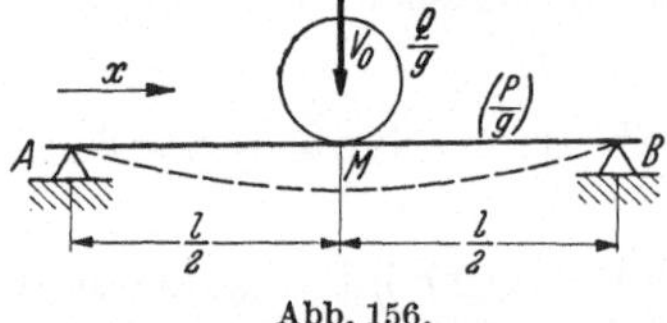

Abb. 156.

β) Querstoß auf die Mitte eines frei aufliegenden Balkens. Die durch den Stoß erzeugte Durchbiegung in der Mitte sei y_m, dann erhält man nach denselben Überlegungen wie zuvor den Ansatz (Abb. 156)

$$\frac{1}{2} \frac{Q + P'}{g} v'^2 + Q y_m = \frac{1}{2} \alpha' y_m^2, \quad \text{wobei} \quad \alpha' = \frac{48 E J}{l^3}.$$

Für die reduzierte Masse P'/g erhält man unter der Annahme, daß sich die Geschwindigkeiten des nach dem Stoß ausschwingenden Stabes ebenso verteilen wie die Senkungen für eine Einzellast in der Mitte, also gemäß der Gleichung

$$y = y_m \left[3 \frac{x}{l} - 4 \left(\frac{x}{l}\right)^3\right],$$

den Wert

$$\frac{P'}{g} = 2 \frac{\gamma}{g} \int_0^{l/2} \left(\frac{y}{y_m}\right)^2 dx = 2 \frac{\gamma}{g} \int_0^{l/2} \left[3 \frac{x}{l} - 4 \left(\frac{x}{l}\right)^3\right]^2 dx = \frac{17}{35} \frac{P}{g}.$$

Die Geschwindigkeit der Balkenmitte nach dem Stoß ist wie zuvor

$$v' = \frac{Q}{Q + P'} v_0.$$

Führt man P' und v' in die Energiegleichung ein, so findet man

$$\boxed{y_m = \frac{Q}{\alpha'} + \sqrt{\left(\frac{Q}{\alpha'}\right)^2 + \frac{v_0^2}{\alpha' g} \frac{Q^2}{Q + 17 P / 35}}.} \tag{361}$$

Wenn die statische Wirkung der auf den Balken auftreffenden und mit diesem in Verbindung gebrachten Masse Q/g außer Betracht bleiben kann (wie etwa bei einem Stoß in waagrechter Richtung), so ist in der letzten Gleichung das Glied Q/α' vor und unter der Wurzel zu streichen. Ähnliches gilt für die Gl. (360).

Schriftenverzeichnis.

A. Lehrbücher.

I. Allgemeine Lehrbücher der Statik und Festigkeitslehre.

Bach, C. v.: Elastizität und Festigkeit, 9. Aufl. Berlin: Julius Springer 1924.
Beyer, K.: Die Statik im Eisenbetonbau Bd. 1 (1933); Bd. 2 (1934). Berlin: Julius Springer.
Brauer, E. A.: Festigkeitslehre. Leipzig 1905.
Case, J.: The Strength of Materials. London: Eduard Arnold & Co. 1925.
Castigliano, A.: Theorie des Gleichgewichts elastischer Körper. Wien 1896.
Föppl, A.: Vorlesungen über Technische Mechanik Bd. 3 7. Aufl. (1927); Bd. 5 4. Aufl. (1922). Leipzig: Teubner.
— u. L.: Drang und Zwang, 2 Bde. 2. Aufl. München: Oldenbourg 1924, 1928.
— u. O.: Grundriß der Festigkeitslehre. Leipzig: Teubner 1923.
Girtler, R.: Einführung in die Mechanik fester elastischer Körper und das zugehörige Versuchswesen. Wien: Julius Springer 1931.
Grashof, F.: Theorie der Elastizität und Festigkeit, 2. Aufl. Berlin: Gärtner 1878.
Kaufmann, W.: Statik der Tragwerke. Handbibl. Bauing. IV. 1. 2. Aufl. Berlin 1930.
Keck, W., u. L. Hotopp: Vorträge über Elastizitätslehre, 3. Aufl. 2 Teile. Hannover 1922/4.
Lehr, E.: Spannungsverteilung in Konstruktionselementen. Berlin: VDI-Verlag 1934
Lorenz, H.: Technische Elastizitätslehre. München: Oldenbourg 1913.
Love, A. E. H.: Theorie der Elastizität, deutsch von A. Timpe. Leipzig: Teubner 1910.
Mehrtens, Chr.: Statik der Baukonstruktionen und Festigkeitslehre, 2. Aufl. Leipzig: Engelmann 1909.
Mohr, O.: Abhandlungen aus dem Gebiete der technischen Mechanik, 3. Aufl. Berlin 1928.
Müller-Breslau, H.: Die graphische Statik der Baukonstruktionen, 2 Bde. in 3 Teilen. Leipzig.
— Die neueren Methoden der Festigkeitslehre. 4. Aufl. Leipzig 1913.
Ostenfeld, A.: Technische Statik. Leipzig: Teubner 1904.
Prescott, J.: Applied Elasticity. Londen 1924.
Swain, G. F., deutsch von A. Mehmel: Festigkeitslehre. Berlin: Julius Springer 1928.
Tetmajer, L. v.: Die angewandte Elastizitäts- und Festigkeitslehre, 3. Aufl. Leipzig und Wien 1905.
Timoshenko, St.: Strength of Materials, Part. I—II. London 1931.
— u. J. M. Lessels: Festigkeitslehre. Berlin: Julius Springer 1928.
— Theory of Elasticity. New York u. London 1934.
— u. G. H. Mac Cullough: Elements of strengths of materials. New-York 1935.
Unold, G.: Statik für den Eisen- und Maschinenbau. Berlin: Julius Springer 1926.
Weyrauch, J.: Theorie elastischer Körper. Leipzig 1884.
Winkel, H.: Festigkeitslehre für Ingenieure. Berlin: Julius Springer 1927.
Winkler, E.: Elastizität und Festigkeit, I. Prag 1867.

II. Einige Werke über Sondergebiete.

Andrée, W. L.: Die Statik des Kranbaues, 2. Aufl. München: Oldenbourg 1913.
— Das B-U-Verfahren. München: Oldenbourg 1919.
Bleich, Fr., u. E. Melan: Die gewöhnlichen und partiellen Differenzengleichungen der Baustatik. Berlin: Julius Springer 1927.

Coker, E. G., u. D. M. Filon: Photo-Elasticity. Cambr. Univ. Press 1931.
Flügge, W.: Statik und Dynamik der Schalen. Berlin: Julius Springer 1934.
Hayashi, K.: Theorie des Trägers auf elastischer Unterlage. Berlin: Julius Springer 1930.
Hohenemser, K., u. W. Prager: Dynamik der Fachwerke. Berlin: Julius Springer 1933.
Inglis, C. E.: Vibrations in Railway Bridges. Cambridge Univ. Press 1934.
Kleinlogel, A.: Rahmenformeln, 6. Aufl. Berlin 1930.
Malkin, J.: Festigkeitsberechnung rotierender Scheiben. Berlin: Julius Springer 1935.
Mayer, R.: Die Knickfestigkeit. Berlin: Julius Springer 1921.
Nádai, A.: Elastische Platten. Berlin: Julius Springer 1925.
Ostenfeld, A.: Die Deformationsmethode. Berlin: Julius Springer 1926.
Pöschl, Th., u. K. v. Terzaghi: Berechnung von Behältern, 2. Aufl. Berlin: Julius Springer 1926.
Rötscher, F.: Die Maschinenelemente, 2 Bde. Berlin: Julius Springer 1927.
v. Tetmajer, L.: Die Gesetze der Knickungs- und der zusammengesetzten Druckfestigkeit, 3. Aufl. Leipzig u. Wien: Deutike 1903.
Wittenbauer, F. u. Th. Pöschl: Aufgaben aus der Techn. Mechanik, Bd. 2, 4. Aufl. Berlin: Julius Springer 1931.

III. Plastizität, Verfestigung, Bruch.

Bach, C. v., u. R. Baumann: Festigkeitseigenschaften und Gefügebilder der Konstruktionsmaterialien, 2. Aufl. Berlin: Julius Springer 1921.
Brillouin, M.: Théorie de la Plasticité et de la Fragilité des solides isotropes. Paris: Blanchard 1921.
Elam, C. F.: Distorsion of Metal Crystals. Oxford: Univ. Press 1904.
Fränkel, W.: Verfestigung der Metalle durch mechanische Beanspruchungen. Berlin: Julius Springer 1920.
Nádai, A.: Der bildsame Zustand der Werkstoffe. Berlin: Julius Springer 1927.
Schmid, E., u. W. Boas: Kristallplastizität. Struktur und Eigenschaften der Materie Bd. 17. Berlin: Julius Springer 1935.

IV. Dauerfestigkeit, Ermüdung, Kriechen.

Föppl, O., Becker, E., G. v. Heydekampf: Die Dauerprüfung der Werkstoffe. Berlin: Julius Springer 1928.
Gough, H. L.: The fatigue of Metals. London 1926.
Graf, O.: Die Dauerfestigkeit der Werkstoffe und der Konstruktionselemente. Berlin: Julius Springer 1929.
Herold, W.: Die Wechselfestigkeit metallischer Werkstoffe (mit ausf. Literaturangaben). Wien: Julius Springer 1934.
Moore, W. F., u. J. B. Kommers: The fatigue of Metals. New-York 1927.
Thum, A., u. W. Buchmann: Dauerfestigkeit und Konstruktion. Berlin: VDI-Verlag 1932.
Tapsell, H. J.: The creep of metals. Oxford: Univ. Press 1931.

V. Metallkunde.

Czochralski, J.: Moderne Metallkunde. Berlin: Julius Springer 1924.
Goerens, P.: Einführung in die Metallographie, 6. Aufl. Halle a. S.: W. Knapp 1932.
Masung, G.: Handbuch der Metallphysik, 4 Bde. Leipzig: Akad. Verlags-Ges. 1934.
Piwowarsky, E.: Allgemeine Metallkunde. Berlin: Bornträger 1934.
Sachs, G., u. G. Fiek: Der Zugversuch. Leipzig 1926.
— — Praktische Metallkunde, 2 Bde. Berlin: Julius Springer 1933 u. 1934.

B. Einige wichtige Zeitschriftenaufsätze und Sonderschriften.

Dietrich, O., u. E. Lehr: Das Dehnungslinienverfahren. Z. VDI Bd. 76 (1932).

Geiringer, H., u. W. Prager: Mechanik isotroper Körper im plastischen Zustand. Ergebnisse d. Naturw. Bd. 13 (1934) S. 310—363.

Grammel, R.: Über die Torsion von Kurbelwellen. Ing.-Arch. Bd. 4 (1933) S. 287—299.

Guest, J. J.: On the Strength of ductile Materials under combined stress. Philos. Mag. (5) Bd. 50 (1900).

Kármán, Th. v.: Untersuchungen über Knickfestigkeit. Forsch.-Arb. Heft 81, Berlin 1910.

— Festigkeitsversuche unter allseitigem Druck. Forsch.-Arb. Ing.-Wes. Heft 118, Berlin 1912.

Lode, W.: Der Einfluß der mittleren Hauptspannung auf das Fließen der Metalle. Forsch.-Arb. Ing.-Wes. Heft 303. Berlin 1928.

Mailänder, R.: Ermüdungserscheinungen und Dauerversuche, Berichte des Fachausschusses des Ver. d. D. Eisenhüttenleute, Werkstoffausschuß-Bericht Bd. 38 (1924).

Masing, G., u. M. Polanyi: Kaltreckung und Verfestigung. Ergebn. d. exakt. Naturwiss. Bd. 2 (1923).

Prandtl, L.: Kipperscheinungen. Diss. München 1901.

Sommerfeld, A.: Eine einfache Vorrichtung zur Veranschaulichung des Knickvorganges. Z. VDI Bd. 49 (1905) S. 1320—1324.

Wächtler, M.: Anwendung der akzidentellen Doppelbrechung. Physik. Z. Jg. 29 (1928).

Weber, C.: Die Lehre von der Drehungsfestigkeit. Forsch.-Arb. Ing.-Wes. Heft 249. Berlin 1931.

Namenverzeichnis.

Sachverzeichnis.